Rolf Socher

Mathematik für Informatiker

Rolf Socher

Mathematik für Informatiker

Mit Anwendungen in der Computergrafik und Codierungstheorie

Mit 92 Bildern, 6 Tabellen, 76 Beispielen und 294 Aufgaben

Fachbuchverlag Leipzig
im Carl Hanser Verlag

Prof. Dr. rer. nat. Rolf Socher
Fachhochschule Brandenburg
Fachbereich Informatik und Medien
socher@fh-brandenburg.de
http://informatik.fh-brandenburg.de/~socher

Bibliografische Information der Deutschen Nationalbibliothek

Die Deutsche Nationalbibliothek verzeichnet diese Publikation in der Deutschen Nationalbibliografie; detaillierte bibliografische Daten sind im Internet über http://dnb.d-nb.de abrufbar.

ISBN 978-3-446-42254-4

Fachbuchverlag Leipzig im Carl Hanser Verlag

Internet: http://www.hanser.de
Lektorat: Christine Fritzsch
Herstellung: Katrin Wulst
Satz: Rolf Socher, Berlin
Coverconcept: Marc Müller-Bremer, München
Coverrealisierung: Stephan Rönigk
Druck und Binden: Kösel, Krugzell

Printed in Germany

Vorwort

Mathematik hat mir in der Schule besonders gefallen, weil ich dafür nichts auswendig zu lernen brauchte. Ich besitze bis heute noch nicht einmal eine Formelsammlung, denn die Formeln, die ich nicht sowieso durch häufigen Gebrauch inzwischen weiß, kann ich mir meist selbst herleiten. Mathematik ist eben kein Lernfach, sondern ein Fach, in dem man durch Arbeiten mit den Strukturen Verständnis erwirbt.

In diesem Sinne ist auch das vorliegende Buch weniger ein Buch zum Lernen, sondern in erster Linie ein Buch zum Arbeiten. Neben den üblichen Übungsaufgaben am Schluss jedes Abschnitts, die der Anwendung der dort erläuterten Methoden dienen, finden Sie auch Aufgaben im laufenden Text, die der Vorbereitung und selbstständigen Erarbeitung neuer Begriffe und Methoden dienen und deren Bearbeitung ich Ihnen sehr ans Herz legen möchte!

Mit einigen dieser Aufgaben verfolge ich eine problemorientierte Herangehensweise an die Mathematik. Ausgehend von einem konkreten Problem aus der Informatik, etwa der Frage, ob in einer grafischen Oberfläche der Mausklickpunkt nahe genug an einer gegebenen Linie ist, um diese zu markieren (▶ Abschnitt 8.1), werden die dazu benötigten mathematischen Begriffe und Methoden entwickelt, bis schließlich alle mathematischen „Werkzeuge" bereit sind, um das Problem zu lösen.

Am Schluss einiger Abschnitte finden Sie Programmieraufgaben, die der weiteren Vertiefung des Stoffes, insbesondere der algorithmischen Anteile, dienen. Deren Bearbeitung stellt meines Erachtens eine gute Brücke von der Mathematik zum eigentlichen „Kerngeschäft" der Informatiker, dem Programmieren, dar. Die Programmbeispiele im Text habe ich in Java formuliert, da dies sicherlich die häufigste Programmiersprache in den Informatikstudiengängen an Hochschulen ist.

Dieses Buch deckt mit Ausnahme der Analysis und der Stochastik die wichtigsten mathematischen Inhalte ab, die an Bachelorstudiengängen an Fachhochschulen üblicherweise angeboten werden. Die Stoffauswahl ist seit der Umstellung von Diplom- auf Bachelor- und Masterstudiengänge schwieriger geworden, weil dabei der Umfang der Mathematikmodule deutlich gekürzt wurde. Den Stoff für dieses Buch habe ich hauptsächlich im Hinblick auf die Anwendungen in der Informatik ausgewählt. Die analytische Geometrie ist eine ganz wesentliche Grundlage der Computergrafik, die lineare Algebra wird unter anderem in der Theorie der fehlerkorrigierenden Codes angewandt, und die modulare Arithmetik spielt eine wichtige Rolle in vielen Teilen der Informatik, insbesondere in der Kryptografie.

Die Lösungen zu den Aufgaben finden Sie im Internet auf der Seite

http://informatik.fh-brandenburg.de/~socher/MfI

Ich danke Marion Clausen und Susanne Hohmann für ihr sorgfältiges Korrekturlesen und -rechnen sowie Mirjam Ambrosius und Katja Orlowski für viele nützliche Hinweise. Ferner danke ich dem Carl Hanser Verlag, allen voran Frau Fritzsch und Frau Wulst für die gewohnt gute Zusammenarbeit.

Berlin, im November 2010 *Rolf Socher*

Inhalt

Teil I: Diskrete Mathematik

Teil II: Lineare Algebra

1 Aussagenlogik

1.1 Aussagen und logische Junktoren

Stellen Sie sich vor, Sie möchten ein Programm schreiben, das bei Eingabe eines Datums prüft, ob es sich um ein gültiges Datum handelt, und nicht etwa um den 35. März oder den 31. April. Unter anderem müssen Sie dabei prüfen, ob in einem bestimmten Jahr x der 29. Februar ein gültiges Datum ist, das heißt, Sie müssen herausfinden, ob das Jahr x ein Schaltjahr ist. Die Schaltjahrregeln sind recht kompliziert mit Ausnahmen und Ausnahmen von den Ausnahmen und daher ein gutes Beispiel für die Verwendung logischer Ausdrücke.

Die heutige Schaltjahrregelung wurde 1582 mit dem gregorianischen Kalender eingeführt. Sie war notwendig geworden, weil das astronomische Jahr (ein vollständiger Umlauf der Erde um die Sonne) nicht exakt 365 Tage, sondern 365,24219... Tage hat. Sie können selbst ausrechnen, nach wie viel Jahren Weihnachten auf der Nordhalbkugel mitten in den Sommer fallen würde, wenn man diesen Unterschied nicht ausgliche. Damit dies nicht passiert, führt man zunächst alle 4 Jahre einen zusätzlichen Schalttag (den 29. Februar) ein. Damit schießt man jedoch ein wenig über das Ziel hinaus, denn mit dieser Regelung käme man im Schnitt auf 365,25 Tage im Jahr. Aus diesem Grund lässt man alle 100 Jahre (also in den Jahren 1800, 1900 usw.) den Schalttag wieder weg. Doch dann ist man wieder leicht unter der Zahl von 365,24219... Tagen pro Jahr. Deshalb fügt man alle 400 Jahre (also in den Jahren 1600, 2000, 2400 usw.) wieder einen Schalttag ein. Rechnen Sie nun selbst aus, wie viele Jahre es dauert, bis der gregorianische Kalender um einen ganzen Tag vom tatsächlichen Wert abweicht (▶ Aufgabe 1.1)!

Zur Entscheidung, ob ein gegebenes Jahr x ein Schaltjahr ist, reicht offenbar folgende Information aus: Ist x durch 4 (bzw. 100 bzw. 400) ohne Rest teilbar? Den Rest bei der ganzzahligen Division schreiben wir in der Form $x \% m$. Beispielsweise ist $9 \% 4 = 1$ und $12 \% 4 = 0$. Ist $x \% m = 0$, so ist x (ohne Rest) durch m teilbar. Eine andere Schreibweise für *x ist teilbar durch m* lautet $m|x$ (lies: m ist ein Teiler von x).

Schauen Sie sich folgende umständliche, dennoch korrekte Realisierung der Schaltjahrprüfung in Java an:

```
public boolean schaltjahr(int jahr){
  if (jahr%4 == 0)
    if (jahr%100 == 0)
      if (jahr%400 == 0) return true;
      else return false;
    else return true;
  else return false;
}
```

Geht's vielleicht noch komplizierter? Mal ehrlich: Verstehen Sie die Struktur dieses Programms? Die formale Logik wird uns helfen, solcherart Wildwuchs zu beschneiden. Ein Ziel der nun folgenden Ausführungen soll es sein, eine gut lesbare und verständliche Schaltjahrformel zu entwickeln und dabei etwas über formale Logik zu lernen.

Aussagen und Aussageformen

Die Grundbausteine der formalen Logik sind die Elemente, die in Java durch die Klasse `boolean` repräsentiert werden. In der Logik heißen sie *Aussagen*. Aussagen können *wahr* oder *falsch* sein. Beispiele für Aussagen in der Programmierung (also Objekte der Klasse `boolean`) sind etwa:

```
n < array.length, jahr%4 == 0, stack.isEmpty()
```

Dagegen sind arithmetische Ausdrücke wie `array.length-1` oder `jahr%4` keine Aussagen. In der Mathematik haben wir es mit Aussagen der Art „7 ist eine Primzahl" oder „Ist n eine natürliche Zahl, so ist $n^2 + n$ gerade" zu tun. Das Ergebnis der Auswertung einer Aussage (wahr oder falsch) nennt man auch den *Wahrheitswert* der Aussage.

Der Satz „Heute ist Sonntag" kann wahr oder falsch sein, jedoch abhängig davon, wann Sie den Satz lesen (oder sagen). Er enthält gewissermaßen eine Variable „Heute", genauso wie `jahr%4 == 0` eine Variable `jahr` enthält, deren Wert erst bekannt sein muss, damit man den Wahrheitswert der Aussage bestimmen kann. Solche Ausdrücke, in denen Variablen vorkommen, und die ebenfalls wahr oder falsch sein können, heißen *Aussageformen*.

Aussagen können durch sogenannte *logische Junktoren* miteinander verknüpft werden. Die bekanntesten sind „und", „oder" und „nicht". Die Zeichen p und q stehen im Folgenden für beliebige Aussagen.

Die Konjunktion

Das logische „und", die *Konjunktion*, wird in der Mathematik mit dem Zeichen $\wedge$ geschrieben, in Java wird das Zeichen `&&` benutzt. Die offensichtlich wahre Aussage „12 ist durch 3 und durch 4 teilbar" besteht aus den beiden Teilaussagen „12 ist durch 3 teilbar" und „12 ist durch 4 teilbar", die durch ein „und" verknüpft sind:

$$(3|12) \wedge (4|12),$$

bzw. in Javanesisch:

```
(12 % 3 == 0) && (12 % 4 == 0).
```

Der Ausdruck $p \wedge q$ ist genau dann wahr, wenn sowohl p als auch q wahr ist. Wir stellen dies mithilfe einer Verknüpfungstafel, der sogenannten *Wahrheitstafel*, dar. Dabei wird der Wahrheitswert „wahr" durch 1, der Wahrheitswert „falsch" durch 0 dargestellt.

p	q	$p \wedge q$
0	0	0
0	1	0
1	0	0
1	1	1

Die Disjunktion

Das logische „oder", die *Disjunktion*, wird in der Mathematik mit dem Zeichen $\vee$ geschrieben, in Java wird das Zeichen `||` benutzt. Die offensichtlich wahre Aussage „6 ist durch 3 oder durch 4 teilbar" wird dargestellt durch:

$$(3|6) \vee (4|6)$$

bzw. in Javanesisch:

```
(6 % 3 == 0) || (6 % 4 == 0).
```

Der Ausdruck $p \vee q$ ist genau dann wahr, wenn mindestens eine der beiden Aussagen p und q wahr ist. Wir stellen dies mithilfe einer Verknüpfungstafel dar:

p	q	$p \vee q$
0	0	0
0	1	1
1	0	1
1	1	1

Auch hier ist wieder Vorsicht angesagt mit der Übersetzung umgangssprachlicher Formulierungen. Wenn zu Ihnen jemand sagt: „Heute Abend gehe ich ins Theater *oder* ins Kino", dann können Sie mit ziemlicher Sicherheit davon ausgehen, dass er eigentlich meint: „Heute Abend gehe ich *entweder* ins Theater *oder* ins Kino". Dieses „ausschließende Oder" heißt in der mathematischen Logik auch *exklusives Oder (XOR)*. Das „Oder", das durch das Symbol $\vee$ dargestellt wird, heißt *inklusives Oder*.

Die Negation

Das logische „Nicht", die *Negation*, wird in der Mathematik mit dem Zeichen $\neg$ geschrieben, in Java wird das Zeichen `!` benutzt. Die wahre Aussage „6 ist nicht durch 4 teilbar" wird dargestellt durch:

$$\neg(4|6)$$

bzw. in Javanesisch:

```
!(6 % 4 == 0)
```

oder noch einfacher durch `6 % 4 != 0`.

Der Ausdruck $\neg p$ ist genau dann wahr, wenn p falsch ist:

p	$\neg p$
0	1
1	0

Wie lautet die Negation von „Die Flasche ist voll"? Nein, nicht „Die Flasche ist leer", sondern „Die Flasche ist nicht voll"! Auch mit der Negation muss man ein wenig aufpassen.

Die Implikation

Das logische „wenn, ... dann", die *Implikation*, wird in der Mathematik mit dem Zeichen $\rightarrow$ geschrieben. Die Programmiersprache Java kennt kein Zeichen für die Implikation. Die wahre Aussageform „wenn x durch 6 teilbar ist, dann ist x durch 3 teilbar" wird dargestellt durch:

$$6|x \rightarrow 3|x.$$

Der Ausdruck $p \rightarrow q$ ist genau dann falsch, wenn p wahr und q falsch ist:

p	q	$p \rightarrow q$
0	0	1
0	1	1
1	0	0
1	1	1

Die logische Implikation macht erfahrungsgemäß die meisten Probleme bei der Übersetzung umgangssprachlicher Sätze. Das liegt oft daran, dass man zwar „wenn, ... dann" sagt, in Wirklichkeit jedoch eine andere logische Verknüpfung meint, ähnlich wie bei dem Satz „Heute Abend gehe ich ins Kino oder ins Theater", der eigentlich ein *exklusives oder* meint. Nehmen wir an, jemand sagt: „Wenn ich 10000 Euro gespart habe, dann mache ich eine Weltreise." Damit meint er mit ziemlicher Sicherheit aber *mehr* als die logische Implikation. Er will damit nicht nur sagen, dass er eine Weltreise macht, wenn er genug Geld hat, sondern es heißt auch umgekehrt: Wenn er nicht genug Geld hat, dann fällt die Weltreise eben aus. Er verwendet das „wenn, ... dann" im Sinne einer logischen Biimplikation (▶ nächster Absatz). Im alltäglichen Sprachgebrauch sind beide Bedeutungen des „wenn, ... dann" üblich, und genau das führt zu Missverständnissen. Der Satz: „Wenn es regnet, (dann) ist die Straße nass" meint eindeutig die logische Implikation. Ihn kann man nicht umkehren zu „Wenn es nicht regnet, dann ist die Straße nicht nass", denn es könnte ja auch jemand die Straße mit dem Gartenschlauch wässern.

Das umgangssprachliche „wenn, ... dann" unterscheidet sich in einem zweiten Aspekt von der logischen Implikation. Meistens schwingt im „wenn, ... dann" ein kausaler oder finaler Kontext mit: „Wenn ich auf den Schalter drücke, dann geht das Licht an", dieser Satz meint auch: „Das Licht geht an, *weil* ich auf den Schalter drücke." Man erwartet meist einen inhaltlichen Zusammenhang zwischen den beiden Sätzen, die durch „wenn, ... dann" verbunden sind. Was meinen Sie zu dem

Satz „Wenn Paris die Hauptstadt von Italien ist, dann ist Rom die Hauptstadt von Frankreich." Sinnlos, nicht wahr? Doch als logische Aussage ist der Satz wahr. Die erste Zeile der Wahrheitstafel besagt nämlich: Wenn sowohl p als auch q falsch ist, dann ist $p \to q$ wahr! Und das gilt sogar noch, wenn p falsch und q wahr ist (zweite Zeile). Man kann also sagen: Ist p falsch, so ist die Implikation auf jeden Fall wahr, unabhängig davon, ob q wahr oder falsch ist. Man nennt diesen Sachverhalt oft auch (lateinisch) *ex falso quodlibet*, d.h., aus einer falschen Aussage kann man alles folgern.

Ganz fremd ist aber der Umgangssprache der logische Gebrauch der Implikation nicht, wenn Sie sich folgende Redewendung vor Augen halten: „Wenn Ouagadougou die Hauptstadt der Schweiz ist, dann bin ich der Kaiser von China". Der Satz ist tatsächlich wahr – egal ob er von Ihnen oder vom chinesischen Kaiser höchstselbst ausgeprochen wird.

Die Biimplikation

Das logische „genau dann ..., wenn", die *Biimplikation*, wird in der Mathematik mit dem Zeichen $\leftrightarrow$ geschrieben. Auch diese logische Verknüpfung gibt es in Java nicht. Die wahre Aussageform „x ist genau dann durch 6 teilbar, wenn x durch 3 und durch 2 teilbar ist" wird dargestellt durch:

$$6|x \leftrightarrow (2|x \wedge 3|x).$$

Der Ausdruck $p \leftrightarrow q$ ist genau dann wahr, wenn p und q denselben Wahrheitswert haben:

p	q	$p \leftrightarrow q$
0	0	1
0	1	0
1	0	0
1	1	1

Sheffer- und Peirce-Operator

Wichtig für die Schaltalgebra, jedoch weniger gebräuchlich in der formalen Logik sind der Sheffer-Operator | und der Peirce-Operator $\downarrow$.

Der Ausdruck $p \mid q$ ist genau dann falsch, wenn p und q wahr sind. Der Ausdruck $p \downarrow q$ ist genau dann wahr, wenn p und q falsch sind:

p	q	$p \mid q$	$p \downarrow q$
0	0	1	1
0	1	1	0
1	0	1	0
1	1	0	0

Der Sheffer-Operator entspricht dem NAND-Gatter der Schaltungslogik, und der Peirce-Operator entspricht dem NOR-Gatter (▶ Abbildung 1-1 auf Seite 30).

Logische Formeln

Mit den genannten Junktoren lassen sich beliebige logische Formeln (genauer gesagt: *aussagenlogische* Formeln) zusammensetzen, etwa

$$p \rightarrow (q \vee r)$$

oder

$$(p \rightarrow q) \rightarrow (\neg q \rightarrow \neg p)\,.$$

Um Klammern einzusparen, vereinbart man ähnlich wie die Regel „Punkt vor Strich" folgende Vorrangregeln für die Junktoren:

- Der Operator $\neg$ bindet am stärksten.
- Die Operatoren $\vee$, $\wedge$ binden stärker als $\rightarrow$ und $\leftrightarrow$.

Zwischen $\vee$ und $\wedge$ ebenso wie zwischen $\rightarrow$ und $\leftrightarrow$ sind jedoch keine Vorrangregeln gesetzt. Da müssen Sie also auf jeden Fall Klammern setzen. Beispielsweise bedeutet $((\neg p) \vee q) \rightarrow r$ dasselbe wie $\neg p \vee q \rightarrow r$, während dagegen der Ausdruck $p \vee q \wedge r$ nicht eindeutig definiert ist. Es gibt Autoren, die der Konjunktion eine höhere Bindungskraft einräumen als der Disjunktion und der Implikation eine höhere als der Biimplikation. Dadurch könnte man auf die Klammern im Ausdruck $p \vee (q \wedge r)$ verzichten. Ich halte das jedoch für keine gute Idee, denn diese Regelung hat keine klare und einfach zu merkende Regel wie „Punkt vor Strich". Aus leidvoller Erfahrung bei der Korrektur von Klausuren kann ich Ihnen nur abraten, hier an der falschen Stelle zu sparen (an den Klammern nämlich).

Falls Sie sich nicht sicher sind, so halten Sie sich am besten an die Regel: Ein Klammerpaar zu viel schadet nicht, ein Klammerpaar zu wenig kann jedoch alles falsch machen.

Der Wahrheitswert einer zusammengesetzten Formel lässt sich bestimmen, indem sukzessive deren Teilformeln ausgewertet werden.

Beispiel 1.1

Wir erstellen die Wahrheitstafel der Formel $(p \wedge \neg q) \vee (\neg p \wedge q)$:

p	q	$\neg p$	$\neg q$	$p \wedge \neg q$	$\neg p \wedge q$	$(p \wedge \neg q) \vee (\neg p \wedge q)$
0	0	1	1	0	0	0
0	1	1	0	0	1	1
1	0	0	1	1	0	1
1	1	0	0	0	0	0

Aufgaben zu 1.1

1.1 Wie viele Jahre dauert es, bis der gregorianische Kalender um einen ganzen Tag vom tatsächlichen Wert abweicht?

1.2 Welche der folgenden Ausdrücke sind Aussagen, welche sind Aussageformen?

a) $x^2 + 1 > 0$

b) Tobias ist älter als Marlene.

c) $x^2 + 3x - 5$

d) Wie spät ist es?

1.3 Formulieren Sie die folgenden umgangssprachlichen Sätze zunächst in der „wenn, ... dann"-Form. Anschließend bilden Sie jeweils eine logische Formel unter Verwendung der Aussagen p = „Es ist Freitag" und q = „Ich gehe ins Kino".

a) Ich gehe jeden Freitag ins Kino.

b) Ich gehe nur freitags ins Kino.

c) Freitags gehe ich nie ins Kino.

1.4 Erstellen Sie eine Wahrheitstafel für das *exklusive oder* („Ich gehe entweder ins Kino oder ins Theater").

1.5 Erstellen Sie eine Wahrheitstafel für *weder ... noch* („Ich gehe weder ins Kino noch ins Theater").

1.6 Wie viele verschiedene logische Junktoren (d.h. Verknüpfungen zwischen zwei Aussagenvariablen) kann es geben? Stellen Sie alle möglichen Wahrheitstafeln auf!

1.7 Erstellen Sie Wahrheitstafeln für folgende Formeln.

a) $\neg p \vee (p \rightarrow \neg q)$

b) $p \vee q \rightarrow p \wedge q$

c) $p \rightarrow \neg p$

d) $(p \rightarrow q) \rightarrow r$

e) $p \rightarrow (q \rightarrow r)$

1.8 Sei n eine natürliche Zahl. Wie viele Zeilen hat die Wahrheitstafel einer Formel, in der n Aussagenvariablen vorkommen?

1.2 Rechnen mit logischen Formeln

Wir erstellen die Wahrheitstafel der Formel $p \vee \neg p$:

p	$\neg p$	$p \vee \neg p$
0	1	1
1	0	1

Diese Formel ist offenbar stets wahr, ganz egal, ob p wahr oder falsch ist. Erstaunt Sie das? Setzen Sie doch einfach irgendeine Aussage für p ein, etwa „Es regnet": Dann wird daraus „Es regnet oder es regnet nicht". Diese Wettervorhersage ist keine große Kunst!

Eine Formel, die stets wahr ist, heißt *Tautologie*.

Definition Tautologie, Kontradiktion

Die Formel F heißt *Tautologie*, wenn in jeder Zeile ihrer Wahrheitstafel der Wert 1 (wahr) steht. Die Formel F heißt *Kontradiktion*, wenn in jeder Zeile ihrer Wahrheitstafel der Wert 0 (falsch) steht.

Eine Tautologie ist stets wahr, und eine Kontradiktion ist stets falsch, unabhängig vom Wahrheitswert der Aussagen, aus denen sie bestehen.

Beispiel 1.2

a) Wir erstellen die Wahrheitstafel der Formel $\neg p \rightarrow (p \rightarrow q)$:

p	q	$\neg p$	$p \rightarrow q$	$\neg p \rightarrow (p \rightarrow q)$
0	0	1	1	1
0	1	1	1	1
1	0	0	0	1
1	1	0	1	1

Diese Formel ist ebenfalls eine Tautologie. Können Sie erkennen, wieso das so ist? Bei dieser Formel handelt es sich um eine „Übersetzung" des *ex falso quodlibet*, das heißt der Regel: Wenn p falsch ist, dann ist die Implikation auf jeden Fall wahr, unabhängig davon, ob q wahr oder falsch ist.

b) Wir erstellen die Wahrheitstafel der Formel $(p \rightarrow q) \rightarrow q$:

p	q	$p \rightarrow q$	$(p \rightarrow q) \rightarrow q$
0	0	1	0
0	1	1	1
1	0	0	1
1	1	1	1

Kommt Ihnen diese Tafel bekannt vor? Richtig, die Ergebnisspalte für $(p \rightarrow q) \rightarrow q$ ist dieselbe wie der Disjunktion $p \vee q$. Wir sagen, die beiden Formeln $(p \rightarrow q) \rightarrow q$ und $p \vee q$ sind *logisch äquivalent*. ■

Metalogische Symbole

Wir bezeichnen Formeln im Folgenden mit großen Buchstaben, vorzugsweise F und G.

Definition Logische Äquivalenz

Die beiden Formeln F und G heißen *(logisch) äquivalent*, wenn sie in jeder Zeile ihrer Wahrheitstafeln übereinstimmen. Wir schreiben $F \Leftrightarrow G$.

Wir können daher schreiben: $(p \to q) \to q \Leftrightarrow p \vee q$ (▶ Beispiel 1.2b). Das Symbol $\Leftrightarrow$ ist im Gegensatz zu $\leftrightarrow$ kein logischer Junktor. Es ist vielmehr ein *metalogisches* Zeichen, das heißt ein Zeichen der Sprache, die über logische Formeln spricht.

Das Äquivalenzzeichen $\Leftrightarrow$ wird in der Mathematik häufig verwendet, wenn äquivalente Umformungen durchgeführt werden, etwa beim Rechnen mit Gleichungen:

$$x + 3 = 7 \Leftrightarrow x = 4 .$$

In diesem Buch verwende ich statt des Zeichens $\Leftrightarrow$ häufig die Formulierung *genau dann ..., wenn*.

Die beiden Zeichen $\leftrightarrow$ und $\Leftrightarrow$ sind eng miteinander verknüpft:

Satz

Die beiden Formeln F und G sind genau dann logisch äquivalent, wenn die Formel $F \leftrightarrow G$ eine Tautologie ist.

Die besondere Bedeutung der logischen Äquivalenz liegt darin, dass man in einer Formel Teilformeln durch logisch äquivalente Formeln ersetzen kann, ohne den Wahrheitswert der Formel zu ändern. Man kann dann mit Äquivalenzen rechnen wie mit Gleichungen, beispielsweise kann man Äquivalenzen benutzen, um Formeln zu vereinfachen.

In Analogie zu dem Zeichenpaar $\leftrightarrow$ und $\Leftrightarrow$ gibt es auch das Zeichenpaar $\to$ und $\Rightarrow$. Das Zeichen $\Rightarrow$ ist ebenfalls ein metalogisches Symbol. Wir vereinbaren, dass die metalogischen Symbole noch schwächer binden als die entsprechenden logischen Symbole.

Definition Konsequenz

Die Formel G heißt *(logische) Konsequenz* der Formel F, wenn in jeder Zeile der Wahrheitstafel, in der F wahr ist, auch G wahr ist. Wir schreiben $F \Rightarrow G$.

Es gilt: Die Formel G ist eine Konsequenz der Formel F, wenn die Formel $F \to G$ eine Tautologie ist, und das ist genau dann der Fall, wenn die Formel $F \wedge \neg G$ eine Kontradiktion ist. Insbesondere gilt: Ist F eine Kontradiktion (das heißt, immer falsch), so ist jede beliebige Formel G eine Konsequenz von F, denn $F \wedge \neg G$ ist immer eine Kontradiktion unabhängig von G. Diese Tatsache ist wiederum nichts anderes als das *ex falso quodlibet*. Spielen Sie Sudoku? Dann kennen Sie das Phänomen sicherlich: Wenn Sie irgendwann eine falsche Schlussfolgerung gezogen und als Folge eine falsche Zahl eingetragen haben, dann können Sie alles, was Sie danach eingetragen haben, vergessen.

Im Hinblick auf Beispiel 1.2 a) können wir sagen: Die Formel $p \rightarrow q$ ist eine logische Konsequenz der Formel $\neg p$: Wenn die Aussage p falsch ist, dann ist die Formel $p \rightarrow q$ wahr, bzw. $\neg p \Rightarrow p \rightarrow q$.

Das Konsequenzzeichen wird in der Mathematik häufig für Umformungen verwendet, die keine Äquivalenzumformungen sind, etwa beim Rechnen mit Gleichungen:

$$x = -2 \Rightarrow x^2 = 4 .$$

Dabei ist wichtig, dass der Implikationspfeil nicht umgedreht werden kann. Im Beispiel folgt eben aus $x^2 = 4$ nicht $x = -2$, denn x könnte auch 2 sein.

Mithilfe der logischen Äquivalenz können wir ausdrücken, dass zwei Formeln logisch gesehen gleich sind. Beispielsweise ist die Biimplikation $p \leftrightarrow q$ (wie der Name ebenso wie das Symbol schon andeuten) „nichts anderes" als eine Implikation in beiden Richtungen:

$$p \leftrightarrow q \Leftrightarrow (p \rightarrow q) \wedge (q \rightarrow p) .$$

Dies lässt sich einfach durch Vergleich der beiden Wahrheitstafeln für $p \leftrightarrow q$ und $(p \rightarrow q) \wedge (q \rightarrow p)$ feststellen. Betrachten Sie als Beispiel die Aussageform:

$$6|x \leftrightarrow 2|x \wedge 3|x$$

„Eine Zahl ist genau dann durch 6 teilbar, wenn sie durch 2 und durch 3 teilbar ist." Dies ist logisch dasselbe wie: „Jede Zahl, die durch 6 teilbar ist, ist durch 2 und durch 3 teilbar und umgekehrt."

$$(6|x \rightarrow 2|x \wedge 3|x) \wedge (2|x \wedge 3|x \rightarrow 6|x).$$

Logische Äquivalenzen können wie Rechenregeln benutzt werden, um Formeln zu vereinfachen. Tabelle 1-1 listet einige nützliche Rechenregeln auf. Wir führen dazu zwei logische Konstanten 1 und 0 ein, deren Wahrheitswert 1 bzw. 0 ist. Jede Tautologie ist äquivalent zu 1 und jede Kontradiktion ist äquivalent zu 0.

Wenn Sie die Regeln 1 bis 10 genau betrachten, wird Ihnen sicher auffallen, dass in jeder Zeile die Formel auf der linken Seite und die Formel auf der rechten Seite durch Vertauschen der Junktoren $\vee$ und $\wedge$ sowie durch Vertauschen der Konstanten 0 und 1 ineinander übergehen. Man nennt dies *Dualisieren*: Ist F eine Formel, die außer $\vee$, $\wedge$ und $\neg$ keine weiteren Junktoren enthält, so entsteht die zu F duale Formel F', indem man in F $\vee$ und $\wedge$ sowie 0 und 1 miteinander vertauscht. Es gilt: Ist F eine Tautologie, so ist auch die duale Formel F' eine Tautologie.

Alle diese Äquivalenzen lassen sich durch Konstruktion der Wahrheitstafeln beweisen.

Die Regeln 11 bis 14 können benutzt werden, um das Implikationszeichen, Biimplikationszeichen, sowie Sheffer- und Peirce-Operator vollständig aus einer Formel zu eliminieren. Man kann daher stets mit Formeln arbeiten, die nur aus Disjunktion, Konjunktion und Negation aufgebaut sind.

Es genügt sogar ein einziger Junktor, nämlich der Sheffer-Operator (oder wahlweise der Peirce-Operator), um sämtliche Formeln darzustellen. Wie Sie in der fol-

Tabelle 1-1 Rechenregeln der Aussagenlogik

$F \vee G$	$\Leftrightarrow$	$G \vee F$	❶	$F \wedge G$	$\Leftrightarrow$	$G \wedge F$
$(F \vee G) \vee H$	$\Leftrightarrow$	$F \vee (G \vee H)$	❷	$(F \wedge G) \wedge H$	$\Leftrightarrow$	$F \wedge (G \wedge H)$
$F \wedge (G \vee H)$	$\Leftrightarrow$	$(F \wedge G) \vee (F \wedge H)$	❸	$F \vee (G \wedge H)$	$\Leftrightarrow$	$(F \vee G) \wedge (F \vee H)$
$\neg(F \vee G)$	$\Leftrightarrow$	$\neg F \wedge \neg G$	❹	$\neg(F \wedge G)$	$\Leftrightarrow$	$\neg F \vee \neg G$
$F \wedge (F \vee G)$	$\Leftrightarrow$	F	❺	$F \vee (F \wedge G)$	$\Leftrightarrow$	F
$F \vee F$	$\Leftrightarrow$	F	❻	$F \wedge F$	$\Leftrightarrow$	F
$F \vee 1$	$\Leftrightarrow$	1	❼	$F \wedge 0$	$\Leftrightarrow$	0
$F \vee 0$	$\Leftrightarrow$	F	❽	$F \wedge 1$	$\Leftrightarrow$	F
$F \vee \neg F$	$\Leftrightarrow$	1	❾	$F \wedge \neg F$	$\Leftrightarrow$	0
$\neg\neg F$	$\Leftrightarrow$	F	❿			
$F \rightarrow G$	$\Leftrightarrow$	$\neg F \vee G$	⓫			
$F \leftrightarrow G$	$\Leftrightarrow$	$(\neg F \vee G) \wedge (\neg G \vee F)$	⓬			
$F \mid G$	$\Leftrightarrow$	$\neg(F \wedge G)$	⓭			
$F \downarrow G$	$\Leftrightarrow$	$\neg(F \vee G)$	⓮			

genden Tabelle sehen, können Negation, Konjunktion und Disjunktion komplett ersetzt werden durch Formeln, die nur den Sheffer-Operator (bzw. den Peirce-Operator) enthalten.

$$F \wedge G \Leftrightarrow (F|G)|(F|G) \Leftrightarrow (F \downarrow F) \downarrow (G \downarrow G)$$
$$F \vee G \Leftrightarrow (F|F)|(G|G) \Leftrightarrow (F \downarrow G) \downarrow (F \downarrow G)$$
$$\neg F \Leftrightarrow F|F \Leftrightarrow F \downarrow F$$

Diese Tatsache ist besonders wichtig für den Entwurf logischer Schaltungen. Sie besagt, dass eine einzige Sorte von Bauteilen, nämlich das NAND-Gatter oder das NOR-Gatter, genügt, um sämtliche logische Schaltungen zu realisieren.

Es folgen einige Beispiele für das „Rechnen" mit logischen Formeln.

Beispiel 1.3

a) Die Formel $\neg(p \rightarrow q)$ soll vereinfacht werden:

$$\neg(p \rightarrow q) \overset{⓫}{\Leftrightarrow} \neg(\neg p \vee q) \overset{❹}{\Leftrightarrow} \neg\neg p \wedge \neg q \overset{❿}{\Leftrightarrow} p \wedge \neg q\,.$$

b) Die Formel $p \wedge (p \rightarrow q)$ soll vereinfacht werden:

$$p \wedge (p \rightarrow q) \overset{⓫}{\Leftrightarrow} p \wedge (\neg p \vee q) \overset{❸}{\Leftrightarrow} (p \wedge \neg p) \vee (p \wedge q) \overset{❾}{\Leftrightarrow} 0 \vee (p \wedge q) \overset{❽}{\Leftrightarrow} p \wedge q\,.$$

Beispiel 1.4 Die Schaltjahrformel

Wir versuchen nun, die Schaltjahrformel zu vereinfachen. Dazu müssen wir die Konstruktion `if` (p) q `else` r in Aussagenlogik übersetzen. Die Übersetzung lautet:

$$(p \rightarrow q) \wedge (\neg p \rightarrow r)\,.$$

Dies ist selbstverständlich nur möglich, wenn q und r boolesche Ausdrücke sind. Als Spezialfälle erhalten wir für `if` (p) q `else` *false*:

$$(p \rightarrow q) \wedge (\neg p \rightarrow 0) \overset{❶❶}{\Leftrightarrow} (p \rightarrow q) \wedge (\neg\neg p \vee 0) \overset{❿}{\Leftrightarrow} (p \rightarrow q) \wedge (p \vee 0) \overset{❽}{\Leftrightarrow} (p \rightarrow q) \wedge p$$

sowie für `if` (p) q `else` *true*:

$$(p \rightarrow q) \wedge (\neg p \rightarrow 1) \overset{⓫}{\Leftrightarrow} (p \rightarrow q) \wedge (\neg\neg p \vee 1) \overset{❼}{\Leftrightarrow} (p \rightarrow q) \wedge 1 \overset{❽}{\Leftrightarrow} (p \rightarrow q)$$

und schließlich für `if` (p) *true* `else` *false*:

$$(p \rightarrow 1) \wedge (\neg p \rightarrow 0) \overset{⓫}{\Leftrightarrow} (\neg p \vee 1) \wedge (\neg\neg p \vee 0) \overset{❼}{\Leftrightarrow} 1 \wedge (\neg\neg p \vee 0) \overset{❽}{\Leftrightarrow} \neg\neg p \vee 0 \overset{❿}{\Leftrightarrow} p \vee 0 \overset{❽}{\Leftrightarrow} p\,.$$

Wir setzen nun als Abkürzung p_4 := `jahr%4 == 0`, p_{100} := `jahr%100 == 0`, p_{400} := `jahr%400 == 0` und erhalten für den gesamten Ausdruck:

```
if (p4)
  {if (p100)
    {if (p400) {true;}
    else {false;}}
  else {true;}}
else {false;}
```

Den inneren Ausdruck `if (`p_{400}`) {true;} else {false;}` ersetzen wir durch p_{400}:

```
if (p4)
  {if (p100)
    {p400}
  else {true;}
else {false;}
```

Nun ersetzen wir den Ausdruck **if** (p_{100}) $\{p_{400}\}$ **else** {**false**;} durch $p_{100} \rightarrow p_{400}$:

```
if (p4)
  (p100 → p400)
else {false};
```

Im letzten Schritt erhalten wir:

$$(p_4 \rightarrow (p_{100} \rightarrow p_{400})) \wedge p_4\,.$$

Nun vereinfachen wir weiter nach den logischen Gesetzen:

$$
\begin{aligned}
(p_4 \to (p_{100} \to p_{400})) \wedge p_4 &\overset{⓫}{\Leftrightarrow} (\neg p_4 \vee (\neg p_{100} \vee p_{400})) \wedge p_4 \\
&\overset{❸}{\Leftrightarrow} (\neg p_4 \wedge p_4) \vee ((\neg p_{100} \vee p_{400}) \wedge p_4) \\
&\overset{❾}{\Leftrightarrow} 0 \vee ((\neg p_{100} \vee p_{400}) \wedge p_4) \\
&\overset{❽}{\Leftrightarrow} (\neg p_{100} \vee p_{400}) \wedge p_4
\end{aligned}
$$

und zum guten Schluss rückübersetzt in javanesisch:

```
public boolean schaltjahr(int jahr){
  return jahr%4 == 0 && (jahr%100 != 0 || jahr%400 == 0);
}
```

Stimmt das denn nun? Haben wir bei den Umformungen keinen Fehler gemacht? Versuchen wir die Formel wieder in normales Deutsch umzuwandeln: Ein Schaltjahr muss zwei Bedingungen erfüllen: 1. Es muss durch 4 teilbar sein und 2. es darf nicht durch 100 teilbar sein oder es muss durch 400 teilbar sein. Stimmt! ■

Aufgaben zu 1.2

1.9 Bilden Sie die Negation der folgenden Aussagen und formulieren Sie diese möglichst einfach und in gutem Deutsch (also *nicht* nach dem Muster: „Es stimmt nicht, dass Claudia Gitarre und Saxophon spielen kann"):

a) Claudia kann Gitarre und Saxophon spielen.
b) Christoph studiert Mathematik oder Philosophie.
c) Heute abend gehe ich entweder ins Kino oder ins Theater.
d) Wenn Sonja älter als Paul ist, dann ist sie auch älter als Christoph.
e) Jeder Student ist arm.

1.10 Welche der folgenden Formeln sind Tautologien, welche sind Kontradiktionen?

a) $p \to (q \to p)$
b) $p \vee (p \to q)$
c) $q \vee (p \to q)$
d) $p \wedge \neg q \wedge (p \to q)$

1.11 Beweisen Sie, dass die Formeln F und G jeweils äquivalent sind.

	F	G
a)	$p \to q$	$\neg q \to \neg p$
b)	$p \leftrightarrow q$	$(p \wedge q) \vee (\neg p \wedge \neg q)$

c)	$\neg(p \leftrightarrow q)$	$\neg p \leftrightarrow q$
d)	$p \to (q \to r)$	$p \wedge q \to r$

1.12 Beweisen Sie, dass die Formel G jeweils eine Konsequenz von F ist.

	F	G
a)	$(p \to q) \wedge (q \to r)$	$p \to r$
b)	$\neg(p \to q)$	p
c)	q	$p \to q$
d)	$p \wedge (p \to q)$	q

1.13 Vereinfachen Sie folgende Formeln mithilfe der Regeln für logische Formeln.

a) $p \to (p \to q)$
b) $p \vee (q \wedge \neg p)$
c) $(p \wedge q) \vee (\neg p \wedge q)$
d) $p \wedge (q \vee (r \wedge p))$
e) $p \wedge (q \vee (r \wedge \neg p))$

1.14 Vereinfachen Sie den folgenden Ausdruck:

```
if (p)
  {if (q) {p} else {false;}}
else {if (!q) {false;} else {true;}}
```

1.3 Normalformen und Vereinfachung von Formeln

Es gibt noch einen anderen Weg als den soeben beschriebenen, um die Schaltjahrformel aufzustellen. Man könnte für jede Kombination von Wahrheitswerten der drei Basisaussagen p_4, p_{100} und p_{400} aufschreiben, ob die Schaltjahrformel wahr oder falsch sein müsste. Ist beispielsweise p_4 wahr, p_{100} wahr und p_{400} falsch, so ist das Jahr kein Schaltjahr. Auf diese Weise konstruiert man die komplette Wahrheitstafel der Formel (die man ja als Formel noch gar nicht kennt).

Aufgabe Konstruieren Sie auf die genannte Weise die Wahrheitstafel der Schaltjahrformel F_S.

Lösung

p_4	p_{100}	p_{400}	F_S
0	0	0	0
0	0	1	–
0	1	0	–

p_4	p_{100}	p_{400}	F_S
0	1	1	–
1	0	0	1
1	0	1	–
1	1	0	0
1	1	1	1

Die Striche bedeuten, dass die zugehörige Kombination von Wahrheitswerten der Basisaussagen gar nicht möglich ist. Ist etwa p_{400} wahr, so kann p_{100} gar nicht falsch sein. ■

Bislang haben wir zu einer gegebenen Formel die Wahrheitstafel aufgestellt. Nun gehen wir den umgekehrten Weg und konstruieren aus der Wahrheitstafel die (besser gesagt, *eine*) Schaltjahrformel. Zu diesem Zweck betrachten wir die beiden Zeilen, in denen F_S wahr ist. In der fünften Zeile lässt sich folgende Formel ablesen:

$$p_4 \wedge \neg p_{100} \wedge \neg p_{400} .$$

Das ist der Schaltjahrfall, in dem das Jahr durch 4, aber nicht durch 100 und nicht durch 400 teilbar ist. Dieser Fall lässt sich noch einfacher beschreiben durch „Das Jahr ist durch 4, aber nicht durch 100 teilbar", denn in diesem Fall folgt automatisch, dass es auch nicht durch 400 teilbar sein kann. Die Formel reduziert sich damit zu

$$p_4 \wedge \neg p_{100} .$$

Aus der achten Zeile folgt:

$$p_4 \wedge p_{100} \wedge p_{400} .$$

Wenn p_{400} wahr ist, dann sind auch p_{100} und p_4 wahr. Die Formel in Zeile 8 reduziert sich dann zu p_{400}.

Insgesamt ergibt sich folgende Schaltjahrformel:

$$(p_4 \wedge \neg p_{100}) \vee p_{400} .$$

Dies bedeutet rückübersetzt in Alltagssprache, dass es zwei Schaltjahrfälle gibt. Fall 1: Ist das Jahr durch 4 teilbar, aber nicht durch 100, dann ist es ein Schaltjahr. Fall 2: Ist das Jahr durch 400 teilbar, so ist es ein Schaltjahr.

Diese Formel unterscheidet sich von der in Beispiel 1.3 erarbeiteten Formel. Die beiden Formeln sind jedoch logisch äquivalent, wenn man wieder die Abhängigkeiten zwischen den Formeln p_{400}, p_{100} und p_4 berücksichtigt.

Beispiel 1.5 Ein Kriminalfall

Inspektor Quak hat drei Männer, A, B und C, unter Verdacht auf einen Einbruch verhaftet. Fest steht, dass mindestens einer der Drei an der Tat beteiligt war, und dass außer den Dreien niemand als Täter infrage kommt. Der Inspektor kennt seine Pappenheimer und weiß:

- Sowohl A als auch B „arbeiten" nie allein.
- B arbeitet nur dann mit A zusammen, wenn auch C dabei ist.

Wir erstellen die Wahrheitstafel. Dabei bedeutet p_A: A ist schuldig, p_B: B ist schuldig, p_C: C ist schuldig. Die Formel F beschreibt einen möglichen Tathergang.

p_A	p_B	p_C	F	
0	0	0	0	
0	0	1	1	$\neg p_A \wedge \neg p_B \wedge p_C$
0	1	0	0	
0	1	1	1	$\neg p_A \wedge p_B \wedge p_C$
1	0	0	0	
1	0	1	1	$p_A \wedge \neg p_B \wedge p_C$
1	1	0	0	
1	1	1	1	$p_A \wedge p_B \wedge p_C$

Daraus ergibt sich folgende etwas unübersichtliche Formel:

$$(\neg p_A \wedge \neg p_B \wedge p_C) \vee (\neg p_A \wedge p_B \wedge p_C) \vee (p_A \wedge \neg p_B \wedge p_C) \vee (p_A \wedge p_B \wedge p_C).$$

Bevor wir darangehen, diese Formel zu vereinfachen, halten wir die besondere Form dieser Formel fest. In jeder Zeile der Wahrheitstafel steht eine Konjunktion, in der jede Aussagenvariable genau einmal (negiert oder unnegiert) vorkommt. Wir nennen eine solche spezielle Konjunktion einen *vollständigen Minterm*. Die gesamte Formel ist eine Disjunktion von vollständigen Mintermen. Wir wollen im Folgenden auch unvollständige Minterme zulassen, das sind Minterme, die nicht notwendigerweise alle Aussagevariablen enthalten.

Definition
Disjunktive Normalform

- Ein *Literal* ist eine Aussagenvariable oder deren Negation. Zwei Literale der Form p und $\neg p$ heißen *komplementär*.
- Ein *Minterm* ist eine Konjunktion von Literalen, die jede Aussagenvariable *höchstens einmal* enthält.
- Ein Minterm heißt *vollständig*, wenn er jede Aussagenvariable der Gesamtformel *genau einmal* enthält.
- Ein Formel F heißt in *disjunktiver Normalform (DNF)*, wenn sie eine Disjunktion von unvollständigen Mintermen ist. Sind alle Minterme vollständig, so heißt F in vollständiger DNF.

Dabei ist zu beachten, dass eine Konjunktion und eine Disjunktion auch aus nur einem einzigen Literal bestehen kann! Beispiele für Formeln in DNF sind:

$$p\,,\ \neg q\,,\ (p \wedge q \wedge r) \vee (\neg p \wedge \neg q \wedge \neg r)\,,\ p \vee q\,,\ p \vee (\neg q \wedge r)\,.$$

Die ersten drei Formeln sind sogar in vollständiger DNF, die beiden letzten dagegen nicht. Welche Bedeutung hat die Einschränkung, dass ein Minterm jede Aussagenvariable höchstens einmal enthält? Das heißt, dass folgende Fälle ausgeschlossen sind:

- identische Literale, etwa $p \wedge q \wedge p \wedge r$,
- komplementäre Literale, etwa $p \wedge \neg q \wedge \neg p \wedge r$.

Im ersten Fall kann man nämlich eines der beiden Literale löschen, im zweiten Fall ist der ganze Minterm äquivalent zur Kontradiktion und kann daher in der Endformel vernachlässigt werden. Wenn Sie die disjunktive Normalform aus der Wahrheitstafel heraus erstellen, können die beiden genannten Fälle sowieso nicht auftreten.

Die Definition der *konjunktiven Normalform* (KNF) erhalten Sie, indem Sie in der obigen Definition der DNF einfach jeweils „Konjunktion" durch „Disjunktion" und „Minterm" durch „Maxterm" ersetzen und umgekehrt. Beispiele für Formeln in KNF erhalten Sie, indem Sie in den obigen Beispielen die Zeichen $\vee$ und $\wedge$ vertauschen.

Das Verfahren, mit dem man aus der Wahrheitstafel einer Formel die konjunktive Normalform abliest, funktioniert analog zum Verfahren zur Erstellung der DNF. Wir zeigen dies am Beispiel unseres Kriminalfalles. Dieses Mal betrachten wir ausschließlich die Zeilen, in denen die Formel falsch ist:

p_A	p_B	p_C	F	
0	0	0	0	$p_A \vee p_B \vee p_C$
0	0	1	1	
0	1	0	0	$p_A \vee \neg p_B \vee p_C$
0	1	1	1	
1	0	0	0	$\neg p_A \vee p_B \vee p_C$
1	0	1	1	
1	1	0	0	$\neg p_A \vee \neg p_B \vee p_C$
1	1	1	1	

Die erste Zeile besagt: Sind p_A, p_B, p_C alle falsch, so ist auch die Gesamtformel F falsch. Damit F überhaupt wahr sein kann, muss also p_A oder p_B oder p_C wahr sein (mindestens einer der Drei war an der Tat beteiligt).

Auf diese Weise erhalten wir die Formel:

$$(p_A \vee p_B \vee p_C) \wedge (p_A \vee \neg p_B \vee p_C) \wedge (\neg p_A \vee p_B \vee p_C) \wedge (\neg p_A \vee \neg p_B \vee p_C).$$

Es gibt zwei grundsätzliche Möglichkeiten, eine gegebene Formel in disjunktive oder konjunktive Normalform überzuführen: Zum einen mithilfe der Wahrheitstafelkonstruktion, zum anderen durch Anwendung der „Rechenregeln". Wir zeigen ein Beispiel für den zweiten Weg.

Beispiel 1.6 Transformation in DNF

Die Formel $p \wedge (q \vee (p \wedge \neg r))$ soll mithilfe der Rechenregeln aus Tabelle 1-1 (▶ Seite 19) in DNF transformiert werden:

$$p \wedge (q \vee (p \wedge \neg r)) \overset{\text{❸}}{\Leftrightarrow} (p \wedge q) \vee (p \wedge p \wedge \neg r) \overset{\text{❻}}{\Leftrightarrow} (p \wedge q) \vee (p \wedge \neg r)\,.$$

Alternativ wäre auch folgende Rechnung möglich gewesen:

$$p \wedge (q \vee (p \wedge \neg r)) \overset{\text{❸}}{\Leftrightarrow} p \wedge (q \vee p) \wedge (q \vee \neg r) \overset{\text{❺}}{\Leftrightarrow} p \wedge (q \vee \neg r) \overset{\text{❸}}{\Leftrightarrow}$$
$$(p \wedge q) \vee (p \wedge \neg r)\,.$$

KV-Diagramme zur Vereinfachung von Formeln

Im Kriminalfall aus Beispiel 1.5 war zuletzt folgende recht unübersichtliche Formel entstanden:

$$(\neg p_A \wedge \neg p_B \wedge p_C) \vee (\neg p_A \wedge p_B \wedge p_C) \vee (p_A \wedge \neg p_B \wedge p_C) \vee (p_A \wedge p_B \wedge p_C)\,.$$

Unser nächstes Ziel ist es, diese Formel zu vereinfachen, in der Hoffnung, dann den oder die Täter entlarven zu können. Die Grundregel zur Vereinfachung von Formeln in konjunktiver oder disjunktiver Normalform lautet:

> *Eine Formel in DNF oder KNF kann nur dann vereinfacht werden, wenn sie komplementäre Literale enthält.*

Die Formel $(p \wedge \neg q) \vee (p \wedge r)$ beispielsweise kann nicht weiter vereinfacht werden. Handelt es sich jedoch um eine vollständige DNF – was auf die aus der Wahrheitstafel abgelesene Form stets zutrifft – so gibt es stets komplementäre Literale, vorausgesetzt, es ist mehr als ein Minterm vorhanden. Es sei angemerkt, dass die komplementären Literale aufgrund der Definition eines Minterms in unterschiedlichen Mintermen auftreten müssen.

Aber nicht jede DNF-Formel, die komplementäre Literale enthält, lässt sich auch vereinfachen. Beispielsweise kann die Formel $(p \wedge \neg q) \vee (\neg p \wedge q)$ trotz komplementärer Literale nicht weiter vereinfacht werden.

In obiger Formel sind jedenfalls genügend komplementäre Literale vorhanden, die Anlass zur Vereinfachung geben. Wir wollen im Folgenden das Verfahren von Karnaugh und Veitch[1] zur Vereinfachung von DNF- bzw. KNF-Formeln vorstellen. Das Verfahren geht von einer vollständig ausgefüllten Wahrheitstafel aus. Diese Wahrheitstafel wird in ein rechteckiges Schema – das sogenannte KV-Diagramm – der Größe 4, 8, 16 ... je nach der Anzahl n der beteiligten Aussagenvariablen umgewandelt. Die folgende Abbildung zeigt jeweils Wahrheitstafel und das zugeord-

1. ▶ http://de.wikibooks.org/wiki/Karnaugh-Veitch-Diagramm. Eine Visualisierung des Verfahrens finden Sie unter http://wwwiaim.ira.uka.de/users/asfour/TI/KVD/

nete KV-Diagramm für $n = 2$. Die Ziffern ❶ bis ❹ geben an, an welcher Stelle die Zeilen der Wahrheitstafel im KV-Diagramm untergebracht werden.

p	q	F
0	0	❶
0	1	❷
1	0	❸
1	1	❹

	$\neg q$	q
$\neg p$	❶	❷
p	❸	❹

Um die Einträge des KV-Diagramms in Minterme zu übersetzen, fasst man so viele nebeneinanderstehende Einsen wie möglich zusammen. Wir betrachten folgende Wahrheitstafel (links):

p	q	F
0	0	0
0	1	1
1	0	1
1	1	1

	$\neg q$	q
$\neg p$	0	1
p	1	1

Wir tragen zunächst die Wahrheitswerte der Formel F in das KV-Diagramm ein (rechts). Nun werden benachbarte Einsen zusammengefasst.

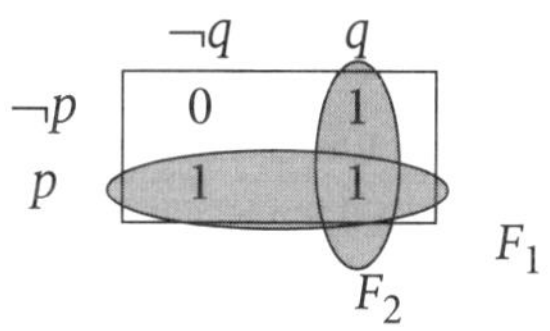

$F_1 = p$

$F_2 = q$

$F = p \vee q$

Die beiden nebeneinanderstehenden Einsen an Position 3 und 4 entsprechen der Formel:

$$F_1 = (p \wedge \neg q) \vee (p \wedge q) \Leftrightarrow p \wedge (\neg q \vee q) \Leftrightarrow p\,.$$

Die beiden nebeneinander stehenden Einsen an Position 2 und 4 entsprechen der Formel:

$$F_2 = (\neg p \wedge q) \vee (p \wedge q) \Leftrightarrow (\neg p \vee p) \wedge q \Leftrightarrow q\,.$$

Insgesamt ergibt sich die vereinfachte disjunktive Normalform $p \vee q$.

Ein KV-Diagramm mit 3 Variablen p, q und r ist stets folgendermaßen aufgebaut:

p	q	r	F
0	0	0	❶
0	0	1	❷
0	1	0	❸
0	1	1	❹
1	0	0	❺

	$\neg q$	q	
$\neg p$	❶	❸	$\neg r$
p	❺	❼	$\neg r$
p	❻	❽	r
$\neg p$	❷	❹	r

1	0	1	❻
1	1	0	❼
1	1	1	❽

Das KV-Diagramm ist so gemacht, dass sich zwei benachbarte Felder stets um genau eine Variable unterscheiden. Ziel des Verfahrens ist es, so viele nebeneinanderstehende Einsen wie möglich zusammenzufassen. Dabei ist Folgendes zu beachten:

- Es sollen so viele Einsen wie möglich zusammengefasst werden. In einem 3er-Diagramm können jeweils 2, 4 oder 8 Einsen zusammengefasst werden.
- Zwei Felder sind „benachbart", wenn sie sich in genau einem komplementären Literal unterscheiden. In diesem Sinne sind auch die beiden Felder links oben (❶) und links unten (❷) benachbart, weil sie sich im komplementären Literal (r bzw. $\neg r$) unterscheiden. Dasselbe gilt für die beiden Felder ❸ und ❹. Stellen Sie sich einfach vor, der obere und der untere Rand des Diagramms wären zusammengeklebt.

Wir betrachten dazu folgendes Beispiel mit drei Variablen:

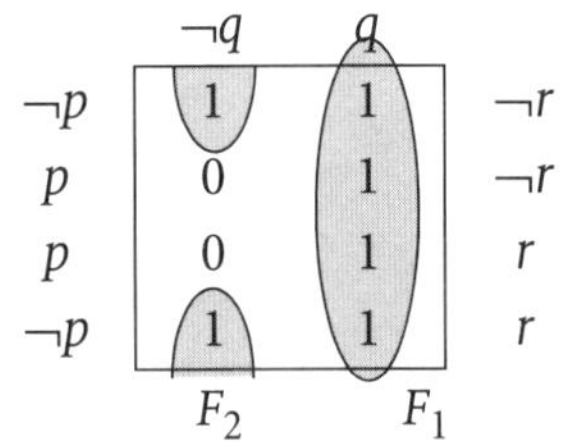

$F_1 = q$

$F_2 = \neg p \wedge \neg q$

$F = q \vee (\neg p \wedge \neg q)$

Die Zusammenfassung ergibt:

- In der rechten Spalte können 4 Einsen zur Formel $F_1 = q$ zusammengefasst werden.
- Die beiden Felder links oben $(\neg p \wedge \neg q \wedge \neg r)$ und links unten $(\neg p \wedge \neg q \wedge r)$ werden zur Formel $F_2 = \neg p \wedge \neg q$ zusammengefasst.

Nun kommen wir zur Lösung unseres Kriminalfalls (▶ Beispiel 1.5 auf Seite 23):

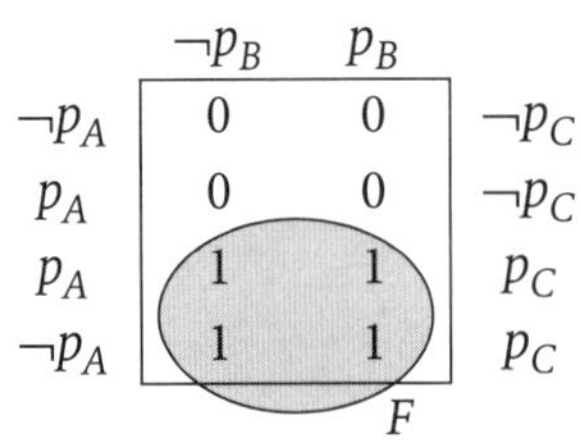

$F = p_C$

Hier können vier Einsen zur Formel $F = p_C$ zusammengefasst werden. Das bedeutet: C ist der Täter – doch halt, was heißt „*der* Täter"? Die Formel p_C sagt ja gar nichts aus über A und B. Beide können schuldig oder unschuldig sein. Inspektor

Quak kann daher lediglich C überführen. Die beiden anderen muss er laufen lassen, weil er ihnen nichts nachweisen kann.

Schließlich noch ein Diagramm mit vier Variablen:

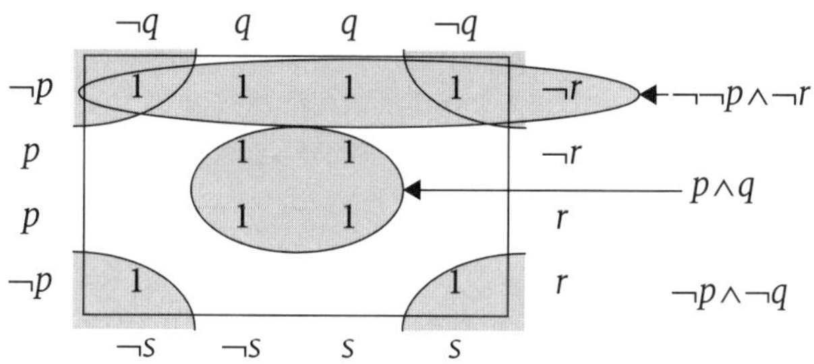

Der Minterm $\neg p \wedge \neg q$ entsteht durch Zusammenfassung der Einsen in den vier Ecken. Die Gesamtformel ergibt sich zu:

$$(p \wedge q) \vee (\neg p \wedge \neg q) \vee (\neg p \wedge \neg r)\,.$$

Man hätte auch alternativ statt der vier Einsen in der ersten Reihe die vier Einsen in der Mitte oben zu $q \wedge \neg r$ zusammenfassen können und hätte dann die Gesamtformel

$$(p \wedge q) \vee (\neg p \wedge \neg q) \vee (q \wedge \neg r)$$

erhalten.

Wozu kann man das Verfahren gebrauchen, außer zur Lösung von Kriminalrätseln?

Logische Schaltungen

Eine wichtige Anwendung der dargestellten Verfahren zur Vereinfachung logischer Formeln ist der Entwurf logischer Schaltungen. In diesem Kontext spricht man von *booleschen Funktionen* anstelle von Formeln und benutzt auch eine andere Schreibweise. Die Konjunktion wird durch den Maloperator (·), die Disjunktion durch das Plus (+) und die Negation durch einen Überstrich (¯) dargestellt. Die Formel

$$(p \wedge \neg q) \vee (\neg p \wedge q \wedge r) \vee q$$

schreibt sich dann folgendermaßen:

$$p \cdot \bar{q} + \bar{p} \cdot q \cdot r + q$$

bzw. noch einfacher

$$p\bar{q} + \bar{p}qr + q\,,$$

weil der Malpunkt weggelassen wird.

Wir wollen diese Schreibweise hier jedoch nicht weiter verfolgen.

Die logischen Verknüpfungen werden technisch durch sogenannte *Gatter* realisiert. Dabei werden an einem oder mehreren Eingängen Spannungszustände angelegt. Meist entspricht die logische Konstante 0 (falsch) einer geringen Spannung und die logische Konstante 1 (wahr) einer hohen Spannung.

Logikgatter können auf vielfältige Weise realisiert werden. Die ersten Logikgatter, die Charles Babbage[1] in seiner *Analytical Engine* verbaute, waren mechanischer Natur. Später wurden elektromagnetische Relais verwendet, und heutzutage werden Gatter elektronisch implementiert, können aber auch optisch oder auf Molekularebene realisiert werden.

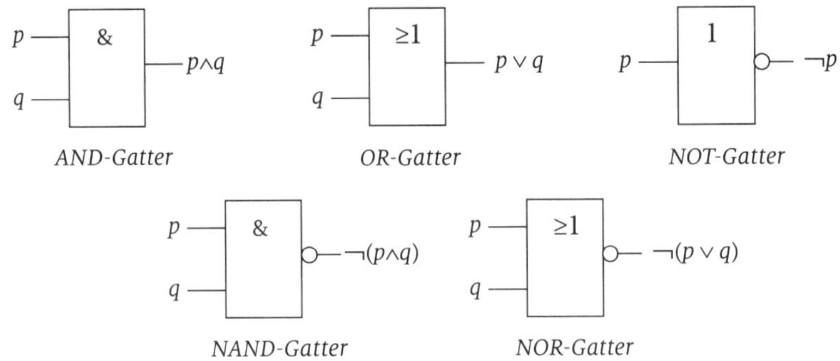

Abb. 1-1
Einige Logikgatter

In Schaltplänen werden Gatter durch ihre Schaltsymbole dargestellt. Die Schaltsymbole einiger gebräuchlicher Gatter sind in Abbildung 1-1 dargestellt. Besonders wichtig ist das NAND-Gatter, denn mit ihm kann jede komplexe Schaltung aufgebaut werden. Das Gleiche gilt für das NOR-Gatter. Den Beweis dafür haben wir auf Seite 19 geführt (▶ Tabelle 1-1), wo wir die Konjunktion, Disjunktion und Negation durch den Sheffer- bzw. den Peirce-Operator komplett ersetzt haben.

Die Grundgatter können zu komplexen Schaltungen zusammengebaut werden. In Schaltplänen symbolisiert man vor- oder nachgelagerte NOT-Gatter meist mit einem Kreis am Ein- oder Ausgang (▶ Abbildung 1-2).

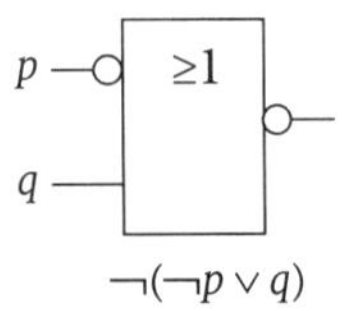

Abb. 1-2
Vereinfachte Darstellung vor- und nachgelagerter NOT-Gatter

Beispiel 1.7 Das folgende Beispiel zeigt, wie die Addition zweier Binärzahlen x und y mit logischen Gattern realisiert werden kann.

Nehmen wir zunächst an, es handelt sich um einstellige Binärzahlen x und y. Es gibt 4 Möglichkeiten:

$$0+0 = 0\,,\; 0+1 = 1\,,\; 1+0 = 1\,,\; 1+1 = 10\,.$$

Sind beide Zahlen gleich 1, so entsteht ein Übertrag. Die Schaltung benötigt deshalb zwei Ausgänge: Einen Ausgang s für das Summenbit (das niedrigerwertige

1. Charles Babbage (1791–1871), englischer Mathematiker, Philosoph und Erfinder

Bit) und einen Ausgang *ü* für das Übertragsbit (das höherwertigere Bit). Die Wahrheitstafel sieht dann folgendermaßen aus:

x	y	$ü$	s
0	0	0	0
0	1	0	1
1	0	0	1
1	1	1	0

Die disjunktive Normalform lässt sich direkt ablesen:

$$ü = x \wedge y$$

$$s = (\neg x \wedge y) \vee (x \wedge \neg y)\,.$$

Diese Formeln lassen sich mit der KV-Methode nicht mehr vereinfachen. Die Realisierung des sogenannten *Halbaddierers* mit Gattern ist in Abbildung 1-3 links dargestellt.

Der Halbaddierer hat zwei Eingänge, *x* und *y*, und zwei Ausgänge, *s* und *ü*. Für die Addition mehrstelliger Binärzahlen benötigt man sogenannte *Volladdierer*, die den Übertrag der niedrigerwertigen Stelle mit verarbeiten. Der Volladdierer benötigt daher einen zusätzlichen Eingang $ü_{Ein}$ für den Übertrag der niedrigwertigeren Stelle.

Für die Addition *n*-stelliger Binärzahlen benötigt man einen Halbaddierer für die niedrigstwertige Stelle und *n*–1 Volladdierer für die restlichen Stellen. Die Realisierung ist in Abbildung 1-3 rechts dargestellt.

Aufgaben zu 1.3

1.15 Bringen Sie die „zwei aus drei"-Formel in konjunktive und in disjunktive Normalform und vereinfachen Sie anschließend mithilfe eines KV-Diagramms. Die Formel besagt, dass von drei Aussagevariablen *p*, *q* und *r* mindestens zwei wahr sind.

1.16 Realisieren Sie die Schaltung eines Volladdierers.

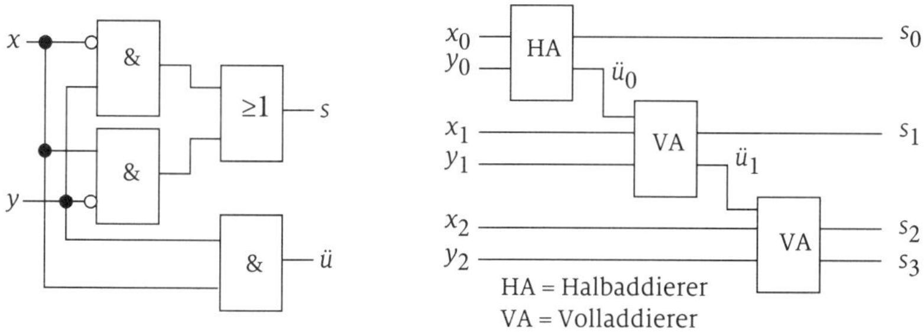

Abb. 1-3
Schaltung eines Halbaddierers (links) Addierwerk für 3-stellige Binärzahlen (rechts)

1.17 Realisieren Sie einen Halbaddierer unter ausschließlicher Verwendung des NAND-Gatters.

1.18 Realisieren Sie die Konjunktion unter ausschließlicher Verwendung des OR- und des NOT-Gatters (vereinfachte Darstellung mit Kreisen an Ein- bzw. Ausgängen).

1.19 Erstellen Sie möglichst einfache Formeln aus den folgenden KV-Diagrammen:

	$\neg q$	q	q	$\neg q$	
$\neg p$		1			$\neg r$
p	1	1	1	1	$\neg r$
p	1	1	1	1	r
$\neg p$		1			r
	$\neg s$	$\neg s$	s	s	

	$\neg q$	q	q	$\neg q$	
$\neg p$		1			$\neg r$
p	1		1		$\neg r$
p		1	1	1	r
$\neg p$			1	1	r
	$\neg s$	$\neg s$	s	s	

1.20 Arno, Britta, Carl und Dörte überlegen, heute Abend auf eine Party zu gehen.

- Arno: „Wenn Carl kommt, komme ich auch!“
- Britta: „Wenn Arno kommt, dann gehe ich auf gar keinen Fall dorthin. Aber wenn er nicht hingeht, dann bin ich mit dabei.“
- Carl: „Ich komme nur, wenn Dörte und Britta auch kommen.“
- Dörte: „Ohne Carl gehe ich auf keinen Fall dorthin.“
- Arno und Dörte wurden noch nie zusammen auf einer Party gesehen.
- Heute Abend ist auf jeden Fall Britta oder Dörte anwesend.

Wer ist auf der Party, wer nicht?

1.21 Inspektor Quak hat wieder drei Männer, *A*, *B* und *C*, unter Verdacht auf einen Einbruch verhaftet. Fest steht, dass mindestens einer der Drei an der Tat beteiligt war, und dass außer den Dreien niemand als Täter infrage kommt. Quak weiß:

- Wenn *A* schuldig ist, dann ist auch *B* schuldig.
- *C* arbeitet nie alleine.
- *A* arbeitet nie mit *C* zusammen.

Wer war's?

1.22 Dieses Mal hat Inspektor Quak vier Männer, *A*, *B*, *C* und *D* verhaftet. Mindestens einer der Vier war an der Tat beteiligt, und sonst kommt niemand als Täter infrage.

- *B* arbeitet nie alleine.

- *A* und *C* arbeiten nie zusammen.
- Wenn *C* schuldig ist, dann ist auch *D* schuldig.
- *D* arbeitet nie alleine, sondern immer nur mit *A* zusammen.

Wer war's?

Programmieraufgaben: Für Prolog-Liebhaber

Logische Schaltungen lassen sich in Prolog sehr einfach implementieren. Die Grundgatter Konjunktion, Disjunktion und Negation werden durch Fakten dargestellt, komplexe Schaltungen durch Klauseln. Beispielsweise lauten die Fakten für die Konjunktion:

```
und(0,0,0).
und(0,1,0).
und(1,0,0).
und(1,1,1).
```

Disjunktion und Negation werden analog realisiert.

Der Halbaddierer setzt sich nun folgendermaßen aus den Prädikaten `und`, `oder` und `nicht` zusammen:

```
halbaddierer(X,Y,S,C) :-
  nicht(X,NX),
  nicht(Y,NY),
  und(NX,Y,A),
  und(X,NY,B),
  oder(A,B,S),
  und(X,Y,C).
```

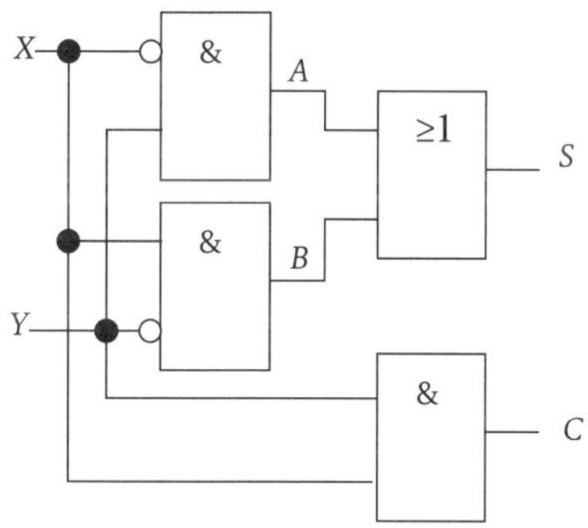

Beispiel:

```
?- halbaddierer(1,1,S,C).
S = 0, C = 1
```

1.23 Realisieren Sie einen Volladdierer in Prolog (unter Verwendung der Prozedur `halbaddierer`).

1.24 Realisieren Sie ein Addierwerk für vierstellige Binärzahlen in Prolog.

1.4 Beweisverfahren

Mathematische Beweise sind nach den Regeln der Logik aufgebaut. Die Logik formalisiert und strukturiert den Beweis, sie hilft uns jedoch nicht, den Beweis zu finden. Wie man ganz allgemein einen Beweis findet, dafür gibt es weder ein Kochrezept noch eine Gebrauchsanweisung. Es gibt jedoch einige allgemeine Beweisprinzipien, die in vielen Fällen wenigstens die ersten Beweisschritte nahelegen können.

Der direkte Beweis

Der folgende Satz soll bewiesen werden:

Für alle nichtnegativen reellen Zahlen gilt: $\frac{a+b}{2} \geq \sqrt{ab}$.

Der Term auf der linken Seite ist das *arithmetische Mittel* der beiden Zahlen a und b, der Term auf der rechten Seite das sogenannte *geometrische Mittel*.

Wie beweist man einen solchen Satz? Ich möchte Ihnen folgende Herangehensweise ans Herz legen: Formen Sie die Terme einfach mal um, auch wenn es zunächst sinnlos erscheint, in der Hoffnung, dass sich der Beweis schließlich von selbst ergibt. Lassen Sie uns einfach anfangen:

$$\begin{aligned}
\frac{a+b}{2} \geq \sqrt{ab} \quad & \Rightarrow a+b \geq 2\sqrt{ab} \\
& \Rightarrow (a+b)^2 \geq 4ab \\
& \Rightarrow a^2 + 2ab + b^2 \geq 4ab \\
& \Rightarrow a^2 - 2ab + b^2 \geq 0 \\
& \Rightarrow (a-b)^2 \geq 0 .
\end{aligned}$$

Der letzte Ausdruck ist ganz sicher wahr, denn ein Quadrat einer reellen Zahl ist stets größer oder gleich 0. Viele Studierende argumentieren nun so: Ich habe aus der Behauptung des Satzes etwas Wahres abgeleitet, also ist der Satz wahr. Aber das stimmt nicht! Das, was da steht, ist in dieser Form *kein* Beweis für unseren Satz! Warum nicht? Schauen wir uns die logische Struktur an. Wir starteten mit der Aussage $\frac{1}{2}(a+b) \geq \sqrt{ab}$. Nennen wir diese Aussage p. Aus p haben wir in mehreren Schritten die wahre Aussage $(a-b)^2 \geq 0$ abgeleitet. Das ist aber leider überhaupt nichts wert, denn man kann aus jeder beliebigen Aussage eine wahre Aussage ableiten. Mit der obigen „Beweistechnik" könnte man beispielsweise auch „beweisen", dass $1 = 2$ ist:

$$\begin{aligned}
1 = 2 \mid \cdot 2 \quad & \Rightarrow 2 = 4 \mid -3 \\
& \Rightarrow -1 = 1 \mid \textit{quadrieren} \\
& \Rightarrow 1 = 1 .
\end{aligned}$$

Sie sehen, dieser „Beweis" ist das Papier nicht wert, auf dem er geschrieben steht. Die logische Struktur dieser Ableitung ist $p \to 1$. Wegen

$$p \to 1 \overset{⓫}{\Leftrightarrow} \neg p \vee 1 \overset{❼}{\Leftrightarrow} 1$$

ist die Formel $p \to 1$ eine Tautologie.

Nichtsdestominder steckt in der obigen Ableitung der Schlüssel zum Beweis. Man muss nur die Abfolge der Beweisschritte umstellen! Man muss den Pseudobeweis vom Kopf auf die Füße stellen: Wir starten mit dem Schluss, das heißt, mit der wahren Aussage $(a-b)^2 \geq 0$ und leiten ab:

$$\begin{aligned}(a-b)^2 \geq 0 \quad &\Rightarrow a^2 - 2ab + b^2 \geq 0\\ &\Rightarrow a^2 + 2ab + b^2 \geq 4ab\\ &\Rightarrow (a+b)^2 \geq 4ab\\ &\Rightarrow a+b \geq 2\sqrt{ab}\\ &\Rightarrow \frac{a+b}{2} \geq \sqrt{ab}\,.\end{aligned}$$

Nun hat der Beweis die Struktur: $q \Rightarrow p$, wobei q eine wahre Aussage ist. Wir haben damit bewiesen, dass $1 \rightarrow p$ wahr ist. Es gilt:

$$1 \rightarrow p \Leftrightarrow \neg 1 \vee p \Leftrightarrow 0 \vee p \Leftrightarrow p\,.$$

Somit haben wir bewiesen, dass p wahr ist. Damit haben wir die korrekte Struktur des Beweises gefunden. Und in dieser Form werden Sie den Beweis oft in Mathematiklehrbüchern finden. So weit, so gut. Jetzt versetzen Sie sich aber bitte zurück in einen Leser, der von all den Überlegungen, die wir soeben gemacht haben, nichts weiß. Sie lesen den obigen Beweis und können ihn sicherlich auch nachvollziehen. Aber Sie werden sich zu Recht fragen: Wie kommt man bloß darauf, mit dem Ausdruck $(a-b)^2$ zu starten? Wir haben hier also einen gewissen Konflikt zwischen der formal korrekten Darstellung des Beweises und der Vermittlung der Beweisidee bzw. der Findung des Beweises.

Es gibt eine Möglichkeit, den Konflikt beizulegen. Wir haben insgesamt zwei Implikationsrichtungen bewiesen: Zuerst $p \Rightarrow q$ (leider nutzlos) und dann $q \Rightarrow p$ (zielführend). Zusammen ergibt das die Äquivalenz $p \Leftrightarrow q$. Wir können daher den Beweis folgendermaßen formulieren:

$$\begin{aligned}\frac{a+b}{2} \geq \sqrt{ab} \quad &\Leftrightarrow a+b \geq 2\sqrt{ab}\\ &\Leftrightarrow (a+b)^2 \geq 4ab\\ &\Leftrightarrow a^2 + 2ab + b^2 \geq 4ab\\ &\Leftrightarrow a^2 - 2ab + b^2 \geq 0\\ &\Leftrightarrow (a-b)^2 \geq 0\,.\end{aligned}$$

Dieser Beweis ist formal korrekt und lässt gleichzeitig noch den Weg erkennen, wie er gefunden wurde.

An welcher Stelle haben wir eigentlich die Voraussetzung benutzt, dass a und b nicht negativ sein dürfen? Klar, wenn eine der beiden Zahlen negativ und die andere positiv ist, so ist ab negativ und dann ist die Wurzel nicht definiert. Aber was ist, wenn a und b beide negativ sind? Nun, überzeugen wir uns zunächst davon, dass der Satz in diesem Fall tatsächlich falsch ist: Wir wählen $a = -1$ und $b = -9$. Dann ist das arithmetische Mittel gleich -5 und das geometrische Mittel ist gleich 3, und damit ist die Aussage des Satzes falsch.

> Um zu zeigen, dass ein Satz der Form „Für alle x gilt ...“ falsch ist, brauchen Sie nur ein einziges Gegenbeispiel zu finden.
>
> Um zu zeigen, dass er wahr ist, genügen ein oder mehrere Beispiele nicht.

An welcher Stelle in der Beweisführung ging jedoch die Voraussetzung $a \geq 0$ und $b \geq 0$ ein? Das sollen Sie in Aufgabe 1.25 selbst herausfinden.

Beweis durch Fallunterscheidung

Bei diesem Beweisprinzip werden zwei oder mehr Fälle separat untersucht und in jedem Fall wird ein Beweis geführt. Wichtig dabei ist, dass die Fallunterscheidung vollständig ist, das heißt, dass kein Fall vergessen wurde.

Beispiel 1.8 Folgender Satz soll bewiesen werden:

Für alle ganzen Zahlen n ist der Ausdruck $n^2 + n$ eine gerade Zahl.

Beweis: Wir unterscheiden zwei Fälle:

- Fall 1: n ist gerade. Dann ist n^2 ebenfalls gerade und $n^2 + n$ ist als Summe zweier gerader Zahlen auch gerade.
- Fall 2: n ist ungerade. Dann ist n^2 ebenfalls ungerade und $n^2 + n$ ist als Summe zweier ungerader Zahlen gerade.

In beiden Fällen wurde die Aussage bewiesen. Die beiden Fälle decken alle Möglichkeiten ab. Diesem Beweisprinzip liegt folgende logische Struktur zugrunde:

$$(A \to B) \wedge (\neg A \to B) \Rightarrow B.$$

Voraussetzung dabei ist, dass die beiden Fälle komplementär sind.

Nebenbei bemerkt gibt es einen zweiten Beweis des obigen Satzes ... – Halt! Wir haben doch schon einen Beweis gefunden – reicht einer etwa nicht aus? Doch, sicher. Ein zweiter Beweis macht den Satz nicht „wahrer“. Aber schauen Sie sich den Beweis erst einmal an:

Beweis: Es gilt $n^2 + n = n(n+1)$. Dies ist ein Produkt aus zwei aufeinanderfolgenden ganzen Zahlen, von denen eine gerade und eine ungerade ist. Dann ist auch das Produkt gerade.

Stimmen Sie mit mir überein, dass dieser Beweis schöner, eleganter, kürzer als jener ist? Es ist daher nicht sinnlos vertane Zeit, nach weiteren Beweisen zu suchen. Für den Satz des Pythagoras[1] gibt es sogar mehrere hundert verschiedene Beweise!

1. Pythagoras von Samos (ca. 570 v. Chr.– 510 v. Chr.), griechischer Philosoph und Mathematiker

Mathematikerinnen und Mathematiker orientieren sich eben in ihrer Arbeit nicht in erster Linie an Nützlichkeitsdenken und an Effizienzkriterien, sondern an Klarheit, Einfachheit und „Schönheit".

Indirekter Beweis (Widerspruchsbeweis)

Dieses Mal hat Inspektor Quak drei Männer *A*, *B* und *C* unter Mordverdacht verhaftet. Fest steht, dass genau einer der Drei die Tat begangen hat. Quak befragt die Beschuldigten.

- *A* sagt: „Ich gestehe alles. Ich war's."
- *B* sagt: „Ich bin unschuldig."
- *C* sagt: „*A* ist unschuldig."

Quak weiß, dass nur einer die Wahrheit gesprochen hat. Wer von den Dreien ist der Täter?

Haben Sie es herausgefunden? Nun, ich gehe jede Wette ein, dass Sie zur Lösung des Rätsels a) eine Fallunterscheidung und b) einen Widerspruchsbeweis durchgeführt haben.

Es gibt genau drei – sich gegenseitig ausschließende – Möglichkeiten:

- *A* sagt die Wahrheit und die beiden anderen lügen,
- *B* sagt die Wahrheit und die beiden anderen lügen,
- *C* sagt die Wahrheit und die beiden anderen lügen.

Fall 1: *A* sagt die Wahrheit, das heißt, er ist tatsächlich schuldig. Dann hat *B* gelogen, und das bedeutet, dass er schuldig ist. Ebenso hat *C* gelogen, und das heißt, dass *A* ebenfalls schuldig ist. Dann wären aber *A* und *B* schuldig, im Widerspruch zur Tatsache, dass *genau einer* der Drei der Täter ist. Also muss *A* gelogen haben.

Fall 2: *B* sagt die Wahrheit. Dann hat *A* gelogen, das heißt, er ist unschuldig. Ferner hat *C* gelogen, woraus folgt, dass *A* schuldig ist. Dies ist ein Widerspruch. Also muss auch *B* gelogen haben.

Fall 3: *C* sagt die Wahrheit. Dann sind die Aussagen von *A* und von *B* falsch, das heißt, *B* ist schuldig und *A* ist unschuldig.

Fall 3 ist der einzige, der nicht in einem Widerspruch endet. Dies beweist, dass *A* unschuldig und *B* schuldig ist, und da genau einer der Drei der Täter ist, muss *C* unschuldig sein. ■

Zugegeben, in diesem Kriminalrätsel geht es um mehr als nur darum, einen Beweis zu finden, denn man weiß noch nicht, was man beweisen will. Aber die Vorgehensweise ist dieselbe wie beim *indirekten Beweis* (auch *Widerspruchsbeweis* genannt): „Was wäre, wenn die Aussage des zu beweisenden Satzes falsch wäre?" Sie können sich das Beweisverfahren auch als Spiel zwischen zwei Parteien vorstellen. *A* behauptet einen Satz *p*. *B* behauptet, *p* sei falsch. *A* zwingt *B*, daraus Schlussfolgerungen zu ziehen, solange bis er sich in Widersprüche verstrickt. In diesem Moment hat *A* gewonnen.

Schauen wir uns einen Beispielbeweis an. Wir beweisen noch einmal den obigen Satz, der besagt, dass das arithmetische Mittel zweier positiver Zahlen größer als deren geometrisches Mittel ist.

Beweis: Was wäre, wenn die Behauptung falsch wäre, das heißt, wenn $\frac{a+b}{2} < \sqrt{ab}$ wäre? Dann wäre:

$$\begin{aligned} \frac{a+b}{2} < \sqrt{ab} \quad &\Rightarrow a+b < 2\sqrt{ab} \\ &\Rightarrow (a+b)^2 < 4ab \\ &\Rightarrow a^2 + 2ab + b^2 < 4ab \\ &\Rightarrow \quad a^2 - 2ab + b^2 < 0 \\ &\Rightarrow (a-b)^2 < 0\,, \end{aligned}$$

und das ist ein Widerspruch, denn ein Quadrat einer reellen Zahl kann nicht negativ sein. Wir haben somit aus der Annahme, dass die Aussage falsch ist, einen Widerspruch abgeleitet. Die Annahme (dass die Aussage falsch ist) ist also falsch. Die Aussage ist daher richtig. Formal logisch: Wir haben abgeleitet $\neg p \to \neg q$, wobei $\neg q$ eine Kontradiktion ist. Wegen $\neg p \to 0 \Leftrightarrow \neg\neg p \vee 0 \Leftrightarrow p$ haben wir die Aussage p bewiesen.

Beachten Sie, dass auch dieser Beweis nach der Reihenfolge vorgeht, in der der Beweis intuitiv gefunden wurde.

Beweis durch vollständige Induktion

Der Beweis durch vollständige Induktion (kurz *Induktionsbeweis*) ist ein spezielles Beweisverfahren, das eng an die Struktur der Menge der natürlichen Zahlen angelehnt ist und nur auf Sätze der Form „Für alle natürlichen Zahlen gilt: ...“ anwendbar ist.

Wir beweisen noch einmal den Satz:

Für alle ganzen Zahlen n ist der Ausdruck $n^2 + n$ eine gerade Zahl,

den wir in Beispiel 1.8 auf Seite 36 mittels Fallunterscheidung bewiesen haben. Dabei beschränken wir uns jedoch auf natürliche Zahlen, das heißt, wir beweisen einen schwächeren Satz. Stellen Sie sich vor, Sie hätten überhaupt keinen Anhaltspunkt, wie Sie vorgehen sollen. In diesem Fall kann es nichts schaden, sich zunächst konkrete Werte anzuschauen. Bilden wir also den Ausdruck $n^2 + n$ für die ersten 6 natürlichen Zahlen einschließlich der 0:

0, 2, 6, 12, 20, 30.

Was sofort auffällt, sind die fortschreitenden Differenzen zwischen den Gliedern dieser Folge: 2, 4, 6, 8, 10 ... Diese sind alle gerade. Daraus ergibt sich folgende Beweisidee: Ich starte mit einer geraden Zahl (0) und addiere dazu eine gerade Zahl: Das Ergebnis bleibt gerade. Dann addiere ich erneut eine gerade Zahl usw. Daraus kann ich schließen, dass alle Zahlen in der Reihe gerade sind.

Was jetzt noch fehlt, ist der Beweis, dass die Differenz zwischen zwei Folgegliedern stets gerade ist. Das n-te Folgeglied lautet $n^2 + n$, das $(n+1)$-te lautet $(n+1)^2 + (n+1)$ und für die Differenz gilt:

$$((n+1)^2 + (n+1)) - (n^2 + n) = 2n + 2 = 2(n+1),$$

und dieser Term ist gerade.

Das allgemeine Prinzip des Induktionsbeweises sieht folgendermaßen aus: Nehmen wir an, wir sollen einen Satz der folgenden Form beweisen:

Satz: Für alle $n \in \mathbb{N}_0$ gilt $A(n)$.

Dabei ist A eine Aussage, die von n abhängt.

Der Induktionsbeweis gliedert sich in folgende Schritte:

- Induktionsstart: Beweise $A(0)$. Dies ist in den meisten Fällen einfach bis trivial.
- Induktionsschritt: Beweise $A(n) \Rightarrow A(n+1)$. Anders formuliert: Wenn die Aussage A für ein beliebiges n gilt (dies nennen wir die *Induktionsannahme*), dann gilt sie auch für $n+1$. Oder nochmal anders formuliert: Wir müssen $A(n+1)$ beweisen unter der Voraussetzung, dass $A(n)$ gilt.

Als nächstes Beispiel beweisen wir den folgenden Satz:

$$\text{Für alle } n \in \mathbb{N} \text{ gilt: } 1 + 2 + 3 + \ldots + n = \frac{n(n+1)}{2}.$$

Der Satz besagt, dass die Summe der ersten n natürlichen Zahlen $\frac{1}{2}n(n+1)$ ergibt. Diesen Satz hat Carl Friedrich Gauß im Alter von neun (!) Jahren bewiesen.

Beweis:

- Induktionsstart: In diesem Fall geht's erst bei 1 los. Die Behauptung $A(1)$ lautet

$$1 = \frac{1(1+1)}{2}, \quad \text{was sicherlich richtig ist.}$$

- Induktionsschritt: Beweise $A(n) \Rightarrow A(n+1)$. Anders formuliert: Wir müssen

$$1 + 2 + 3 + \ldots + n + (n+1) = \frac{(n+1)(n+2)}{2}$$

beweisen unter der Annahme, dass die Summe der ersten n Zahlen $\frac{1}{2}n(n+1)$ ergibt. Das tun wir jetzt:

$$\begin{aligned} \boxed{1 + 2 + 3 + \ldots + n} + (n+1) &= \boxed{\frac{n(n+1)}{2}} + (n+1) \\ &= \frac{n(n+1) + 2(n+1)}{2} \\ &= \frac{(n+1)(n+2)}{2}. \end{aligned}$$

Damit ist der Induktionsbeweis fertig. ■

Die Zahlen der Form $\frac{1}{2}\,n(n+1)$ bilden die Folge 1, 3, 6, 10, 15, 21, 28 ... Diese Zahlen heißen auch *Dreieckszahlen*.

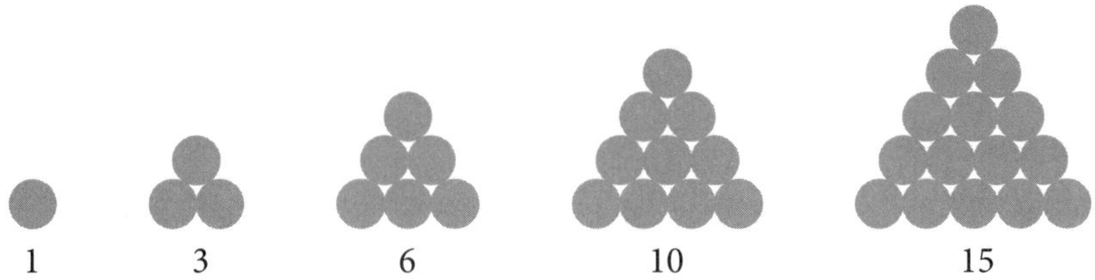

Abb. 1-4
Die Dreieckszahlen

Aufgaben zu 1.4

1.25 Wir haben sowohl mit einem direkten als auch mit einem indirekten Beweis bewiesen, dass $\frac{a+b}{2} \geq \sqrt{ab}$ ist, vorausgesetzt, a und b sind nichtnegative reelle Zahlen. An welcher Stelle ging dabei die Voraussetzung in den Beweis ein? Das heißt, welcher Beweisschritt wird falsch, wenn a und b beide negativ sind?

	8	3
	7	9
4	5	6
??		

1.26 Für Sudoku-Spieler: Führen Sie einen indirekten Beweis dafür, dass an dem mit ?? markierten Feld des nebenstehenden Sudoku-Ausschnitts weder eine 1 noch eine 2 stehen kann.

1.27 Das *harmonische Mittel* zweier positiver Zahlen a und b ist definiert als

$$\frac{2ab}{a+b}.$$

Beweisen Sie mit einem indirekten Beweis, dass das harmonische Mittel von a und b nicht größer ist als das geometrische Mittel $\sqrt{ab}$.

1.28 Inspektor Quak hat wieder drei Männer A, B und C unter Verdacht auf einen Einbruch verhaftet. Quak befragt die Beschuldigten.

- A: „C ist der Täter."
- B: „A lügt."
- C: „A ist der Täter."

Quak weiß, dass genau einer der Drei gelogen hat. Wer war's?

1.29 Berechnen Sie nacheinander 1, $1+3$, $1+3+5$, $1+3+5+7$, $1+3+5+7+9$.

a) Stellen Sie eine Vermutung auf über den Wert der Summe der ersten n ungeraden Zahlen.

b) Beweisen Sie diese Vermutung mittels vollständiger Induktion.

1.30 Berechnen Sie nacheinander 1, $1+2$, $1+2+4$, $1+2+4+8\ldots$

a) Stellen Sie eine Vermutung auf über den Wert der Summe der ersten n Zweierpotenzen.

b) Beweisen Sie diese Vermutung mittels vollständiger Induktion.

Es folgen vier Aufgaben zu den Dreieckszahlen:

1.31 Tanja hat zu ihrem 25. Geburtstag 24 Gäste eingeladen. Nun stoßen alle Anwesenden miteinander mit dem Sektglas an (also jeder mit jedem genau einmal). Wie oft klingen die Gläser?

1.32 Sie sollen einen Stapel von 32 Karten sortieren, und zwar folgendermaßen: Sie arbeiten mit zwei Stapeln: Stapel A ist zunächst leer, Stapel B enthält den ursprünglichen, unsortierten Stapel. Sie nehmen jeweils die oberste Karte von B und fügen sie an die richtige Stelle in Stapel A ein, solange bis Stapel B leer ist (Sortieren durch Einfügen, engl. *insertion sort*). Zum Einfügen der aktuellen Karte (x) in Stapel A blättern Sie Stapel A Karte für Karte durch, solange bis Sie die richtige Stelle zum Einfügen von x gefunden haben. Dabei müssen Sie jedes Mal eine Karte vom Stapel A mit x vergleichen (größer, kleiner oder gleich?).

a) Wie viele Vergleiche benötigt das Verfahren im ungünstigsten Fall?
b) Und wie sieht der ungünstigste Fall überhaupt aus, das heißt, wie muss der Ausgangsstapel angeordnet sein, damit der ungünstigste Fall eintritt?
c) Beantworten Sie Frage a) bei einem Stapel mit n Karten.

1.33 Addieren Sie zwei benachbarte Dreieckszahlen. Was fällt Ihnen auf? Stellen Sie eine Hypothese auf und beweisen Sie diese.

1.34 Beweisen Sie mittels vollständiger Induktion, dass die Summe der ersten n Kubikzahlen gleich dem Quadrat der n-ten Dreieckszahl ist.

2 Mengen und Relationen

2.1 Mengen

In jeder Wissenschaft müssen die verwendeten Begriffe erklärt und möglichst formal definiert werden. Insbesondere in der Mathematik erwarten wir präzise und exakte Definitionen. Was ist eine *Primzahl? Eine Primzahl ist eine natürliche Zahl größer als* 1, *die nur durch* 1 *und sich selbst teilbar ist*. Das ist präzise und für jeden verständlich, der weiß, was „teilbar" bedeutet. Was heißt *teilbar? Eine ganze Zahl a ist durch eine ganze Zahl b teilbar, wenn es eine ganze Zahl n gibt, sodass* $a = n \cdot b$ *ist*. Das versteht jeder, der weiß, was ganze Zahlen sind, und das Multiplikationszeichen kennt. Und so kann man immer weiterfragen, wie es Kinder gerne tun. Aber das kann doch nicht ewig weitergehen?! Irgendwann sind wir bei so einfachen und elementaren Begriffen angelangt, dass es keine noch einfacheren Begriffe gibt, auf die man sie zurückführen könnte.

Ein solch grundlegender und elementarer Begriff der Mathematik ist der Begriff der Menge. Er lässt sich nicht weiter aus noch einfacheren Begriffen definieren. Der Begründer der Mengenlehre, Georg Cantor[I], schrieb den berühmten Satz „Eine Menge ist eine Zusammenfassung von bestimmten wohlunterschiedenen Objekten unserer Anschauung oder unseres Denkens (welche die ‚Elemente' der Menge genannt werden) zu einem Ganzen." Dabei handelt es sich jedoch nicht um eine formale mathematische Definition, denn es wird lediglich ein undefinierter Begriff „Menge" durch einen anderen undefinierten Begriff „Zusammenfassung" ersetzt. Wichtig in dieser Beschreibung ist jedoch das Adjektiv „wohlunterschieden", das besagt, dass keine Elemente einer Menge mehrfach vorkommen.

Die einfachste Art, eine Menge hinzuschreiben, besteht darin, ihre Elemente mit Komma getrennt aufzuzählen und das Ganze in geschweifte Klammern zu packen:

$$M = \{\text{Anne, Boris, Claudia, Dirk}\}.$$

Man könnte auch $M = \{\text{Boris, Anne, Dirk, Claudia}\}$ schreiben. Auf die Reihenfolge, in der wir die Elemente hinschreiben, kommt es nicht an. Sie können sogar

$$M = \{\text{Boris, Anne, Boris, Dirk, Claudia, Anne}\}$$

schreiben. Das wäre nicht falsch, sondern einfach nur ungeschickt.

Wir schreiben $x \in M$, falls x ein Element von M ist, andernfalls $x \notin M$. Im obigen Beispiel gilt etwa Boris $\in M$ und Franziska $\notin M$.

Stellen Sie sich vor, Sie hätten das Amt des Kassenwarts eines Schachvereins zu übernommen. Ihnen obliegt es nun unter anderem, die Mitgliederlisten zu

---

I. Georg Cantor (1845 – 1918), deutscher Mathematiker

führen. Sicherlich ist es sinnvoll, diese irgendwie zu ordnen, beispielsweise alphabetisch nach dem Nachnamen oder nach einer vereinsinternen Mitgliedsnummer. Aber für den Verein an sich, das heißt, für die Menge seiner Mitglieder, spielt es keine Rolle, wie Sie intern Ihre Listen sortiert haben. Natürlich würden Sie keine Mitglieder doppelt eintragen, aber dieser Fehler passiert trotzdem immer wieder. Das ist im Allgemeinen nicht weiter schlimm, es bedeutet allenfalls, dass der- oder diejenige beim nächsten Rundschreiben zwei Briefe bekommt.

Mächtigkeit einer Menge

Die Anzahl der Elemente einer endlichen Menge M heißt *Mächtigkeit* von M und wird mit $|M|$ bezeichnet.

Für die obige Personenmenge M gilt $|M| = 4$.

Das Aufzählungsverfahren zur Darstellung von Mengen funktioniert natürlich nur bei endlichen und insbesondere kleinen Mengen. Schon beim kleinen lateinischen Alphabet wird es lästig, alle Buchstaben aufzuzählen. Wir schreiben stattdessen

$$\{a, b, c, \ldots, z\},$$

in der Hoffnung, dass jeder, der das liest, weiß, was gemeint ist. Alternativ können wir sagen „Die Menge aller Kleinbuchstaben des lateinischen Alphabets". Nehmen wir als weiteres Beispiel an, ich spreche von „der Menge aller Menschen" – ist Ihnen klar, was damit gemeint ist? Die Menge aller jetzt (was heißt „jetzt"? Zu dem Zeitpunkt, zu dem ich dies schreibe? Oder dann, wenn Sie das lesen?) auf der Erde lebenden Menschen? Oder die Menge aller Menschen, die jemals gelebt haben? Sie sehen, welche Schwierigkeiten in diesem einfachen Begriff der Menge verborgen sind. Aber es kommt gleich noch viel schlimmer.

Beachten Sie auch die Bestimmung „Objekte unserer Anschauung oder unseres Denkens": Wir können nicht nur Mengen von Büchern, von Menschen oder Fahrrädern bilden, sondern auch Mengen von Zahlen, Funktionen, von Mengen, und auch alles durcheinander. Wir können schreiben:

$$\{3, -5, a, \{4, 7\}\}.$$

Wir können die Menge aller natürlichen Zahlen, die Menge aller reellen Funktionen, die Menge aller Mengen bilden – und schon haben wir ein Problem: Versuchen Sie sich die *Menge aller Mengen* in allen ihren Konsequenzen einmal vorzustellen! Wird Ihnen schwindlig? Diese Menge, nennen wir sie $\mathcal{M}$, ist selbst eine Menge, und wenn sie **alle** Mengen enthält, so muss sie sich selbst auch enthalten. $\mathcal{M}$ ist also in $\mathcal{M}$ als Element enthalten. Und in diesem $\mathcal{M}$ ist erneut ein $\mathcal{M}$ enthalten usw. (▶ Abbildung 2-1). Eine Menge, die sich selbst als Element enthält, ist eben schwer vorstellbar, obwohl mathematisch nichts dagegen spricht.

Bleiben wir lieber bei den Mengen, die sich *nicht* selbst als Element enthalten. Das scheint einfacher zu sein. Und wenn wir nun die Menge $\mathcal{M}'$ all dieser Mengen bilden, also die Menge $\mathcal{M}'$ aller Mengen, die sich nicht als Element enthalten?! Was meinen Sie, enthält $\mathcal{M}'$ sich selbst? Von wegen einfacher! Damit ist die Sache noch komplizierter geworden. An dieser Stelle sind wir auf ein richtiges Paradoxon gestoßen: Egal, ob man annimmt, $\mathcal{M}'$ enthält sich selbst als Element, oder ob man das Gegenteil annimmt, stets verwickelt man sich in einen Widerspruch.

Fall 1: $\mathcal{M}'$ enthält sich nicht als Element. Dann ist $\mathcal{M}'$ eine Menge, die sich nicht selbst als Element enthält, und als solche ein Element von $\mathcal{M}'$. Widerspruch!

Fall 2: $\mathcal{M}'$ enthält sich als Element. Dann ist $\mathcal{M}'$ eine Menge, die sich selbst als Element enthält, und als solche kein Element von $\mathcal{M}'$. Widerspruch!

Abb. 2-1
Illustration der Menge, die sich selbst als Element enthält. Abdruck mit freundlicher Genehmigung von Peter Wienerroither.

Dieses Paradoxon ist von Bertrand Russell 1902 formuliert worden und wird als russellsche Antinomie[1] bezeichnet. Eine populäre Version dieses Paradoxons ist unter dem Namen *Barbier-Paradoxon* bekannt:

> Im Schaufenster eines Barbierladens steht ein Schild: *Ich rasiere alle Männer des Dorfs, die sich nicht selbst rasieren.* Rasiert sich der Barbier selbst?

Egal, ob er sich selbst rasiert oder nicht, stets entsteht ein Widerspruch.

Mengenschreibweise

Lässt man die Bildung von Mengen nach dem Prinzip „Die Menge aller ...“ uneingeschränkt zu, so kommt man gewissermaßen in Teufels Küche. Setzt man jedoch dieser Möglichkeit bestimmte Grenzen, so kann man die russellsche Antinomie vermeiden. Wir werden dies im Folgenden dadurch tun, dass wir uns stets auf eine feste Grundmenge $\mathcal{M}$ beziehen, etwa die Menge aller natürlichen (ganzen, rationalen, reellen...) Zahlen.

Beispiel 2.1

a) In diesem Beispiel ist die Grundmenge $\mathcal{M}$ die Menge $\mathbb{Z}$ der ganzen Zahlen. Die Menge G der geraden Zahlen lässt sich folgendermaßen definieren:

$$G = \{x \mid x \in \mathbb{Z} \text{ und } x \text{ ist gerade}\}$$

oder, wenn die Grundmenge klar ist:

$$G = \{x \mid x \text{ ist gerade}\}.$$

(Lies: „Menge aller x, für die gilt: x ist gerade“). Entsprechend ist $U = \{x \mid x \text{ ist ungerade}\}$ die Menge der ungeraden Zahlen.

b) Die Menge $A = \{0, 1, 2, 3, 4, 5, 6, 7, 8, 9\}$ können wir kürzer schreiben in der Form:

$$A = \{x \mid x \in \mathbb{Z} \text{ und } 0 \leq x \leq 9\},$$

bzw. einfach nur:

$$A = \{x \mid 0 \leq x \leq 9\}. \blacksquare$$

1. Bertrand Russell (1872–1970), britischer Mathematiker, Logiker und Philosoph. Nobelpreis für Literatur (1950).

Mengen-
schreibweise

Wir schreiben Mengen in der Form:

$$M = \{x \mid x \in \mathcal{M} \text{ und } P(x)\}.$$

Dabei ist $\mathcal{M}$ eine gegebene Grundmenge und $P(x)$ eine Aussageform, die die Variable x enthält. Ist die Grundmenge aus dem Kontext klar, so schreiben wir einfach nur:

$$M = \{x|P(x)\}.$$

Der Ausdruck $P(x)$ kann also wahr oder falsch sein, je nachdem, welchen Wert x hat. Die Menge M sammelt diejenigen x auf, für die $P(x)$ wahr ist, oder anders ausgedrückt, die x, die die Eigenschaft P haben. So ist G die Menge derjenigen ganzen Zahlen, die die Eigenschaft „gerade" haben.

Eine erweiterte Variante des obigen Schemas lässt auch komplexere „Konstruktionsmuster" auf der linken Seite des Strichs zu. So bedeutet etwa

$$\{2x|x \in \mathbb{Z}\}$$

die Menge aller Zahlen der Form $2x$, wobei x irgendeine ganze Zahl ist, also die Menge G der geraden Zahlen. Entsprechend können wir die Menge U der ungeraden Zahlen in der folgenden Form schreiben:

$$U = \{2x+1|x \in \mathbb{Z}\}.$$

Aufgabe Beschreiben Sie die Menge $Q = \{0, 1, 4, 9, 16, 25 \ldots\}$ der Quadratzahlen.

Lösung $Q = \{x^2|x \in \mathbb{N}_0\}$. Aber $Q = \{x^2|x \in \mathbb{Z}\}$ wäre auch nicht falsch gewesen. Zwar sind etwa $(-3)^2$ und 3^2 beide gleich 9, aber die Mengenbildung beinhaltet „automatisch" die Elimination von Doppelt-Vorkommen. ■

Eine ganz besondere Menge ist die *leere Menge*, geschrieben $\emptyset$ oder auch $\{\}$, die gar kein Element enthält. Es gilt $|\emptyset| = 0$.

Mengen können M oder A oder B oder X heißen, besonders bevorzugte Buchstaben gibt es da nicht, wichtig ist nur, dass sie stets großgeschrieben werden.

Beispiel 2.2 Lösungsmengen

Die Gleichung $x^2 = 9$ hat zwei Lösungen: $x_1 = 3$ und $x_2 = -3$. Wir fassen die Lösungen in der sogenannten *Lösungsmenge* zusammen. Diese wird mit $\mathbb{L}$ bezeichnet: $\mathbb{L} = \{3, -3\}$. Die Gleichung $x^2 = -5$ ist dagegen in den reellen Zahlen unlösbar, wir schreiben $\mathbb{L} = \emptyset$. ■

Die Teilmengenbeziehung und die Potenzmenge

Jede natürliche Zahl ist eine ganze Zahl, jede ganze Zahl ist eine rationale Zahl, und jede rationale Zahl ist auch eine reelle Zahl. Wir sagen: Die Menge $\mathbb{N}$ der natürlichen Zahlen ist eine Teilmenge von $\mathbb{Z}$, die Menge $\mathbb{Z}$ ist eine Teilmenge von $\mathbb{Q}$

und $\mathbb{Q}$ ist eine Teilmenge von $\mathbb{R}$. Wir schreiben $\mathbb{N} \subseteq \mathbb{Z}$, $\mathbb{Z} \subseteq \mathbb{Q}$ und $\mathbb{Q} \subseteq \mathbb{R}$, oder kurz $\mathbb{N} \subseteq \mathbb{Z} \subseteq \mathbb{Q} \subseteq \mathbb{R}$.

Definition Teilmenge

Seien A und B Mengen. Wir schreiben $A \subseteq B$ (lies: A ist *Teilmenge* von B), falls jedes Element von A auch Element von B ist.

Für jede Menge M gilt:

a) $\varnothing \subseteq M$

b) $M \subseteq M$

Die Aussage a) scheint zunächst eine willkürliche Festlegung zu sein. Wenn Sie jedoch die Aussage $A \subseteq B$ so formulieren: „Es gibt kein Element von A, das nicht in B ist", so erkennen Sie, dass a) eine logische Konsequenz der Definition der Teilmengenbeziehung ist.

Eine n-Teilmenge von M ist eine Teilmenge von M, die n Elemente enthält.

Sie haben Ihren Job als Kassenwart des Schachvereins (S) so gut gemacht, dass Sie nun auch noch Kassenwart des Tennisvereins (T) werden – klarer Fall von Ämterhäufung. Sie starten eine Umfrage unter den Schachspielern und es stellt sich heraus, dass alle Schachspieler auch Tennis spielen. Es gilt also $S \subseteq T$. Damit ist jedoch nicht gesagt, ob die beiden Mengen eventuell sogar gleich sind. Um dies herauszufinden, müssten Sie auch noch alle Tennisspieler befragen. Falls diese alle Schach spielen, so sind die beiden Vereine als Mengen gleich – das heißt, sie haben dieselben Mitglieder.

Die Aussage $A \subseteq B$ schließt also nicht aus, dass die beiden Mengen gleich sind. Will man ausdrücken, dass A eine *echte* Teilmenge von B ist, das heißt, dass $A = B$ ausgeschlossen ist, so schreibt man $A \subset B$. Diese Schreibweise ist analog zur Unterscheidung zwischen < (*echt* kleiner) und ≤ (kleiner oder gleich).

Gleichheit von Mengen

Es gilt:

$$A = B \Leftrightarrow A \subseteq B \wedge B \subseteq A .$$

Zwei Mengen A und B sind also genau dann gleich, wenn jedes Element von A auch Element von B ist und umgekehrt.

Beispiel 2.3 Sei A die Menge der durch 6 teilbaren Zahlen und B die Menge der durch 2 und durch 3 teilbaren Zahlen. Es gilt $A = B$, denn:

a) Jedes Element von A, also jede durch 6 teilbare Zahl, ist auch durch 2 und durch 3 teilbar, ist also ein Element von B. Es gilt also $A \subseteq B$.

b) Jedes Element von B, also jede durch 2 und durch 3 teilbare Zahl, ist auch durch 6 teilbar. Es gilt also: $B \subseteq A$.

Aus a) und b) folgt nun $A = B$. ■

Definition
Potenzmenge

Sei M eine Menge. Die *Potenzmenge* von M, geschrieben $\mathcal{P}(M)$, ist definiert als die Menge aller Teilmengen von M.

Oft findet sich auch die Schreibweise 2^M für die Potenzmenge von M.

Beispiel 2.4 Sei $M = \{a, b, c\}$. Dann gilt:

$$\mathcal{P}(M) = \{\emptyset, \{a\}, \{b\}, \{c\}, \{a, b\}, \{a, c\}, \{b, c\}, \{a, b, c\}\}. \blacksquare$$

Ist M eine endliche Menge mit $|M| = n$, so gilt

$$|\mathcal{P}(M)| = 2^n.$$

Diesen Satz werden wir jedoch erst auf Seite 81 beweisen.

Venn-Diagramme

Ein Venn-Diagramm ist eine einfache grafische Darstellungsmöglichkeit für Mengen, die jedoch enge Grenzen bezüglich der Anzahl der darstellbaren Mengen hat.

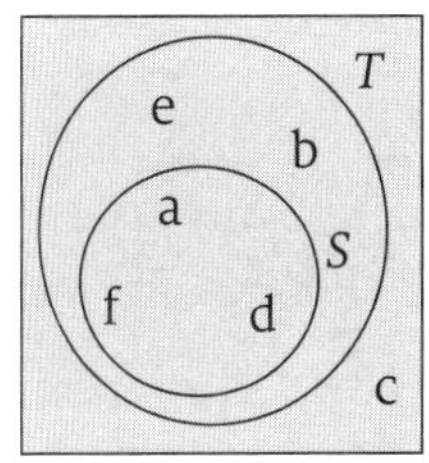

Abb. 2-2
Ein Venn-Diagramm

Abbildung 2-2 zeigt ein Venn-Diagramm. Die Grundmenge ist die Menge

$$\mathcal{M} = \{\text{Anne, Boris, Claudia, Dirk, Erik, Franziska}\}.$$

Alle außer Claudia spielen Tennis. Anne, Franziska und Dirk spielen außerdem Schach:

$$T = \{\text{Anne, Boris, Dirk, Erik, Franziska}\}$$

$$S = \{\text{Anne, Dirk, Franziska}\}.$$

Offensichtlich gilt: $S \subseteq T$.

Im Venn-Diagramm müssen nicht unbedingt alle Elemente explizit eingetragen sein. Im Allgemeinen dient ein Venn-Diagramm dazu, Beziehungen zwischen Mengen grafisch darzustellen. So besagt etwa das Diagramm in Abbildung 2-3, dass A eine Teilmenge von B ist ($A \subseteq B$), wobei jedoch nicht gesagt ist, ob A sogar eine *echte* Teilmenge von B ist ($A \subset B$). Das geht aus dem Diagramm nicht hervor.

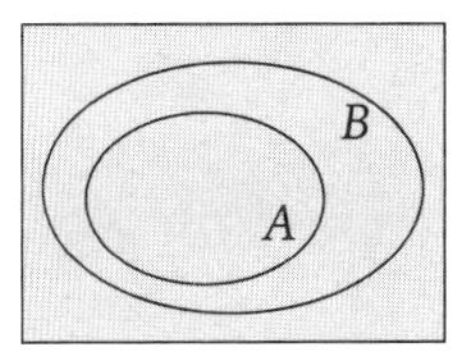

Abb. 2-3
A ist Teilmenge von *B*

Aufgaben zu 2.1

2.1 Was ist $\mathcal{P}(\emptyset)$?

2.2 Sei $M = \{a, b, c, d\}$. Bestimmen Sie $\mathcal{P}(M)$.

2.3 Bestimmen Sie die Lösungsmenge der Ungleichung $x^2 < 4$

a) in der Menge der ganzen Zahlen,

b) in der Menge der reellen Zahlen.

2.4 Schreiben Sie jeweils einen Mengenausdruck der Form $M = \{x|P(x)\}$ für die folgenden Mengen:

a) die ersten 5 Quadratzahlen,

b) alle Quadratzahlen bis einschließlich 100,

c) alle ungeraden Quadratzahlen.

2.5 Gegeben seien die Mengen $M = \{a, b, c, d, e\}$ und $A = \{a, c, e\}$. Schreiben Sie jeweils einen Mengenausdruck der Form $\{x|P(x)\}$ für die folgenden Mengen:

a) Alle Teilmengen von M, die c enthalten.

b) Alle Teilmengen von M, die kein Element mit A gemeinsam haben.

c) Alle Teilmengen von M, die genau zwei Elemente enthalten.

2.6 Zeichnen Sie ein Venn-Diagramm für folgende Situation:

- Alle Schachspieler spielen Tennis.
- Alle Tennisspieler spielen Fußball.
- Kein Handballspieler spielt Tennis.

2.2 Mengenoperationen

Definition Mengenoperationen

Seien A und B Mengen.

a) Die *Schnittmenge* $A \cap B$ ist definiert durch:

$$A \cap B = \{x|x \in A \wedge x \in B\}.$$

b) Die *Vereinigungsmenge* $A \cup B$ ist definiert durch:

$$A \cup B = \{x|x \in A \vee x \in B\}.$$

c) Die *Differenzmenge* $A - B$ ist definiert durch:

$$A - B = \{x|x \in A \wedge x \notin B\}.$$

d) Die *Komplementmenge* $\overline{A}$ (kurz: das Komplement von A) ist definiert durch:

$$\overline{A} = \{x|x \notin A\}.$$

e) A und B heißen *disjunkt*, wenn ihre Schnittmenge leer ist ($A \cap B = \emptyset$).

Der Begriff der Komplementmenge ist nur dann sinnvoll, wenn klar ist, welche Grundmenge zugrunde liegt.

Offenbar gilt:

$$A - B = A \cap \overline{B} \text{ und}$$

$$\overline{A} = \mathcal{M} - A.$$

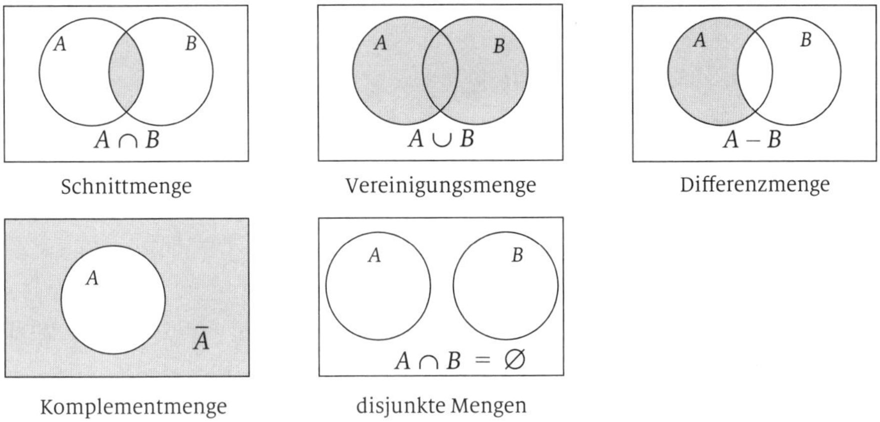

Abb. 2-4
Mengenoperationen

Beispiel 2.5 Gegeben sind die Grundmenge $\mathcal{M} = \{a, b, c, ..., z\}$ des kleinen lateinischen Alphabets und die folgenden Mengen:

$$A = \{a, b, c, d\},\ B = \{b, d, e, f\},\ C = \{a, e, f, g\}.$$

Dann ist

$$A \cup B = \{a, b, c, d, e, f\},$$

$$A \cap B = \{b, d\},$$

$$A \cap C = \{a\},$$

$$A \cap B \cap C = \varnothing,$$

$$A - B = \{a, c\},$$

$$\bar{A} = \{e, f, g, ..., z\}.$$

Beispiel 2.6 Die Schaltjahrformel

Auf Seite 23 hatten wir die folgende Schaltjahrformel entwickelt:

- Ist das Jahr durch 4 teilbar, aber nicht durch 100, dann ist es ein Schaltjahr.
- Ist das Jahr durch 400 teilbar, so ist es ein Schaltjahr.

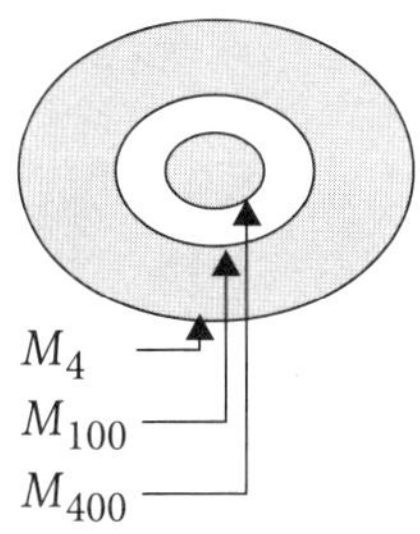

Abb. 2-5
Venn-Diagramm für die Schaltjahrformel

Wir wollen nun die Menge der Jahreszahlen, die Schaltjahre sind, als Mengenausdruck angeben. Wir arbeiten mit der Grundmenge $\mathbb{N}$ aller gültigen Jahreszahlen (nach Christi Geburt). Sei

$$M_4 = \{x \mid x \text{ ist durch 4 teilbar}\}$$

$$M_{100} = \{x \mid x \text{ ist durch 100 teilbar}\}$$

$$M_{400} = \{x \mid x \text{ ist durch 400 teilbar}\}.$$

Die Menge der durch 4, aber nicht durch 100 teilbaren Jahre ist gegeben durch:

$$M_4 - M_{100}.$$

Die Menge der Schaltjahre ist dann gleich:

$$(M_4 - M_{100}) \cup M_{400}.$$

Beachten Sie in Abbildung 2-5, dass die drei Mengen verschachtelt ineinander liegen, denn es gilt:

$$M_{400} \subseteq M_{100} \subseteq M_4. \blacksquare$$

Für die Mengenoperationen gelten *mutatis mutandis* dieselben Regeln wie für die Aussagenlogik (siehe Tabelle 1-1 auf Seite 19):

Tabelle 2-1 Rechenregeln der Mengenoperationen

$A \cup B = B \cup A$	1	$A \cap B = B \cap A$
$(A \cup B) \cup C = A \cup (B \cup C)$	2	$(A \cap B) \cap C = A \cap (B \cap C)$
$A \cap (B \cup C) = (A \cap B) \cup (A \cap C)$	3	$A \cup (B \cap C) = (A \cup B) \cap (A \cup C)$
$\overline{A \cup B} = \bar{A} \cap \bar{B}$	4	$\overline{A \cap B} = \bar{A} \cup \bar{B}$
$A \cap (A \cup B) = A$	5	$A \cup (A \cap B) = A$
$A \cup A = A$	6	$A \cap A = A$
$A \cup \mathcal{M} = \mathcal{M}$	7	$A \cap \mathcal{M} = A$
$A \cup \emptyset = A$	8	$A \cap \emptyset = \emptyset$
$A \cup \bar{A} = \mathcal{M}$	9	$A \cap \bar{A} = \emptyset$
$\bar{\bar{A}} = A$	10	

Aufgabe Finden Sie heraus, welche Symbole in Tabelle 1-1 durch welche Symbole ersetzt werden müssen, um Tabelle 2-1 zu erhalten.

Lösung

$$\begin{array}{ccc} \vee & \mapsto & \cup \\ \wedge & \mapsto & \cap \\ \neg & \mapsto & \overline{} \\ 1 & \mapsto & \mathcal{M} \\ 0 & \mapsto & \emptyset \end{array}$$

Die Beweise der obigen Rechenregeln lassen sich direkt aus den entsprechenden logischen Regeln ableiten. Wir wollen hier nur beispielhaft die Regel

$$\overline{A \cup B} = \bar{A} \cap \bar{B}$$

beweisen.

Beweis: Es gilt:

$$
\begin{aligned}
x \in \overline{A \cup B} \quad &\Leftrightarrow x \notin A \cup B \\
&\Leftrightarrow \neg(x \in A \cup B) \\
&\Leftrightarrow \neg(x \in A \vee x \in B) \\
&\Leftrightarrow \neg(x \in A) \wedge \neg(x \in B) \\
&\Leftrightarrow x \notin A \wedge x \notin B \\
&\Leftrightarrow x \in \bar{A} \wedge x \in \bar{B} \\
&\Leftrightarrow x \in \bar{A} \cap \bar{B}\,.
\end{aligned}
$$

Beim Übergang von Zeile 3 zu Zeile 4 findet die entsprechende logische Regel ❹ Anwendung. Der ganze Rest des Beweises besteht lediglich aus mehr oder weniger trivialen Umformungen. ■

Beachten Sie beim Schreiben von Mengentermen, dass es zwischen den Operatoren $\cup$ und $\cap$ keine Vorrangregeln gibt.

Partitionen

Was haben folgende Aufteilungen gemeinsam?

- Die Menge der ganzen Zahlen wird aufgeteilt in die Menge der geraden und die der ungeraden Zahlen.
- Die Menge aller Schülerinnen und Schüler einer Schule wird aufgeteilt in die verschiedenen Klassen.

In allen Fällen ist jedes Element der Grundmenge in genau einer „Klasse" enthalten: Jede ganze Zahl ist entweder gerade oder ungerade, jede Schülerin und jeder Schüler ist in genau einer Klasse. Man nennt eine solche Aufteilung eine *Partition*.

Definition und Satz
Partition

Sei M eine Menge und seien $K_1, K_2,\ldots, K_n$ Teilmengen von M. Die Mengen $K_1, K_2,\ldots, K_n$ bilden eine *Partition* von M, falls jedes Element von M in genau einer Menge K_i liegt.

Die Mengen $K_1, K_2,\ldots, K_n$ bilden genau dann eine *Partition* von M, wenn folgende Bedingungen erfüllt sind:

(P1) Die Mengen $K_1, K_2,\ldots, K_n$ überdecken M:

$$K_1 \cup \ldots \cup K_n = M\,.$$

(P2) Die Mengen $K_1, K_2,\ldots, K_n$ sind paarweise disjunkt:

$$K_i \cap K_j = \varnothing \text{ für alle Paare } (i, j) \text{ mit } i \neq j\,.$$

Beweis: Wir zeigen:

a) (P1) gilt genau dann, wenn jedes Element von M in *mindestens* einer Menge K_i liegt.

b) (P2) gilt genau dann, wenn jedes Element von M in *höchstens* einer Menge K_i liegt.

Zu a): Zunächst halten wir fest: Aus $K_i \subseteq M$ für alle i folgt:

$$K_1 \cup \ldots \cup K_n \subseteq M .$$

Wir müssen daher nur noch beweisen, dass $M \subseteq K_1 \cup \ldots \cup K_n$ genau dann gilt, wenn jedes Element in mindestens einer Menge der Partition liegt:

$$\begin{aligned} M \subseteq K_1 \cup \ldots \cup K_n \quad & \Leftrightarrow \text{für jedes } x \in M \text{ gilt: } x \in K_1 \cup \ldots \cup K_n \\ & \Leftrightarrow \text{für jedes } x \in M \text{ gilt: } x \in K_1 \vee \ldots \vee x \in K_n . \end{aligned}$$

b) Ist trivial. ■

Das Kartesische Produkt

Bei einem (geordneten) Paar (a, b) kommt es im Unterschied zur Menge $\{a, b\}$ auf die Reihenfolge an. So ist beispielsweise im Kino Reihe 5, Platz 11 etwas anderes als Reihe 11, Platz 5. Außerdem kann in einem Paar ein Element doppelt vorkommen: Reihe 7, Platz 7.

Entsprechendes gilt für Tripel (a, b, c), Quadrupel (a, b, c, d) und allgemein n-Tupel.

Definition Kartesisches Produkt

Das *kartesische Produkt*[1] $A \times B$ zweier Mengen A und B ist folgendermaßen definiert:

$$A \times B = \{(a, b) | a \in A \wedge b \in B\} .$$

Entsprechend ist das n-fache kartesische Produkt $A_1 \times \ldots \times A_n$ definiert als die Menge aller n-Tupel $(a_1, \ldots, a_n)$ mit $a_1 \in A_1, \ldots, a_n \in A_n$.

Wir vereinbaren, dass der Operator $\times$ eine höhere Priorität als die Operatoren $\cup$ und $\cap$ hat.

Beispiel 2.7

a) Sei $A = \{a, b, c\}$ und $B = \{1, 2\}$. Dann ist

$$A \times B = \{(a, 1), (b, 1), (c, 1), (a, 2), (b, 2), (c, 2)\} .$$

b) Die Felder des Schachbretts sind am Rand mit den Buchstaben A bis H und den Ziffern 1 bis 8 beschriftet. Dadurch erhält jedes Feld ein Paar als eindeutige „Adresse“, etwa (E, 4), kurz: E4 (Spalte E, Reihe 4). Das Schachbrett lässt sich daher darstellen durch die Menge $S \times R$ mit

1. benannt nach René Descartes (1596–1650), lat. Cartesius, frz. Philosoph („*cogito ergo sum*“) und Mathematiker

$$S = \{A, B, \ldots, H\} \text{ und}$$

$$R = \{1, 2, \ldots, 8\}.$$

c) Die Menge $\mathbb{R} \times \mathbb{R} = \{(x, y) | x, y \in \mathbb{R}\}$ kann man interpretieren als die Menge aller Punkte der Ebene in einem kartesischen Koordinatensystem (▶ Kapitel 8). Statt $\mathbb{R} \times \mathbb{R}$ wird meist $\mathbb{R}^2$ geschrieben.

d) Entsprechend ist $\mathbb{R}^3 = \mathbb{R} \times \mathbb{R} \times \mathbb{R} = \{(x, y, z) | x, y, z \in \mathbb{R}\}$ die Menge aller Punkte des Raumes in einem kartesischen Koordinatensystem (▶ Kapitel 9). ■

Offenbar gilt:

$$|A \times B| = |A| \cdot |B|.$$

Aufgaben zu 2.2

2.7 Gegeben sind die Mengen

$$A = \{a, b, c, d, e\},\ B = \{g, d, a, f\},\ C = \{c, d, f, h\}.$$

Bestimmen Sie $A \cup B \cup C$, $A \cap B \cap C$, $(A - B) - C$ und $A - (B - C)$.

2.8 Im Sportverein von Quakendorf (SVQ) gelten folgende Regeln:

- Wer Fußball und Basketball spielt, der spielt auch Handball.
- Wer kein Basketball spielt, spielt auch kein Handball.
- Alle Schachspieler (ja, Schach ist auch ein Sport!) spielen Basketball.
- Kein Handballer spielt Schach.

a) Stellen Sie mithilfe der Mengen F (Fußballer), B (Basketballer), H (Handballer) und S (Schachspieler) Formeln auf, die die Situation beschreiben.

b) Zeichnen Sie ein Venn-Diagramm des SVQ.

c) Schraffieren Sie die Menge der Sportler, die Basketball, aber nicht Handball, oder Basketball und Fußball spielen.

2.9 Bilden Sie jeweils einen Term, der die in den folgenden Venn-Diagrammen gezeigten schraffierten Mengen beschreibt. Der Term soll aus den Mengen A, B und C sowie den Mengenoperationen gebildet sein.

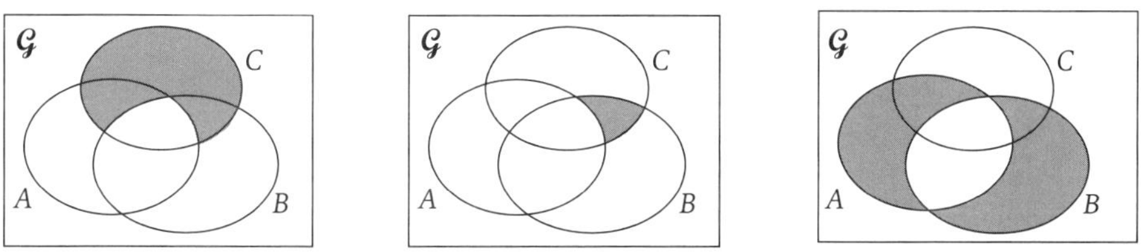

a) b) c)

2.10 Venn-Diagramme bieten keine Möglichkeit, auszudrücken, ob eine bestimmte Menge „bewohnt" oder „unbewohnt" ist, d. h., ob sie Elemente hat oder leer ist. Man könnte nun das Venn-Diagramm dahingehend erweitern, dass man bewohnte Mengen schraffiert. Die Abbildung unten rechts besagt, dass $B-A$ bewohnt ist. Zeichnen Sie erweiterte Venn-Diagramme mit zwei Mengen A und B für folgende Situationen:

a) A ist eine echte Teilmenge von B.
b) A und B sind nicht disjunkt.
c) A ist keine Teilmenge von B.

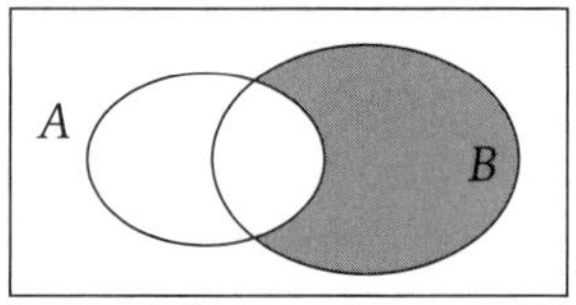

2.11 Seien A, B, C beliebige Mengen. Beweisen Sie:

a) $(A-B)-C = A-(B \cup C)$ und
b) $A-(B-C) = (A-B) \cup (A \cap C)$.

2.12 Welche der folgenden Aufteilungen sind Partitionen? Begründen Sie Ihre Antwort.

a) Die Menge aller deutschen Großstädte wird aufgeteilt nach den jeweiligen Bundesländern (K_{RP} = Menge der Großstädte in Rheinland-Pfalz usw.).
b) Die Menge der ganzen Zahlen wird aufgeteilt in die positiven Zahlen und die negativen Zahlen.
c) Die Menge der Studierenden an der FH Brandenburg wird aufgeteilt nach ihrem Studiengang.
d) Die Menge aller Vierecke wird aufgeteilt in Quadrate, Rechtecke, Rauten, Parallelogramme, Drachenvierecke und gewöhnliche Vierecke.

2.13 Sei M irgendeine Menge. Was ist $M \times \varnothing$?

2.14 Ein bestimmtes Schlüsselwort besteht aus einem kleinen lateinischen Buchstaben, gefolgt von einer Ziffer, gefolgt von einem der Sonderzeichen %, #, $. Wie viele mögliche Schlüsselwörter gibt es?

2.15 Welche der folgenden Gleichungen sind wahr, welche falsch? Geben Sie für die wahren Gleichungen jeweils einen Beweis, für die falschen ein Gegenbeispiel an.

a) $A \times (B \cap C) = A \times B \cap A \times C$
b) $A \times (B \cup C) = A \times B \cup A \times C$
c) $\overline{A \times B} = \bar{A} \times \bar{B}$

2.3 Relationen

Eine Relation ist eine Beziehung zwischen zwei oder mehreren Objekten. Wir werden uns im Folgenden fast ausschließlich mit Relationen zwischen zwei Objekten beschäftigen. Typische Relationen sind die vielfältigen Verwandtschaftsbeziehungen (engl. *relatives*): Vater, Mutter, Sohn, Tochter, Bruder, Tante usw. Jeder dieser Begriffe stellt jeweils eine Beziehung zwischen zwei Personen her. Abbildung 2-6 zeigt die Familienbeziehungen der Familie Simpson.

Dabei ist zu beachten, dass Relationen im Allgemeinen gerichtet sind: Abe ist Vater von Homer, aber Homer ist nicht Vater von Abe. Mathematisch können wir eine Relation darstellen durch eine Menge von (geordneten) Paaren, aus Elementen der Menge *SF* (Simpson-Familie), so etwa die Vater-Relation durch:

$$V = \{(\text{Abe, Homer}), (\text{Homer, Bart}), (\text{Homer, Lisa}), (\text{Homer, Maggie})\},$$

oder die Schwester-Relation (…ist Schwester von…) durch:

$$S = \{(\text{Lisa, Bart}), (\text{Maggie, Bart}), (\text{Maggie, Lisa}), (\text{Lisa, Maggie})\}.$$

Natürlich können die Objekte, die durch eine Relation verknüpft werden, unterschiedlicher Art sein. So könnte man etwa eine Relation „… kommt vor in der Folge Nr.…“ zwischen Simpsons und natürlichen Zahlen definieren, die angibt, ob das betreffende Familienmitglied in der angegebenen Folge überhaupt vorkommt – bitte erwarten Sie jetzt nicht von mir, dass ich diese Relation im Einzelnen aufliste! Mathematisch besteht diese Relation aus Paaren (x,y), wobei x ein Element von *SF* und y eine natürliche Zahl ist. Mit anderen Worten, die Relation ist eine Menge von Elementen aus $SF \times \mathbb{N}$, also eine Teilmenge von $SF \times \mathbb{N}$.

Definition
Relation

Eine *Relation R zwischen* den Mengen A und B ist eine Teilmenge des kartesischen Produkts $A \times B$. Eine *Relation auf* der Menge A ist eine Relation zwischen A und A.

Statt $(a, b) \in R$ schreiben wir aRb.

Beispiel 2.8 Relationen auf den ganzen Zahlen

Die Größer-Relation > auf der Menge der ganzen Zahlen. Wie bereits erwähnt, wird das Relationssymbol > zwischen die Elemente gesetzt: $a>b$. Entsprechend für $\geq$, $<$, $\leq$, $=$, $\neq$.

Aufgabe Relationen auf Mengen

a) Auch die Teilmengenbeziehung $\subseteq$ ist eine Relation, die zwei Objekte miteinander verknüpft. Auf welchen Mengen spielt sich diese Relation ab?
b) Auch die Elementbeziehung $\in$ ist eine Relation, die zwei Objekte miteinander verknüpft. Auf welchen Mengen spielt sich diese Relation ab?

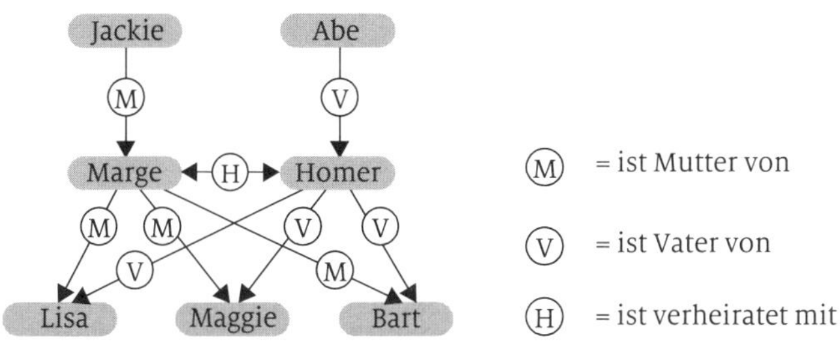

Abb. 2-6
Stammbaum der Familie Simpson

Lösung

a) Die Teilmengenbeziehung ist eine Relation zwischen Mengen. Wir wissen jedoch nicht, welche Elemente diese Mengen enthalten können. Wir brauchen also eine Grundmenge M, die diese Elemente enthält. Die Teilmengenbeziehung verknüpft Teilmengen von M miteinander, ist also eine Teilmenge von $\mathcal{P}(M)\times\mathcal{P}(M)$.

b) Das ist jetzt leicht: Die Elementbeziehung verknüpft ein Element von M mit einer Teilmengen von M, ist also eine Teilmenge von $M\times\mathcal{P}(M)$. ■

Da eine Relation als eine Menge (von Paaren) definiert ist, können die üblichen Mengenoperationen auf Relationen angewandt werden.

Beispiel 2.9

a) Ist V die Vater-Relation und M die Mutter-Relation, so ist $V \cup M$ („...ist Vater oder Mutter von...") eine Relation, die man Elternteil-Relation nennen könnte. Dagegen ist $V \cap M$ natürlich die leere Relation.

b) Die Relation $< \cup =$ ist die $\leq$-Relation („kleiner oder gleich"). Ist Ihnen überhaupt klar, was mit der Zeichenfolge „$< \cup =$" gemeint ist? Diese Schreibweise ist in der Tat etwas verunglückt. Ich finde, der Ausdruck $\mathcal{R}^{<} \cup \mathcal{R}^{=}$ ist weitaus einfacher zu lesen. Wir vereinbaren deshalb, Relationen, die „umgangssprachlich" durch Sonderzeichen dargestellt werden, in dieser Notation ($\mathcal{R}$ mit dem hochgestellten Sonderzeichen) darzustellen, falls die bessere Lesbarkeit dies nahelegt.

c) Die Relation $\mathcal{R}^{\leq} \cap \mathcal{R}^{\geq}$ ist die =-Relation („kleiner-gleich und größer-gleich").

Verkettung von Relationen und Umkehrrelation

Viele Familienbeziehungen lassen sich miteinander kombinieren: Die Mutter der Mutter ist die Großmutter, der Bruder der Mutter ist der Onkel, dessen Tochter die Cousine usw.

Definition
Verkettung von Relationen

Seien A, B und C Mengen sowie $R \subseteq A \times B$ und $S \subseteq B \times C$ Relationen.

a) Die *Komposition* (oder *Verkettung*) $R \circ S \subseteq A \times C$ ist definiert durch

$$a(R \circ S)c \text{ genau dann, wenn es ein } b \in B \text{ gibt mit } aRb \text{ und } bSc.$$

b) Die *Umkehrrelation* (oder *inverse Relation*) $R^{-1} \subseteq B \times A$ ist definiert durch

$$bR^{-1}a \text{ genau dann, wenn } aRb \text{ gilt.}$$

Dabei ist zu beachten, dass die Verkettung nur dann definiert ist, wenn die Zielmenge der ersten Relation mit der Quellmenge der zweiten übereinstimmt.

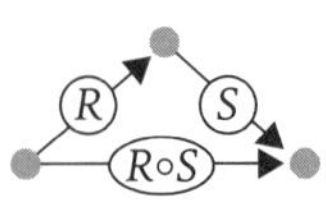

Abb. 2-7
Verkettung von Relationen

Grafisch bedeutet das:

a) Überall, wo ein S-Pfeil auf einen R-Pfeil folgt, kann von der Basis des R-Pfeils zur Spitze des S-Pfeils ein $R \circ S$-Pfeil gezeichnet werden.

b) Alle Pfeile werden umgedreht.

Beispiel 2.10 (Familie Simpson)

Sei $E = V \cup M$ die Elternteil-Relation und S die Schwester-Relation. Die Schwester von Vater oder Mutter (also eines Elternteils) ist die Tante (T):

$$T = S \circ E.$$

Die Umkehrrelation der Elternteil-Relation ist die Kind-Relation (K):

$$K = E^{-1}. \blacksquare$$

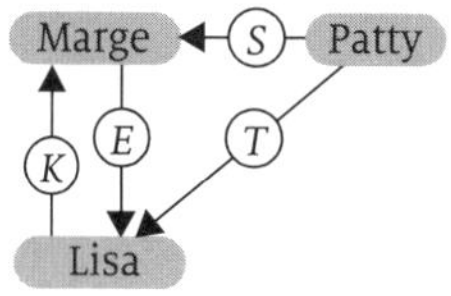

Abb. 2-8
Die Simpsons

Aufgabe Inverse der Verkettung

Seien R und S Relationen, sodass $R \circ S$ definiert ist. Wie kann die Inverse $(R \circ S)^{-1}$ durch die beiden Inversen R^{-1} und S^{-1} ausgedrückt werden?

Lösung

$$(R \circ S)^{-1} = S^{-1} \circ R^{-1}$$ ■

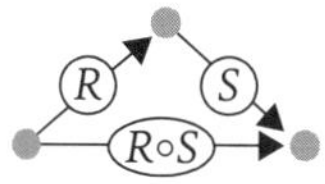

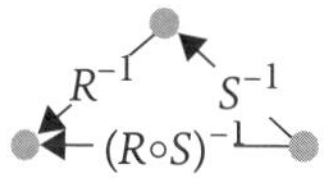

Abb. 2-9
Inverse einer verketteten Relation

Eigenschaften von Relationen

Im Folgenden betrachten wir ausschließlich Relationen *auf* einer Menge A.

Definition reflexive, symmetrische und transitive Relationen

Sei R eine Relation auf der Menge A.
a) R heißt *reflexiv*, wenn aRa für alle $a \in A$ gilt.
b) R heißt *symmetrisch*, wenn $aRb \Rightarrow bRa$ für alle $a, b \in A$ gilt.
c) R heißt *asymmetrisch*, wenn $aRb \Rightarrow \neg(bRa)$ für alle $a, b \in A$ gilt.
d) R heißt *transitiv*, wenn $aRb \wedge bRc \Rightarrow aRc$ für alle $a, b, c \in A$ gilt.

Die beiden Eigenschaften „reflexiv“ und „asymmetrisch“ schließen sich offenbar aus, ebenso wie die Eigenschaften „symmetrisch“ und „asymmetrisch“.

Beispiel 2.11 Grundmenge ist die Menge $\mathbb{Z}$ der ganzen Zahlen. Die folgende Tabelle zeigt die Eigenschaften der Relationen $<, \leq, =, \neq$:

	$<$	$\leq$	$=$	$\neq$
reflexiv		✓	✓	
symmetrisch			✓	✓
asymmetrisch	✓			
transitiv	✓	✓	✓	

Beispielsweise ist die Relation $\leq$ reflexiv, denn für alle ganzen Zahlen a gilt $a \leq a$, sowie transitiv, denn aus $a \leq b$ und $b \leq c$ folgt $a \leq c$.

Die Relation $<$ ist asymmetrisch, denn aus $a < b$ folgt $\neg(b < a)$, sowie transitiv, denn aus $a < b$ und $b < c$ folgt $a < c$.

Die Relation $\neq$ ist nicht transitiv, denn es gilt: $2 \neq 3$ und $3 \neq 2$, aber nicht: $2 \neq 2$.

Aufgabe Sei P die Menge der Personen {Arno, Bettina, Claus, Dagmar}. Arno ist 24 Jahre alt, Bettina 21, Claus ist 24 und Dagmar ist 25. Zeichnen Sie jeweils die Graphen der Relationen

a) „...ist höchstens so alt wie...“,

b) „...ist jünger als...“,

c) „...ist gleich alt wie...“ und

d) „...ist verschieden alt wie...“

auf der Grundmenge P.

Wie kann man am Graphen erkennen, ob die Relation reflexiv, symmetrisch, asymmetrisch bzw. transitiv ist?

Lösung

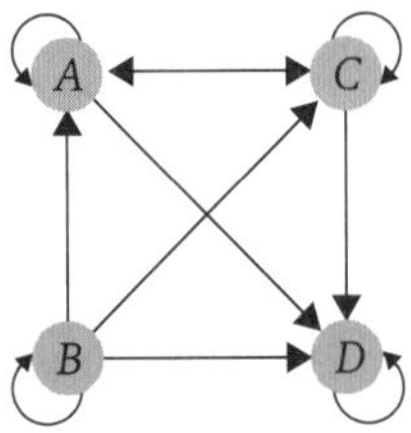

a) höchstens so alt wie

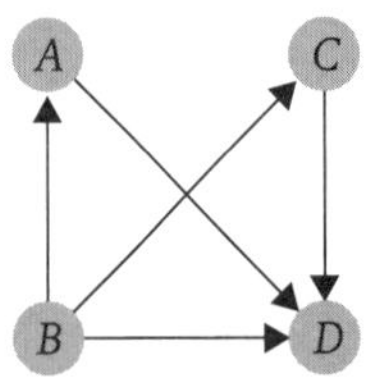

b) jünger als

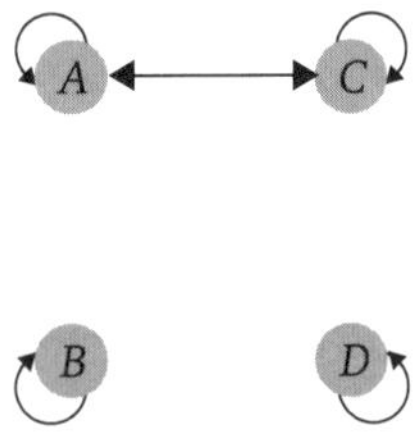

c) gleich alt wie

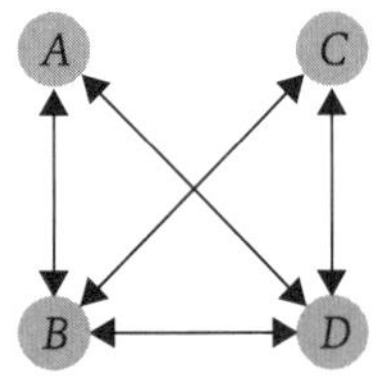

d) verschieden alt wie

- Die Relation ist *reflexiv*, wenn jeder Knoten eine *Schleife* (einen Pfeil zu sich selbst) hat: a) und c).
- Die Relation ist *symmetrisch*, wenn jeder Pfeil ein Doppelpfeil ist: c) und d). *Schleifen* sind per se auch Doppelpfeile.
- Die Relation ist *asymmetrisch*, wenn es überhaupt keine Doppelpfeile (also auch keine Schleifen) gibt: b).
- Die Relation ist *transitiv*, wenn es jeweils zu einem Pfeil von x nach y und einem Pfeil von y nach z auch einen direkten Pfeil von x nach z gibt.

Ordnungsrelationen in der Informatik

In jedem Informatikstudiengang gibt es die Vorlesung „Algorithmen und Datenstrukturen“, und die ersten Algorithmen, die in diesem Kurs behandelt werden, sind die verschiedenen Sortierverfahren wie *Bubblesort*, *Insertsort*, *Quicksort* usw. Alle diese Verfahren setzen voraus, dass die zu sortierenden Objekte irgendwie geordnet sind. Bei Zahlen kann dies die Ordnungsrelation $<$ sein, was in aufsteigender Sortierung resultiert, oder $>$, was zu absteigender Sortierung führt. Bei Strings (Zeichenketten) kann es die lexikografische Ordnung sein usw.

Eine *(strikte) Ordnungsrelation* ist eine asymmetrische und transitive Relation.

Definition
Ordnungsrelation

In der Informatik werden für Terminierungsbeweise sogenannte *wohlfundierte Ordnungsrelationen* benötigt. Eine Ordnung heißt *wohlfundiert*, wenn jede absteigende Kette (etwa $x_1 > x_2 > ...$) irgendwann mit einem kleinsten Element endet. Die Ordnung > auf den natürlichen Zahlen ist wohlfundiert, denn jede absteigende Kette endet spätestens mit der kleinsten natürlichen Zahl 1. Die Ordnung > auf den ganzen Zahlen ist dagegen nicht wohlfundiert.

Ein Beispiel für die Verwendung einer wohlfundierten Ordnung im Kontext der Terminierung ist das folgende „Spiel": In einem Sack befindet sich eine Menge von grünen und roten Kugeln. Jeder Spieler hat darüber hinaus noch einen unendlich großen Vorrat an grünen Kugeln. Die Spielregeln:

- Man kann in jedem Spielzug eine rote Kugel herausnehmen und dafür eine beliebige Zahl an grünen hineinlegen.
- Man kann eine grüne Kugel herausnehmen.

Es geht darum, zu beweisen, dass dieses Spiel stets terminiert. Ein Spielzustand wird durch das Paar (r, g) charakterisiert, wobei r die Anzahl der roten, g die Anzahl der grünen Kugeln im Sack bezeichnet. Es ist also $(r, g) \in \mathbb{N}_0 \times \mathbb{N}_0$. Wir verwenden die lexikografische Ordnung auf der Menge $\mathbb{N}_0 \times \mathbb{N}_0$:

$$(r, g) > (r', g')\text{, falls } r > r' \text{ oder } r = r' \text{ und } g > g'.$$

Diese Ordnung ist wohlfundiert, denn jede absteigende Kette endet spätestens mit dem Paar (0,0). Da jeder Spielzug aus einem Paar (r, g) ein Paar (r', g') mit $(r, g) > (r', g')$ macht, ist das Spiel zwangsläufig irgendwann zu Ende.

Äquivalenzrelationen und -klassen

Eine *Äquivalenzrelation* ist eine symmetrische, reflexive und transitive Relation. Äquivalenzrelationen werden häufig mit dem Symbol $\equiv$ geschrieben.

Definition
Äquivalenzrelation

Beispielsweise ist die Relation „...ist gleich alt wie..." aus Aufgabe Aufgabe auf Seite 58 eine Äquivalenzrelation.

Beispiel 2.12 Als weiteres Beispiel wählen wir die Grundmenge $\mathcal{P}(\{a, b, c\})$ und definieren die Relation $\equiv$ durch

$$A \equiv B \text{ wenn } |A| = |B|\text{, für } A, B \in \mathcal{P}(\{a, b, c\}).$$

Es lässt sich leicht nachprüfen, dass diese Relation eine Äquivalenzrelation ist. Ihr Graph ist in Abbildung 2-10 zu sehen. Schauen Sie sich die Graphen in Abbildung 2-10 und den zur Relation „...ist gleich alt wie..." aus Aufgabe Aufgabe an. Fällt Ihnen eine Gemeinsamkeit (im Vergleich zu den anderen Graphen) auf?

Der ganze Graph teilt sich jeweils in „Inseln“ auf, und auf jeder Insel sind alle Städte untereinander und auch mit sich selbst in beiden Richtungen verbunden. Zwischen den Inseln gibt es jedoch keine Verbindungen. In Abbildung 2-10 sind diese „Inseln“ (der mathematische Begriff lautet „Klassen“) gekennzeichnet. Es handelt sich von links nach rechts um die Klasse der dreielementigen Mengen (diese Insel enthält nur einen Bewohner), die Klasse der zweielementigen Mengen, die Klasse der einelementigen Mengen und schließlich die Klasse der nullelementigen Mengen (hier ebenfalls nur ein Bewohner). Unbewohnte Inseln gibt es nicht.

In der Aufgabe auf Seite 58 ergeben sich analog die Klassen der 25-Jährigen, der 24-Jährigen und der 21-Jährigen. Man nennt eine solche Klasse *Äquivalenzklasse*.

Definition
Äquivalenzklasse

Sei $\equiv$ eine Äquivalenzrelation auf einer Menge M. Ist $x \in M$, so ist die Klasse $[x]_\equiv$ von x definiert durch

$$[x]_\equiv = \{y \mid y \in M \text{ und } y \equiv x\}$$

Die *Äquivalenzklasse* von x ist also die Menge aller Elemente, die äquivalent zu x sind. Ist die Relation $\equiv$ aus dem Kontext klar, so schreiben wir einfach $[x]$.

Die Äquivalenzklassen (die „Altersklassen“) aus der Aufgabe auf Seite 58 sind:

$$K_{21} = [\text{Bettina}] = \{\text{Bettina}\},$$

$$K_{24} = [\text{Arno}] = \{\text{Arno, Claus}\},$$

$$K_{25} = [\text{Dagmar}] = \{\text{Dagmar}\}.$$

Man kann den Äquivalenzklassen bestimmte „sprechende Namen“ geben, wie K_{24} („Klasse der 24-Jährigen“). Man kann sie aber auch in der Form $[x]$ schreiben. Dazu muss man ein beliebiges Element x der Klasse als Vertreter auswählen. Man kann beispielsweise K_{24} = [Arno] oder K_{24} = [Claus] schreiben.

Aufgabe Die Relation $\equiv$ auf der Menge der ganzen Zahlen sei definiert durch $x \equiv y$, wenn x und y denselben Rest bei Division durch 2 haben. Prüfen Sie nach, dass die Relation $\equiv$ eine Äquivalenzrelation ist und bestimmen Sie ihre Äquivalenzklassen.

Lösung Dass es sich um eine Äquivalenzrelation handelt, ist sehr einfach nachzuprüfen. Die Klassen dieser Relation sind:

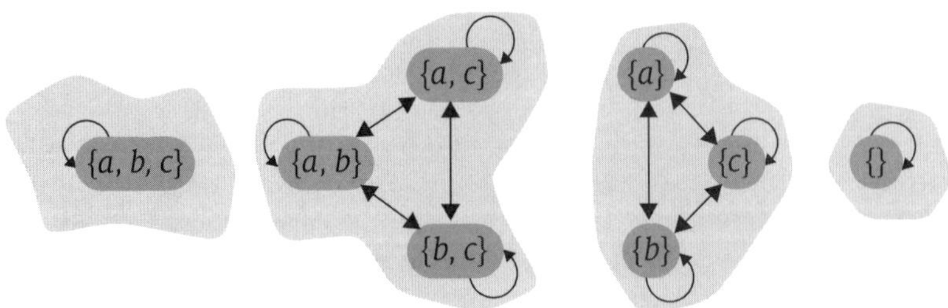

Abb. 2-10
Äquivalenzrelation auf $\mathscr{P}(\{a, b, c\})$ zu Beispiel 2.12

$K_0 = \{n \mid n \text{ ist gerade}\},$

$K_1 = \{n \mid n \text{ ist ungerade}\}.$ ■

In den bisherigen Beispielen von Äquivalenzrelationen waren zwei Objekte äquivalent, wenn sie eine gemeinsame Eigenschaft (Personen gleichen Alters, Mengen gleicher Mächtigkeit, ganze Zahlen mit gleichem Rest bei Division durch 2) besitzen. Mithilfe des Funktionsbegriffs (▶ Abschnitt 3.1) kann man das folgendermaßen ausdrücken:

Definition und Satz induzierte Äquivalenzrelation

Ist $f: A \to B$ eine Funktion, so ist die Relation $\equiv$, die definiert ist durch

$$x \equiv y \Leftrightarrow f(x) = f(y),$$

eine Äquivalenzrelation auf der Menge A. Die Relation $\equiv$ heißt *die von f induzierte Äquivalenzrelation*. Für jedes $y \in B$ ist die Menge

$$\{x \mid x \in A \text{ und } f(x) = y\}$$

eine Klasse von $\equiv$.

Beweis: Übungsaufgabe.

In den bisherigen Beispielen ist zu erkennen, dass die Äquivalenzklassen jeweils eine Partition der Grundmenge bilden.

Satz Äquivalenzklassen und Partitionen

a) Sei $\equiv$ eine Äquivalenzrelation auf der Menge M. Dann bilden die Klassen von $\equiv$ eine Partition von M.
b) Sei umgekehrt $K_1, K_2, \dots, K_n$ eine Partition der Menge M. Wir definieren $x \equiv y$, wenn x und y in derselben Partition liegen. Dann ist die Relation $\equiv$ eine Äquivalenzrelation.

Beweis:

a) Wir zeigen zunächst: Aus $x \equiv y$ folgt $[x] = [y]$. Sei $x \equiv y$. Ist $z \in [x]$, so ist $z \equiv x$ und aus $x \equiv y$ folgt mittels Transitivität $z \equiv y$, also $z \in [y]$. Also ist $[x] \subseteq [y]$. Mit derselben Argumentation gilt auch $[y] \subseteq [x]$, also ist $[x] = [y]$.
Wir müssen zeigen, dass jedes Element von M in *genau* einer Äquivalenzklasse liegt. Sei $x \in M$ beliebig. Wir zeigen zunächst, dass x in *höchstens* einer Klasse liegt: Sei $x \in [y]$ und $x \in [z]$. Dann ist $x \equiv y$ und $x \equiv z$. Aus der Vorbemerkung folgt $[x] = [y]$ und $[x] = [z]$, also $[y] = [z]$.
Aus der Reflexivität von $\equiv$ folgt ferner, dass $x \in [x]$ gilt, also liegt x in *mindestens* einer Klasse.
Zusammen liegt x in genau einer Äquivalenzklasse.
b) Sei $f: M \to \{K_1, \dots, K_n\}$ die Funktion, die jedem $x \in M$ die eindeutig bestimte Partition zuordnet, in der x liegt. Dann ist die Relation $\equiv$ genau die von f induzierte Äquivalenzrelation.

Aufgaben zu 2.3

2.16 Setzen Sie jeweils eine der Eigenschaften *reflexiv, symmetrisch, asymmetrisch, transitiv* ein: Die Relation R ist ...

a) ______________ genau dann, wenn $R = R^{-1}$ gilt,

b) ______________ genau dann, wenn $R \circ R \subseteq R$ gilt,

c) ______________ genau dann, wenn $\mathcal{R}^{=} \subseteq R$ gilt,

d) ______________ genau dann, wenn $R \cap R^{-1} = \varnothing$ gilt.

Zur Notation $\mathcal{R}^{=}$ siehe Beispiel 2.9 auf Seite 56.

2.17 Eine Relation R zwischen zwei Mengen M und N lässt sich auch mithilfe einer Matrix darstellen, deren Zeilen mit den Elementen aus M und deren Spalten mit den Elementen aus N beschriftet sind. Der Eintrag in der Zelle (a, b) ist 1, wenn aRb gilt, ansonsten 0. Die folgende Matrix zeigt die Darstellung der Relation a) „... ist höchstens so alt wie..." aus der Aufgabe auf Seite 58.

	A	B	C	D
A	1	0	1	1
B	1	1	1	1
C	1	0	1	1
D	0	0	0	1

a) Erstellen Sie jeweils die Matrizen der übrigen Relationen aus der Aufgabe auf Seite 58.

b) Wie kann man an der Matrix einer Relation erkennen, ob sie reflexiv bzw. symmetrisch bzw. asymmetrisch ist?

c) Wie kann man aus der Matrix einer Relation R die Matrix der Umkehrrelation R^{-1} erhalten?

2.18 Sind x und y natürliche Zahlen, so heißt x *teilbar* durch y, wenn die Division $x : y$ ohne Rest aufgeht. Wir schreiben in diesem Fall $y \mid x$ („y ist Teiler von x"). „...ist Teiler von..." ist also eine Relation auf der Menge $\mathbb{N}$ der natürlichen Zahlen. Ist y ein Teiler von x und gilt $y \neq x$, so heißt y ein *echter Teiler* von x.

a) Gegeben ist die Grundmenge $\mathcal{M} = \{1, 2, 3, 4, 5, 6\}$. Stellen Sie die Relationen $\mid$ und „...ist echter Teiler von..." als Graph und als Matrix dar.

b) Welche Eigenschaften (reflexiv, symmetrisch, asymmetrisch, transitiv, Ordnungsrelation) haben die beiden Relationen „...ist Teiler von..." und „...ist echter Teiler von..."?

2.19 Sei R eine Äquivalenzrelation.

a) Welche der Eigenschaften *reflexiv, symmetrisch, asymmetrisch, transitiv* hat die Komplementrelation $\overline{R}$ dann notwendigerweise ?

b) Welche der Eigenschaften *reflexiv*, *symmetrisch*, *asymmetrisch*, *transitiv* hat die Umkehrrelation R^{-1} dann notwendigerweise?

2.20 Sei S die folgende Menge von Städten (abgekürzt durch ihre KFZ-Kennzeichen)

$$S = \{\text{BRB, EF, EMD, GÖ, H, KL, MZ, P, WE}\}$$

und L die Menge der 16 Bundesländer. Sei f die Funktion, die jeder Stadt ihr Bundesland zuordnet. Bilden Sie die Äquivalenzklassen der von f induzierten Äquivalenzrelation.

2.21 In dieser Aufgabe sollen die vielfältigen Verwandtschaftsbeziehungen aus den folgenden drei Basisrelationen aufgebaut werden:

E „...ist Elternteil von..."

W „...ist weiblich"

U „...ist ungleich..."

Die Relation W ist keine Relation im Sinne einer Beziehung zwischen zwei Personen, denn sie bezieht sich ja immer auf eine einzige Person. Daher tritt sie auch nur in der Form xWx auf, niemals in der Form xWy mit $x \neq y$.

Die drei Basisrelationen können nun mithilfe der Verkettung, der Umkehrrelation, sowie den Mengenoperationen zusammengesetzt werden, um neue Familienrelationen darzustellen. Beispielsweise können wir die Relation M („...ist männlich") definieren durch das Mengenkomplement

$$M = \overline{W},$$

die Relation Mu („...ist Mutter von...") durch die Verkettung

$$Mu = W \circ E$$

und die Relation G („...ist Großmutter von ...") durch die Verkettung

$$G = Mu \circ E = W \circ E \circ E .$$

Definieren Sie auf diese Weise folgende Relationen.

a) V („...ist Vater von...")
b) K („...ist Kind von...")
c) S („...ist Sohn von...")
d) T („...ist Tante von...")
e) G („...ist Geschwister (Bruder oder Schwester) von...")
f) V („...ist Cousin oder Cousine von...")

Beachten Sie bei den Aufgaben e) und f), dass niemand sein eigener Bruder oder seine eigene Schwester ist! An dieser Stelle benötigen Sie die Ungleich-Relation. Beachten Sie ferner, dass es auch Halbbrüder und Halbschwestern gibt.

3 Funktionen und Abzählbarkeit

3.1 Funktionen

Sie, liebe Leserin, lieber Leser, kennen sicherlich den *Cäsar-Code*. Er wurde vom römischen Feldherrn Gaius Julius Caesar (100 v. Chr. – 44 v. Chr.) in seiner militärischen Korrespondenz verwendet, um Botschaften geheim zu halten, sodass sie nur derjenige lesen konnte, der den Schlüssel zum Entziffern hatte.

Die Idee ist sehr einfach: Jeder Buchstabe des Alphabets wird um 3 Stellen verschoben. Wir beschränken uns im Folgenden auf das kleine lateinische Alphabet aus 26 Buchstaben. Aus a wird D, aus b wird E, aus c wird F usw. Moment, was heißt „usw."? Wie geht es am Schluss des Alphabets weiter? Na klar, dann fängt man einfach wieder von vorne an: Aus w wird Z, aus x wird A, aus y wird B und aus z wird C. Wir sprechen auch von einer *zyklischen Verschiebung*.

Klartext	a	b	c	d	...	v	w	x	y	z
Geheimtext	D	E	F	G	...	Y	Z	A	B	C

Dabei halten wir uns an die branchenübliche Konvention, Klartextbuchstaben klein- und Geheimtextbuchstaben großzuschreiben.

Als kryptografische Methode ist das Verfahren des römischen Feldherrn allenfalls von historischem Interesse. Nichstdestominder lohnt sich ein näherer Blick darauf, denn an diesem simplen Beispiel lassen sich viele mathematische Begriffe und Methoden erläutern. Der erste grundlegende Begriff ist der der Funktion. Die obige Tabelle ordnet jedem Kleinbuchstaben des lateinischen Alphabets genau einen Großbuchstaben zu. Eine solche Zuordnung heißt *Funktion* oder *Abbildung*. Um eine konkrete Funktion zu definieren, müssen wir stets die zugeordneten Mengen (die Urbildmenge und die Bildmenge) angeben. In unserem Fall ist dies einmal das kleine und zum anderen das große lateinische Alphabet. Wir bezeichnen Funktionen meistens mit den Buchstaben f, g und h. Unsere Cäsarfunktion – nennen wir sie f_C – ist eine Funktion von der Menge der Kleinbuchstaben in die Menge der Großbuchstaben. Wir schreiben:

$$f_C : \{a,b,...,z\} \to \{A,B,...,Z\}.$$

Diese Schreibweise stellt eine abstrakte Spezifikation der Funktion dar, die besagt: Das Urbild (oder das Argument) muss ein Kleinbuchstabe sein, der Funktionswert ist ein Großbuchstabe. Sie sagt jedoch nichts darüber aus, wie man für einen konkreten Buchstaben x den Funktionswert $f_C(x)$ bestimmt[1]. Diese Funktionsvorschrift lautet: Verschiebe den Buchstaben x um 3 Positionen.

---

1 Dieses x ist nicht der Buchstabe x, sondern eine Variable, die für einen beliebigen Buchstaben stehen kann. Woran man das erkennt? Variablen werden stets *kursiv* gesetzt.

Definition Funktion

Eine *Funktion* oder *Abbildung* $f: D \to M$ ist eine Vorschrift, die jedem Element $x \in D$ genau ein Element $f(x) \in M$ zuordnet. Man nennt $f(x)$ den *Funktionswert* von x. Die Funktionsvorschrift wird oft in der Form $x \mapsto f(x)$ angegeben.

Die Menge D heißt auch *Definitionsmenge*, M heißt auch *Wertemenge* von f. Die Menge

$$\{f(x) | x \in D\}$$

aller Funktionswerte heißt auch *Wertebereich* von f und wird oft $f(D)$ geschrieben. Der Wertebereich einer Funktion ist stets eine Teilmenge ihrer Wertemenge.

Die Begriffe *Funktion* und *Abbildung* werden in der Mathematik synonym verwendet. Welchen der beiden Begriffe man verwendet, hängt vom Kontext ab: In der Analysis, wo es hauptsächlich um reellwertige oder komplexe Funktionen geht, spricht man von Funktionen, während in der Algebra oder linearen Algebra von Abbildungen gesprochen wird.

Aufgabe Schreiben Sie ein Java-Interface (nur das Interface!) für eine Klasse Caesar. Diese Klasse enthält (zunächst) nur eine einzige Methode `caesarEncode`, die die Cäsar-Verschlüsselung für einen einzelnen Buchstaben realisiert: Gibt man einen Klartextbuchstaben ein, so gibt die Methode den Geheimtextbuchstaben zurück. Nehmen Sie für den Moment an, es gäbe in Java eine Klasse `letter` für Kleinbuchstaben und eine Klasse `Letter` für Großbuchstaben.

Lösung Im Interface wird die Methode lediglich deklariert, jedoch nicht implementiert. Das Interface sieht so aus:

```
public Letter caesarEncode(letter c);
```

Diese Deklaration entspricht in etwa der obigen abstrakten Kennzeichnung der Funktion f_C. ■

Entsprechende Funktionen kann man für jeden anderen Verschiebungswert $k \in \{0, 1, \ldots, 25\}$ definieren, ja sogar für $k = 0$. Zu Geheimhaltungszwecken ist der Wert $k = 0$ sicherlich sinnlos, aber eine Funktion ist es auf jeden Fall, nämlich die sogenannte identische Funktion:

Definition identische Funktion

Die *identische Funktion* $id_M : M \to M$ auf einer Menge M ist definiert durch

$$id_M(x) = x$$

für alle $x \in M$. Meistens wird der Index M weggelassen.

Beispiel 3.1 Mehr Funktionen

a) Die ASCII-Codierung ist eine Funktion, die jedem Zeichen (Buchstaben, Ziffern, Sonderzeichen) des ASCII-Zeichensatzes eine natürliche Zahl zuordnet. Wenn wir den ASCII-Zeichensatz Z nennen, so können wir schreiben

$$f_{\text{ASCII}} : Z \to \mathbb{N}_0.$$

In Java würde man deklarieren:

```
public int fAscii (char c);
```

Da es in Java keine Klasse gibt, die der Menge $\mathbb{N}_0$ entspricht, muss man die Klasse `int` nehmen. Selbstverständlich hätte man auch statt $f_{\text{ASCII}} : Z \to \mathbb{N}_0$ schreiben können $f_{\text{ASCII}} : Z \to \mathbb{Z}$. Das wäre nicht falsch, sondern bloß weniger exakt – und vielleicht auch ein wenig verwirrend („können da auch negative Zahlen herauskommen?"). Im Grunde genommen ist schon die Wertemenge $\mathbb{N}_0$ zu weit gefasst: $f_{\text{ASCII}} : Z \to \{0, 1, 2, \ldots, 127\}$ hätte es auch getan.

In der Mathematik findet man naturgemäß viele Funktionen auf Zahlenmengen:

b) Die Funktion $f : \mathbb{Z} \to \mathbb{Z}$, $x \mapsto x^2$ ordnet jeder natürlichen Zahl n ihr Quadrat zu, also: $f(0) = 0$, $f(1) = 1$, $f(-1) = 1$, $f(2) = 4$, $f(-2) = 4$ usw.

c) Die Funktion $f : \mathbb{R} \to \mathbb{R}$ mit $x \mapsto x^2$ hat zwar dieselbe Berechnungsvorschrift, jedoch eine andere Definitions- und Wertemenge als die Funktion in b). Es handelt sich definitiv um zwei verschiedene Funktionen! In Java ist das auch der Fall: Bei den beiden Methoden `public int square(int x)` und `public double square(double x)` handelt es sich um verschiedene Methoden.

d) Eine Funktion $f : \mathbb{R} \to \mathbb{R}$ mit $x \mapsto \frac{1}{x}$ gibt es nicht! Für jedes x aus der Definitionsmenge muss ein Funktionswert definiert sein, aber $\frac{1}{0}$ ist nicht definiert. Man behilft sich in solchen Fällen damit, dass man die Definitionsmenge entsprechend anpasst: $f : \mathbb{R} - \{0\} \to \mathbb{R}$ mit $f(x) = \frac{1}{x}$.
In Java ist es jedoch nicht möglich, die Definitionsmenge anzupassen. Es gibt keine Klasse, die der Menge $\mathbb{R} - \{0\}$ entspricht. In einem solchen Fall, in dem ein bestimmter Funktionswert undefiniert ist, **muss** die Methode **eine Exception werfen**! Und genau das passiert ja auch, wenn Sie durch 0 dividieren.

Darstellung von Funktionen

Funktionen lassen sich auf unterschiedliche Weisen darstellen. Welche Darstellungsform man wählt, hängt zum Teil von der Art der Funktion ab, insbesondere von Definitions- und Wertemenge, aber auch von gewissen Aspekten der Funktion, die man betonen möchte. Wenn es um die Darstellung eines Begriffes geht – und das trifft für die Mathematik genauso wie für die Informatik und alle Naturwissenschaften zu – geht es nicht um richtig oder falsch, sondern um sinnvoll oder brauchbar versus sinnlos bzw. nutzlos. Denken Sie an Netzpläne des öffentlichen Personen-Nahverkehrs, etwa die U- und S-Bahn-Pläne größerer Städte[I]. Die

---

I Siehe etwa http://www.bvg.de/index.php/de/3713/name/Liniennetz.html für das Liniennetz der BVG in Berlin

Lage der eingezeichneten Haltestellen und ihre Entfernungen zueinander sind im Allgemeinen überhaupt nicht maßstabsgerecht eingezeichnet. Diese Pläne sind dennoch nicht falsch, sondern sie sind mehr oder weniger brauchbar für bestimmte Zwecke. Wenn Sie beispielsweise wissen wollen, mit welchen Linien Sie vom Ernst-Reuter-Platz zum Brandenburger Tor kommen, ist der Netzplan sehr nützlich. Wenn Sie dagegen die Strecke mit dem Auto fahren möchten, ist der Plan völlig unbrauchbar.

a) Die Funktionsdarstellung, an die Sie sicherlich zuerst denken, ist die Angabe einer Berechnungsformel, etwa in der Form $f: \mathbb{Z} \rightarrow \mathbb{Z}, x \mapsto x^2$. Nicht für alle Funktionen lässt sich jedoch eine Berechnungsformel angeben – wer etwa eine „Berechnungsformel“ für Lottozahlen wüsste, der könnte schnell reich werden.
b) Eine Funktion mit einer endlichen Definitionsmenge lässt sich mithilfe einer Wertetabelle darstellen, so wie Sie das sicher noch aus der Schule kennen.
c) Funktionen auf endlichen Mengen lassen sich auch durch Pfeildiagramme darstellen.

Arno	Britta	Carl	Dörte
27	21	23	21

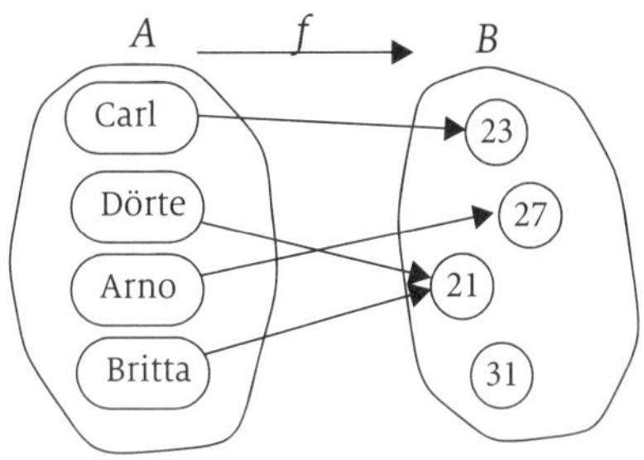

Abb. 3-1 Wertetabelle und Pfeildiagramm einer Funktion

d) Weitere Möglichkeiten der Darstellung von Funktionen mit endlichem Definitionsbereich sind Balken- oder Tortendiagramme.
e) Reelle Funktionen (d. h. Funktionen auf den reellen Zahlen) kann man mittels Funktionsgraphen darstellen.
f) Für viele Funktionen des Alltags wie die Berechnung des Briefportos aus Größe und Gewicht eines Briefes oder der KFZ-Steuer aus Hubraum und Abgaswerten gibt es keine mathematische Formel, sondern nur einen Algorithmus zur Berechnung.

Funktionen mit mehreren Argumenten

Hätte Cäsar seine geheimen Botschaften immer um 3 Stellen verschoben, so wären sie vermutlich nicht allzu lange geheim geblieben. Wäre es jemand gelungen, auch nur einen einzigen Geheimtext zu entziffern, so hätte er damit die feste Zuordnung f_C gefunden und somit alle Geheimtexte lesen können. Sicherlich hat schon Cäsar damals mit unterschiedlichen Verschiebungen gearbeitet. Eine grundlegende Maxime der Kryptografie lautet daher: *Nicht die Methode*, mit der ein Klartext verschlüsselt wurde, sorgt für die Sicherheit der Übermittlung, *sondern der Schlüssel*, der dabei verwendet wurde. Die Methode ist in unserem Fall die zyklische Verschiebung der Buchstaben an sich. Der Schlüssel k ist die Anzahl der

Stellen, um die verschoben wird. Auf diese Weise lässt sich der Schlüssel häufiger wechseln und damit wird die Gefahr, dass der Code gebrochen wird, geringer.

In unserem Kontext bedeutet dies, dass die Cäsar-Funktion einen zweiten Parameter k braucht. Nennen wir die Funktion diesmal nur f, so ordnet f einem Paar (x, k), bestehend aus einem Kleinbuchstaben x und einem Schlüssel k (also einer Zahl zwischen 0 und 25) einen Großbuchstaben zu. Wir schreiben:

$$f: \{a, b, ..., z\} \times \{0, 1, ..., 25\} \to \{A, B, ..., Z\}.$$

Dabei bezeichnet $\times$ das kartesische Produkt (▶ Abschnitt 2.2) der beiden Mengen. Die Java-Methode müsste dann folgendermaßen angepasst werden:

```
public Letter caesarEncode(letter c, int k);
```

Entsprechend können wir die Addition auf den ganzen Zahlen folgendermaßen als Funktion beschreiben:

$$f: \mathbb{Z} \times \mathbb{Z} \to \mathbb{Z}$$
$$f(x, y) = x + y.$$

Komposition von Funktionen

Bisher haben wir die Java-Methode nur deklariert. Wie könnte man sie konkret implementieren? Es liegt auf der Hand, den Kleinbuchstaben x zunächst in eine Zahl zwischen 0 und 25 umzuwandeln (etwa mithilfe der ASCII-Codierung), anschließend den Schlüssel k zu addieren und schließlich diese Zahl wieder zurück in einen Großbuchstaben (mithilfe der ASCII-Decodierung) verwandeln. Dabei muss man lediglich aufpassen, dass man bei der Addition von k im Bereich $\{0, ..., 25\}$ bleibt. Die konkrete Realisierung überlasse ich Ihnen (▶ Aufgabe 3.1).

Hier werden nacheinander mehrere Funktionen angewandt: ASCII-Codierung, Addition des Schlüssels, ASCII-Decodierung. Die gesamte Funktion, die (bei festem Schlüsselwert $k = 3$) aus dem Buchstaben a den Buchstaben D macht, aus b ein E usw., wird als Komposition von 3 einzelnen Funktionen dargestellt (▶ Abbildung 3-2).

Definition
Komposition von Funktionen

Sind $f: A \to B$ und $g: B \to C$ Funktionen, so ist die *Komposition* (oder *Verkettung*)

$$g \circ f: A \to C$$

definiert durch die Funktionsvorschrift

$$(g \circ f)(x) = g(f(x)).$$

Beachten Sie dabei:

- $g \circ f$ bedeutet: erst f, dann g!
- Die Verkettung $g \circ f$ ist nur definiert, wenn die Wertemenge von f mit der Definitionsmenge von g übereinstimmt.

Für jede Funktion $f: A \to B$ gilt offenbar $id \circ f = f \circ id = f$. Beachten Sie, dass es sich hierbei genaugenommen um zwei verschiedene identische Funktionen handelt – um welche?

Außerdem gilt für die Funktionskomposition das Assoziativgesetz, das heißt, sind $f: A \to B$, $g: B \to C$, $h: C \to D$ Funktionen, so gilt:

$$(h \circ g) \circ f = h \circ (g \circ f).$$

Dies lässt sich einfach nachrechnen:

$$((h \circ g) \circ f)(x) = (h \circ g)(f(x)) = h(g(f(x)))$$

und

$$(h \circ (g \circ f))(x) = h((g \circ f)(x)) = h(g(f(x))).$$

Beachten Sie jedoch, dass im Allgemeinen $f \circ g$ und $g \circ f$ nicht identisch sind. Das fängt schon damit an, dass eine der beiden Funktionen vielleicht gar nicht definiert ist. Aber selbst dann, wenn beide Kompositionen definiert sind, sind sie im Allgemeinen nicht identisch (▶ Aufgabe 3.3).

Aufgaben zu 3.1

3.1 Vervollständigen Sie den Methodenrumpf der Methode `caesarEncode`. Verwenden Sie dabei die modulo-Operation, die in Java mit dem %-Zeichen geschrieben wird, um die Zahl im Bereich von 0 bis 25 zu halten.

3.2 Welche der folgenden Vorschriften sind zulässige Funktionsvorschriften?

a) $f: \mathbb{N} \to \mathbb{N}$ mit $x \mapsto \sqrt{x}$

b) $f: \mathbb{R} \to \mathbb{R}$ mit $x \mapsto \sqrt{x}$

c) $f: \mathbb{N} \to \mathbb{R}$ mit $x \mapsto \sqrt{x}$

3.3 Seien $f: \mathbb{Z} \to \mathbb{Z}$ und $g: \mathbb{Z} \to \mathbb{Z}$ definiert durch

$$f(x) = x + 1$$

$$g(x) = x^2.$$

Zeigen Sie, dass $f \circ g \neq g \circ f$ ist.

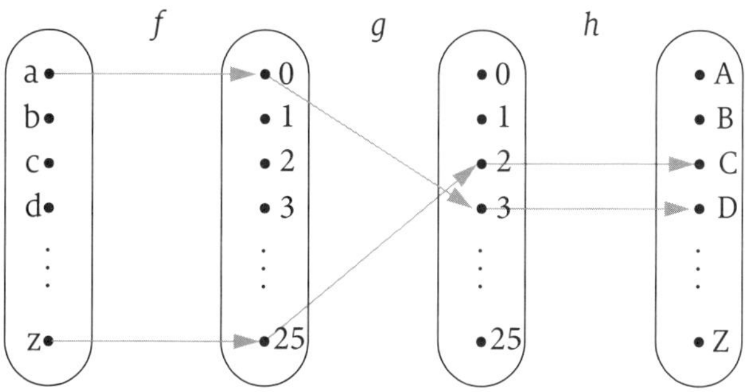

Abb. 3-2
Verkettung von Funktionen

3.4 Geben Sie ein einfaches Beispiel für eine Funktion $f: M \to M, f \neq id$, für die
a) $f \circ f = id$ gilt,
b) $f \circ f = f$ gilt.

Projekt

Projekt 1: Kryptoanalyse des Cäsar-Codes

Informieren Sie sich über die mathematischen Möglichkeiten, den Cäsar-Code zu knacken.

Programmier-projekt

Der Cäsar-Code

Schreiben Sie ein Java-Programm, das die Ver- und Entschlüsselung mit dem Cäsar-Code realisiert. Schön wäre natürlich eine grafische Oberfläche, in der Sie

- einen Klartext eingeben (oder aus einer Datei laden) können,
- einen Geheimtext eingeben (oder aus einer Datei laden) können,
- einen Schlüssel eingeben können,
- einen Klartext verschlüsseln und einen Geheimtext entschlüsseln können.

3.2 Injektive, surjektive und bijektive Funktionen und die Umkehrfunktion

Bleiben wir beim Thema Codierung. Um die Darstellung möglichst einfach zu halten, betrachten wir nur den Funktionsanteil, der die Zahlenmenge $\{0,\dots,25\}$ auf sich selbst abbildet – das ist der eigentlich interessante Teil. Der Rest besteht immer nur aus ASCII-Codierung und -Decodierung.

Was sagen Sie zu folgender Codierung?

$$f: \{0,\dots,25\} \to \{0,\dots,25\}$$

$$x \mapsto (2x) \ \% \ 26$$

Dabei bezeichnet $a \% b$ den Rest bei der ganzzahligen Division von a durch b. Diese Codierung resultiert in folgender Tabelle:

Klartext	a	b	c	d	...	n	o	p	q	...
Geheimtext	A	C	E	G	...	A	C	E	G	...

Diese Funktion ist offenbar als Codierung ungeeignet, denn es ist keine eindeutige Decodierung möglich. Ein „A" kann im Klartext sowohl ein „a" als auch ein „n" sein. Um die Decodierung zu ermöglichen, dürfen unterschiedliche Klartextbuchstaben nicht auf denselben Geheimtextbuchstaben abgebildet werden. Man kann es auch so ausdrücken: Ein Geheimtextbuchstabe darf nicht mehr als ein „Urbild" unter der Decodierfunktion haben. Eine Funktion, die diese Eigenschaft hat, heißt injektiv. Die obige Funktion ist nicht injektiv. Betrachten Sie als weiteres Beispiel die Altersfunktion aus Abbildung 3-1: Wer ist der/die 21-jährige Student(in)? Sie sehen: Die Altersfunktion ist ebenfalls nicht injektiv, denn zu der Zahl 21 gibt es zwei verschiedene „Urbilder".

Definition injektive Funktion

Die Funktion $f: A \to B$ heißt *injektiv*, wenn es zu jedem $y \in B$ **höchstens** ein $x \in A$ gibt mit $f(x) = y$.

Die Funktion f ist genau dann injektiv, wenn aus $f(x) = f(x')$ folgt, dass $x = x'$ ist.

Mit Matrikelnummern kann dies nicht passieren: Verschiedene Studierende (an derselben Hochschule) haben auch unterschiedliche Matrikelnummern. Die „Matrikelnummerfunktion" ist injektiv. Bei der Rückverfolgung kann jedoch ein anderes Problem entstehen: Wenn ich etwa den/die Student(in) mit der Nummer 20099876 suche, kann es durchaus sein, dass diese Matrikelnummer gar nicht existiert. Eine Funktion, die dieses Problem nicht hat, heißt surjektiv.

Definition surjektive Funktion

Die Funktion $f: A \to B$ heißt *surjektiv*, wenn es zu jedem $y \in B$ **mindestens** ein $x \in A$ gibt mit $f(x) = y$.

Die Funktion f ist genau dann surjektiv, wenn der Wertebereich von f gleich der Wertemenge B ist.

Das Problem, das mit nicht surjektiven Funktionen entstehen kann, ist offenbar ein Problem der genauen Kenntnis des Wertebereichs der Funktion. Wenn ich beispielsweise genau weiß, welche Matrikelnummern tatsächlich auftreten, dann kann ich diese (im Prinzip wenigstens) rückverfolgen.

Definition bijektive Funktion

Die Funktion $f: A \to B$ heißt *bijektiv*, wenn es zu jedem $y \in B$ **genau** ein $x \in A$ gibt mit $f(x) = y$.

Die Funktion f ist genau dann bijektiv, wenn sie injektiv und surjektiv ist.

Abbildung 3-3 zeigt die Eigenschaften injektiv, surjektiv und bijektiv anhand von Pfeildiagrammen.

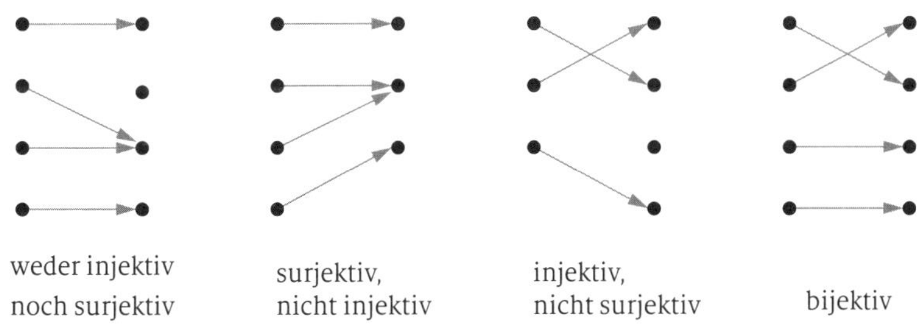

Abb. 3-3
Injektive, surjektive, bijektive Funktionen

Beispiel 3.2 Wir betrachten die Funktion $f(x) = x^2$ mit unterschiedlichen Definitions- und Wertemengen.

a) $f : \mathbb{N} \to \mathbb{N}$, $n \mapsto n^2$: Injektiv, denn zu jeder natürlichen Zahl m gibt es höchstens eine natürliche Zahl n mit $n^2 = m$. Nicht surjektiv, denn es gibt keine natürliche Zahl n mit $n^2 = 2$.

b) $f : \mathbb{Z} \to \mathbb{Z}$, $x \mapsto x^2$: Nicht injektiv, denn $(-1)^2 = 1^2$; nicht surjektiv (siehe a)).

c) $f : \mathbb{R} \to \mathbb{R}$, $x \mapsto x^2$: Nicht injektiv (siehe b)). Surjektiv, denn jede reelle Zahl y hat mindestens eine Wurzel.

d) $f : \mathbb{R}^+ \to \mathbb{R}^+$, $x \mapsto x^2$: Bijektiv (also injektiv und surjektiv), denn jede positive reelle Zahl y hat genau eine positive Wurzel. ■

Das Beispiel verdeutlicht ein weiteres Mal, wie wichtig es ist, Definitions- und Wertemenge einer Funktion anzugeben.

Die Cäsar-Verschiebung und die ASCII-Codierung $f_{ASCII} : Z \to \{0, 1, 2, \ldots, 127\}$ sind Beispiele für bijektive Funktionen. Beide Funktionen sind umkehrbar, das heißt, sie können rückgängig gemacht werden: Die Umkehrung der Codierung ist die Decodierung. Das bedeutet: Wenn ich einen Klartextbuchstaben erst codiere, dann das Ergebnis decodiere, so muss wieder der ursprüngliche Buchstabe herauskommen. Wenn ich umgekehrt eine Zahl $n \in \{0, 1, 2, \ldots, 127\}$ erst zu einem ASCII-Zeichen decodiere, dann das Ergebnis wieder codiere, muss das Ergebnis die Zahl n sein.

Definition
Umkehrfunktion

Die Funktion $f : A \to B$ heißt *umkehrbar* (oder *invertierbar*), wenn es eine Funktion $g : B \to A$ gibt mit

$$g(f(x)) = x \text{ für alle } x \in A$$

und

$$f(g(x)) = x \text{ für alle } x \in B.$$

In diesem Fall heißt g die *Umkehrfunktion* (oder *Inverse*) von f. Wir schreiben f^{-1} für die Umkehrfunktion von f.

In Kurzschreibweise: Die Funktion f heißt umkehrbar, wenn es eine Funktion g gibt, sodass $f \circ g$ und $g \circ f$ beide definiert sind und $f \circ g = g \circ f = id$ gilt.

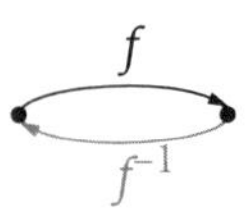

In sehr vielen Anwendungen ist es wichtig, durchgeführte Aktionen oder Operationen wieder rückgängig machen zu können. Dies erklärt die besondere Bedeutung der Umkehrabbildung. In einem Pfeildiagramm erhalten Sie die Umkehrfunktion von f (falls sie existiert), indem Sie die Pfeile von f umdrehen.

Nicht jede Funktion ist umkehrbar. Ist die Funktion f jedoch invertierbar, so ist ihre Umkehrfunktion eindeutig bestimmt: Sind nämlich g und h beide Inverse von f, so ist $f \circ g = id$ und $h \circ f = id$, und es folgt:

$$h \circ f \circ g = h \circ (f \circ g) = h \circ id = h\,.$$

Aber andererseits ist

$$h \circ f \circ g = (h \circ f) \circ g = id \circ g = g.$$

Also ist $h = g$.

In einem Pfeildiagramm erhalten Sie aus f die Inverse f^{-1} (falls sie existiert), indem Sie alle Pfeile umdrehen. Drehen Sie ein zweites Mal um, so erhalten Sie wieder die Ausgangsfunktion f. Das heißt, die Inverse von f^{-1} ist wieder f:

$$(f^{-1})^{-1} = f.$$

Satz

Eine Funktion ist genau dann umkehrbar, wenn sie bijektiv ist.

Beweis: Sei $f: A \to B$ bijektiv. Wir definieren eine Funktion $g: B \to A$ folgendermaßen: Für $x \in B$ sei $g(x)$ das eindeutig bestimmte Urbild von x unter f. Dann ist g die Umkehrfunktion von f.

Sei umgekehrt $f: A \to B$ umkehrbar. Dann existiert die Umkehrfunktion $f^{-1}: B \to A$. Wir zeigen zunächst, dass f injektiv ist: Sei $f(x) = f(x')$. Wir wenden f^{-1} auf beiden Seiten der Gleichung an und erhalten: $f^{-1}(f(x)) = f^{-1}(f(x'))$, also $x = x'$. Wir zeigen nun, dass f surjektiv ist: Sei $y \in B$ und sei $x = f^{-1}(y)$. Dann ist $f(x) = f(f^{-1}(y)) = y$. Dies zeigt, dass jedes Element von B ein Urbild unter f hat, das heißt, dass f surjektiv ist. ■

Satz

Sind die Funktionen $f: A \to B$ und $g: B \to C$ beide bijektiv (also invertierbar), so ist auch die *Komposition* $g \circ f: A \to C$ bijektiv (also auch invertierbar) und es gilt:

$$(g \circ f)^{-1} = f^{-1} \circ g^{-1}.$$

Beweis: Wir zeigen zunächst, dass die Komposition zweier bijektiver Funktionen wieder bijektiv ist. Dazu zeigen wir, dass es zu jedem $c \in C$ genau ein $a \in A$ gibt mit $(g \circ f)(a) = c$. Sei $c \in C$. Dann gibt es genau ein $b \in B$ mit $g(b) = c$, denn g ist bijektiv. Für dieses b gibt es genau ein $a \in A$ mit $f(a) = b$, denn f ist bijektiv. Also gibt es genau ein $a \in A$ mit

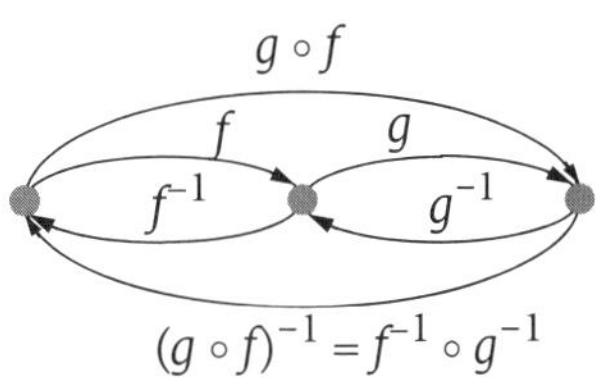

$$(g \circ f)(a) = g(f(a)) = g(b) = c.$$

Es gilt:

$$(g \circ f) \circ (f^{-1} \circ g^{-1}) = g \circ f \circ f^{-1} \circ g^{-1} = g \circ id \circ g^{-1} = g \circ g^{-1} = id.$$

Daraus folgt, dass $f^{-1} \circ g^{-1}$ eine Inverse von $g \circ f$ ist. Weiterhin wissen wir, dass die Inverse einer bijektiven Funktion eindeutig ist. Daraus folgt die Aussage des Satzes. ■

Aufgaben zu 3.2

3.5 Welche der Eigenschaften injektiv, surjektiv und bijektiv trifft auf die folgenden Funktionen zu?

a) $f: \mathbb{Z} \to \mathbb{Z}$, $x \mapsto 3x - 2$

b) $f: \mathbb{R} \to \mathbb{R}$, $x \mapsto 3x - 2$

c) $f: \mathbb{R} \to \mathbb{R}$, $x \mapsto 2^x$

3.6 Gegeben sei die Menge P = {Arno, Bettina, Carl, Dagmar, Emil, Franziska} von Personen. Bestimmen Sie für jede der folgenden Funktionen f eine sinnvolle Wertemenge B. Welche der Eigenschaften injektiv, surjektiv und bijektiv trifft auf die Funktion f zu?

a) $f: P \to B$, $x \mapsto$ Anzahl der Buchstaben des Vornamens von x

b) $f: P \to B$, $x \mapsto$ Erster Buchstabe des Vornamens von x

c) $f: P \to B$, $x \mapsto$ Geschlecht von x

3.7 Drehen Sie jeweils die Pfeile in den ersten drei Pfeildiagrammen von Abbildung 3-3 um und erklären Sie in jedem Fall, warum das Ergebnis keine Funktion sein kann.

3.8 a) Finden Sie ein Beispiel für zwei Funktionen f und g, sodass die Kompositionen $f \circ g$ und $g \circ f$ beide definiert sind und $g \circ f = id$ und $f \circ g \neq id$ gilt.

b) Welche Eigenschaften (injektiv, surjektiv, bijektiv) müssen f und g haben, damit a) überhaupt möglich ist?

3.9 a) Finden Sie ein Beispiel für eine Funktion $f \neq id$, sodass die Komposition $f \circ f$ definiert ist und $f \circ f = id$ gilt.

b) Welche Eigenschaften (injektiv, surjektiv, bijektiv) muss f haben, damit a) überhaupt möglich ist?

3.10 Bestimmen Sie jeweils die Umkehrfunktion folgender Funktionen.

a) $f: \mathbb{R} \to \mathbb{R}$, $x \mapsto 3x - 2$

b) $f: \mathbb{R}^+ \to \mathbb{R}$, $x \mapsto x^2 - 2$

3.11 Sei $f: A \to B$ eine Funktion und sei $\equiv$ die durch f induzierte Äquivalenzrelation (▶ S. 61).

a) Wie viele Äquivalenzklassen hat die Relation $\equiv$, wenn f injektiv ist?

b) Wie viele Äquivalenzklassen hat die Relation $\equiv$, wenn f surjektiv ist?

3.3 Endliche und unendliche Mengen

Das Schubfachprinzip

Das *Schubfachprinzip* (auch *Taubenschlagprinzip* genannt, engl. *pigeon hole principle*) lautet:

> Wenn man m Objekte auf n Schubfächer verteilt, und wenn $m > n$ ist, dann gibt es mindestens ein Schubfach, in dem mehr als ein Objekt liegt.

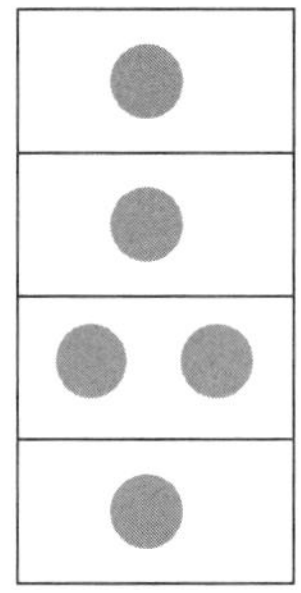

Abb. 3-4
Das Schubfachprinzip: 5 Objekte auf 4 Schubfächer verteilt

Mit den Begriffen des vorigen Abschnittes kann man das Schubfachprinzip folgendermaßen formulieren:

> Sind A und B endliche Mengen mit $|A| > |B|$, so gibt es keine injektive Funktion $f: A \to B$.

Wenn Mathematik doch immer nur so einfach wäre! Das Schubfachprinzip ist so selbstverständlich[1], dass Sie sich vielleicht fragen, warum man es überhaupt erwähnen müsse. Das liegt daran, dass es viele, durchaus nicht selbstverständliche Anwendungen hat. So können Sie beispielsweise darauf wetten, dass in einem großen Hörsaal mit 400 Studierenden mindestens zwei am selben Tag Geburtstag haben. Die Wette werden Sie in jedem Fall gewinnen.

Beispiel 3.3 In ein gleichseitiges Dreieck der Seitenlänge 1 werden 5 Punkte eingezeichnet. Dann gibt es zwei Punkte, die höchstens den Abstand 0,5 voneinander haben.

Zum Beweis teilen wir das gleichseitige Dreieck in 4 „Schubfächer" ein (▶ Abbildung 3-5). Das Schubfachprinzip sagt uns, dass in mindestens einem Fach mindestens zwei Punkte liegen. Offenbar ist der größtmögliche Abstand, den zwei Punkte in einem „Fach" annehmen können, gleich 0,5. ■

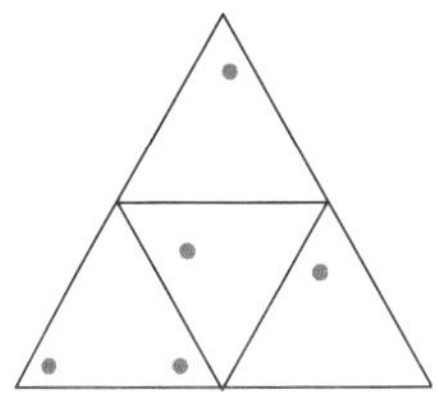

Abb. 3-5
Anwendung des Schubfachprinzips

Die „Umkehrung" des Schubfachprinzips lautet: Gibt es weniger Objekte als Schubfächer, so bleibt wenigstens ein Fach leer.

> Sind A und B endliche Mengen mit $|A| < |B|$, so gibt es keine surjektive Funktion $f: A \to B$.

Auch diese Aussage bedarf keiner weiteren Erläuterung. Nun formulieren wir die beiden Aussagen um: Seien A und B endliche Mengen und $f: A \to B$.

- Ist f injektiv, so ist $|A| \le |B|$.
- Ist f surjektiv, so ist $|A| \ge |B|$.
- Ist f bijektiv, so ist $|A| = |B|$.

Wenn Sie beispielsweise die Menschen auf einer Party zählen – sagen wir, sie zählen 23 –, dann tun Sie nichts anderes als eine bijektive Abbildung von der Menge $\{1, 2, ..., 23\}$ auf die Menge der Leute auf der Party herzustellen. Wir können also sagen, eine Menge M ist endlich, und $|M| = n$, falls es eine bijektive Abbildung von der Menge $\{1, 2, ..., n\}$ auf die Menge M gibt und umgekehrt. Die Menge $\{1, 2, ..., n\}$ ist eine Art Referenzmenge für alle Mengen mit n Elementen.

1 Das Lieblingswort aller Mathematikerinnen und Mathematiker lautet: *trivial*.

Abzählbare und überabzählbare Mengen

Für unendliche Mengen scheint es, als ob die Menge $\mathbb{N}$ aller natürlichen Zahlen die Referenzmenge sei. Hier ist die Angelegenheit jedoch nicht so einfach. Gibt es eine bijektive Abbildung von $\mathbb{N}$ auf M (auch *Abzählung* genannt), so ist M sicherlich unendlich. Umgekehrt gibt es jedoch nicht für alle unendlichen Mengen eine Abzählung!

Definition abzählbar und überabzählbar

Eine unendliche Menge M heißt *abzählbar*, wenn es eine surjektive Abbildung von $\mathbb{N}$ auf M gibt, ansonsten heißt sie *überabzählbar*.

In den folgenden Beispielen geben wir jeweils die surjektive Funktion $f: \mathbb{N} \to M$ als Aufzählung in der Form $f(1), f(2), f(3)\ldots$ an, in der Hoffnung, dass Ihnen klar ist, wie es weitergeht. Dabei ist zu beachten, dass Elemente von M in dieser Aufzählung durchaus mehrfach vorkommen dürfen, denn es wird nicht verlangt, dass die Abbildung von $\mathbb{N}$ auf M injektiv ist. Wichtig ist nur, dass sie surjektiv ist, d. h., dass alle Elemente von M irgendwann vorkommen.

Beispiel 3.4

a) Die Menge $\mathbb{N}$ ist *per definitonem* abzählbar.

b) Die Menge der geraden Zahlen ist abzählbar: 2, 4, 6, 8, … .

c) Die Menge $\mathbb{Z}$ der ganzen Zahlen ist abzählbar: 0, 1, −1, 2, −2, 3, … .

d) Die Menge $\mathbb{Q}$ der rationalen Zahlen ist ebenfalls abzählbar. Diese Abzählung ist schon etwas kniffliger. Wir zeigen zunächst, dass die positiven rationalen Zahlen abzählbar sind. Die Menge aller rationalen Zahlen kann man dann analog zu c) abzählen. Jede positive rationale Zahl ist von der Form $\frac{p}{q}$ mit $p, q \in \mathbb{N}$. Wir ordnen die rationalen Zahlen in einem zweidimensionalen Gitter an (▶ Abbildung 3-6 links).

Stellen Sie sich vor, dies sei eine nach rechts und nach oben unendliche Rasenfläche. Wie würden Sie den Rasen mähen, sodass Sie an jeden Punkt des Rasens irgendwann einmal hinkommen? Richtig, genauso, wie in Abbildung 3-6 rechts dargestellt. Dies liefert die Aufzählung:

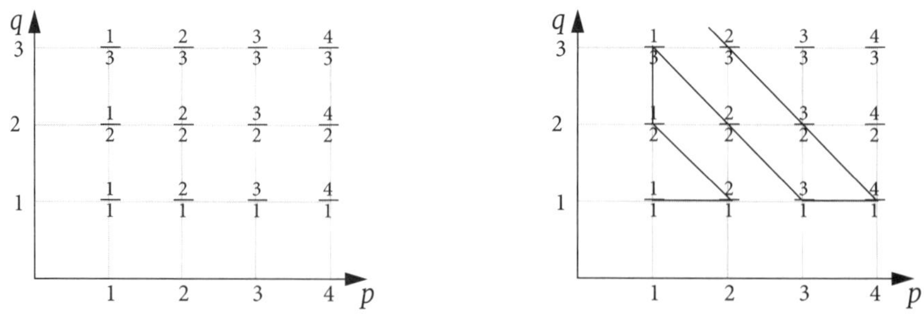

Abb. 3-6 Aufzählungsschema der rationalen Zahlen (Rasenmäherprinzip)

$$\frac{1}{1}, \frac{2}{1}, \frac{1}{2}, \frac{1}{3}, \frac{2}{2}, \frac{3}{1}, \ldots,$$

in der zwar rationale Zahlen mehrfach vorkommen, aber das ist ja nicht verboten. Wichtig ist lediglich, dass jede rationale Zahl irgendwann vorkommt.

Satz
Überabzählbarkeit der reellen Zahlen

Die Menge der reellen Zahlen ist nicht abzählbar.

Beweis: Der folgende Beweis geht auf G. Cantor (▶ S. 42) zurück. Es wird gezeigt, dass das Intervall $[0;1] = \{x \in \mathbb{R} \mid 0 \leq x \leq 1\}$ nicht abzählbar ist.

Angenommen, es gäbe eine vollständige Aufzählung der Zahlen des Intervalls in der Form $x_1, x_2, x_3 \ldots$, in der jedes $x \in [0;1]$ irgendwann vorkommt. Wir schreiben die Zahlen $x_1, x_2, x_3 \ldots$ jeweils als Dezimalzahlen in der Form $0{,}a_1 a_2 a_3\ldots$ Die Zahl 1 schreiben wir 0,999....

$$\begin{array}{ll} x_1 & 0,\ a_{11}\ a_{12}\ a_{13}\ a_{14}\ \ldots \\ x_2 & 0,\ a_{21}\ a_{22}\ a_{23}\ a_{24}\ \ldots \\ x_3 & 0,\ a_{31}\ a_{32}\ a_{33}\ a_{34}\ \ldots \\ x_4 & 0,\ a_{41}\ a_{42}\ a_{43}\ a_{44}\ \ldots \\ \vdots & \end{array}$$

Nun konstruieren wir eine Zahl x, deren Nachkommastellen aus den Diagonalelementen a_{ii} bestehen – jedoch jeweils durch Addition von 1 (ohne Übertrag) verändert:

$$x = 0, \overline{a_{11}}\,\overline{a_{22}}\,\overline{a_{33}}\ldots,$$

wobei $\overline{a} = (a+1) \% 10$ ist, das heißt $\overline{0} = 1, \ldots, \overline{8} = 9$ und $\overline{9} = 0$. Die so konstruierte Zahl x ist ungleich x_1, denn x und x_1 unterscheiden sich mindestens in der ersten Nachkommastelle. Die Zahl x ist auch ungleich x_2, denn x und x_2 unterscheiden sich mindestens in der zweiten Nachkommastelle usw. Die Zahl x kann daher keine der Zahlen $x_1, x_2, x_3, \ldots$ sein. Wir haben damit eine Zahl x konstruiert, die nicht in der Aufzählung vorkommt. Die Annahme, dass es eine vollständige Aufzählung der reellen Zahlen im Intervall gibt, ist also falsch und damit ist der Satz bewiesen.

Diese Beweismethode wird auch das *cantorsche Diagonalisierungsverfahren* genannt. ■

Aufgaben zu 3.3

3.12 Professor Schussel hat 10 schwarze, 10 graue und 10 braune Socken in einer Schublade. Wie viele Socken muss er der Reihe nach herausnehmen, damit garantiert ein farblich passendes Paar darunter ist?

3.13 Wenn 12 Objekte auf 10 Schubfächer verteilt werden, so gibt es mindestens ein Fach, das mehr als ein Objekt enthält.

a) Welche schärfere Aussage kann man treffen, wenn 34 Objekte auf 10 Schubfächer verteilt werden?
b) Formulieren Sie eine Verallgemeinerung des Schubfachprinzips nach dem Muster von b).

3.14 Seien A und B endliche Mengen und $|A| = |B|$. Beweisen Sie:

a) Ist $f: A \to B$ injektiv, so ist f bijektiv.
b) Ist $f: A \to B$ surjektiv, so ist f bijektiv.

3.15 Beweisen Sie: Die Menge $\mathbb{N}\times\mathbb{N}\times\mathbb{N}$ aller Tripel aus natürlichen Zahlen ist abzählbar.

3.16 Beweisen Sie: Jede unendliche Teilmenge einer abzählbaren Menge ist abzählbar.

3.17 Beweisen Sie: Die Vereinigung zweier abzählbarer Mengen ist abzählbar.

3.18 Beweisen Sie mithilfe des cantorschen Diagonalisierungsverfahrens:

a) Die Menge $\mathcal{P}(\mathbb{N})$ ist überabzählbar.
b) Die Menge aller Funktionen auf den natürlichen Zahlen ist überabzählbar.

4 Kombinatorik

Aus Kapitel 3 kennen Sie den Cäsar-Code zur Verschlüsselung von Nachrichten. Erinnern Sie sich noch daran, worauf die Sicherheit von Kryptosystemen beruht? Nicht auf der Geheimhaltung des Verschlüsselungsverfahrens, sondern auf der des Schlüssels, denn einen Schlüssel kann man von Zeit zu Zeit auszuwechseln. Nun gibt es für den Cäsar-Code lediglich 25 echte Schlüssel, die heutzutage mit dem Computer in null Komma nichts alle durchprobiert werden können. Das allein macht ihn schon für heutige Sicherheitserfordernisse uninteressant. Wie könnte man mit einem ähnlichen Verfahren eine größere Zahl von Schlüsseln ermöglichen? Eine Möglichkeit besteht darin, die Buchstaben nicht zyklisch alle mit dem gleichen Versatz zu verschieben, sondern jeden Klartextbuchstaben auf einen Geheimtextbuchstaben abzubilden, natürlich so, dass keine zwei Klartextbuchstaben demselben Geheimtextbuchstaben zugeordnet werden. Mit anderen Worten: Es handelt sich um irgendeine bijektive Funktion f vom Klartextalphabet $\{a, b, \ldots, z\}$ auf das Geheimtextalphabet $\{A, B, \ldots, Z\}$. Ein Beispiel zeigt die folgende Tabelle:

a	b	c	d	e	f	g	h	i	j	k	l	m	n	o	p	q	r	s	t	u	v	w	x	y	z
Q	Y	A	D	N	G	I	B	M	U	R	K	L	C	T	Z	O	E	F	S	X	P	V	J	H	W

Eine solche Tabelle stellt den Schlüssel des Verfahrens dar. Nur wer diese Tabelle besitzt, kann den Geheimtext lesen. Eine Verschlüsselung nach diesem Verfahren nennt man eine *monoalphabetische Substitution*.

Die Frage lautet nun: Wie viele verschiedene Schlüssel gibt es? Anders gefragt: Wie viele bijektive Abbildungen von einer endlichen Menge M auf eine Menge N gibt es?

Probleme dieser Art sind es, mit denen sich das mathematische Gebiet der Kombinatorik beschäftigt. Die grundlegende Frage lautet stets: *Wie viele Möglichkeiten gibt es?* Wir beginnen zunächst mit einer sehr einfachen Fragestellung.

4.1 Die Summen- und die Produktregel

Stellen Sie sich folgende Situation vor: Sie gehen in die Mensa und möchten nur eine Kleinigkeit essen. Es könnte ein Hauptgericht sein, aber eine Vorspeise würde auch reichen. Die Mensa bietet 4 Vorspeisen und 3 Hauptgerichte an. Dann haben Sie eine Gesamtauswahl von 7 Gerichten, vorausgesetzt, kein Hauptgericht ist gleichzeitig auch Vorspeise.

Die allgemeine Formulierung lautet:

Satz
Summenformel

Seien A und B endliche Mengen.

a) Es gilt:

$$|A \cup B| = |A| + |B| - |A \cap B|.$$

b) Sind A und B disjunkt (das heißt, $A \cap B = \varnothing$), so gilt sogar

$$|A \cup B| = |A| + |B|.$$

c) Sind $A_1, \ldots, A_n$ paarweise disjunkt (das heißt, $A_i \cap A_j = \varnothing$ für alle $i \neq j$), so gilt:

$$|A_1 \cup \ldots \cup A_n| = |A_1| + \ldots + |A_n|.$$

Beweis: a) In dem Ausdruck $|A| + |B|$ sind die Elemente, die sowohl in A als auch in B vorkommen, doppelt gezählt. Sie müssen daher einmal abgezogen werden, um $|A \cup B|$ zu erhalten.

b) Folgt sofort aus a).

c) Lässt sich mittels vollständiger Induktion aus b) beweisen. ■

Sie möchten heute ein Hauptgericht und eine Nachspeise essen. Die Mensa bietet 4 Hauptgerichte (Lasagne, Fisch, Pizza, vegetarisch) und 3 Nachspeisen (Pudding, Eis, Joghurt) an. Wie viele Menüs können Sie zusammenstellen? Für jedes der 4 Hauptgerichte können Sie 3 Nachspeisen wählen. Insgesamt gibt es $4 \cdot 3 = 12$ Menüs. Falls Ihnen die Entscheidung schwerfällt, können Sie sich mit einer Entscheidungstabelle oder einem Entscheidungsbaum behelfen (▶ Abbildung 4-1).

Die allgemeine Formulierung lautet:

Satz
Produktregel

Sind $A_1, \ldots, A_n$ endliche Mengen, so gilt:

$$|A_1 \times \ldots \times A_n| = |A_1| \cdot \ldots \cdot |A_n|.$$

Beweis: Ist anschaulich klar. ■

	L	F	P	V
P				
E				
J				

Hier haben Sie 12 Möglichkeiten, ein Kreuz zu setzen.

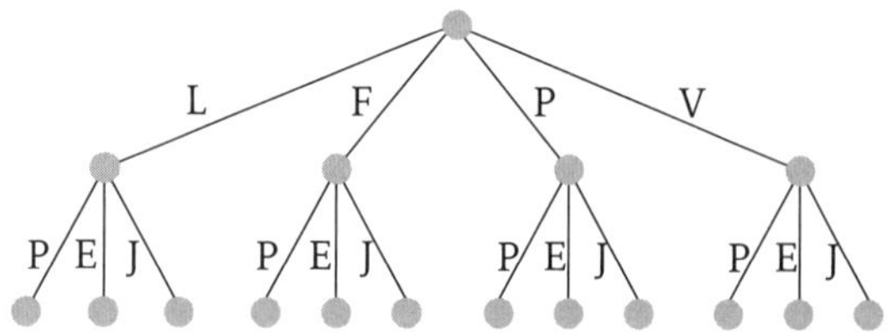

Jeder Endknoten entspricht einer Menüwahl.

Abb. 4-1 Entscheidungstabelle und Entscheidungsbaum für das Mensaproblem

Beispiel 4.1

a) Ein Passwort soll aus einem Kleinbuchstaben, gefolgt von einer Ziffer, gefolgt von einem Sonderzeichen (#, $, &, *) bestehen. Wie viele Passwörter gibt es?
Menge der Kleinbuchstaben: $K = \{a,\ldots,z\}$, $|K| = 26$.
Menge der Ziffern: $Z = \{0,\ldots,9\}$, $|Z| = 10$.
Menge der Sonderzeichen: $S = \{\#, \$, \&, *\}$, $|S| = 4$.

$$|K \times Z \times S| = |K| \cdot |Z| \cdot |S| = 26 \cdot 10 \cdot 4 = 1040$$

b) Sie möchten entweder Hauptgericht und Vorspeise oder Hauptgericht und Nachtisch essen. Wie viele Menüs können Sie zusamenstellen? Es gibt 4 Hauptgerichte (H), 2 Vorspeisen und 3 Nachtische.
Die Menge aller Menüs wird beschrieben durch $(H \times V) \cup (H \times N)$. Es gilt:

$$\begin{aligned} |(H \times V) \cup (H \times N)| &= |H \times V| + |H \times N| \\ &= |H| \cdot |V| + |H| \cdot |N| \\ &= 4 \cdot 2 + 4 \cdot 3 = 20. \end{aligned}$$

Alternativ kann man die Menge der Menüs auch durch $H \times (V \cup N)$ darstellen, wobei man natürlich zum selben Ergebnis kommt. ■

Ein häufiger Sonderfall der allgemeinen Produktregel besteht darin, dass das kartesische Produkt aus lauter gleichen Mengen gebildet wird. In diesem Fall schreiben wir

$$M^k = M \times \ldots \times M \text{ (k-mal).}$$

Mit dieser Notation gilt:

$$|M^k| = |M \times \ldots \times M| = |M| \cdot \ldots \cdot |M| = |M|^k.$$

Beispiel 4.2

a) Wie viele Binärwörter (Folgen von Nullen und Einsen) der Länge n gibt es?
Sei $\mathbb{B} = \{0, 1\}$. Dann ist die Menge aller Binärwörter der Länge n gegeben durch $\mathbb{B}^n$. Es gilt $|\mathbb{B}^n| = |\mathbb{B}|^n = 2^n$.

b) Sei $M = \{a_1,\ldots,a_n\}$ eine endliche Menge. Wie viele Teilmengen hat M?
Wir können jede Teilmenge $T \subseteq M$ durch ein Binärwort $b = b_1\ldots b_n$ darstellen mit

$$b_i = \begin{cases} 1 & \text{falls } a_i \in T \\ 0 & \text{sonst} \end{cases}.$$

Die Abbildung $T \mapsto b$ ordnet jeder Teilmenge von M ein Binärwort der Länge n zu. Es handelt sich um eine bijektive Abbildung $f: \mathcal{P}(M) \to \mathbb{B}^n$. Daher ist

$$|\mathcal{P}(M)| = |\mathbb{B}^n| = 2^n. \ ■$$

Satz Ist M eine endliche Menge mit $|M| = n$, so gilt:

$$|\mathcal{P}(M)| = 2^n.$$

In der Kombinatorik gibt es eine sehr geläufige Klassifikation von Zählaufgaben mittels eines Urnenmodells. Man stellt sich dabei vor, dass sich in einer Urne eine Menge von n beschrifteten oder gefärbten Kugeln befindet. Jemand zieht ähnlich wie beim Lotto k Kugeln aus der Urne. Die Experimentformen werden folgendermaßen unterschieden:

- Spielt die Reihenfolge der Ziehung eine Rolle? Das heißt, macht es beispielsweise einen Unterschied, ob zuerst eine weiße, dann eine schwarze Kugel gezogen wird?
- Wird die Kugel nach der Ziehung zurückgelegt, sodass bei der nächsten Ziehung nochmal gezogen werden kann (mit Zurücklegen/mit Wiederholung)?

Mit dem obigen Ergebnis $|M^k| = |M|^k$ haben wir bereits den einfachsten Fall des Urnenmodells, die Ziehung *mit Zurücklegen unter Beachtung der Reihenfolge*, gelöst. In diesem Fall gibt es n^k Möglichkeiten.

Aufgaben zu 4.1

4.1 Schwedische KFZ-Kennzeichen bestehen aus 3 Großbuchstaben gefolgt von 3 Ziffern, wobei die Ziffernkombination 000 nicht erlaubt ist. Wie viele Nummernschilder sind in Schweden möglich? Reichen die Kombinationen aus, damit jeder der etwa 9,27 Mio. Schweden ein Auto besitzen kann?

4.2 Ein Variablenname besteht aus einem Kleinbuchstaben, gefolgt von Kleinbuchstaben oder Ziffern.

a) Wie viele Variablennamen mit genau 4 Zeichen gibt es?

b) Wie viele Variablennamen mit höchstens 4 Zeichen gibt es?

4.3 Ist es besser, zwei dreistellige oder ein sechsstelliges Zahlenschloss zu benutzen?

4.4 In der Mensa werden heute 4 Hauptgerichte, 2 Vorspeisen und 3 Nachspeisen zur Auswahl angeboten. Eine Gruppe Studentinnen und Studenten isst in der Mensa. Sie essen unterschiedliche Kombinationen, und nicht alle essen Vorspeise oder Nachtisch, aber alle essen ein Hauptgericht. Wie viele Studierende müssen es mindestens sein, damit man sicher sein kann, dass zwei darunter sind, die dasselbe Menü essen?

4.5 Verallgemeinern Sie die Formel $|A \cup B| = |A| + |B| - |A \cap B|$ auf eine Vereinigung von drei Mengen.

4.6 Wie viele Binärwörter der Länge 5 beginnen mit 00 oder enden mit 11?

4.2 Permutationen und geordnete Auswahl ohne Wiederholung

Lassen Sie uns auf die eingangs gestellte Frage im Kontext der Kryptografie zurückkommen: Wie viele bijektive Abbildungen von einer endlichen Menge M auf eine Menge N gibt es? Zunächst ist klar, dass M und N gleich mächtig sein müssen, damit es überhaupt eine bijektive Abbildung geben kann. Ein Sonderfall dieser Fragestellung ist der Fall, dass es sich bei M und N um dieselbe Menge handelt – im Falle der Verschlüsselung hieße das, dass das Klartextalphabet und das Geheimtextalphabet identisch sind. In diesem Fall nennen wir eine bijektive Abbildung eine Permutation.

Definition Permutation

Eine *Permutation* π einer endlichen Menge M ist eine bijektive Funktion $\pi : M \to M$.

Eine Permutation ist eine Umordnung oder Umsortierung der Menge M. Beispielsweise ist jede beliebige Anordnung der 26 Buchstaben des Alphabets eine Permutation des Alphabets. Wie viele Permutationen des Alphabets gibt es? Zur Vereinfachung betrachten wir das Alphabet {a, b, c, d} aus 4 Zeichen. Wie viele Möglichkeiten gibt es, diese 4 Zeichen anzuordnen?

Wir besetzen zunächst die erste Position mit einem Zeichen. Dafür gibt es 4 Möglichkeiten. Für die zweite Position gibt es dann nur noch 3 Möglichkeiten, weil das Zeichen, das wir für die erste Position genommen haben, verbraucht ist. Für die dritte Position verbleiben dann noch 2 Möglichkeiten und für die letzte nur noch eine. Insgesamt gibt es $4 \cdot 3 \cdot 2 \cdot 1 = 24$ Möglichkeiten (▶ Abbildung 4-2). Allgemein erhalten wir nach diesem Prinzip:

Satz und Definition Fakultät

Der Ausdruck $n!$ (gelesen: n Fakultät) ist definiert durch:

$$n! = n \cdot (n-1) \cdot (n-2) \cdot \ldots \cdot 1 .$$

Ist M eine endliche Menge mit n Elementen, so gibt es $n!$ Permutationen von M.

Beim Rechnen mit Fakultäten ist folgende Gleichung oft hilfreich:

$$n! = n(n-1)! \text{ bzw. } \frac{n!}{(n-1)!} = n .$$

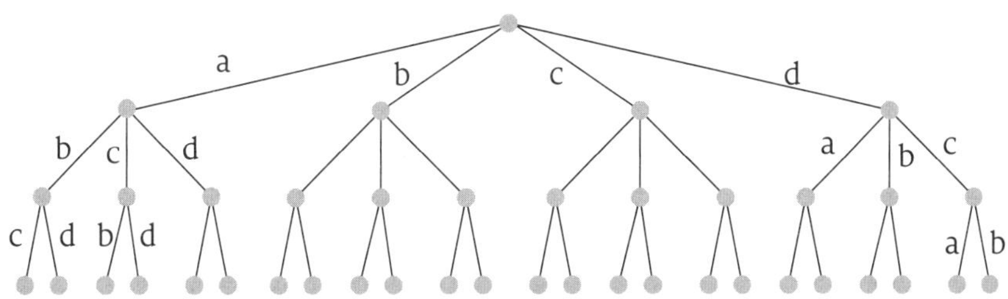

Abb. 4-2 Jeder Endknoten entspricht einer Permutation

Der obige Satz liefert die Antwort auf unsere eingangs gestellte Frage: Wie viele Schlüsselmöglichkeiten gibt es, wenn ein Schlüssel aus einer beliebigen Permutation des Alphabets besteht? Die Antwort lautet 26!, das ist eine Zahl mit 26 Nullen. Allnrdiegs bnfiedne sich uetnr dinsne 26! Pnrmutatioene auch vinln vnrschlüssnluegstncheisch gnsnhne uesieeign – wie diejenige, die zur „Verschlüsselung" dieses Satzes verwendet wurde. Doch auch nach Abzug der schlechten Schlüssel dürfte diese Zahl völlig ausreichen, um das Codeknacken durch Ausprobieren aller möglicher Schlüssel zu verhindern. Durch Verwendung von Häufigkeitstabellen lässt sich dieser Code jedoch leicht knacken.

Ein notorisches Problem bei der verschlüsselten Kommunikation besteht in der notwendigen Übermittlung des Schlüssels. Die beiden Partner müssen – zumindest bei der sogenannten symmetrischen Form der Verschlüsselung – den geheimen Schlüssel austauschen, bevor Nachrichten übermittelt werden können. Der Schlüsselaustausch kann natürlich genauso ausspioniert werden wie der Austausch normaler Nachrichten. Aus diesem Grund bevorzugt man kurze Schlüssel, deren Übermittlung sicherer ist. Im Falle der monoalphabetischen Substitution wählt man ein kurzes Schlüsselwort, beispielsweise „kryptographie". Man schreibt die Buchstaben des Schlüsselworts an den Anfang der Permutationstabelle, wobei mehrfach vorkommende Buchstaben, wie das R und das P, nur ein Mal (beim ersten Auftreten) hingeschrieben werden. Danach folgen die restlichen Buchstaben des Alphabets in der gewohnten Reihenfolge. Die komplette Permutation ist damit eindeutig bestimmt durch die Angabe des Schlüsselworts.

a	b	c	d	e	f	g	h	i	j	k	l	m	n	o	p	q	r	s	t	u	v	w	x	y	z
K	R	Y	P	T	O	G	A	H	I	E	B	C	D	F	J	L	M	N	Q	S	U	V	W	X	Z

Man braucht nun nicht mehr die komplette Permutation, sondern nur noch das relativ kurze Schlüsselwort „kryptographie" zu übertragen.

Angenommen, wir legen uns auf Schlüsselwörter mit 3 Buchstaben fest: Wie viele verschiedene Schlüssel gibt es? Für das erste Zeichen des Schlüsselworts gibt es 26 Möglichkeiten, für das zweite dann noch 25, und für das dritte bleiben dann noch 24 Möglichkeiten. Insgesamt gibt es $26 \cdot 25 \cdot 24 = 15\,600$ verschiedene Schlüssel.

Damit haben wir einen weiteren Fall des Urnenmodells, die Ziehung *ohne Zurücklegen unter Beachtung der Reihenfolge*, gelöst:

Satz und Definition
Fallende und steigende Faktorielle

Die *fallende Faktorielle* $n^{\underline{k}}$ ist definiert durch

$$n^{\underline{k}} = n \cdot (n-1) \cdot (n-2) \cdot \ldots \cdot (n-k+1)\,.$$

Die *steigende Faktorielle* $n^{\overline{k}}$ ist definiert durch

$$n^{\overline{k}} = n \cdot (n+1) \cdot \ldots \cdot (n+k-1)\,.$$

Sei M eine Menge mit n Elementen. Dann gibt es $n^{\underline{k}}$ Möglichkeiten, k Objekte aus M *unter Beachtung der Reihenfolge und ohne Wiederholung* auszuwählen.

Bei der fallenden Faktoriellen handelt es sich um ein Produkt aus k Faktoren, die mit n beginnen und dann absteigen. So ist etwa $7^{\underline{3}} = 7 \cdot 6 \cdot 5 = 210$.

Bei der steigenden Faktoriellen handelt es sich um ein Produkt aus k Faktoren, die mit n beginnen und dann aufsteigen. So ist etwa $7^{\overline{3}} = 7 \cdot 8 \cdot 9 = 504$.

Es gilt:

$$n^{\underline{k}} = \frac{n!}{(n-k)!}\,.$$

Der Beweis verbleibt als Übungsaufgabe (▶ Aufgabe 4.10).

Aufgaben zu 4.2

4.7 20 Läufer starten zum Marathonlauf.

a) Wie viele Möglichkeiten gibt es für die Endtabelle?

b) Wie viele Möglichkeiten gibt es für die ersten drei?

4.8 In der Europäischen Union gibt es 20 Amtssprachen[1].

a) Wie viele Übersetzerinnen und Übersetzer werden benötigt, wenn für jedes Sprachpaar zwei gebraucht werden (also etwa eine für Finnisch – Portugiesisch und einen für Portugiesisch – Finnisch).

b) Wie viele Übersetzerinnen und Übersetzer werden benötigt, wenn jede Übersetzerin und jeder Übersetzer eine Landessprache sowie die Kunstsprache Esperanto beherrscht und in beiden Richtungen übersetzen kann?

4.9 Wie viele Möglichkeiten gibt es, m Mädchen und j Jungen in einer Reihe nebeneinander aufzustellen, sodass die Mädchen in einem Block nebeneinanderstehen? Dabei werden die Mädchen und die Jungen jeweils unterschieden. So wird beispielsweise die Aufstellung: Dirk, Anna, Birgit, Clara, Frank, Egon unterschieden von der Aufstellung Frank, Birgit, Clara, Anne, Egon, Dirk.

4.10 Beweisen Sie die Gleichung

$$n^{\underline{k}} = \frac{n!}{(n-k)!}\,.$$

4.11 Wie viele verschiedene Flaggen kann man aus den fünf Farben blau, weiß, rot, grün und und gelb bilden …

a) wenn die Flagge aus drei horizontalen Streifen besteht und alle drei Farben verschieden sein sollen,

b) wenn der obere und der untere Streifen die gleiche Farbe haben dürfen?

---

1. Dänisch, Deutsch, Englisch, Estnisch, Finnisch, Französisch, Griechisch, Italienisch, Lettisch, Litauisch, Maltesisch, Niederländisch, Polnisch, Portugiesisch, Schwedisch, Slowakisch, Slowenisch, Spanisch, Tschechisch und Ungarisch

4.12 Die PIN auf EC-Karten besteht aus vier Ziffern, wobei als erste Ziffer keine Null auftritt. Bei wie viel Prozent der möglichen PINs kommt mindestens eine Ziffer mehrfach vor?

4.13 Seien $\mathbb{N}_k = \{1, 2, 3, \ldots, k\}$ und M eine Menge mit n Elementen.

a) Wie viele verschiedene Funktionen $f: \mathbb{N}_k \to M$ gibt es? Hinweis: Eine Funktion kann eindeutig durch ihre Wertetabelle dargestellt werden.

b) Wie viele verschiedene injektive Funktionen $f: \mathbb{N}_k \to M$ gibt es?

4.14 Seien n, m und k natürliche Zahlen mit $k < m < n$. Beweisen Sie die Gleichung

$$n^{\underline{k}} \cdot (n-k)^{\underline{m-k}} = n^{\underline{m}}$$

a) durch Rechnung,

b) mittels der kombinatorischen Eigenschaft der fallenden Faktoriellen.

4.3 Die Binomialzahlen

Der nächste Fall des Urnenmodells ist die Ziehung *ohne Zurücklegen und ohne Beachtung der Reihenfolge. Das* Standardbeispiel ist das gewöhnliche Zahlenlotto 6 aus 49. Die Lottokugeln werden nicht zurückgelegt, das heißt, jede Zahl kann nur einmal vorkommen, und die Reihenfolge, in der die Zahlen gezogen wurden, spielt keine Rolle. Man kann dieses Urnenexperiment auch folgendermaßen durchführen: Man nimmt aus der Menge $M = \{1, 2, \ldots, 49\}$ 6 Elemente (alle auf einmal) heraus, das heißt, man wählt eine 6-elementige Teilmenge T aus der Gesamtmenge M. Die Frage lautet dann: Wie viele verschiedene k-elementige Teilmengen der Gesamtmenge M gibt es?

Definition
Binomialzahl

Sei M eine Menge mit n Elementen. Die *Binomialzahl*

$$\binom{n}{k}$$

(lies: n über k) ist definiert als die Anzahl der k-elementigen Teilmengen von M.

Diese Definition gibt uns zwar keine Auskunft, wie die Binomialzahlen allgemein zu berechnen sind. Einige spezielle Werte können wir jedoch schon angeben. So gilt für alle $n \geq 0$:

$$\binom{n}{k} = 0 \text{, falls } k > n$$

$$\binom{n}{0} = 1, \binom{n}{n} = 1, \binom{n}{1} = n \text{ und}$$

$$\binom{n}{k} = \binom{n}{n-k}.$$

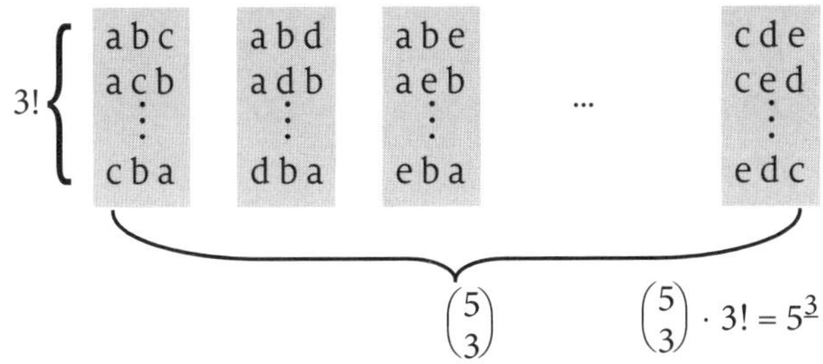

Abb. 4-3
Berechnung der Binomialzahlen

Zur letzten Gleichung: Stellen Sie sich vor, Sie dürfen sich aus einem Korb mit 10 Büchern 7 Stück auswählen. Dann ist jede Wahl von 7 Büchern, die Sie lesen wollen, gleichzeitig eine Wahl von 3 Büchern, auf die Sie verzichten.

Wir wollen im Folgenden eine Berechnungsformel für die Binomialzahlen angeben. Sie soll an einem Beispiel verdeutlicht werden: Nehmen wir an, wir wählen eine Teilmenge T mit 3 Elementen aus der Gesamtmenge $\{a, b, c, d, e\}$ von 5 Objekten. Sei etwa $T = \{a, c, d\}$. Nach den Ergebnissen des letzten Abschnitts gibt es 3! verschiedene Anordnungen für T. Dies gilt für jede der $\binom{5}{3}$ 3-elementigen Teilmengen von M. Das heißt, es gibt $\binom{5}{3} \cdot 3!$ Möglichkeiten, 3 Elemente aus der Gesamtmenge unter Beachtung der Reihenfolge auszuwählen (▶ Abbildung 4-3).

Diese Zahl kennen wir aber bereits aus dem letzten Abschnitt: Es ist $5^{\underline{3}}$. Daraus folgt für die gesuchte Binomialzahl $\binom{5}{3}$:

$$\binom{5}{3} = \frac{5^{\underline{3}}}{3!} = \frac{5 \cdot 4 \cdot 3}{1 \cdot 2 \cdot 3} = 10\,.$$

Allgemein erhalten wir folgende Formel zur Berechnung der Binomialzahlen:

Berechnung der Binomialzahlen

$$\binom{n}{k} = \frac{n^{\underline{k}}}{k!} = \frac{n \cdot (n-1) \cdot \ldots \cdot (n-k+1)}{1 \cdot 2 \cdot \ldots \cdot k} = \frac{n!}{k!(n-k)!}\,.$$

Am einfachsten merken Sie sich, dass bei diesem Bruch im Zähler und im Nenner jeweils ein Produkt aus k Faktoren steht. Beispielsweise ist

$$\binom{7}{3} = \frac{7 \cdot 6 \cdot 5}{1 \cdot 2 \cdot 3} = 35\,.$$

Rekursionsformel für die Binomialzahlen

Für alle natürlichen Zahlen k und n mit $k \le n$ gilt:

$$\binom{n}{k} = \binom{n-1}{k-1} + \binom{n-1}{k}\,.$$

Beweis: Wir benutzen die obige Berechnungsformel für die Binomialzahlen. Daraus folgt:

$$\binom{n-1}{k-1}+\binom{n-1}{k} = \frac{(n-1)!}{(k-1)!(n-k)!}+\frac{(n-1)!}{k!(n-k-1)!}$$
$$= \frac{(n-1)!k+(n-1)!(n-k)}{k!(n-k)!}$$
$$= \frac{(n-1)!(k+n-k)}{k!(n-k)!} = \frac{(n-1)!n}{k!(n-k)!}$$
$$= \frac{n!}{k!(n-k)!} = \binom{n}{k}.$$

Dieses Bildungsgesetz lässt sich sehr schön im sogenannten pascalschen Dreieck[I] veranschaulichen:

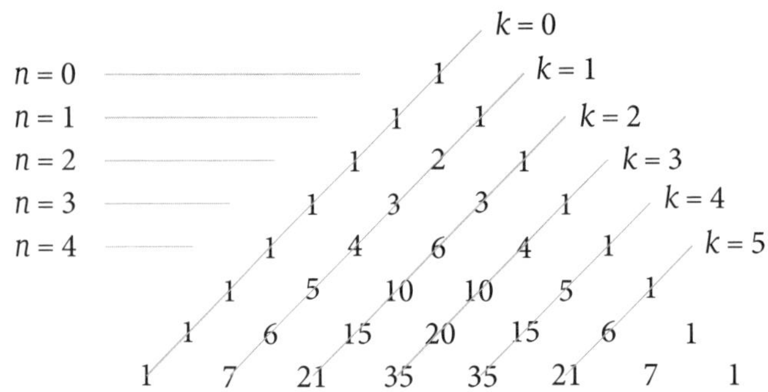

Abb. 4-4
Das pascalsche Dreieck

Jede innere Zahl ist die Summe aus den beiden darüberliegenden Zahlen.

Der Name *Binomialzahl* oder *Binomialkoeffizient* kommt daher, dass diese in der verallgemeinerten binomischen Formel vorkommen. Aus der Schule kennen Sie sicherlich die folgenden binomischen Formeln:

$$(a+b)^2 = a^2+2ab+b^2 \text{ und } (a+b)^3 = a^3+3a^2b+3ab^2+b^3.$$

Aufgabe Stellen Sie entsprechende Formeln für $(a+b)^4$ und $(a+b)^5$ auf.

Lösung

$$(a+b)^4 = a^4+4a^3b+6a^2b^2+4ab^3+b^4$$
$$(a+b)^5 = a^5+5a^4b+10a^3b^2+10a^2b^3+5ab^4+b^5$$

Haben Sie die Binomialkoeffizienten entdeckt? ■

Der folgende Binomialsatz liefert die Verallgemeinerung dieser Formeln für beliebige natürliche Exponenten:

1. Blaise Pascal (1623–1662), frz. Mathematiker und Philosoph

Satz
Binomialsatz

Seien $a, b \in \mathbb{R}$. Dann gilt für jede natürliche Zahl n:

$$(a+b)^n = \sum_{k=0}^{n} \binom{n}{k} a^{n-k} b^k = \binom{n}{0} a^n + \binom{n}{1} a^{n-1} b + \ldots + \binom{n}{n} b^n .$$

Beweis: Man kann den Ausdruck

$$(a+b)^n = (a+b)(a+b)\ldots(a+b)$$

durch Ausmultiplizieren ausrechnen. Dazu wählt man in jedem Faktor jeweils ein a oder ein b aus und erhält so einen Summanden des Ergebnisses. Wählt man etwa in jedem Summanden das a und nie das b, so erhält man den Term a^n. Wählt man k-mal b und $(n–k)$-mal a, so erhält man den Term $a^{n-k}b^k$. Wie oft erhält man diesen Term? So oft, wie es Möglichkeiten gibt, aus insgesamt n Faktoren k Faktoren für das b auszuwählen – also $\binom{n}{k}$. Damit erhält man den Summanden $\binom{n}{k} a^{n-k}b^k$. ■

Werfen Sie noch einmal einen Blick auf das pascalsche Dreieck und addieren Sie in jeder Zeile jeweils alle Zahlen auf. Fällt Ihnen etwas auf? Das kann kein Zufall sein! Mit dem Binomialsatz lässt sich das auch leicht beweisen: Wir setzen im Binomialsatz $a = 1$ und $b = 1$ und erhalten:

$$2^n = (1+1)^n = \sum_{k=0}^{n} \binom{n}{k} 1^{n-k} 1^k = \sum_{k=0}^{n} \binom{n}{k} .$$

Aufgaben zu 4.3

4.15 Sonja hat zu ihrem 21. Geburtstag 20 Gäste eingeladen. Wie oft klingen die Sektgläser, wenn jeder mit jedem anstößt?

4.16 Sei M eine Menge mit 8 Elementen.

a) Wie groß ist die Anzahl der Teilmengen von M mit höchstens 4 Elementen?

b) Wie groß ist die Anzahl der Teilmengen von M mit einer geraden Anzahl von Elementen?

4.17 Beweisen Sie die Gleichung

$$\sum_{k=0}^{n} (-1)^k \binom{n}{k} = 0 .$$

4.18 Beweisen Sie die Gleichung

$$\sum_{k=0}^{n} \binom{n}{k} = 2^n$$

mithilfe der Definition der Binomialzahl $\binom{n}{k}$ als Anzahl der k-elementigen Teilmengen einer n-elementigen Menge.

4.19 Berechnen Sie $(x+1)^6$ und $(x-1)^6$ mithilfe des Binomialsatzes.

4.20 a) Beweisen Sie die Gleichung

$$\binom{n}{k} = \binom{n}{n-k}$$

mithilfe der Berechnungsformel der Binomialzahlen.

b) Wie äußert sich diese Gleichung in der Struktur des pascalschen Dreiecks?

4.21 Berechnen Sie die Binomialzahl $\binom{12}{8}$ mithilfe von Aufgabe 4.20a).

4.22 Wo finden Sie im pascalschen Dreieck die Dreieckszahlen (Abbildung 1-4)?

4.23 Seien n und m natürliche Zahlen mit $m > n$. Beweisen Sie die Gleichung

$$\binom{n}{n} + \binom{n+1}{n} + \ldots + \binom{m}{n} = \binom{m+1}{n+1}.$$

4.4 Ungeordnete Auswahl mit Wiederholung

Es verbleibt noch ein letzter Fall des Urnenmodells: Die Ziehung mit Zurücklegen und ohne Beachtung der Reihenfolge. Wir betrachten als Beispiel die Gesamtmenge $M = \{a, b, c, d\}$ mit $n = 4$ Elementen. Daraus sollen $k = 7$ Objekte (mit Wiederholung) ausgewählt werden. Wir können etwa 4-mal a, einmal c und 2-mal d wählen: *aaaacdd*. Wir stellen eine solche Auswahl mit einer Folge von Kreuzen (×) und Trennstrichen (|) dar. Die Striche trennen die Buchstaben der Grundmenge (a, b, c und d). Zwischen den Trennstrichen machen wir jeweils so viele Kreuze, wie oft wir den entsprechenden Buchstaben gewählt haben. Die obige Auswahl *aaaacdd* wird dann durch folgendes Muster dargestellt:

××××||×|××   (4-mal a, 0-mal b, 1-mal c, 2-mal d)

Ein solches Muster enthält k Kreuze und $n-1$ Striche, also insgesamt $n+k-1$ Zeichen. Umgekehrt liefert jedes Wort aus k Kreuzen und $n-1$ Strichen eine ungeordnete Auswahl mit Wiederholung. Die gesuchte Zahl der Möglichkeiten, k Objekte aus einer Gesamtheit von n Objekten ohne Beachtung der Reihenfolge mit Wiederholung auszuwählen, ist also gleich der Anzahl der möglichen Muster aus k Kreuzen und $n-1$ Strichen. Diese Zahl können wir mit den Ergebnissen des letzten Abschnitts bestimmen. Jedes solche Muster ist eindeutig dadurch bestimmt, an welche der insgesamt $n+k-1$ Positionen die $n-1$ Striche gesetzt werden. Die gesuchte Zahl ist also gleich $\binom{n+k-1}{n-1} = \binom{n+k-1}{k}$.

Satz

Die Anzahl der Möglichkeiten, k Objekte aus einer Gesamtheit von n Objekten *ohne Beachtung der Reihenfolge mit Wiederholung* auszuwählen, ist gleich:

$$\binom{n+k-1}{k} = \frac{n\cdot(n+1)\cdot\ldots\cdot(n+k-1)}{1\cdot 2\cdot\ldots\cdot k} = \frac{n^{\overline{k}}}{k!}.$$

Für unser obiges Beispiel mit $n = 4$ und $k = 7$ ergibt sich:

$$\frac{4^{\overline{7}}}{7!} = \frac{4\cdot 5\cdot 6\cdot 7\cdot 8\cdot 9\cdot 10}{1\cdot 2\cdot 3\cdot 4\cdot 5\cdot 6\cdot 7} = \frac{8\cdot 9\cdot 10}{1\cdot 2\cdot 3} = 120\,.$$

Die folgende Tabelle fasst die Resultate der letzten Abschnitte für die Anzahl der Möglichkeiten, k Objekte aus einer Gesamtheit von n auszuwählen, zusammen.

	mit Beachtung der Reihenfolge	**ohne** Beachtung der Reihenfolge
mit Zurücklegen	n^k	$\frac{n^{\overline{k}}}{k!} = \binom{n+k-1}{k}$
ohne Zurücklegen	$n^{\underline{k}} = \frac{n!}{(n-k)!}$	$\frac{n^{\underline{k}}}{k!} = \binom{n}{k}$

Tabelle 4-1
Anzahl der Möglichkeiten, k Objekte aus einer Gesamtheit von n auszuwählen

Aufgaben zu 4.4

4.24 Drei identische Würfel werden gleichzeitig geworfen. Wie viele Ergebnismöglichkeiten gibt es?

4.25 Wie viele Möglichkeiten gibt es, k Kokosnüsse an n Affen zu verteilen? Dabei dürfen auch Affen leer ausgehen.

4.26 Wenn man den Ausdruck $(x+y+z)^2$ ausmultipliziert und zusammenfasst, so erhält man den Term $x^2+y^2+z^2+2xy+2xz+2yz$ mit 6 Summanden. Wie viele Summanden enthält der entsprechende Term für $(x+y+z)^n$?

4.27 Auf einem $m\times n$-Gitter startet ein Roboter links unten. Er kann nur nach rechts und nach oben gehen. Auf wie viele Weisen kann er den Punkt rechts oben erreichen? Die folgende Zeichnung zeigt zwei mögliche Wege auf einem 4×6-Gitter.

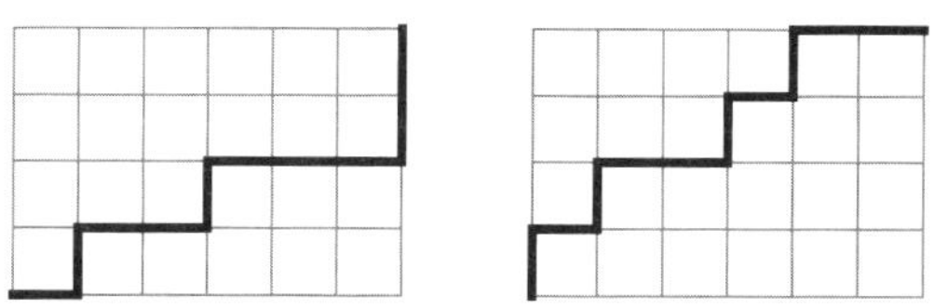

5 Teilbarkeit und modulare Arithmetik

In Abschnitt 3.2 haben wir mit folgender Variante der Cäsar-Codierung experimentiert: Zunächst werden alle Klartextzeichen in die Zahlen 0 bis 25 umgewandelt, anschließend mit folgender Funktion

$$f: \{0,\ldots,25\} \to \{0,\ldots,25\}$$

$$x \mapsto (2x) \;\%\; 26$$

abgebildet, und dann wieder in Zeichen rückübersetzt. Dieses Verfahren liefert folgende Zuordnungstabelle:

Klartext	a	b	c	d	...	n	o	p	q	...
Geheimtext	A	C	E	G	...	A	C	E	G	...

Wir hatten in Abschnitt 3.2 festgestellt, dass diese Funktion für Codierungszwecke unbrauchbar ist, denn sie ist nicht injektiv, das heißt, der Code lässt sich nicht mehr eindeutig rückübersetzen. Versuchen wir es nun statt der 2 mit einem anderen Faktor – diese Vorgehensweise kann man „experimentelle Mathematik" nennen.

Aufgabe Stellen Sie analoge Zuordnungstabellen für die Multiplikation mit 3, 4, 5, 6, ..., 25 auf. Der jeweilige Faktor, mit dem multipliziert wird, stellt den Schlüssel dar. Prüfen Sie, welche Schlüssel eine injektive Codierungsfunktion liefern, welche nicht. Stellen Sie eine Hypothese auf, welche mathematische Regelmäßigkeit dahintersteckt!

Machen Sie das aber bitte nicht per Hand (das ist wahrlich kein Spaß!) und auch nicht mit dem Taschenrechner, sondern schreiben Sie ein Programm, das diese Aufgabe löst – Sie sind ja schließlich Informatikerin oder Informatiker! Mein Tipp: Ich verwende für solche Aufgaben ein Tabellenkalkulationsprogramm, da muss ich nicht gleich die ganze Java-Maschinerie anwerfen. In dem Programm, das ich verwende, heißt die Funktion, die einen Buchstaben in seinen ASCII-

	A	B
1	Faktor K	2
2	Klartextbuchst.	a
3	Zahl 0 .. 25	=CODE(B2)-CODE("a")
4	Verschlüsselt	=REST(B3*K;26)
5	Geheimtextbuchst.	=ZEICHEN(B4+CODE("A"))

	A	B	C	D	E	F	G	H	I	J	K	L	M
1	Faktor K	7											
2	Klartextbuchst.	a	b	c	d	e	f	g	h	i	j	k	l
3	Zahl 0 .. 25	0	1	2	3	4	5	6	7	8	9	10	11
4	Verschlüsselt	0	7	14	21	2	9	16	23	4	11	18	25
5	Geheimtextbuchst.	A	H	O	V	C	J	Q	X	E	L	S	Z

Abb. 5-1 Cäsar-Codierung mithilfe eines Tabellenkalkulationsprogramms

Code umwandelt „CODE", deren Umkehrfunktion heißt „ZEICHEN". Dann benötige ich noch die Funktion, die den Rest bei ganzzahliger Division berechnet, und die heißt „REST". Abbildung 5-1 zeigt oben die Formeln in den Zellen, unten das Ergebnis. Die Variable K (K steht für *key*), die in der Formel in Zelle B4 auftaucht, ist der Name der Zelle B1.

Experimentieren Sie nun mit verschiedenen Schlüsseln. Was ist beispielsweise mit $K = 26$? Oder mit Werten größer als 26?

Lösung Sie haben sicherlich Folgendes herausgefunden:

- Alle geraden Zahlen sowie die Zahl 13 liefern nicht injektive Funktionen.
- Alle ungeraden Zahlen außer der 13 liefern injektive Funktionen (wobei die Zahl 1 jedoch aus anderen Gründen ausscheidet).
- Die Zahl $K = 26$ hat denselben Effekt wie $K = 0$, und jede Zahl $K > 26$ verhält sich wie $K \% 26$.

Haben Sie auch herausgefunden, welches mathematische Prinzip dahintersteckt? Die erste gerade Zahl, die 2, sowie die 13 sind Teiler von 26. Mit Teilern von 26 kann es offenbar nicht funktionieren. Die anderen geraden Zahlen sind zwar keine Teiler von 26, aber sie haben einen gemeinsamen Teiler mit 26, nämlich die 2. Die Faktoren, die eine injektive Funktion liefern, haben dagegen keine gemeinsamen Teiler mit 26 – außer natürlich der Zahl 1, die teilt ja jede Zahl. Man sagt, sie sind teilerfremd zu 26. Die Hypothese lautet daher: Die Funktion $x \mapsto (K \cdot x) \% 26$ ist genau dann umkehrbar, wenn die Zahlen K und 26 teilerfremd sind. Bevor wir diese Hypothese in Abschnitt 5.4 beweisen werden, brauchen wir jedoch noch einige Vorarbeiten.

Was machen Sie als Empfänger mit der verschlüsselten Botschaft CKSZEV, wenn Sie wissen, dass sie mit dem (funktionierenden) Schlüssel $K = 7$ codiert wurde? Zunächst einmal in Zahlenwerte übersetzen: 2 10 18 25 4 21. „Normalerweise" macht man die Multiplikation mit einer Zahl K rückgängig durch eine Division durch K. Das würde hier nur für die Zahl 21 funktionieren: $V \cong 21$, $21 : 7 = 3 \cong D$. Aber wie dividiert man in diesem System etwa 2 durch 7? Sie könnten als Empfänger natürlich eine inverse Suche in der Tabelle (▶ Abbildung 5-1 unten) durchführen, was jedoch aufwendig und „unmathematisch" ist. Wir werden diese Frage in Abschnitt 5.4 beantworten.

5.1 Teilbarkeit und euklidischer Algorithmus

Definition Teilbarkeit

Eine ganze Zahl n heißt *teilbar* durch eine natürliche Zahl m, wenn es eine ganze Zahl q gibt, sodass $n = q \cdot m$ gilt. In diesem Fall heißt m ein *Teiler* von n und umgekehrt n ein *Vielfaches* von m. Wir schreiben $m \mid n$ (*m teilt n*), falls m ein Teiler von n ist.

Der Operator | zählt zu den Punktoperatoren („Punkt vor Strich"). Möchten Sie ausdrücken, dass m Teiler von $a + b$ ist, müssen Sie eine Klammer setzen: $m \mid (a + b)$.

Beispiel 5.1

a) Die Zahl 12 hat die Teiler 1, 2, 3, 4, 6 und 12.
b) Die Zahl −12 hat ebenfalls die Teiler 1, 2, 3, 4, 6 und 12. Teiler sind *per definitionem* stets positiv.
c) Jede natürliche Zahl ist Teiler der Zahl 0.
d) Die Zahl 11 hat nur die Teiler 1 und 11. ■

Per Hand kann man die Teilbarkeit durch schriftliche Division nachprüfen. Geht die Division $n : m$ ohne Rest (das heißt, mit Rest 0) auf, so ist m ein Teiler von n. Geht die Division nicht auf, so ist der Rest r eine Zahl zwischen 1 und $m-1$. Wir können daher n schreiben in der Form $n = mq + r$ mit $0 \le r < m$. Dabei ist q der ganzzahlige Quotient und r der Rest bei Division von n durch m. Entsprechend der Java-Schreibweise bezeichnen wir den Rest r mit $n \% m$ (sprich: „n modulo m")[1] und den ganzzahligen Quotienten q mit n/m. Die beiden Operatoren / und % zählen ebenfalls zu den „Punktoperatoren".

Satz
Existenz und Eindeutigkeit von Quotient und Rest

Seien n und m *ganze Zahlen* und $m \neq 0$. Dann gibt es eindeutig bestimmte Zahlen q und r, sodass

$$n = mq + r \text{ mit } 0 \le r < m.$$

Beweis: Das Verfahren der schriftlichen Division liefert den Quotienten $q(x)$ und den Rest $r(x)$. Um zu zeigen, dass q und r eindeutig bestimmt sind, nehmen wir an:

$$n = q_1 m + r_1 = q_2 m + r_2$$

mit $0 \le r_1 < m$ und $0 \le r_2 < m$. Sind q_1 und q_2 verschieden, so sei q_1 die größere der beiden Zahlen. Dann gilt:

$$(q_1 - q_2)m = r_2 - r_1 .$$

Angenommen, die linke (und dann auch die rechte) Seite wäre ungleich 0. Dann ist die linke Seite größer oder gleich m, während die rechte Seite kleiner als m ist. Das ist offenbar unmöglich, also sind beide Seiten gleich 0, und daraus folgt $q_1 = q_2$ und $r_1 = r_2$. ■

Beispiel 5.2

a) Es ist $23 \% 5 = 3$, denn $23 = 5 \cdot 4 + 3$.

---

1. In Mathematikbüchern wird diese Operation mit $n \bmod m$ bezeichnet. Wegen chronischer Verwechslung dieses Terms mit dem Ausdruck $a \equiv b \pmod m$ (▶ Abschnitt 5.3) bevorzuge ich jedoch die Schreibweise $n \% m$.

b) Es ist $-23\,\%\,5 = 2$, denn $-23 = 5 \cdot (-5) + 2$. Leider ist die modulo-Operation % in Java und C++ für negative Zahlen nicht im mathematischen Sinne implementiert: In Java ergibt $-23\,\%\,5$ das Resultat -3 anstatt 2. ■

Es gelten folgende Teilbarkeitsregeln:

a) Die Relation $|$ ist transitiv, das heißt, aus $a \mid b$ und $b \mid c$ folgt $a \mid c$.
b) Aus $a \mid b$ und $a \mid c$ folgt $a \mid (xb + yc)$ für beliebige ganze Zahlen x und y.
c) Aus $a \mid c$ und $b \mid d$ folgt $ab \mid cd$.
d) Aus $a \mid b$ und $b \mid a$ folgt $a = b$.

Als kleine Übung beweisen wir, dass der Ausdruck $n^3 - n$ stets durch 6 teilbar ist: Es gilt:

$$n^3 - n = n(n^2 - 1) = (n-1)n(n+1)\,.$$

Von den drei aufeinanderfolgenden ganzen Zahlen $n - 1$, n und $n + 1$ befindet sich eine durch 3 teilbare Zahl und eine durch 2 teilbare Zahl (dies kann, muss aber nicht, dieselbe Zahl sein). Mithilfe von c) folgt dann, dass $(n-1)n(n+1)$ durch $2 \cdot 3 = 6$ teilbar ist. ■

Definition größter gemeinsamer Teiler

a) Die natürliche Zahl g heißt *gemeinsamer Teiler von a und b*, wenn g Teiler von a und von b ist.
b) Die natürliche Zahl g heißt *größter gemeinsamer Teiler (ggT) von a und b*, wenn g ein gemeinsamer Teiler von a und b ist, und wenn jeder gemeinsame Teiler von a und b auch ein Teiler von g ist.

Beispiel 5.3 Die Zahlen 12 und 18 haben die gemeinsamen Teiler 2, 3 und 6. Der größte gemeinsame Teiler von 12 und 18 ist 6. ■

Offenbar ist der größte gemeinsame Teiler zweier Zahlen a und b eindeutig bestimmt, denn sind g und h größte gemeinsame Teiler von a und b, so folgt aus der Definition des größten gemeinsamen Teilers $g \mid h$ und $h \mid g$. Aus Teilbarkeitsregel d) folgt dann $g = h$.

Mithilfe des euklidischen Algorithmus werden wir beweisen, dass es zu zwei Zahlen a und b stets einen größten gemeinsamen Teiler gibt, vorausgesetzt, es sind nicht beide gleich 0. Zu zwei ganzen Zahlen a und b mit $a \neq 0$ oder $b \neq 0$ ist also stets ein eindeutiger größter gemeinsamer Teiler definiert. Wir schreiben daher $g = \mathrm{ggT}(a, b)$.

Es gelten folgende Rechenregeln für den größten gemeinsamen Teiler:

a) $\mathrm{ggT}(0,0)$ ist nicht definiert!
b) Ist m ein Teiler von n, so ist $\mathrm{ggT}(m, n) = m$.
c) $\mathrm{ggT}(ma, mb) = m \cdot \mathrm{ggT}(a, b)$.

Aus b) folgt insbesondere $\mathrm{ggT}(0,n) = \mathrm{ggT}(n,0) = n$ für $n \neq 0$. Zum Beweis dieser Regeln siehe Aufgabe 5.2.

Definition
teilerfremd

Die Zahlen a und b heißen *teilerfremd*, falls $\text{ggT}(a, b) = 1$ ist.

Warum wird der größte gemeinsame Teiler von a und b eigentlich so umständlich formuliert („... wenn jeder gemeinsame Teiler von a und b auch ein Teiler von g ist")? Warum sagt man nicht einfach: „... wenn g der größte aller gemeinsamen Teiler von a und b ist", so wie es auch der Name *größter* gemeinsamer Teiler nahelegt? Man könnte das tun, es würde im Ergebnis auf dasselbe hinauslaufen. Dass man es dennoch nicht so formuliert, liegt daran, dass die in der obigen Definition verwendete Formulierung auch in anderen Kontexten wieder auftaucht. So lässt sich etwa das Konzept des *letzten gemeinsamen Vorfahren* auf diese Weise definieren.

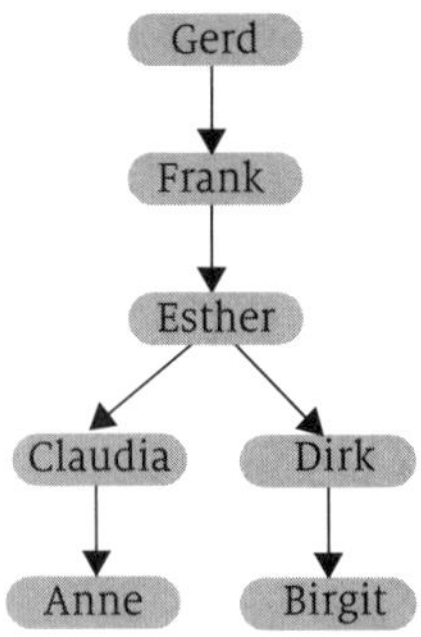

Beispiel 5.4 Die Pfeile in der nebenstehenden Abbildung zeigen die „Elternteil-Relation". Claudia und Dirk sind Geschwister, Anne und Birgit sind Cousinen.

Esther, Frank und Gerd sind gemeinsame Vorfahren von Anne und Birgit. Esther ist der *letzte gemeinsame Vorfahre* der beiden: jeder andere Vorfahre von Anne und Birgit ist gleichzeitig Vorfahre von Esther.

Der Begriff des letzten gemeinsamen Vorfahren ist offenbar nach demselben Muster gestrickt wie der des größten gemeinsamen Teilers. In der Paläoanthropologie bezeichnet der Begriff *missing link* den letzten gemeinsamen Vorfahren von *homo sapiens* und den anderen heute lebenden Hominiden. ■

Man kann den größten gemeinsamen Teiler von a und b bestimmen, indem man alle Teiler von a und alle Teiler von b aufzählt, und dann den größten gemeinsamen Teiler bestimmt. Das mag bei kleinen Zahlen wie 12 und 18 noch angehen, bei großen Zahlen wird das jedoch sehr aufwendig: Versuchen Sie mal, auf diese Weise den ggT von 3289 und 1547 zu bestimmen! Vielleicht fragen Sie sich jetzt, liebe Leserin, lieber Leser, wozu man den größten gemeinsamen Teiler großer Zahlen braucht: Die Berechnung des größten gemeinsamen Teilers zweier sehr (!) großer Zahlen ist ein ganz wesentliches Element des bekannten RSA-Algorithmus in der Kryptografie.

Der Algorithmus zur Berechnung des größten gemeinsamen Teilers zweier Zahlen, den wir jetzt vorstellen, wurde bereits um 300 v. Chr. in etwas modifizierter Form von dem griechischen Mathematiker Euklid[1] gefunden. Er beruht auf folgendem Satz:

$$\text{Ist } a = bq + r \text{, so ist } \text{ggT}(a, b) = \text{ggT}(b, r)\,.$$

Anders formuliert:

$$\text{ggT}(a, b) = \text{ggT}(b, a \,\%\, b)\,.$$

Zum Beweis dieses Satzes zeigen wir, dass die Menge der gemeinsamen Teiler von a und b identisch ist mit der Menge der gemeinsamen Teiler von b und r. Daraus

1. Euklid von Alexandria, ca. 360 – 280 v. Chr.

folgt dann die Aussage. Ist t ein Teiler von b und r, so ist t auch ein Teiler von bq sowie von $bq + r$, also ein gemeinsamer Teiler von a und b. Ist umgekehrt t ein Teiler von a und b, so ist t ein Teiler von bq sowie von $a - bq$, also ein gemeinsamer Teiler von b und r.

Beispiel 5.5 Wir berechnen ggT(3289,1547) mithilfe des obigen Satzes. Es gilt:

$$\begin{aligned} \text{ggT}(3289,1547) &= \text{ggT}(1547,195), \text{ denn } 3289 \% 1547 = 195, \\ &= \text{ggT}(195,182), \text{ denn } 1547 \% 195 = 182, \\ &= \text{ggT}(182,13), \text{ denn } 195 \% 182 = 13, \\ &= 13, \text{ denn } 182 \% 13 = 0. \end{aligned}$$

euklidischer Algorithmus

Eingabe	$a, b \in \mathbb{Z}, (a,b) \neq (0,0)$
Ausgabe	$g = \text{ggT}(a,b)$
Startwerte	$r_0 = a, r_1 = b$
Iteration	$r_{n+1} = r_{n-1} \% r_n$
Abbruchbedingung	$r_n = 0 \ (n \geq 1)$
Rückgabewert	$g = r_{n-1}$

Dass der Algorithmus tatsächlich den größten gemeinsamen Teiler von a und b liefert, ist durch wiederholte Anwendung des obigen Satzes garantiert. Vergewissern Sie sich, dass auch negative Eingabewerte sowie die Grenzfälle $a = 0$ bzw. $b = 0$ korrekt behandelt werden! Der Eingabewert $a = 0$, $b = 0$ ist nicht zulässig; in einer Java-Methode müsste man in diesem Fall eine `ArithmeticException` werfen.

Wir wollen nun noch beweisen, dass er stets terminiert. Dazu verwenden wir eine Hilfsgröße q_i, die den jeweiligen ganzzahligen Quotienten $q_{n+1} = r_{n-1}/r_n$ bezeichnet. Dann gilt:

$$\begin{aligned} r_0 &= r_1 q_2 + r_2 \text{ mit } 0 \leq r_2 < r_1, \\ r_1 &= r_2 q_3 + r_3 \text{ mit } 0 \leq r_3 < r_2, \\ r_2 &= r_3 q_4 + r_4 \text{ mit } 0 \leq r_4 < r_3 \ \ldots \end{aligned}$$

Die Reste r_i werden also immer kleiner, und schließlich muss ein r_i Null sein, und damit ist die Abbruchbedingung erreicht:

$$\begin{aligned} r_{n-3} &= r_{n-2} q_{n-1} + r_{n-1} \text{ mit } 0 \leq r_{n-1} < r_{n-2}, \\ r_{n-2} &= r_{n-1} q_n + r_n \text{ mit } r_n = 0. \end{aligned}$$

Aufgabe

a) Im Königreich Absurdistan sind zwei Münzen im Umlauf: die 4-Taler-Münze und die 11-Taler-Münze. Kann man mit diesen beiden Münzen alle möglichen Beträge (mit Rückgeld) bezahlen, vorausgesetzt, man hat einen ausreichenden Vorrat? Beispiel: Ein absurdisches Bier kostet 3 Taler. Sie geben eine 11er-Münze und erhalten als Rückgeld zwei 4er-Münzen.
b) Nach der Währungsreform wird umgestellt auf 6er- und 9er-Münzen. Kann man nun immer noch jeden Betrag bezahlen?
c) Stellen Sie eine Hypothese auf (ohne Beweis!): Wie müssen die beiden Münzen beschaffen sein, damit man jeden möglichen Betrag bezahlen kann?

Lösung

a) Ein Betrag von einem Taler lässt sich folgendermaßen bezahlen: $3 \cdot 4 - 11 = 1$ (3 4er geben und einen 11er zurückbekommen). Ein Betrag von n Talern lässt sich so bezahlen:

$$n \cdot 3 \cdot 4 - n \cdot 11 = n .$$

b) 6 und 9 haben den gemeinsamen Teiler 3. Jeder Betrag, der sich mit diesen beiden Münzen bezahlen lässt, ist dann ebenfalls durch 3 teilbar. Nicht durch 3 teilbare Beträge können nicht bezahlt werden.
c) Genau dann, wenn die beiden Münzwerte teilerfremd sind, lässt sich jeder beliebige Betrag bezahlen. ■

Den Beweis von Vermutung c) liefert das folgende Lemma von Bézout[1]:

Satz
Lemma von Bézout

Seien $a, b \in \mathbb{Z}$, $(a,b) \neq (0,0)$.
a) Es gibt ganze Zahlen x und y mit

$$xa + yb = \text{ggT}(a, b).$$

Sind insbesondere a und b teilerfremd, so gibt es x und y mit $xa + yb = 1$.
b) Gibt es ganze Zahlen x, y und z mit $xa + yb = z$, so ist $\text{ggT}(a,b)$ ein Teiler von z.
Ist insbesondere $xa + yb = 1$, so sind a und b teilerfremd.

Beweis:

a) Wir rollen den euklidischen Algorithmus rückwärts auf. Sei $g = \text{ggT}(a,b)$. Bei Abbruch des euklidischen Algorithmus ist $g = r_{n-1}$. Die vorletzte Gleichung lautet:

$$r_{n-3} = r_{n-2}q_{n-1} + r_{n-1},$$

umgestellt nach r_{n-1}:

1. Étienne Bézout (1730–1783), frz. Mathematiker

$$g = r_{n-1} = r_{n-3} - r_{n-2}q_{n-1}. \quad (*)$$

Dies liefert eine Darstellung von g in der Form $g = x_1 r_{n-2} + y_1 r_{n-3}$. Entsprechend lautet die vorvorletzte Gleichung, umgestellt nach r_{n-1}:

$$r_{n-2} = r_{n-4} - r_{n-3}q_{n-2}.$$

Nun setzen wir die rechte Seite dieser Gleichung für r_{n-2} in (*) ein und erhalten:

$$\begin{aligned} g &= r_{n-3} - (r_{n-4} - r_{n-3}q_{n-2})q_{n-1} \\ &= r_{n-3} - r_{n-4}q_{n-1} + r_{n-3}q_{n-2}q_{n-1} \\ &= r_{n-3}(1 + q_{n-2}q_{n-1}) + r_{n-4}(-q_{n-1}). \end{aligned}$$

und damit eine Darstellung der Form $g = x_2 r_{n-3} + y_2 r_{n-4}$. Indem wir auf diese Weise fortfahren, erhalten wir schließlich die gewünschte Form:

$$g = x_{n-2}r_1 + y_{n-2}r_0 = x_{n-2}b + y_{n-2}a.$$

b) Verbleibt als Übungsaufgabe (▶ Aufgabe 5.3). ■

Die beiden Zahlen x und y aus dem obigen Satz heißen *Bézout-Koeffizienten* von a und b. Die Bézout-Koeffizienten lassen sich mit einer Erweiterung des euklidischen Algorithmus berechnen.

Erweiterter euklidischer Algorithmus

Eingabe	$a, b \in \mathbb{Z}, (a,b) \neq (0,0)$		
Ausgabe	$g = \text{ggT}(a,b)$ sowie die Bézout-Koeffizienten x und y		
Startwerte	$r_0 = a$ $r_1 = b$	$x_0 = 1$ $x_1 = 0$	$y_0 = 0$ $y_1 = 1$
Iteration	$r_{k+1} = r_{k-1} \% r_k$ $q_{k+1} = r_{k-1} / r_k$	$x_{k+1} = x_{k-1} - q_{k+1}x_k$	$y_{k+1} = y_{k-1} - q_{k+1}y_k$
Abbruchbedingung	$r_n = 0 \ (n \geq 1)$		
Rückgabewerte	$g = r_{n-1}$	$x = x_{n-1}$	$y = y_{n-1}$

Beispiel 5.6 Wir berechnen die Bézout-Koeffizienten von 3289 und 1547 (▶ Beispiel 5.5).

k	r_k	x_k	y_k
0	3289	1	0
1	1547	0	1
2	195	1	−2
3	182	−7	15
4	13	8	−17
5	0		

Die Ergebnisse sind in Zeile $k = 4$ zu finden: $\text{ggT}(3289, 1547) = 13$, $x = 8$, $y = -17$. In der Tat gilt: $8 \cdot 3289 + (-17) \cdot 1547 = 13$.

Aufgaben zu 5.1

5.1 Beweisen Sie die Teilbarkeitsregeln auf Seite 95.

5.2 Beweisen Sie:

a) Ist m ein Teiler von n, so ist $\text{ggT}(m, n) = m$.

b) $\text{ggT}(ma, mb) = m \cdot \text{ggT}(a, b)$.

5.3 Beweisen Sie Teil b) des Lemmas von Bézout.

5.4 Berechnen Sie ggT(770, 546) sowie die dazugehörigen Bézout-Koeffizienten.

5.5 Lassen sich mit 21er- und mit 44er-Münzen sämtliche Beträge bezahlen? Falls ja, geben Sie an, wie man einen beliebigen Betrag von n Taler bezahlt.

Programmieraufgaben

5.6 Implementieren Sie den erweiterten euklidischen Algorithmus entweder mithilfe einer Tabellenkalkulation oder in Java.

5.2 Primzahlen und Primfaktorzerlegung

Definition Primzahl

Eine positive ganze Zahl $p > 1$ heißt *Primzahl*, falls sie nur die Teiler 1 und p hat.

Die Zahl 1 ist definitionsgemäß keine Primzahl. Die ersten Primzahlen lauten:

2, 3, 5, 7, 11, 13, 17, 19, 23, 29, 31 ...

Das Besondere an Primzahlen ist, dass sich jede andere Zahl größer als 1 in ein Produkt von Primzahlen zerlegen lässt. Diese sogenannte Primfaktorzerlegung ist eindeutig (selbstverständlich bis auf die Reihenfolge). Beispielsweise ist $84 = 2 \cdot 2 \cdot 3 \cdot 7$.

Satz Primfaktorzerlegung

Jede positive ganze Zahl $n > 1$ lässt sich in der Form

$$n = p_1 \cdot p_2 \cdot \ldots \cdot p_n$$

schreiben, wobei alle p_i Primzahlen sind. Die p_i sind dabei bis auf ihre Reihenfolge eindeutig bestimmt.

Ist n selbst eine Primzahl, so besteht das Produkt eben nur aus einem Faktor. Der folgende Satz ist eine Konsequenz dieses fundamentalen Satzes.

Satz

Sei p eine Primzahl.

a) Sind $p_1,\ldots,p_n$ Primzahlen und gilt $p \mid p_1 \cdot \ldots \cdot p_n$, so ist $p = p_i$ für ein $i \in \{1,\ldots,n\}$.
b) Sind a und b ganze Zahlen und gilt $p \mid ab$, so gilt $p|a$ oder $p|b$.

Beweis:

a) Ist p ein Teiler von $p_1 \cdot \ldots \cdot p_n$, so gibt es eine ganze Zahl k mit $pk = p_1 \cdot \ldots \cdot p_n$. Sei $k = q_1 \cdot \ldots \cdot q_m$ die Primfaktorzerlegung von k. Dann gilt

$$pk = p \cdot q_1 \cdot \ldots \cdot q_m = p_1 \cdot \ldots \cdot p_n .$$

Da die Primfaktorzerlegung von pk eindeutig ist, muss p eines der p_i sein.

b) Übungsaufgabe (▶ Aufgabe 5.7). ■

Die Primzahlen sind innerhalb der natürlichen Zahlen recht unregelmäßig verteilt, aber einen Trend kann man auf jeden Fall mit bloßem Auge erkennen: Es werden mit der Zeit weniger, das heißt die Primzahldichte (also der Anteil der Primzahlen) nimmt mit größeren Zahlen ab. Die Frage drängt sich auf, ob irgendwann Schluss ist mit den Primzahlen, also ob es eine größte Primzahl gibt, sodass alle größeren Zahlen zusammengesetzt sind. Diese Frage hat Euklid vor über 2000 Jahren beantwortet.

Satz von Euklid

Es gibt keine größte Primzahl, zu jeder noch so großen Primzahl gibt es eine noch größere.

In einer Hitliste der schönsten mathematischen Beweise würde Euklids Beweis sicherlich ganz vorne landen. Aus diesem Grund möchte ich ihn hier anführen:

Beweis: Angenommen, es gäbe eine größte Primzahl P. Seien 2, 3, 5, 7, 11, ..., P alle Primzahlen. Euklid bildet nun folgende Zahl N:

$$N = 2 \cdot 3 \cdot 5 \cdot 7 \cdot \ldots \cdot P + 1 .$$

Nun trifft genau eine von zwei Möglichkeiten zu: Entweder N ist eine Primzahl, oder N ist zusammengesetzt. Die erste Möglichkeit widerspricht der Annahme, dass P die größte Primzahl sei.

Auch die zweite Möglichkeit führt zum Widerspruch: N ist offenbar durch keine der Primzahlen 2, 3, 5, 7, ..., P teilbar, denn bei Division bleibt jedesmal der Rest 1. Jeder Primfaktor von N muss daher größer als P sein, im Widerspruch zur Annahme, P sei die größte Primzahl. ■

Nehmen Sie zur Veranschaulichung des Beweises an, jemand behauptet, 7 sei die größte Primzahl, es gäbe also nur die Primzahlen 2, 3, 5, 7. Dann würde Euklid die Zahl $N = 2 \cdot 3 \cdot 5 \cdot 7 + 1 = 211$ bilden, und das ist tatsächlich eine Primzahl (prüfen Sie es nach!) und sie ist größer als 7.

Behauptet jemand, 13 sei die größte Primzahl, so bilden wir die Zahl $N = 2 \cdot 3 \cdot 5 \cdot 7 \cdot 11 \cdot 13 + 1 = 30\,031 = 59 \cdot 509$. Beide Faktoren sind Primzahlen und größer als 13.

Primzahlen sind faszinierende Zahlen, nicht nur für Mathematiker. Ähnlich wie das Ausrechnen der soundsoviel-milliardsten Dezimalstelle der Kreiszahl π ist die Jagd nach riesengroßen Primzahlen[1] ein beliebter „Sport", mit dem sich sogar Geld verdienen lässt. Seit etwa 40 Jahren sind Primzahlen von einer abstrakten mathematischen Idee zu einem ökonomischen Faktor geworden, denn das RSA-Verfahren der Kryptografie beruht ganz wesentlich auf riesengroßen Primzahlen. Auf dieses Verfahren werden wir später zu sprechen kommen.

Vielleicht fragen Sie sich, warum man nicht einfach sagt: Es gibt unendlich viele Primzahlen. Mathematisch ist an dieser Formulierung nichts auszusetzen, jedoch verwendet sie den schwierigen Begriff der Unendlichkeit in einer Weise, als lägen diese unendlich vielen Primzahlen ausgebreitet vor uns. Euklids Formulierung hingegen beschreibt recht gut die Situation, in der sich die heutigen „Primzahljäger" befinden: Zur Zeit, in der ich diese Zeilen schreibe, ist die größte bekannte Primzahl eine Zahl mit 12 978 189 Dezimalstellen. Aufgrund Euklids Satz kann man sich absolut sicher sein, dass es eine noch größere Primzahl gibt – man muss sie nur eben finden, aber dafür lässt sich Euklids Beweis leider nicht gebrauchen. Diese Situation verwendet den Begriff der Unendlichkeit in einer etwas „vorsichtigeren" Weise als *potenzielle Unendlichkeit*.

Aufgaben zu 5.2

5.7 Beweisen Sie: Sind a und b ganze Zahlen und gilt $p \mid ab$, so gilt $p|a$ oder $p|b$.

5.8 Das *Sieb des Eratosthenes*[2] ist eine Methode, um alle Primzahlen zwischen 2 und einer gegebenen Zahl N zu finden. Schreiben Sie die Zahlen von 2 bis N = 101 in einer 10×10-Tabelle auf. Es geht los mit der 2: eine Primzahl. Alle Vielfachen von

1. ▶ http://www.mersenne.org/
2. Eratosthenes von Kyrene (ca. 273–194 v. Chr.), griechischer Mathematiker

2 sind zusammengesetzt und können durchgestrichen werden. Die nächste nicht gestrichene Zahl ist die 3: die nächste Primzahl. Streichen Sie alle Vielfachen von 3. (Zahlen, die im vorigen Durchlauf schon gestrichen wurden, brauchen Sie selbstverständlich nicht nochmal zu streichen!) Die nächste nicht gestrichene Zahl ist die 5; streichen Sie alle Vielfachen davon. Und so fahren Sie fort, bis Sie sicher sein können, dass alle zusammengesetzten Zahlen gestrichen sind. Die verbleibenden Zahlen sind die Primzahlen zwischen 2 und 101.

a) Welches ist die größte Primzahl, für die noch Vielfache zu streichen sind? Das heißt, ab welcher Primzahl können Sie das Streichen beenden? Und warum ist das so?
b) Ist 1763 eine Primzahl? Welches ist der größte mögliche Primfaktor, bis zu dem Sie prüfen müssen?
c) Schreiben Sie eine Java-Methode, die prüft, ob die Eingabe eine Primzahl ist. Verwenden Sie dabei die Erkenntnis aus Teil a) und b), um die Methode möglichst effizient zu machen.

5.3 Modulare Arithmetik

Welcher Wochentag ist heute in einem Jahr? Ich schreibe diese Zeilen am Montag, den 12. Juli 2010. Der 12. Juli 2011 wird ein Dienstag sein, denn zwischen dem 12. Juli 2010 und dem 12. Juli 2011 liegen 365 Tage, und das sind 52 Wochen und ein Tag ($365 = 52 \cdot 7 + 1$).

Welcher Wochentag ist heute in 24 Tagen? $24 = 3 \cdot 7 + 3$, also verschiebt sich der Wochentag um 3 Tage, das heißt, es ist ein Donnerstag. Und heute in 34 Tagen? $34 = 4 \cdot 7 + 6$, also ein Sonntag. Einfacher geht's jedoch mit der Rechnung $34 = 5 \cdot 7 - 1$. Dann muss ich nicht von Montag aus 6 Tage nach vorne rechnen, sondern einfach einen Tag zurück.

Sie sehen, dass man bei Wochentagrechnungen bequem rechnen kann, wenn man die Zahlen auf eine möglichst einfache Zahl herunterrechnet, die denselben Rest bei Division durch 7 hat. Wir verwenden dafür die Notation $a \equiv b \pmod 7$. Im Wochentagbeispiel können wir schreiben $24 \equiv 3 \pmod 7$ oder $34 \equiv -1 \pmod 7$.

Definition
Kongruenz modulo

Sei $m > 1$ und seien a und b ganze Zahlen. Wir schreiben:

$$a \equiv b \pmod m$$

(sprich: „a ist kongruent b modulo m"), falls a und b denselben Rest bei Division durch m haben.

Die Zahl m wird oft auch *Modul*[1] genannt.

1. Der Modul (Betonung auf der ersten Silbe; Plural: Moduln). Spätestens seit Bologna kennt man auch den Begriff „das Modul" (Betonung auf der letzten Silbe, Plural: Module).

Es gilt:

$$a \equiv b \pmod{m} \Leftrightarrow m \mid (a - b).$$

Beweis: Sei $a = km + r$ und $b = lm + s$ mit $0 \leq r < m$ und $0 \leq s < m$. Dann ist

$$a \equiv b \pmod{m} \Leftrightarrow r = s.$$

Es gilt:

$$a - b = (k - l)m + (r - s).$$

Ist $r = s$, so ist $a - b = (k - l)m$ durch m teilbar.

Ist umgekehrt m ein Teiler von $a-b$, so ist m auch ein Teiler von $r-s = (a-b)-(k-l)m$. Nun sind r und s beide kleiner als m, also ist $-m < r - s < m$. Die einzige Zahl in diesem Bereich, die durch m teilbar ist, ist 0. Daher muss $r - s = 0$ sein, also folgt $r = s$. ■

Anhand obiger Definition lässt sich leicht nachprüfen, dass die Relation ≡ eine Äquivalenzrelation ist – wie das Symbol ≡ schon andeutet. Ist der Modul m aus dem Zusammenhang klar, so lassen wir das (mod m) weg und schreiben einfach $a \equiv b$. Die Äquivalenzklassen der Relation ≡ (mod m) bezeichnen wir mit $[x]_m$.

Aufgabe Welches sind die Äquivalenzklassen der Relation ≡ (mod 7)?

Lösung Es gibt genau 7 Äquivalenzklassen:

so $= [0]_7 = \{\ldots, -14, -7, 0, 7, 14\ldots\}$

mo $= [1]_7 = \{\ldots, -13, -6, 1, 8, 15\ldots\}$

di $= [2]_7 = \{\ldots, -12, -5, 2, 9, 16\ldots\}$

mi $= [3]_7 = \{\ldots, -11, -4, 3, 10, 17\ldots\}$

do $= [4]_7 = \{\ldots, -10, -3, 4, 11, 18\ldots\}$

fr $= [5]_7 = \{\ldots, -9, -2, 5, 12, 19\ldots\}$

sa $= [6]_7 = \{\ldots, -8, -1, 6, 13, 20\ldots\}$

Wenn wir den Sonntag als Starttag wählen, dann enthält die erste Klasse alle Sonntage, die zweite alle Montage usw. ■

Die Äquivalenzklassen der Relation ≡ (mod m) heißen auch *Restklassen* modulo m. Restklassen haben viele Namen, so ist im obigen Beispiel $[3] = [-4] = [10] = \ldots$ Wir werden im Folgenden stets die kleinste nichtnegative Zahl als Vertreter und Namenspatron der Restklasse wählen.

Satz

Die Relation ≡ (mod m) hat m Restklassen:

$$[0]_m, [1]_m, \ldots, [m-1]_m.$$

Das Jahr 2011 beginnt mit einem Samstag. Auf welchen Wochentag fällt der 1. Mai 2011? Man könnte die Tage bis zum ersten Mai zusammenzählen und dann modulo 7 rechnen:

$$31 + 28 + 31 + 30 = 120 \equiv 1.$$

Beachten Sie dabei die Verwendung der Symbole = und ≡! Einfacher wird die Rechnung jedoch, wenn Sie zunächst jeden einzelnen Monat modulo 7 „herunterrechnen": Der Januar verschiebt um 3 Tage, der Februar gar nicht, der März wieder um 3 und der April um 2, macht zusammen 8, und das ist kongruent 1:

$$31 + 28 + 31 + 30 \equiv 3 + 0 + 3 + 2 = 8 \equiv 1.$$

Der 1. Mai 2011 ist somit ein Sonntag.

Das Multiplizieren in diesem System geht genauso einfach. Beispielsweise ist

$$9 \cdot 31 \equiv 2 \cdot 3 = 6.$$

Wir fassen die Rechenregeln folgendermaßen zusammen:

Satz Rechenregeln für Kongruenzen

Sei $m > 1$ und seien a, b und a' ganze Zahlen mit $a \equiv a' \pmod{m}$. Dann gilt:

$$a + b \equiv a' + b \pmod{m}$$

und

$$a \cdot b \equiv a' \cdot b \pmod{m}.$$

Beweis: Aus $a \equiv a'$ folgt $m \mid (a - a')$. Dann teilt m auch $(a + b) - (a' + b) = a - a'$ und ebenfalls $a \cdot b - a' \cdot b = (a - a')b$. ■

Durch wiederholte Anwendung des Satzes können Sie also in einem Ausdruck, der mit + und · gebildet ist, jede Zahl durch eine kongruente Zahl ersetzen, sodass die Rechnung möglichst einfach wird.

Beispiel 5.7 Wir rechnen modulo 11:

$$13 \cdot 16 + 20 \cdot 14 \equiv 2 \cdot 5 + (-2) \cdot 3 = 4.$$

Beispiel 5.8 Die Quersummenregeln bei Division durch 9 und durch 11

a) Ist die Zahl 123456789 ohne Rest durch 9 teilbar? Wie prüfen Sie das? Sie haben sicherlich die *Quersummenregel* benutzt, die besagt, dass eine Zahl n genau dann durch 9 teilbar ist, wenn ihre Quersumme (das ist die Summe ihrer Dezimalziffern) durch 9 teilbar ist:

$$1 + 2 + 3 + 4 + 5 + 6 + 7 + 8 + 9 = 9 + (1 + 8) + (2 + 7) + (3 + 6) + (4 + 5) \equiv 0.$$

Aber es gilt sogar noch mehr: Eine Zahl n hat stets denselben Rest modulo 9 wie ihre Quersumme $\mathrm{q}(n)$: $n \equiv \mathrm{q}(n) \pmod{9}$, und das wollen wir nun beweisen: In der Dezimaldarstellung gilt:

$$n = a_k 10^k + a_{k-1} 10^{k-1} + \ldots + a_1 10 + a_0.$$

Nun ist $10 \equiv 1$, also ist auch $10^i \equiv 1^i = 1$. Wir können daher schreiben:

$$n = a_k 10^k + a_{k-1} 10^{k-1} + \ldots + a_1 10 + a_0 \equiv a_k + a_{k-1} + \ldots + a_1 + a_0 = \mathrm{q}(n).$$

b) Eine Zahl n hat denselben Rest modulo 11 wie ihre *alternierende Quersumme* aq(n). Die alternierende Quersumme wird gebildet, indem die Dezimalziffern abwechselnd addiert und subtrahiert werden. Den Anfang macht die rechteste Ziffer mit plus:

aq(123456789) = 9 − 8 + 7 − 6 + 5 − 4 + 3 − 2 + 1 = 5.

Der Beweis: Es ist $10 \equiv -1$, also ist $10^i \equiv (-1)^i$. Für gerade i ergibt sich ein Faktor 1, für ungerade ein Faktor −1:

$$n = a_k 10^k + a_{k-1} 10^{k-1} + \ldots + a_0 \equiv a_0 - a_1 + a_2 - \ldots + (-1)^k a_k = \mathrm{aq}(n). \blacksquare$$

Eine Anwendung: Prüfziffern

Prüfziffern dienen dazu, Schreib- oder Übertragungsfehler in sicherheitsrelevanten Daten erkennen zu können. Die einfachste Prüfziffer ist die sogenannte *Paritätsprüfung*. An eine Folge von Bits (also Nullen und Einsen) wird als Prüfbit ein Bit angehängt, sodass die Anzahl der Einsen im gesamten Wort inklusive des Prüfbits gerade ist. An das Wort 1101000 muss beispielsweise als Prüfbit eine 1 angehängt werden, an das Wort 0011000 muss eine 0 angehängt werden. Wird nun in einem gültigen Datenwort ein einzelnes Bit gestört (gestört heißt: Es klappt um, aus einer 1 wird die 0, aus einer 0 die 1), so ist anschließend die Anzahl der Einsen ungerade.

Als Beispiel für ein anspruchsvolleres Prüfverfahren soll der ISBN-10-Code vorgestellt werden, der bis 2005 für Bücher gültig war und dann durch den ISBN-13-Code ersetzt wurde[1]. Ich möchte dennoch den älteren ISBN-Code vorstellen, weil sich an ihm das Prinzip besser veranschaulichen lässt.

Die ISBN-10 besteht aus 9 Datenziffern *ABCDEFGHI* und einer Prüfziffer *P*. Anhand der Prüfziffer sollen mit einer gewissen Wahrscheinlichkeit Fehler erkannt werden. Dies geschieht folgendermaßen: Man berechnet die Prüfsumme

$$10A + 9B + 8C + 7D + 6E + 5F + 4G + 3H + 2I + P\,.$$

Die ISBN ist genau dann gültig, wenn die Prüfsumme durch 11 teilbar ist.

Beispiel 5.9 Meine Taschenbuchausgabe des (nicht nur für Kinder!) sehr lesenswerten Buchs „Der Zahlenteufel" hat die ISBN 3-423-62015-3 (die Trennstriche dienen nur der besseren Lesbarkeit, gehören jedoch nicht zum Code). Die Prüfsumme berechnet sich zu

$$10 \cdot 3 + 9 \cdot 4 + 8 \cdot 2 + 7 \cdot 3 + 6 \cdot 6 + 5 \cdot 2 + 4 \cdot 0 + 3 \cdot 1 + 2 \cdot 5 + 1 \cdot 3$$

1. ▶ http://www.german-isbn.org/isbn_13_handbuch_text.html

$$\equiv -3+3+5-1+3-1+0+3-1+3 \equiv 0 \pmod{11},$$

ist also gültig. Hätte jemand aus Versehen 3-723-62015-3 geschrieben, so wäre die Prüfsumme 5 und dadurch könnte man den Fehler erkennen.

Welche Prüfziffer P muss für das Buch mit der ISBN 0-521-42706-P vergeben werden? Die gewichtete Summe der ersten 9 Ziffern ergibt 10 modulo 11, die Prüfziffer muss daher 1 sein.

Ergibt die Summe der ersten 9 Ziffern 1, so müsste die Prüfziffer 10 sein, in diesem Fall schreibt man den Buchstaben X.

Wir wollen nun nachweisen, dass ein Fehler in einer einzelnen Ziffer der ISBN durch die Prüfsumme stets erkannt wird. Sei dazu $ABCDEFGHI$ eine gültige ISBN, das heißt, die obige Prüfsumme ist kongruent 0 modulo 11. Wir nehmen zunächst an, der Fehler sei in der dritten Position C passiert, und aus dem C sei ein C' entstanden. Sei s die Prüfsumme der gültigen ISBN, s' die der ungültigen. Dann ist

$$s' - s = 8(C' - C),$$

denn alle anderen Ziffern sind jeweils identisch. C und C' sind beides Ziffern, also Zahlen zwischen 0 und 9. Die Differenz $C' - C$ kann daher nicht größer als 9 und nicht kleiner als −9 sein. Sie kann auch nicht 0 sein, sonst wäre ja gar kein Fehler passiert. $C' - C$ ist daher nicht durch 11 teilbar, und da 8 ebenfalls nicht durch 11 teilbar ist, kann auch $s' - s$ nicht durch 11 teilbar sein. Also ist $s' - s \not\equiv 0$ und daher auch $s' \not\equiv s \equiv 0$.

Passiert der Fehler in irgendeiner anderen Stelle der ISBN, so besteht die einzige Änderung darin, dass statt der 8 in dem Ausdruck $8(C' - C)$ eine andere Ziffer zwischen 10 und 1 steht, aber dadurch ändert sich nichts am Beweis, denn keine dieser Ziffern ist durch 11 teilbar.

Ein weit verbreiteter Tippfehler ist der Zahlendreher (oder Buchstabendreher), bei dem zwei benachbarte Ziffern bzw. Buchstaben vertauscht werden. Auch gegen solche Fehler ist die ISBN-10 gefeit: Werden in einer gültigen ISBN zwei Ziffern (diese müssen nicht nebeneinanderliegen) miteinander vertauscht, so ist das Ergebnis ungültig. Der Beweis verbleibt als Übungsaufgabe (▶ Aufgabe 5.16).

Aufgaben zu 5.3

5.9 Warum wird eigentlich in diesem Abschnitt stets $m > 1$ gefordert?

5.10 Berechnen Sie.

a) $(5377298 \cdot 5032884) \,\%\, 10$

b) $(60 \cdot 34 + 46 \cdot 64) \,\%\, 7$

c) $(25 \cdot 40 + 78 \cdot 14) \,\%\, 13$

5.11 Berechnen Sie mithilfe der (alternierenden) Quersummenregel.

a) $314159265 \,\%\, 9$

b) 314159265 % 11

5.12 Eine der folgenden Rechnungen ist fehlerhaft. Finden Sie sie mithilfe der 9er-Regel.

a) 13 707 · 48 443 = 664 008 201
b) 4 729 · 30 081 = 140 253 049
c) 35 301 · 7 791 = 275 030 091

5.13 Beweisen Sie die folgenden Teilbarkeitsregeln durch 2, 4, 5 und 8.

a) Eine Zahl ist genau dann durch 2 teilbar, wenn ihre letzte Dezimalziffer durch 2 teilbar ist.
b) Eine Zahl ist genau dann durch 4 teilbar, wenn die Zahl, die aus ihren letzten beiden Dezimalziffern gebildet wird, durch 4 teilbar ist.
c) Eine Zahl ist genau dann durch 5 teilbar, wenn ihre letzte Dezimalziffer durch 5 teilbar ist.
d) Eine Zahl ist genau dann durch 8 teilbar, wenn die Zahl, die aus ihren letzten beiden Dezimalziffern gebildet wird, durch 8 teilbar ist.

5.14 Stellen Sie eine Regel für die Teilbarkeit durch 7 auf.

5.15 Finden Sie ein Beispiel dafür, dass zwei voneinander unabhängige Einzelfehler in einer ISBN-10 nicht notwendigerweise erkannt werden.

5.16 Beweisen Sie, dass eine gültige ISBN-10 durch einen Zahlendreher ungültig wird.

Programmieraufgaben

5.17 Schreiben Sie eine Methode, die die Quersumme einer Zahl berechnet.

Programmierprojekt ISBN

ISBN Verwaltung

Schreiben Sie ein Programm mit einer grafischen Oberfläche zur Verwaltung von ISBN-Nummern. Das Programm stellt folgende Funktionen zur Verfügung:

- Prüfung einer vollständig eingegebenen ISBN-10 auf Korrektheit (Eingabe z.B.: 3423620153),
- Berechnung der korrekten Prüfziffer einer ISBN-10 (Eingabe z.B.: 342362015?),
- Ergänzung einer fehlenden Ziffer einer ISBN-10 (Eingabe z.B.: 3423?20153).

5.4 Die modulare Inverse

Wir kommen nun zurück zu den Fragen, die wir zu Beginn des Kapitels (▶ Seite 93) gestellt haben:

- Stimmt es, dass die Codierungsfunktion $x \mapsto (K \cdot x) \% 26$ genau dann umkehrbar ist, wenn die Zahlen K und 26 teilerfremd sind?
- Wie lässt sich eine mit diesem Code verschlüsselte Botschaft wieder entschlüsseln?

Was heißt es, dass die Codierungsfunktion $x \mapsto (K \cdot x) \% 26$ umkehrbar ist? Es bedeutet, dass es eine Funktion gibt, die $(K \cdot x) \% 26$ wieder auf x bzw. $x \% 26$ abbildet. Gesucht ist eine Zahl L, sodass $L \cdot (K \cdot x) \% 26 = x \% 26$ bzw. in der modulo-Schreibweise: $L \cdot (K \cdot x) \equiv x \pmod{26}$. Insbesondere für $x = 1$ gilt dann $L \cdot K \equiv 1 \pmod{26}$. Diese Zahl L heißt, falls sie existiert, *modulare Inverse* von K.

Definition
modulare Inverse

Sei $m > 1$ und sei a eine ganze Zahl. Gibt es eine Zahl b, sodass

$$ab \equiv 1 \pmod{m},$$

so heißt a *invertierbar modulo m* und b heißt *modulare Inverse* von a. Wir schreiben $b = a^{-1} \pmod{m}$.

Falls die modulare Inverse zu K existiert, so haben wir damit die Decodierungsfunktion, denn es gilt:

$$f(x) = (K \cdot x) \% 26 \qquad \text{(Codierungsfunktion)}$$

$$f^{-1}(x) = (K^{-1} \cdot x) \% 26. \qquad \text{(Decodierungsfunktion)}$$

Es gilt:

$$f^{-1}(f(x)) \equiv K^{-1} \cdot (K \cdot x) \equiv 1 \cdot x = x$$

$$f(f^{-1}(x)) \equiv K \cdot (K^{-1} \cdot x) \equiv 1 \cdot x = x.$$

Mit der obigen Definition ist jedoch noch nicht geklärt, wie man die modulare Inverse findet. An dieser Stelle kommen nun erneut die Bézout-Koeffizienten ins Spiel. Nehmen wir an, wir suchen die Inverse von a modulo m. Das Lemma von Bézout (▶ Seite 98) besagt: Sind a und m teilerfremd, dann gibt es ganze Zahlen x und y mit

$$xa + ym = 1.$$

Dann ist aber

$$xa = 1 + (-y)m \equiv 1 \pmod{m}.$$

Das heißt, der Bézout-Koeffizient x ist die modulare Inverse von a.

Ist umgekehrt a invertierbar modulo m, so existiert eine Zahl x mit $xa \equiv 1 \pmod{m}$. Das heißt, es gibt eine Zahl y mit $xa = 1 + ym$, also $xa - ym = 1$. Das Lemma von Bézout sagt uns, dass in diesem Fall a und m teilerfremd sind. Fassen wir zusammen:

Satz
Existenz der modularen Inverse

Sei $m > 1$ und sei a eine ganze Zahl. Dann ist a genau dann invertierbar modulo m, wenn a und m teilerfremd sind. Die Inverse von a lässt sich dann mithilfe des erweiterten euklidischen Algorithmus berechnen.

Dieser Satz beantwortet die beiden obigen Fragen zur Decodierung.

Beispiel 5.10 Wir berechnen die Inverse von 7 modulo 26. Die beiden Zahlen sind teilerfremd, die Inverse existiert also. Der erweiterte euklidische Algorithmus liefert uns den Bézout-Koeffizienten −11. Das ist zwar tatsächlich die Inverse von 7 modulo 26 (prüfen Sie es nach!), aber für Decodierungszwecke dürfte es praktischer sein, mit der dazu kongruenten Zahl 15 zu arbeiten.

Wenn Sie nun die mit dem Schlüssel $K = 7$ codierte Botschaft CKSZEV entschlüsseln möchten, so wandeln Sie die Buchstaben zunächst in Zahlenwerte um: 2 10 18 25 4 21, und multiplizieren jede Zahl mit der Inversen $K^{-1} = 15$ und wandeln anschließend wieder in Buchstaben um. ■

5.5 Rechnen in $\mathbb{Z}_m$

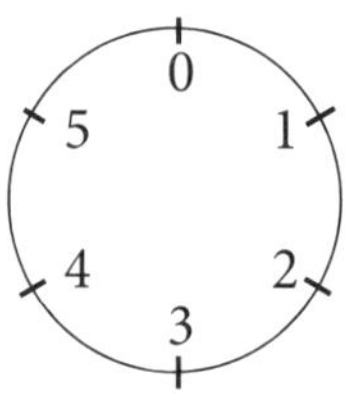

Wenn es jetzt gerade 17 Uhr ist, dann ist in 10 Stunden 3 Uhr (am nächsten Tag). Mit der Schreibweise des vorigen Abschnitts: $17 + 10 = 27 \equiv 3 \pmod{24}$. Wir wollen in diesem Abschnitt eine andere Sichtweise der modularen Rechnung vorstellen. Lösen Sie sich dazu von der bisherigen Vorstellung des „Herunterrechnens" auf den Rest modulo 24, sondern stellen Sie sich den Vorgang wie auf einer (analogen!) Uhr vor. Um die Sache zu vereinfachen, hat unsere Uhr nur 6 Stunden.

Wir nennen dieses System $\mathbb{Z}_6$. Addieren in diesem System heißt einfach, den Stundenzeiger um die entsprechende Zahl an Stunden weiterzudrehen: $2 \oplus 3 = 5$, $4 \oplus 2 = 0$, $5 \oplus 5 = 4$ usw. In dem System $\mathbb{Z}_6$ gibt es nur die Zahlen 0 bis 5.

Natürlich könnten wir auch schreiben $5 + 5 = 10 \equiv 4 \pmod 6$. Die „Uhrenarithmetik" ist jedoch nicht einfach nur eine andere Schreibweise, sondern auch und vor allem eine andere Denkweise. Während man in dem System der Kongruenzen des vorigen Abschnitts linear denkt, denkt man im System $\mathbb{Z}_6$ zyklisch.

Die Multiplikation in diesem System funktioniert folgendermaßen: $3 \otimes 2$ heißt, den Zeiger dreimal um zwei Stunden weiterzudrehen. Damit landet er wieder am Ausgangspunkt: Es ist, als hätten Sie den Zeiger gar nicht bewegt! Wir schreiben: $3 \otimes 2 = 0$.

Es folgen die Verknüpfungstafeln für die Addition und die Multiplikation in $\mathbb{Z}_6$:

$\oplus$	0	1	2	3	4	5
0	0	1	2	3	4	5
1	1	2	3	4	5	0
2	2	3	4	5	0	1

$\otimes$	0	1	2	3	4	5
0	0	0	0	0	0	0
1	0	1	2	3	4	5
2	0	2	4	0	2	4

3	3	4	5	0	1	2
4	4	5	0	1	2	3
5	5	0	1	2	3	4

3	0	3	0	3	0	3
4	0	4	2	0	4	2
5	0	5	4	3	2	1

Definition
Das System $\mathbb{Z}_m$

Sei $m > 1$. Auf der Menge $\mathbb{Z}_m = \{0, 1, ..., m-1\}$ sind Addition und Multiplikation folgendermaßen definiert:

$$a \oplus b = (a+b) \,\%\, m$$

$$a \otimes b = (a \cdot b) \,\%\, m\,.$$

Addition und Multiplikation in $\mathbb{Z}_m$ haben folgende Eigenschaften. Dabei sind a, b und c beliebige Elemente von $\mathbb{Z}_m$.

a) $(a \oplus b) \oplus c = a \oplus (b \oplus c)$ $\qquad (a \otimes b) \otimes c = a \otimes (b \otimes c)$

b) $a \oplus b = b \oplus a$ $\qquad a \otimes b = b \otimes a$

c) $a \oplus 0 = a$ $\qquad a \otimes 1 = a$

d) $a \otimes (b \oplus c) = a \otimes b \oplus a \otimes c$

e) Zu jedem $a \in \mathbb{Z}_m$ gibt es eine eindeutig bestimmte additive Inverse, das heißt, ein Element $\ominus a$ mit $a \oplus (\ominus a) = 0$.

Die Gültigkeit dieser Regeln lässt sich auf die Gültigkeit der entsprechenden Regeln für die Addition und Multiplikation in $\mathbb{Z}$ zurückführen. Lediglich Regel e) bedarf noch einer Erklärung: Ist $a \in \mathbb{Z}_m$, so sei $\ominus a = (-a) \,\%\, m$. Dann ist offenbar $a \oplus (\ominus a) = 0$.

Auch auf die Gefahr hin, Sie zu verwirren, ersetze ich im Folgenden die etwas „sperrigen" Operatoren $\oplus$, $\otimes$ und $\ominus$ wieder durch die Zeichen $+$, $\cdot$ und $-$.

Aufgabe Erstellen Sie jeweils die Additions- und die Multiplikationstafel für alle $\mathbb{Z}_m$ von $m = 2$ bis $m = 5$. **Hinweis**: Auch hier leistet Ihnen ein Tabellenkalkulationsprogramm gute Dienste!

Analysieren Sie diese Strukturen. Was fällt Ihnen auf?

Lösung Für Nichtmathematiker mögen diese Verknüpfungstafeln nichts weiter als „Zahlenfriedhöfe" sein, dem mathematischen Auge offenbaren sich jedoch klare Regelmäßigkeiten und Strukturen. Es lohnt sich, solche Strukturen zu analysieren!

Die Additionstafeln möchte ich hier nicht hinschreiben. Sie haben bereits das typische diagonale „Streifenmuster" erkannt, dass alle Additiontafeln aufweisen. Und man kann sich sicher sein, dass alle weiteren Additionstafeln nach genau demselben Muster gestrickt sind. So gesehen, geben diese Tafeln gar nicht so viel her.

Hier nun die Multiplikationstafeln. Die Zeile und die Spalte mit der 0 habe ich jeweils weggelassen, denn sie sind recht uninteressant.

$\mathbb{Z}_2$	1
1	1

$\mathbb{Z}_3$	1	2
1	1	2
2	2	1

$\mathbb{Z}_4$	1	2	3
1	1	2	3
2	2	0	2
3	3	2	1

$\mathbb{Z}_5$	1	2	3	4
1	1	2	3	4
2	2	4	1	3
3	3	1	4	2
4	4	3	2	1

Schauen Sie sich auch noch die Multiplikationstafel für $\mathbb{Z}_6$ an, und wenn Sie mit einem Tabellenkalkulationsprogramm arbeiten, so können Sie auch noch $\mathbb{Z}_7$ bis $\mathbb{Z}_9$ hinzuziehen.

Zunächst gibt es Symmetrieeigenschaften, die allen Multiplikationstafeln gemeinsam sind. Zum einen ist jede Tafel achsensymmetrisch zur Hauptdiagonalen (an welchem Gesetz liegt das?). Die zweite Form der Symmetrie können Sie erkennen, wenn Sie jeweils die erste mit der letzten Zeile (oder Spalte) vergleichen, die zweite mit der vorletzten usw. Es handelt sich um eine Punktsymmetrie zum Mittelpunkt der quadratischen Tafel. Woran liegt das? Das sollen Sie selbst herausfinden (▶ Aufgabe 5.18)!

Andererseits fällt eine klare Trennung zwischen $\mathbb{Z}_2$, $\mathbb{Z}_3$, $\mathbb{Z}_5$, $\mathbb{Z}_7$ einerseits und $\mathbb{Z}_4$, $\mathbb{Z}_6$, $\mathbb{Z}_8$, $\mathbb{Z}_9$ einerseits auf: In der ersten Gruppe kommt jede Zahl in jeder Zeile und in jeder Spalte genau einmal vor – ich nenne das die *Sudoku-Eigenschaft*. Nullen kommen in diesen Tafeln nicht vor. In der zweiten Gruppe gilt die Sudoku-Eigenschaft nicht. Außerdem sind in diesen Tabellen Nullen enthalten. Haben Sie bereits eine Vermutung, welche Moduln m zur ersten Gruppe zählen, welche zur zweiten? Die Moduln der ersten Gruppe sind Primzahlen, die der anderen sind zusammengesetzte Zahlen. Diesen Unterschied wollen wir im Folgenden genauer untersuchen.

Multiplikative Inverse in $\mathbb{Z}_m$ und der Satz von Euler

Der Begriff der modularen Inversen aus Abschnitt 5.4 lässt sich eins zu eins auf das System $\mathbb{Z}_m$ übertragen.

Definition
Inverse in $\mathbb{Z}_m$

Sei $a \in \mathbb{Z}_m$. Gibt es ein $b \in \mathbb{Z}_m$ mit $ab = 1$, so heißt *a invertierbar (in $\mathbb{Z}_m$)* und b heißt (multiplikative) *Inverse* von a. Wir schreiben: $b = a^{-1}$.

Es gilt: Ist a invertierbar in $\mathbb{Z}_m$, so ist die Inverse a^{-1} eindeutig bestimmt. Sind nämlich b und c beide Inverse von a, so gilt: $ba = 1$ und $ac = 1$ und es folgt:

$$bac = (ba)c = 1c = c$$

und

$$bac = b(ac) = b1 = b\,.$$

Also ist $b = c$.

Auch der Satz über die Existenz der modulare Inversen gilt entsprechend für $\mathbb{Z}_m$:

Satz Invertierbarkeit in $\mathbb{Z}_m$

Die Zahl a ist genau dann invertierbar in $\mathbb{Z}_m$, wenn a und m teilerfremd sind.

Ist insbesondere p eine Primzahl, so sind alle Elemente von $\mathbb{Z}_p$ außer der 0 invertierbar. In $\mathbb{Z}_6$ sind nur 1 und 5 invertierbar, alle anderen Elemente nicht.

Definition eulersche Phi-Funktion

Sei $m > 1$. Dann ist $\varphi(m)$ definiert als die Anzahl der zu m teilerfremden Zahlen zwischen 1 und $m-1$. Die Funktion φ heißt *eulersche Phi-Funktion*[1].

Anders gesagt: $\varphi(m)$ ist gleich der Anzahl der invertierbaren Elemente in $\mathbb{Z}_m$.

Satz

a) Ist p eine Primzahl, so ist $\varphi(p) = p - 1$.
b) Sind p und q Primzahlen, so ist $\varphi(pq) = (p-1)(q-1)$.

Beweis:

a) Ist klar.
b) Unter den Zahlen $1, 2, \ldots, pq$ sind folgende Zahlen nicht teilerfremd zu pq:

- Alle Vielfachen von p, also $p, 2p, 3p, \ldots, qp$. Dies sind insgesamt q Zahlen.
- Alle Vielfachen von q, also $q, 2q, 3q, \ldots, pq$. Dies sind also p Zahlen.

Dabei wurde pq doppelt gezählt. Insgesamt sind also

$$pq - p - q + 1 = (p-1)(q-1)$$

Zahlen teilerfremd zu pq. ■

Aufgabe Berechnen Sie 4^{62} in $\mathbb{Z}_7$.

Lösung Diese Aufgabe sieht nur auf den ersten Blick monströs aus. Wenn man jedoch beachtet, dass alle Rechnungen modulo 7 durchgeführt werden, wird klar, dass immer nur Zahlen zwischen 0 und 6 vorkommen.

Wir berechnen der Reihe nach $4^0, 4^1, 4^2, 4^3 \ldots$:

$$4^0 = 1$$

$$4^1 = 4$$

$$4^2 = 16 \equiv 2$$

1. Leonhard Euler (1707–1783), Schweizer Mathematiker

$$4^3 = 4 \cdot 4^2 \equiv 4 \cdot 2 = 8 \equiv 1$$

$$4^4 = 4 \cdot 4^3 \equiv 4 \cdot 1 = 4$$

und spätestens an dieser Stelle ist klar, dass es in der Reihenfolge 1, 4, 2, 1, 4, 2, ... weitergeht. Es ist also $4^0 = 1$, $4^3 = 1$, $4^6 = 1$, ..., $4^{60} = 1$. Dann ist

$$4^{62} = (4^3)^{20} \cdot 4^2 \equiv 1^{20} \cdot 2 = 2\,.$$

Aufgabe Berechnen Sie 3^{34} in $\mathbb{Z}_7$ und 6^{99} in $\mathbb{Z}_{15}$.

Lösung Die erste Aufgabe verläuft nach demselben Muster wie die vorige Aufgabe:

$$3^0 = 1\,,\ 3^1 = 3\,,\ 3^2 = 2\,,\ 3^3 = 6\,,\ 3^4 = 4\,,\ 3^5 = 5\,,\ 3^6 = 1\,.$$

Es dauert nur etwas länger, bis die 1 erreicht ist. Und nach der 1, das ist klar, geht das Ganze wieder von vorne los. Es ergibt sich also:

$$3^{34} = (3^6)^5 \cdot 3^4 = 1^5 \cdot 4 = 4\,.$$

In der zweiten Aufgabe wird die 1 nicht erreicht:

$$6^0 = 1\,,\ 6^1 = 6\,,\ 6^2 = 36 \equiv 6\,,\ 6^3 = 6 \cdot 6^2 \equiv 6 \cdot 6 = 6^2 = 6\,, ...$$

Es gilt: $6^{99} = 6$ in $\mathbb{Z}_{15}$. ■

Vielleicht haben Sie schon eine Hypothese aufgestellt? Es gibt ja offenbar wiederum zwei Gruppen: Die einen, bei denen die Potenzen irgendwann bei der 1 ankommen und ab dann einen zyklischen Verlauf nehmen, und die anderen, bei denen die 1 nicht erreicht wird. Wenn Sie jedoch denken, wir haben noch zuwenig Datenmaterial, um eine solide Hypothese aufstellen zu können, dann experimentieren Sie einfach weiter (auch hier hilft die Tabellenkalkulation!).

Vielleicht lautet Ihre Hypothese: Ist der Modul m eine Primzahl, so erreichen die Potenzen die 1. Der folgende sogenannte kleine Satz von Fermat[1] bejaht die Hypothese und sagt gleichzeitig, wie lange die Zyklen maximal werden können.

Satz
kleiner Satz von Fermat

Ist p eine Primzahl und ist $a \in \mathbb{Z}_p$, so gilt in $\mathbb{Z}_p$:

$$a^{p-1} = 1\,.$$

Der „kleine Fermat" besagt also, dass die Potenzzyklen in $\mathbb{Z}_p$ höchstens p Elemente umfassen. In der obigen Aufgabe wird die volle Zykluslänge von $7 - 1 = 6$ für die Basis $a = 3$ erreicht, bei der Basis $a = 4$ ist der Zyklus kürzer. Die tatsächliche Zykluslänge ist aber stets ein Teiler von $p - 1$.

1. Pierre de Fermat (1607–1665), frz. Jurist und Hobbymathematiker

Etwa 100 Jahre später wurde Fermats Satz von Leonhard Euler in der folgenden Form verallgemeinert.

Satz
Satz von Euler

Ist $a \in \mathbb{Z}_m$ und sind a und m teilerfremd, so ist

$$a^{\varphi(m)} = 1 \text{ in } \mathbb{Z}_m.$$

Man könnte den Satz auch so formulieren: Ist a ein invertierbares Element von $\mathbb{Z}_m$, so ist $a^{\varphi(m)} = 1$ in $\mathbb{Z}_m$.

Beweis: Sei E_m die Menge der invertierbaren Elemente von $\mathbb{Z}_m$. Nach Voraussetzung ist a invertierbar, also $a \in E_m$. Wir definieren eine Abbildung f_a auf E_m durch $f_a(x) = ax$. Da das Produkt zweier invertierbarer Elemente auch wieder invertierbar ist (▶ Aufgabe 5.21), ist $ax \in E_m$. Es gilt also $f_a : E_m \to E_m$. Diese Abbildung ist sogar injektiv, denn aus $f_a(x) = f_a(y)$, also $ax = ay$, folgt:

$$a^{-1}(ax) = a^{-1}(ay) \Rightarrow (a^{-1}a)x = (a^{-1}a)y \Rightarrow 1x = 1y \Rightarrow x = y.$$

Nun ist E_m eine endliche Menge und daher ist die Abbildung $f_a : E_m \to E_m$ sogar bijektiv.

Als Beispiel betrachten wir $E_8 = \{1, 3, 5, 7\}$ und $a = 5$. Es gilt:

x	1	3	5	7
$5x$	5	7	1	3

Sei nun e das Produkt aller Elemente von E_m, etwa $e = e_1 \cdot e_2 \cdot \ldots \cdot e_k$ mit $k = \varphi(m)$. Da die Elemente $ae_1, ae_2, \ldots, ae_k$ nur eine Umsortierung der Elemente $e_1, e_2, \ldots, e_k$ darstellen, können wir schreiben:

$$e = e_1 \cdot e_2 \cdot \ldots \cdot e_k = ae_1 \cdot ae_2 \cdot \ldots \cdot ae_k = a^k e.$$

Das Element e ist ebenfalls invertierbar, also können wir die Gleichung $e = a^k e$ mit e^{-1} multiplizieren und erhalten $a^{\varphi(m)} = a^k = 1$. ■

Aufgaben zu 5.5

5.18 Für jedes m, egal ob Primzahl oder nicht, gibt es in $\mathbb{Z}_m$ mindestens zwei invertierbare Elemente. Welche sind das? **Hinweis**: Analysieren Sie die Multiplikationstafeln!

5.19 Erklären Sie die Punktsymmetrie der Multiplikationstafeln für $\mathbb{Z}_m$. Hinweis: In $\mathbb{Z}_m$ gilt: $1 = -(m-1)$, $2 = -(m-2)$, usw.

5.20 Ergänzen Sie die folgende Wertetabelle der eulerschen Phi-Funktion:

m	2	3	4	5	6	7	8	9	10	11	12
$\varphi(m)$	1	2	2								

5.21 Beweisen Sie: Sind a und b invertierbar in $\mathbb{Z}_m$, so sind auch a^{-1} und ab invertierbar.

5.22 Berechnen Sie.

a) 3^{82} in $\mathbb{Z}_9$

b) 7^{104} in $\mathbb{Z}_{11}$

5.23 Sei $f : \mathbb{Z}_m \to \mathbb{Z}_m$ mit $f(x) = x^2$. Bestimmen Sie für $m = 2, 3, 4, 5, 6$ die Äquivalenzklassen der durch f induzierten Äquivalenzrelation (▶ Seite 61).

5.24 Bestimmen Sie jeweils die Lösungsmenge der folgenden Gleichungen.

a) $x + 7 = 2$ in $\mathbb{Z}_{11}$

b) $3x - 5 = 2$ in $\mathbb{Z}_8$

c) $6x = 5$ in $\mathbb{Z}_9$

d) $6x + 2 = 5$ in $\mathbb{Z}_9$

Matheprojekt
Lösbarkeit von Gleichungen in $\mathbb{Z}_m$

Projekt

Seien $a, b, c \in \mathbb{Z}_m$ und sei $\mathbb{L}$ die Lösungsmenge der Gleichung $ax + b = c$ in $\mathbb{Z}_m$. Finden Sie jeweils eine allgemeine Bedingung, unter der ...

a) ... die Gleichung *eindeutig* lösbar ist.

b) ... die Gleichung *unlösbar* ist.

c) ... die Gleichung *mehrere Lösungen* hat. Bestimmen Sie in diesem Fall $|\mathbb{L}|$ in Abhängigkeit von a, b, c und m.

Hinweis: Machen Sie Versuche mit unterschiedlichen Werten von a, b, c und m.

5.6 Der RSA-Algorithmus

Die klassischen Verfahren der Kryptografie wie Cäsar- und Vigenère-Verschlüsselung beruhen darauf, dass Sender und Empfänger denselben Schlüssel benutzen. Man nennt diese Verfahren daher auch *symmetrische Verfahren*. Dieses Prinzip wirft jedoch gerade in der heutigen Zeit, in der viele Menschen miteinander kommunizieren, einige Probleme auf:

- Zwischen jeweils zwei Personen muss ein geheimer Schlüssel ausgetauscht werden. Dieser Austausch ist selbst wiederum Angriffen Dritter ausgesetzt.
- Stellen Sie sich vor, sie kommunizieren mit Anne, Boris, Claudia, Dirk, Erik und Franziska. Dann werden Sie sicherlich mit jeder dieser Personen einen *eigenen* geheimen Schlüssel vereinbaren, denn sonst könnte ja Claudia die Nachrichten entziffern, die Sie an Franziska schreiben. Das heißt, jeder Teilnehmer müsste für jeden anderen einen separaten geheimen Schlüssel speichern.
- Kommt ein neuer Teilnehmer hinzu, muss jeder andere seine Schlüseldateien aktualisieren.

Um diese Schwachstelle zu beseitigen, erfanden Diffie und Hellman 1976 ein asymmetrisches Verfahren, das auch als *Public-Key-Kryptografie* bezeichnet wird. Stellen Sie sich einfach vor, die Nachricht würde ganz altmodisch auf Papier geschrieben und in eine Schatulle gelegt, die mit einem Schnappschloss gesichert ist. Wenn Sie etwa Franziska einen Brief schreiben möchten, dann bitten Sie sie zunächst, Ihnen ihr (also Franziskas) Schnappschloss zu schicken – in geöffnetem Zustand selbstverständlich. Sie schreiben den Brief, legen ihn in die Schatulle und verschließen diese mit Franziskas Schnappschloss, das nur sie selbst öffnen kann. Nachdem Sie selbst das Schnappschloss zugedrückt haben, können Sie die Schatulle auch nicht mehr öffnen. Sie schicken die Schatulle an Franziska, und diese öffnet sie mit ihrem geheimen Schlüssel. Das Schnappschloss ist der öffentliche Schlüssel, jeder kann es benutzen. Doch nur Franziska selbst hat ihren privaten Schlüssel für das Schnappschloss.

Die Erfinder des Prinzips, Diffie und Hellman, hatten jedoch kein mathematisches Verfahren, um diese Idee des öffentlichen und geheimen Schlüssels zu realisieren. Das gelang erst 12 Jahre später **R**ivest, **S**hamir und **A**dleman mit dem RSA-Algorithmus, den ich im Folgenden am Beispiel von Anne, die Boris eine Nachricht schicken möchte, erläutern werde.

Boris wählt zwei verschiedene, große Primzahlen p und q, berechnet dann $n = pq$ und weiterhin $\varphi(n) = (p-1)(q-1)$. Er wählt ferner ein $e \in \mathbb{N}$ mit $1 < e < \varphi(n)$, welches zu $\varphi(n)$ teilerfremd ist und bestimmt dann mithilfe des erweiterten euklidischen Algorithmus die Inverse $d = e^{-1}$ in $\mathbb{Z}_{\varphi(n)}$. Dann gilt[I]:

$$ed \equiv 1 \bmod \phi(n)\,.$$

Boris gibt Anne das Paar (n, e) als öffentlichen Schlüssel bekannt und hält d als seinen privaten Schlüssel geheim. Eine Nachricht wird nun zunächst als Zahl $x \in \mathbb{Z}_n$ codiert. Die Zahl n hat heute typischerweise eine Größe von 1024 Bit, das heißt, damit kann man etwa 128 Buchstaben verschlüsseln. Ist der Klartext länger als 128 Zeichen, so wird er in Blöcke entsprechender Größe zerlegt und blockweise verschlüsselt. Zur Verschlüsselung der Botschaft x verwendet Anne die Chiffrierfunktion

$$x \mapsto y = x^e \text{ (in } \mathbb{Z}_n\text{)}.$$

Boris entschlüsselt Annes Nachricht mit der Dechiffrierfunktion

$$y \mapsto y^d \text{ (in } \mathbb{Z}_n\text{)}.$$

Der folgende Satz zeigt, dass die Entschlüsselung funktioniert, das heißt, dass Boris Annes Nachricht korrekt entschlüsselt.

Satz

Für alle $x \in \mathbb{Z}_n$ gilt $x^{ed} \equiv x \pmod{n}$.

Beweis: Für $x = 0$ ist die Sache klar. Sei nun also $x \neq 0$.

I. encipher (verschlüsseln) und decipher (entschlüsseln)

Fall 1: x ist weder durch p noch durch q teilbar. Wegen $ed = 1 + z\varphi(n)$ für ein geeignetes $z \in \mathbb{Z}$ gilt:

$$x^{ed} = x^{1 + z\varphi(n)} = x(x^{\varphi(n)})^z .$$

Der Satz von Euler besagt nun, dass $x^{\varphi(n)} \equiv 1 \pmod n$ ist, und es folgt:

$$x^{ed} = x(x^{\varphi(n)})^z \equiv x1^z = x \pmod n.$$

Fall 2: x ist durch p, aber nicht durch q teilbar. Wegen $\varphi(n) = \varphi(p)\varphi(q)$ erhalten wir:

$$x^{ed} = x^{1 + z\varphi(n)} = x(x^{\varphi(q)})^{\varphi(p)z}.$$

Benutzen wir nun, wiederum nach Euler, $x^{\varphi(q)} \equiv 1 \pmod q$, so folgt:

$$x^{ed} = x(x^{\varphi(q)})^{\varphi(p)z} \equiv x1^{\varphi(p)z} = x \pmod q.$$

Daraus folgt, dass q ein Teiler von $x^{ed} - x$ ist. Weiterhin ist auch p ein Teiler von $x^{ed} - x$, denn laut Annahme (Fall 2) ist p ein Teiler von x. Also ist auch $n = pq$ ein Teiler von $x^{ed} - x$ und daraus folgt $x^{ed} \equiv x \pmod n$.

Fall 3: x ist durch q, aber nicht durch p teilbar: Genauso wie Fall 2.

Fall 4: x ist durch p und durch q teilbar: geht nicht, denn $x \in \mathbb{Z}_n$, also $x < n = pq$. ■

Möchte ein Angreifer den geheimen Schlüssel d aus dem öffentlichen Schlüssel (n, e) berechnen, so müsste er dazu die Kongruenz $ed \equiv 1 \mod \varphi(n)$ benutzen. Das geht aber nur, wenn er $\varphi(n) = (p-1)(q-1)$ kennt, und dies ist genauso schwierig zu bestimmen wie die Zerlegung der Zahl n in ihre Primfaktoren p und q.

Das RSA-Verfahren erfordert:

- große Primzahlen. Es gibt keine Formel, mit der man Primzahlen berechnen kann. Man erzeugt eine Zufallszahl in der gewünschten Größenordnung und prüft dann mithilfe eines Primzahltests (Miller-Rabin-Test, Agarwal-Saxena-Kayal-Test), ob es sich um eine Primzahl handelt. Dies macht man solange, bis man eine Primzahl gefunden hat. Benötigt man eine Primzahl der Länge 1024 Bit, so braucht man dafür im Mittel rund 500 Versuche.
- den öffentlichen Schlüssel e. Die Zahl e wählt man zufällig und testet die Teilerfremdheit zu $\varphi(n)$ mithilfe des euklidischen Algorithmus.
- den privaten Schlüssel d als modulare Inverse von e modulo $\varphi(n)$. Diese liefert der erweiterte euklidische Algorithmus.
- die Berechnung von Potenzen modulo $\varphi(n)$ bei der Chiffrierung und Dechiffrierung. Zur Berechnung von x^e schreibt man den Exponenten e in der Binärdarstellung, also

  $$e = a_0 + a_1 2 + a_2 2^2 + \ldots + a_k 2^k .$$

  Danach berechnet man durch wiederholtes Quadrieren $x, x^2, x^4, x^8, \ldots, x^{2^k}$ und multipliziert diejenigen Potenzen x^{2^i} auf, für die $a_i = 1$ ist. Dabei rechnet man in jedem Schritt modulo n.
  Als Beispiel berechnen wir 3^{19} in $\mathbb{Z}_{11}$. Es ist:

$$3^1 = 3$$
$$3^2 = 9$$
$$3^4 = 9^2 = 81 \equiv 4$$
$$3^8 \equiv 4^2 = 16 \equiv 5$$
$$3^{16} \equiv 5^2 = 25 \equiv 3$$
$$3^{19} = 3^{16+2+1} = 3^{16} \cdot 3^2 \cdot 3^1 = 3 \cdot 9 \cdot 3 \equiv 4\,.$$

Beispiel 5.11 Das RSA-Verfahren

Boris wählt $p = 7$ und $q = 19$. Damit ist $n = 133$ und $\varphi(n) = 18 \cdot 6 = 108$. Er wählt $e = 5$ und gibt seinen öffentlichen Schlüssel (133, 5) bekannt. Seinen geheimen Schlüssel d berechnet er mithilfe des erweiterten euklidischen Algorithmus. Dieser liefert:

$$1 = 2 \cdot 108 - 43 \cdot 5.$$

Sein geheimer Schlüssel ist also $d = -43 \equiv 65 \bmod 108$.

Möchte Anne die Nachricht 7 an Boris senden, so verschlüsselt sie diese mittels des öffentlichen Schlüssels zu

$$7^5 \equiv 49 \bmod 133.$$

Boris entschlüsselt die empfangene Zahl 49 vermöge seines geheimen Schlüssels $d = 65$ zu

$$49^{65} \equiv 7 \bmod 133. \blacksquare$$

Aufgaben zu 5.6

5.25 Berechnen Sie 7^{15} in $\mathbb{Z}_{11}$ mit der Methode des wiederholten Quadrierens.

5.26 Führen Sie das RSA-Verfahren mit $p = 11$ und $q = 17$ sowie dem öffentlichen Schlüssel $e = 11$ und der Nachricht 12 durch.

5.27 „Knacken“ Sie den öffentlichen Schlüssel $n = 323$, $e = 5$, das heißt, finden Sie den dazugehörigen privaten Schlüssel d.

Programmierprojekt RSA

RSA-Algorithmus

Implementieren Sie das RSA-Verfahren mit einer grafischen Oberfläche. Das Programm stellt folgende Funktionen zur Verfügung:

- Eingabe eines Klartextes / Einlesen eines Klartextes aus einer Textdatei,
- Schlüsselerzeugung,
- Codierung mit gegebenem öffentlichen Schlüssel,
- Decodierung mit gegebenem privaten Schlüssel,
- Dateiverwaltung für Klartext und Geheimtext.

Wenn Sie mit wirklich großen Primzahlen arbeiten wollen, müssen Sie die Java-Klasse `BigInteger` benutzen. Diese stellt unter anderem auch Methoden bereit zur Erzeugung von Zufallsprimzahlen, zur Berechnung der modularen Potenz und der modularen Inversen.

6 Algebraische Strukturen: Gruppen, Ringe und Körper

6.1 Gruppen

Wir haben nun schon an zwei Stellen von inve rsen Objekten geredet und festgestellt, dass die Inverse, sofern sie existiert, eindeutig bestimmt ist (▶ Seite 72 im Kontext von Funktionen, ▶ Seite 112 im Kontext der Arithmetik in $\mathbb{Z}_m$). Schauen Sie sich, liebe Leserin, lieber Leser, ruhig die beiden Stellen noch einmal an, insbesondere jeweils den Beweis, dass die Inverse eindeutig bestimmt ist.

Später wird es eine weitere Stelle geben, an der die Inverse auftaucht, und auch dort wird sie eindeutig bestimmt sein. Ich denke, man muss kein Mathematiker oder Informatiker sein, um über eine elegante Konstruktion nachzudenken, mit der man beide Fälle auf einmal behandeln kann. Aber dafür muss man erst einmal den Rahmen schaffen. Haben Sie Erfahrung mit der objektorientierten Programmierung? Wie würden Sie vorgehen, wenn Sie feststellen, dass Sie in zwei verschiedenen Klassen K_1 und K_2 gewisse gemeinsame Methoden definiert haben? Sie würden vermutlich eine abstrakte Oberklasse K der beiden Klassen definieren, die die gemeinsamen Methoden implementiert und an die beiden konkreten Klassen K_1 und K_2 vererbt. Und genau diese abstrakte Oberklasse im mathematischen Sinne wollen wir nun schaffen.

Aufgabe Überlegen Sie, welches „Material" man mindestens benötigt, um eine Abstraktion der beiden Fälle, in denen die Inverse auftaucht, zu schaffen. Was sind die Gemeinsamkeiten der beiden Kontexte? Was benötigt man, um den Beweis führen zu können, dass die Inverse eindeutig bestimmt ist?

Lösung Ich stelle noch einmal die beiden Kontexte untereinander:

a) Kontext „Funktionen": Sind g und h beide Inverse von f, so ist $f \circ g = id$ und $h \circ f = id$, und es folgt:

$$(h \circ f) \circ g = h \circ (f \circ g) = h \circ id = h .$$

Aber andererseits ist

$$(h \circ f) \circ g = id \circ g = g.$$

Also ist $h = g$.

b) Kontext $\mathbb{Z}_m$: Sind b und c beide Inverse von a, so gilt $ab = 1$ und $ac = 1$, und es folgt:

$$(ba)c = b(ac) = b1 = b$$

und

$$(ba)c = 1c = c .$$

Also ist $b = c$.

Offenbar braucht man als Grundgerüst eine Menge von Objekten (Funktionen bzw. Zahlen), eine Operation ($\circ$ bzw. im Fall $\mathbb{Z}_m$ den Operator $\otimes$, den man aus Bequemlichkeit weglässt) und schließlich ein neutrales Element (*id* bzw. 1). Und damit die Rechnung auch stimmt, benötigt man das Assoziativgesetz, das besagt, dass die Klammerung keine Rolle spielt. ■

Die folgende Definition schafft genau diesen Rahmen.

Definition Gruppe

Eine *Gruppe* $(G, \bullet, e)$ besteht aus einer Menge G, einer Operation $\bullet$, das heißt einer Abbildung $\bullet : M \to M$, und einem Element $e \in G$, sodass folgende Gesetze für alle $g, h, k \in G$ erfüllt sind:

(G1) $(g \bullet h) \bullet k = g \bullet (h \bullet k)$ (Assoziativgesetz)

(G2) $g \bullet e = e \bullet g = g$ (Neutrales Element)

(G3) Zu jedem $g \in G$ gibt es ein $h \in G$ mit (Inverses Element)

$$g \bullet h = h \bullet g = e.$$

Gilt außerdem für alle $g, h \in G$

$$g \bullet h = h \bullet g,$$ (Kommutativgesetz)

so heißt G *abelsch*[1] (oder *kommutativ*).

Ist die Menge G endlich, so heißt $|G|$ die *Ordnung* der Gruppe G.

Das sind die drei Gruppenaxiome. Das Element e heißt *neutrales Element* der Gruppe, und h heißt das zu g *inverse Element*.

Diese Axiome reichen völlig aus, um die Eindeutigkeit der Inversen zu gewährleisten: Sind nämlich h und k beide Inverse von g, so ist

$$(k \bullet g) \bullet h = k \bullet (g \bullet h) = k \bullet e = k.$$

Aber andererseits ist

$$(k \bullet g) \bullet h = e \bullet h = h.$$

Also ist $h = k$. Wir haben hier erneut das altbekannte Beweismuster – aber das ist nun garantiert das letzte Mal, dass wir diesen Beweis führen!

Das Symbol $\bullet$ kann für viele konkrete Operatoren stehen, wie die folgenden Beispiele zeigen.

Beispiel 6.1 Einige alte Bekannte

a) $(\mathbb{Z}, +, 0)$ ist eine abelsche Gruppe. Wir schreiben kurz $\mathbb{Z}$.

b) Für jedes m ist $(\mathbb{Z}_m, +, 0)$ eine abelsche Gruppe. Wir schreiben kurz $\mathbb{Z}_m$.

---

1. Niels Hendrik Abel (1802 – 1829), norwegischer Mathematiker

c) Die Menge $\mathbb{G}$ der geraden Zahlen ist mit der normalen Addition und dem neutralen Element 0 eine Gruppe.
d) $(\mathbb{Z}, \cdot, 1)$ ist *keine* Gruppe, denn es gibt außer für 1 und –1 keine Inversen.
e) Auch $(\mathbb{Q}, \cdot, 1)$ und $(\mathbb{R}, \cdot, 1)$ sind *keine* Gruppen, denn die 0 hat keine Inverse.
f) $(\mathbb{Q}-\{0\}, \cdot, 1)$ und $(\mathbb{R}-\{0\}, \cdot, 1)$ sind abelsche Gruppen.
g) Ist p eine Primzahl, so ist $(\mathbb{Z}_p-\{0\}, \cdot, 1)$ eine abelsche Gruppe. Wir schreiben $\mathbb{Z}_p{}^*$.
h) Sei G die Menge aller bijektiven Abbildungen auf einer endlichen Menge M, und sei $\circ$ die Verkettung von Funktionen. Dann ist $(G, \circ)$ eine nicht-abelsche Gruppe. ■

Im Folgenden werden wir jedoch wieder das sperrige Symbol • unterdrücken, statt e werden wir 1 schreiben und g^{-1} für die Inverse von g.

Satz
Kürzungsregeln in Gruppen

Für alle Elemente x, g, h der Gruppe G gilt:
a) Aus $xg = xh$ folgt $g = h$.
b) Aus $gx = hx$ folgt $g = h$.

Beweis:
a) Wir formen die Gleichung um:

$xg = xh$	*beide Seiten von links mit x^{-1} multiplizieren*
$x^{-1}(xg) = x^{-1}(xh)$	G1
$(x^{-1}x)g = (x^{-1}x)h$	G3
$1g = 1h$	G2
$g = h$.	

b) Genauso wie a). ■

Die Kürzungsregeln kann man auch folgendermaßen formulieren: Aus $g \neq h$ folgt $xg \neq xh$ und $gx \neq hx$. Ist nun G eine endliche Gruppe, sodass man eine Gruppentafel hinschreiben kann, so heißt das: In jeder Zeile (Spalte) der Gruppentafel kommt kein Gruppenelement doppelt vor. Da es aber pro Zeile (Spalte) so viele Einträge gibt wie Gruppenelemente, kommt jedes Gruppenelement in jeder Zeile und in jeder Spalte genau einmal vor. Das heißt, die Gruppentafel besitzt die Sudoku-Eigenschaft (▶ Abschnitt 5.5, Seite 112).

Im Folgenden benutzen wir die bequeme Potenzschreibweise: Wir schreiben g^2 für gg, g^3 für ggg usw.

Wir schauen uns ein weiteres Beispiel an: Als Grundmenge nehmen wir die Menge $\mathbb{Z}_2 \times \mathbb{Z}_2 = \{(0,0), (0,1), (1,0), (1,1)\}$ und definieren darauf eine Addition durch:

$$(a, b) + (c, d) = (a + c, b + d).$$

Aufgabe Erstellen Sie die Verknüpfungstafel und überzeugen Sie sich davon, dass es sich um eine Gruppe handelt.

Lösung

+	(0,0)	(0,1)	(1,0)	(1,1)
(0,0)	(0,0)	(0,1)	(1,0)	(1,1)
(0,1)	(0,1)	(0,0)	(1,1)	(1,0)
(1,0)	(1,0)	(1,1)	(0,0)	(0,1)
(1,1)	(1,1)	(1,0)	(0,1)	(0,0)

Zu den Gruppenaxiomen: Das Assoziativgesetz für diese Struktur lässt sich letztlich auf das Assoziativgesetz in $\mathbb{Z}_2$ zurückführen. Der Beweis ist umständlich, jedoch nicht schwierig. Das neutrale Element ist (0,0), und jedes Element ist zu sich selbst invers (▶ Diagonale in der Gruppentafel). An der Gruppentafel ist die Sudoku-Eigenschaft zu erkennen.

Diese Gruppe ist auch unter dem Namen *kleinsche Vierergruppe*[I] bekannt. ■

Auch der folgende Satz ist ein Resultat, das wir schon früher in verschiedenen Kontexten bewiesen hatten:

Satz Für alle $g, h \in G$ gilt:

$$(gh)^{-1} = h^{-1}g^{-1}.$$

Beweis: Es gilt:

$$(gh)(h^{-1}g^{-1}) = ghh^{-1}g^{-1} = g1g^{-1} = gg^{-1} = 1.$$

Das heißt, $h^{-1}g^{-1}$ erfüllt die Bedingung für eine Inverse von gh. Da die Inverse eindeutig bestimmt ist, gilt: $(gh)^{-1} = h^{-1}g^{-1}$. ■

Homomorphismen und Isomorphismen von Gruppen

Sie sehen hier die Gruppentafeln der beiden abelschen Gruppen $\mathbb{Z}_4 = (\mathbb{Z}_4, +, 0)$ und $\mathbb{Z}_5^* = (\mathbb{Z}_5-\{0\}, \cdot, 1)$:

$\mathbb{Z}_4$	0	1	2	3
0	0	1	2	3
1	1	2	3	0
2	2	3	0	1
3	3	0	1	2

$\mathbb{Z}_5^*$	1	2	3	4
1	1	2	3	4
2	2	4	1	3
3	3	1	4	2
4	4	3	2	1

I. Felix Klein (1849–1925), deutscher Mathematiker

Aufgabe Vertauschen Sie in der rechten Gruppentafel die dritte und vierte Zeile sowie die dritte und vierte Spalte. Was fällt Ihnen auf?

Lösung Nun hat die Gruppentafel dasselbe charakteristische diagonale Streifenmuster wie die linke Gruppentafel. Das heißt, es handelt sich bei $\mathbb{Z}_4$ einerseits und $\mathbb{Z}_5{}^*$ andererseits um dieselbe Gruppe, nur haben die Elemente andere Namen! Wir sagen in diesem Fall: Die beiden Gruppen sind isomorph. ■

Diesen Sachverhalt wollen wir nun formalisieren. Was wir zunächst brauchen, ist eine Abbildung $\varphi : \mathbb{Z}_4 \to \mathbb{Z}_5{}^*$, die die Umbenennung realisiert. Dies leistet die folgende Abbildung φ:

$$0 \mapsto 1,\ 1 \mapsto 2,\ 2 \mapsto 4,\ 3 \mapsto 3.$$

Damit die Gruppentafeln übereinstimmen, muss $\varphi(gh) = \varphi(g)\varphi(h)$ sein (▶ Abbildung 6-1).

Definition Homomorphismus Isomorphismus

a) Seien G und H Gruppen. Eine Abbildung $\varphi : G \to H$ heißt *Homomorphismus*, wenn für alle $g, h \in G$ folgende Gleichung gilt:

$$\varphi(gh) = \varphi(g)\varphi(h).$$

b) Ein bijektiver Homomorphismus heißt *Isomorphismus*.

c) Gibt es einen Isomorphismus $\varphi : G \to H$, so heißen G und H *isomorph*.

Beispiel 6.2

a) Die Abbildung $\varphi : \mathbb{Z} \to \mathbb{Z}$ mit $x \mapsto 2x$ ist ein Homomorphismus, denn $2(x + y) = 2x + 2y$. Sie ist zwar injektiv, aber nicht surjektiv, also auch kein Isomorphismus.

b) Die Abbildung $\varphi : \mathbb{Z} \to \mathbb{G}$ mit $x \mapsto 2x$ ist offenbar ein Isomorphismus.

c) Die Abbildung $\varphi : \mathbb{Z}_4 \to \mathbb{Z}_5{}^*$, mit $0 \mapsto 1,\ 1 \mapsto 2,\ 2 \mapsto 4,\ 3 \mapsto 3$ ist ein Isomorphismus. Sie ist bijektiv und für alle $x, y \in \mathbb{Z}_4$ gilt: $\varphi(x + y) = \varphi(x)\varphi(y)$. Beachten Sie, dass die beiden Gruppen unterschiedliche Operatoren haben!

d) Ist G eine beliebige abelsche Gruppe, so ist die Abbildung $\varphi : G \to G$ mit $\varphi(g) = g^2$ ein Homomorphismus, denn es gilt:

$$\varphi(gh) = (gh)(gh) = gghh = \varphi(g)\varphi(h). ■$$

Selbstverständlich können nur Gruppen gleicher Ordnung isomorph sein.

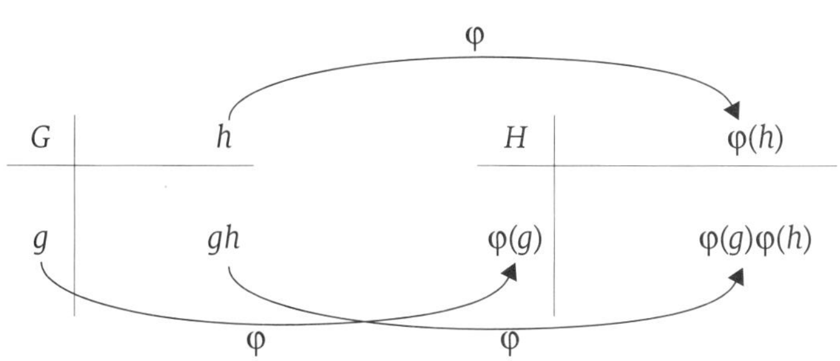

Abb. 6-1
Das Prinzip des Homomorphismus

Satz

Sei $\varphi : G \to H$ ein Homorphismus. Dann gilt:

a) $\varphi(1) = 1$.

b) Für alle $g \in G$ gilt: $\varphi(g^{-1}) = (\varphi(g))^{-1}$.

Beweis:

a) Es gilt: $\varphi(1) = \varphi(1 \cdot 1) = \varphi(1) \cdot \varphi(1)$. Mithilfe der Kürzungsregel folgt: $\varphi(1) = 1$.

b) Nach a) gilt: $\varphi(g^{-1})\varphi(g) = \varphi(g^{-1}g) = \varphi(1) = 1$. Also ist $\varphi(g^{-1})$ die Inverse von $\varphi(g)$. ■

Aufgabe Wir kennen nun schon drei Gruppen der Ordnung 4: Die Gruppen $\mathbb{Z}_4$ und $\mathbb{Z}_5^*$, sowie die kleinsche Vierergruppe – das heißt, eigentlich kennen wir nur zwei Gruppen, denn die beiden isomorphen Gruppen $\mathbb{Z}_4$ und $\mathbb{Z}_5^*$ sind für unsere Strukturbetrachtungen gleich. Wir unterscheiden gar nicht zwischen diesen beiden. Aber was ist mit der kleinschen Vierergruppe V: Ist diese ebenfalls isomorph zu $\mathbb{Z}_4$? Hinweis: Wenn Sie die etwas sperrigen „Namen" der Gruppenelemente durch einfache Symbole abkürzen, tritt die Struktur deutlicher hervor!

Lösung Ich kürze ab: $e = (0,0)$, $a = (0,1)$, $b = (1,0)$, $c = (1,1)$. Dann ergibt sich folgende Tafel (rechts daneben zum Vergleich noch einmal $\mathbb{Z}_4$):

V	e	a	b	c
e	e	a	b	c
a	a	e	c	b
b	b	c	e	a
c	c	b	a	e

$\mathbb{Z}_4$	0	1	2	3
0	0	1	2	3
1	1	2	3	0
2	2	3	0	1
3	3	0	1	2

Schauen Sie jeweils auf die Diagonale: Links stehen dort nur Einsen (also das neutrale Element), rechts steht zweimal das neutrale Element, zweimal ein anderes. Das kann offenbar nicht funktionieren.

Hier das formale Argument: In V gilt $g^{-1} = g$ für alle g. Ein solches Element, das zu sich selbst invers ist, nennt man auch *Involution*. Gäbe es einen Isomorphismus $\varphi : V \to \mathbb{Z}_4$, so wäre $\varphi(g) = \varphi(g^{-1}) = \varphi(g)^{-1}$ für alle $g \in V$, das heißt, auch $\varphi(g)$ wäre eine Involution. Da bei einem Isomorphismus die Elemente $\varphi(g)$ alle Elemente der Zielgruppe durchlaufen, müsste jedes Element von $\mathbb{Z}_4$ eine Involution sein. Das ist jedoch nicht der Fall. Also sind V und $\mathbb{Z}_4$ nicht isomorph. ■

Weitere Gruppen der Ordnung 4 gibt es jedoch nicht: Alle Gruppen dieser Ordnung sind entweder isomorph zur kleinschen Vierergruppe oder zu $\mathbb{Z}_4$.

Aufgaben zu 6.1

6.1 Beweisen Sie: Es gibt bis auf Isomorphie nur eine Gruppe der Ordnung 3. Hinweis: Erstellen Sie die Gruppentafel und denken Sie an das Sudoku-Prinzip.

6.2 Beweisen Sie: Es gibt bis auf Isomorphie nur zwei Gruppen der Ordnung 4.

6.3 Sei R ein Rechteck (kein Quadrat!). Es gibt vier verschiedene Transformationen, die das Rechteck in seiner Lage unverändert lassen (▶ Abbildung 6-2): Die identische Transformation i, die Spiegelung h an der horizontalen, die Spiegelung v an der vertikalen Mittelachse und die Rotation r um 180°. Man nennt solche Abbildungen auch *Symmetrietransformationen*. Führt man zwei Symmetrietransformationen nacheinander aus, so ist das Ergebnis wieder eine Symmetrietransformation. Spiegeln Sie das Rechteck nacheinander erst vertikal, danach horizontal. Das Ergebnis ist dasselbe, wie wenn Sie das Rechteck um 180° gedreht hätten. Es gilt also: $h \circ v = r$.

a) Ergänzen Sie die folgende Verknüpfungstabelle.

$\circ$	i	h	v	r
i				
h			r	
v				
r				

b) Prüfen Sie nach, dass die Gruppenaxiome erfüllt sind. Das Assoziativgesetz brauchen Sie nicht zu beweisen, denn das gilt für die Verkettung von Abbildungen immer.

c) Wir haben jetzt eine weitere Gruppe der Ordnung 4. Ist diese Symmetriegruppe isomorph zu $\mathbb{Z}_4$ oder zur kleinschen Vierergruppe?

6.4 Sei D ein gleichseitiges Dreieck. Es gibt sechs verschiedene Transformationen, die das Dreieck in seiner Lage unverändert lassen: Die identische Transformation ε, drei Spiegelungen α, β, γ und zwei Rotationen δ und λ (um 120° und um 240°). Auch hier gilt: Die Hintereinanderausführung zweier Transformationen ist wieder eine Symmetrietransformation. Beispielsweise entspricht eine Rotation um 120°, gefolgt von einer Rotation um 240°, der identischen Transformation: $\lambda \circ \delta = \varepsilon$.

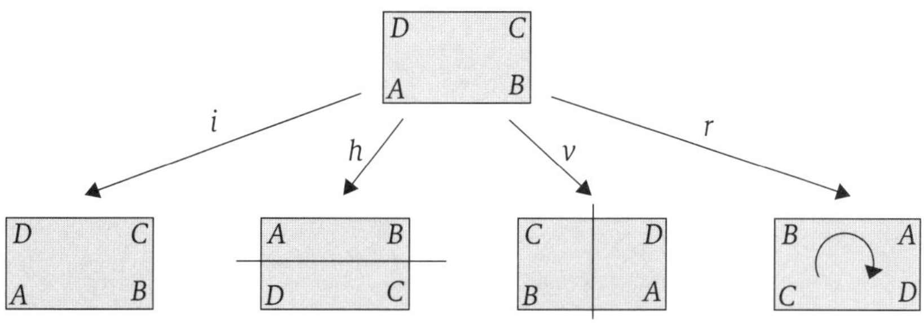

Abb. 6-2 Symmetrietransformationen eines Rechtecks

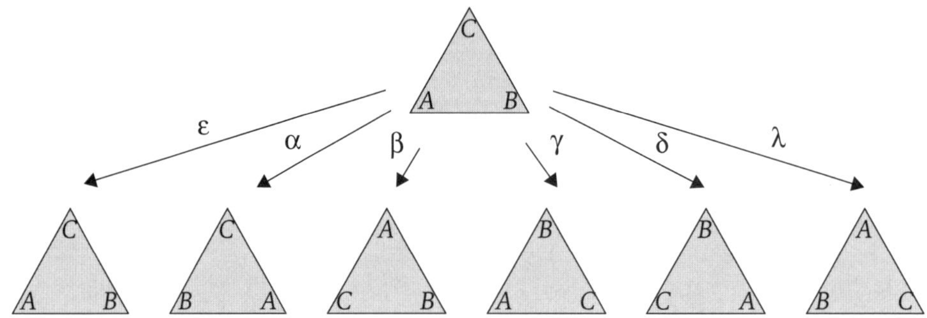

Abb. 6-3 Symmetrietransformationen eines gleichseitigen Dreiecks

a) Stellen Sie die Verknüpfungstabelle auf.
b) Prüfen Sie nach, dass die Gruppenaxiome erfüllt sind (▶ Hinweis zu Aufgabe 6.3b). Diese Gruppe heißt *Symmetriegruppe des Dreiecks* (S_3).

6.5 Seien $a, b \in \mathbb{R}$ und $a \neq 0$. Die Funktion $f_{a,b}: \mathbb{R} \to \mathbb{R}$ sei folgendermaßen definiert:

$$f_{a,b}(x) = ax + b\,.$$

Zeigen Sie, dass die Menge aller dieser Funktionen eine Gruppe bildet bezüglich der Verkettung von Funktionen (▶ Hinweis zu Aufgabe 6.3b).

6.6 Seien $a, b \in \mathbb{Z}_3$ und $a \neq 0$. Die Funktion $f_{a,b}: \mathbb{Z}_3 \to \mathbb{Z}_3$ sei definiert wie in Aufgabe 6.5.
a) Stellen Sie die Verknüpfungstafel bez. der Verkettung von Funktionen auf.
b) Prüfen Sie nach, dass die Gruppenaxiome erfüllt sind.
c) Ist diese Gruppe isomorph zur Gruppe S_3 aus Aufgabe 6.4?

6.7 Beweisen Sie: Eine Gruppe, in der jedes Element eine Involution ist, ist abelsch.

6.2 Ringe und Körper

Ringe und Körper sind algebraische Strukturen mit zwei Operationen, einer Addition und einer Multiplikation. Der Prototyp eines Ringes ist der Ring $\mathbb{Z}$ der ganzen Zahlen, die beiden Prototypen eines Körpers sind zum einen der Körper $\mathbb{Q}$ der rationalen Zahlen und der Körper $\mathbb{R}$ der reellen Zahlen.

Definition
Ring

Ein *Ring* $(R, +, 0, \cdot, 1)$ besteht aus einer Menge R, zwei Operationen $+$ und $\cdot$, und zwei Elementen $0, 1 \in R$ mit $0 \neq 1$, sodass folgende Gesetze erfüllt sind:

(R1) $(R, +, 0)$ ist eine abelsche Gruppe.

Für alle $x, y, z \in R$ gilt:

(R2) $(x \cdot y) \cdot z = x \cdot (y \cdot z)$,

(R3) $x \cdot 1 = 1 \cdot x = x$,

(R4) $x \cdot (y+z) = x \cdot y + x \cdot z$ und $(x+y) \cdot z = x \cdot z + y \cdot z$.

Gilt darüber hinaus für alle $x, y, z \in R$

(R5) $x \cdot y = y \cdot x$,

dann heißt R ein *kommutativer Ring*.

Bei einem Ring wird die Existenz von inversen Elemente bezüglich der Multiplikation nicht vorausgesetzt.

Beispiel 6.3

a) $\mathbb{Z}$ ist mit der üblichen Addition und Multiplikation ein kommutativer Ring.
b) Für jedes $m > 1$ ist $\mathbb{Z}_m$ mit der modularen Addition und Multiplikation ein kommutativer Ring. ■

Satz Rechenregeln für Ringe

Für alle Elemente x, y eines Ringes R gilt:
a) $x \cdot 0 = 0 \cdot x = 0$
b) $(-x) \cdot y = x \cdot (-y) = -x \cdot y$
c) $(-x) \cdot (-y) = x \cdot y$

Beweis: Vielleicht fragen Sie sich, warum man solche scheinbaren Selbstverständlichkeiten beweisen muss. Für das Rechnen in den ganzen Zahlen handelt es sich in der Tat um Selbstverständlichkeiten, die Sie schon als Kind in der Schule gelernt haben. Hier geht es jedoch darum, dass diese Regeln in jedem, noch so exotischen, Ring gelten. Zum Beweis dürfen wir daher nur die Ringaxiome verwenden.

a) Es gilt: $x \cdot 0 \overset{R1}{=} x \cdot (0+0) \overset{R4}{=} x \cdot 0 + x \cdot 0$. Da $(R, +)$ eine Gruppe ist, gilt die Kürzungsregel, und es folgt $x \cdot 0 = 0$. Auf dieselbe Weise zeigt man, dass $0 \cdot x = 0$ ist.
b) Es ist zu zeigen, dass $(-x) \cdot y$ die additive Inverse von $x \cdot y$ ist. Es gilt:

$$(-x) \cdot y + x \cdot y \overset{R4}{=} (-x+x) \cdot y \overset{R1}{=} 0 \cdot y \overset{a}{=} 0$$

und daraus folgt die Behauptung.
c) Übungsaufgabe (▶ Aufgabe 6.8). ■

Definition Körper

Ein *Körper K* (engl. *field*) ist ein kommutativer Ring, in dem jedes Element außer der 0 invertierbar ist.

Aufgrund von Rechenregel a) für Ringe kann die 0 nicht invertierbar sein.

Beispiel 6.4

$\mathbb{Q}$ ist mit der üblichen Addition und Multiplikation ein Körper (der Körper der rationalen Zahlen) und ebenso $\mathbb{R}$ (der Körper der reellen Zahlen). ■

Satz

Der Ring $\mathbb{Z}_m$ ist genau dann ein Körper, wenn m eine Primzahl ist.

Beweis: Der Satz auf Seite 113 besagt, dass ein Element x von $\mathbb{Z}_m$ genau dann invertierbar ist, wenn x teilerfremd zu m ist. Ist m eine Primzahl, so sind alle Elemente von $\mathbb{Z}_m$ außer der 0 teilerfremd zu m, also ist $\mathbb{Z}_m$ ein Körper. Ist dagegen m keine Primzahl und ist $k \neq 0$ ein Teiler von m, so ist k nicht invertierbar und in diesem Fall ist $\mathbb{Z}_m$ kein Körper. ■

Andere Bezeichnungen für den Körper $\mathbb{Z}_p$ sind $\mathbb{Z}/p\mathbb{Z}$ und GF(p) (GF steht für *galois field*)[1]. Neben den unendlichen Körpern $\mathbb{Q}$ und $\mathbb{R}$ kennen wir nun auch eine ganze Klasse von endlichen Körpern. In der Informatik kommt vor allem dem Körper $\mathbb{Z}_2$ besondere Bedeutung zu.

Satz

Ist in einem Körper $x \cdot y = 0$, so ist $x = 0$ oder $y = 0$.

Beweis: Sei $x \cdot y = 0$. Ist $x = 0$, so ist der Satz schon bewiesen. Sei also $x \neq 0$. Dann hat x eine Inverse x^{-1}, und es folgt:

$$y = 1 \cdot y = (x^{-1} \cdot x) \cdot y = x^{-1} \cdot (x \cdot y) = x^{-1} \cdot 0 = 0 .$$ ■

Gilt das obige Gesetz in einer Struktur S, so sagt man, S ist *nullteilerfrei*. Ringe sind nicht notwendigerweise nullteilerfrei. Zwar ist $\mathbb{Z}$ nullteilerfrei, jedoch nicht $\mathbb{Z}_6$, denn es gilt $2 \cdot 3 = 0$. Jeder Restklassenring $\mathbb{Z}_m$, für den m keine Primzahl ist, besitzt Nullteiler.

Aufgaben zu 6.2

6.8 Beweisen Sie die dritte Rechenregel für Ringe: $(-x) \cdot (-y) = x \cdot y$.

6.9 Beweisen Sie, dass jeder Restklassenring $\mathbb{Z}_m$, der kein Körper ist, Nullteiler besitzt.

Weitere Aufgaben zu Gruppen und Ringen finden Sie auf Seite 262.

6.3 Polynome

Polynome sind Ausdrücke der Form

$$3x^2 + 5x - 2 , \qquad x^7 - 3x^2 + 2 , \qquad 2x - 3 , \qquad 5,$$

1. Évariste Galois, (1811–1832), frz. Mathematiker

allgemein:

$$a_n x^n + a_{n-1} x^{n-1} + \ldots + a_1 x + a_0 .$$

Aus der Schule sind Ihnen Polynome sicherlich noch vertraut. Dort sind die Koeffizienten a_i reelle Zahlen. Im Kontext fehlerkorrigierender Codes verwendet man in der Informatik Polynome mit Koeffizienten aus dem Körper $\mathbb{Z}_2$, das heißt, diese können nur die Werte 0 oder 1 annehmen. Allgemein können die Koeffizienten Elemente eines beliebigen endlichen oder unendlichen Körpers sein. Die Menge aller Polynome mit Koeffizienten aus dem Körper K wird mit $K[x]$ bezeichnet. Polynome bezeichnen wir meist mit $p(x)$ oder $q(x)$, manchmal auch einfach nur kurz mit p bzw. q.

Der *Grad* eines Polynoms $p \neq 0$ ist die höchste vorkommende Potenz von x. Wir schreiben grad p. Das erste Polynom in der Reihe der Beispiele oben hat den Grad 2 (ein *quadratisches* Polynom), das zweite den Grad 7, das dritte den Grad 1 (ein *lineares* Polynom), das vierte den Grad 0 (ein *konstantes* Polynom). Für das Nullpolynom ist aus technischen Gründen kein Grad definiert.

Ein Polynom heißt *normiert*, falls der höchste Koeffizient gleich 1 ist.

Polynome können addiert und multipliziert werden:

$$(3x^2 + 5x - 2) + (x^7 - 3x^2 + 2) = x^7 + 5x ,$$

$$(x^2 + x + 1) \cdot (x + 1) = x^3 + 2x^2 + 2x + 1 \text{ in } \mathbb{R}[x],$$

$$(x^2 + x + 1) \cdot (x + 1) = x^3 + 1 \text{ in } \mathbb{Z}_2[x].$$

Beim Rechnen im Koeffizientenkörper $\mathbb{Z}_p$ muss man selbstverständlich an das Rechnen modulo p denken!

Sind p und q Polynome, so gilt offenbar:

$$\text{grad}\,(p + q) = \max(\text{grad}\,p, \text{grad}\,q),$$

$$\text{grad}\,(p \cdot q) = \text{grad}\,p + \text{grad}\,q.$$

Bezüglich der Addition und Multiplikation von Polynomen bildet die Menge $K[x]$ einen kommutativen Ring. Das Nullelement ist das konstante Polynom 0, das Einselement das konstante Polynom 1. Die Gültigkeit der Ringaxiome lässt sich auf die Gültigkeit der entsprechenden Axiome im Koeffizientenkörper K zurückführen. Welches sind die invertierbaren Elemente des Rings $K[x]$? Ist $p \in K[x]$ invertierbar, so gibt es ein $q \in K[x]$ mit $p \cdot q = 1$. Es folgt grad $1 =$ grad $(p \cdot q) =$ grad $p +$ grad q. Da das konstante Polynom 1 den Grad 0 hat, müssen auch p und q beide Grad 0 haben. Die einzigen invertierbaren Elemente des Rings sind daher die konstanten Polynome a_0 mit $a_0 \neq 0$.

In der Analysis werden die Funktionseigenschaften von Polynomen (Stetigkeit, Differenzierbarkeit usw.) untersucht. In der Algebra dagegen spielen diese eine untergeordnete Rolle.

Beispiel 6.5 Wir betrachten das Polynom $p(x) = x^2 + x$ in $\mathbb{Z}_2[x]$. *Als Funktion* ist dieses Polynom gleich der konstanten Funktion 0, denn es gilt:

$$p(0) = 0^2 + 0 = 0 \text{ und } p(1) = 1^2 + 1 = 0\,,$$

das heißt, $p(x)$ hat für alle $x \in \mathbb{Z}_2$ den Wert 0. In unserem Kontext spielt diese „zufällige" Gleichheit jedoch keine Rolle. Wir behandeln p und 0 als unterschiedliche Polynome. ■

Im Grunde interessieren uns an einem Polynom nur die Koeffizienten. Man könnte daher das Polynom

$$a_n x^n + a_{n-1} x^{n-1} + \ldots + a_1 x + a_0$$

unter Verzicht auf die formale Unbekannte x nur als endliche Folge der Koeffizienten schreiben, wobei es da vorteilhaft sein dürfte, die Reihenfolge umzudrehen:

$$(a_0, a_1, a_2, \ldots, a_n)\,.$$

Die übliche Polynomdarstellung hat andererseits auch Vorteile, beispielsweise bei der Multiplikation zweier Polynome, bei der man einfach das vertraute Schema verwenden kann.

Polynomdivision

Das Schema zur Division zweier Polynome ähnelt dem der Division ganzer Zahlen. Als Beispiel soll das Polynom $3x^3 - 5x^2 + 7x + 3$ (Dividend) durch das Polynom $3x + 1$ (Divisor) dividiert werden. In jedem Schritt gibt die höchste Potenz im Dividenden bzw. im Divisor den Ausschlag: Womit muss die höchste Potenz im Divisor multipliziert werden, um die höchste Potenz im Dividenden zu erhalten? Das Ergebnis wird mit dem Divisor multipliziert und dann vom Dividenden abgezogen. Das Ergebnis dieser Subtraktion hat einen kleineren Grad als der Dividend.

Auf diese Weise fährt man fort, bis der Grad des Dividenden kleiner ist als der des Divisors:

$$\begin{array}{llll}
(\;\;3x^3 & -5x^2 & +7x & +3) : (3x+1) = x^2 - 2x + 3 \\
-(\;3x^3 & +x^2) & & \\
\hline
 & -6x^2 & +7x & +3 \\
 & -(-6x^2 & -2x) & \\
\hline
 & & 9x & +3 \\
 & & -(\;9x & +3) \\
\hline
 & & & 0
\end{array}$$

In diesem Beispiel geht die Division auf: Der Divisor ist ohne Rest durch den Dividenden teilbar. Im folgenden Beispiel bleibt ein Rest:

$$\begin{array}{lll}
(\;\;x^3 & +x & -1) : (x^2 - 1) = x\,,\ \text{Rest } 2x - 1\,. \\
-(x^3 & -x) & \\
\hline
 & 2x & -1
\end{array}$$

Verbleibt bei der Division ein Rest, so ist dessen Grad stets kleiner als der Grad des Divisors.

Satz

Seien $a(x)$, $b(x) \in K[x]$ und $b(x) \neq 0$. Dann gibt es eindeutig bestimmte Polynome $q(x)$ und $r(x)$, sodass

$$a(x) = q(x)b(x) + r(x)$$

mit $r(x) = 0$ oder grad $r(x) <$ grad $b(x)$ gilt.

Beweis: Das obige Verfahren zur Polynomdivision liefert den Quotienten $q(x)$ und den Rest $r(x)$. Um zu zeigen, dass $q(x)$ und $r(x)$ eindeutig bestimmt sind, nehmen wir an, dass

$$a(x) = q_1(x)b(x) + r_1(x) = q_2(x)b(x) + r_2(x)$$

mit $r_1(x) = 0$ oder grad $r_1(x) <$ grad $b(x)$ und $r_2(x) = 0$ oder grad $r_2(x) <$ grad $b(x)$. Dann gilt:

$$(q_1(x) - q_2(x))b(x) = r_2(x) - r_1(x).$$

Angenommen, die linke (und dann auch die rechte) Seite wäre ungleich 0. Dann hat das Polynom auf der linken Seite einen Grad mindestens gleich dem Grad von $b(x)$, während das Polynom auf der rechten Seite einen Grad kleiner als $b(x)$ hat. Das ist offenbar unmöglich, also sind beide Seiten gleich dem Nullpolynom, und daraus folgt $q_1(x) = q_2(x)$ und $r_1(x) = r_2(x)$. ■

Vergleichen Sie diesen Satz mit dem entsprechenden Satz für ganze Zahlen (▶ Seite 94). Auch die Definition der Teilbarkeit und des größten gemeinsamen Teilers lässt sich auf Polynome übertragen.

Definition
Teiler; größter gemeinsamer Teiler

a) Das Polynom $a(x)$ heißt *Teiler* (oder *Faktor*) des Polynoms $b(x)$, wenn es ein Polynom $c(x)$ gibt mit $b(x) = a(x)c(x)$.
b) Das Polynom $d(x)$ heißt *größter gemeinsamer Teiler* (ggT) der beiden Polynome $a(x)$ und $b(x)$, wenn Folgendes gilt:

   (1) $d(x)$ ist Teiler von $a(x)$ und von $b(x)$,

   (2) jeder Teiler von $a(x)$ und $b(x)$ teilt auch $d(x)$.

Beispiel 6.6

a) Das Polynom $x^2 - 1$ ist in $\mathbb{R}[x]$ durch $x + 1$ und $x - 1$ teilbar. Es ist aber auch durch $2x + 2$ teilbar, denn $x^2 - 1 = (2x + 2)(0{,}5\,x - 0{,}5)$.
b) Auch der größte gemeinsame Teiler zweier Polynome ist nur bis auf einen konstanten Faktor bestimmt. So ist etwa für jedes $\lambda \in \mathbb{R}$ das Polynom

   $$\lambda(x + 1)$$

   ein größter gemeinsamer Teiler von

$$x^2 - 1 = (x+1)(x-1) \text{ und } x^2 + 2x + 1 = (x+1)(x+1).$$

Oft beschränkt man sich auf normierte Polynome, dann ist der größte gemeinsame Teiler eindeutig bestimmt. ■

Der größte gemeinsame Teiler zweier Polynome lässt sich mit dem euklidischen Algorithmus berechnen.

Beispiel 6.7 Wir berechnen $\text{ggT}(x^3 + x^2 - x - 1\,,\, x^3 + x + 1)$ in $\mathbb{Z}_3[x]$. Beim Rechnen in $\mathbb{Z}_3$ kann man auf die 2 und die −2 verzichten, denn es gilt 2 = −1 und −2 = 1.

$$(x^3 + x^2 - x - 1) : (x^3 + x + 1) = 1 \text{ Rest } x^2 + x + 1$$

$$(x^3 + x + 1) : (x^2 + x + 1) = x - 1 \text{ Rest } x - 1$$

$$(x^2 + x + 1) : (x - 1) = x - 1 \text{ Rest } 0.$$

Damit ist der normierte ggT von $x^3 + x^2 - x - 1$ und $x^3 + x + 1$ gleich $x - 1$. ■

Auch das Lemma von Bézout gilt in entsprechender Abwandlung für Polynome.

Satz
Lemma von Bézout für Polynome

Seien $a(x)$ und $b(x)$ Polynome und sei $g(x)$ ein größter gemeinsamer Teiler von $a(x)$ und $b(x)$.

a) Es gibt Polynome $\lambda(x)$ und $\mu(x)$ mit

$$\lambda(x)a(x) + \mu(x)b(x) = g(x).$$

b) Gibt es Polynome $\lambda(x)$, $\mu(x)$ und $h(x)$ mit $\lambda(x)a(x) + \mu(x)b(x) = h(x)$, so ist $g(x)$ ein Teiler von $h(x)$.

Aufgaben zu 6.3

6.10 Berechnen Sie jeweils Summe und Produkt der beiden Polynome.

a) $x^4 - x^2 + 3$ und $x^3 + x$ in $\mathbb{R}[x]$

b) $x^3 + 2x + 1$ und $x^2 + x + 1$ in $\mathbb{Z}_3[x]$

6.11 Geben Sie sämtliche Polynome vom Grad 2 in $\mathbb{Z}_3[x]$ an.

6.12 a) Berechnen Sie $(x+1)^5$ in $\mathbb{Z}_5[x]$.

b) Beweisen Sie, dass in $\mathbb{Z}_p[x]$ folgende Gleichung gilt:

$$(x+1)^p = x^p + 1.$$

6.13 Berechnen Sie jeweils den ganzzahligen Quotienten und den Rest für folgende Divisionen.

a) $(x^3 + x + 1) : (x^2 + x + 1)$ in $\mathbb{Z}_2[x]$

b) $(x^5 - x^2 + 1) : (x^2 - x - 1)$ in $\mathbb{Z}_3[x]$

c) $(x^4 - 1) : (x - 1)$ in $\mathbb{R}[x]$

6.14 Berechnen Sie jeweils den normierten größten gemeinsamen Teiler folgender Polynome in $\mathbb{R}[x]$.

a) $x+3$ und $x-5$

b) x^2-9 und x^2+4x+3

6.15 Berechnen Sie jeweils den normierten größten gemeinsamen Teiler folgender Polynome in $\mathbb{Z}_2[x]$.

a) x^3+x^2+x+1 und x^3+x

b) x^9+1 und x^6+1

c) x^9+1 und x^4+1

d) x^n+1 und x^m+1 für beliebige $n, m \in \mathbb{N}$

Programmierprojekt

Rechnen mit Polynomen

Schreiben Sie eine Klasse `Polynom`.

Definieren Sie in der Klasse `Polynom` folgende Methoden:

a) eine Methode `toString`, die das Polynom in einigermaßen lesbarer Form liefert (etwa `5*x^3 - 2*x^2 + 5`),

b) eine Methode, die den Grad des Polynoms zurückgibt,

c) eine Methode zur Addition zweier Polynome,

d) eine Methode zur Multiplikation zweier Polynome,

e) eine Methode zur Division mit Rest zweier Polynome.

Schreiben Sie eine generische Klasse `Euklid<T>` mit einer Methode `euklid(T,T)`, die den größten gemeinsamen Teiler entweder zweier ganzer Zahlen (`T = Integer`) oder zweier Polynome (`T = Polynom`) berechnet.

7 Graphen

7.1 Grundlegende Definitionen

Viele Strukturen der Informatik, aber auch vieler anderer Bereiche lassen sich durch Graphen darstellen. Denken Sie an Kommunikationsnetze, endliche Automaten, Flussdiagramme und Klassendiagramme in der Informatik oder an Verkehrsnetze, chemische Strukturformeln und Mindmaps. Vielleicht wäre der Begriff *Netz* bzw. neudeutsch *Netzwerk* passender für das, was die Mathematiker als Graphen bezeichnen, der Name „Graph" hat sich jedoch fest eingebürgert.

Definition
Graph

Ein (ungerichteter) *Graph* besteht aus einer endlichen nicht leeren Menge V von *Knoten* (engl. *vertex*, pl. *vertices*) sowie einer Menge E von 2-Teilmengen (Mengen mit 2 Elementen) von V, den *Kanten* (engl. *edge*). Wir schreiben $G = (V, E)$.

Zu Beginn gleich eine Warnung: In der Graphentheorie hat sich leider keine einheitliche Notation durchgesetzt. Es kann vorkommen, dass Sie in einem anderen Buch geringfügig unterschiedliche Definitionen finden. Das fängt schon mit den Knoten an: In vielen Büchern finden Sie stattdessen die Bezeichnung „Ecken".

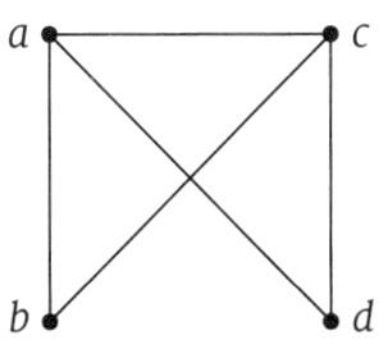

Abb. 7-1 Der Graph aus Beispiel 7.1

Beispiel 7.1 Sei $G = (V, E)$ mit

$$V = \{a, b, c, d\} \text{ und } E = \{\{a, b\}, \{a, c\}, \{a, d\}, \{b, c\}, \{c, d\}\}.$$

Abbildung 7-1 zeigt den Graphen in der gewohnten „grafischen" Darstellung. ■

Sind v und w Knoten von G, so schreiben wir für die Kante $\{v, w\}$ kurz vw.

Die obige Definition erlaubt weder Mehrfachkanten zwischen zwei Knoten noch sogenannte Schlingen, das sind Kanten, die einen Knoten mit sich selbst verbinden. Zwei Knoten, die durch eine Kante verbunden sind, heißen *adjazent*. Ein Knoten v und eine Kante e, die den Knoten v mit einem anderen Knoten verbindet, heißen *inzident*.

Im Folgenden gehen wir stets von einem Graphen $G = (V, E)$ mit n Knoten aus.

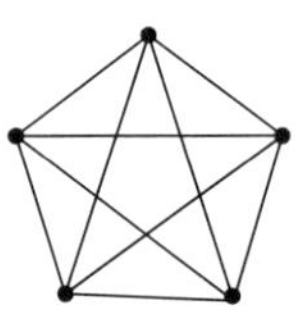
Abb. 7-2 Der vollständige Graph K_5

Ein Graph heißt *vollständig*, wenn alle seine Knoten miteinander durch Kanten verbunden sind. Der vollständige Graph mit n Knoten wird mit K_n bezeichnet.

Aufgabe Wie viele Kanten besitzt der vollständige Graph K_n?

Lösung Es sind $\binom{n}{2} = \frac{n(n-1)}{2}$ Kanten. Dies ist offenbar die Maximalzahl an Kanten, die ein Graph mit n Knoten haben kann. ■

Die grafische Darstellung kann sehr nützlich sein, um Eigenschaften von Graphen zu erkennen. Zur Darstellung im Computer taugt sie jedoch nicht. Dafür gibt es zwei Datenstrukturen: Die *Adjazenzmatrix* und die *Adjazenzliste*.

- Zur Erstellung der Adjazenzmatrix eines Graphen $G = (V, E)$ mit n Knoten werden zunächst die Knoten $v_1,...,v_n$ durchnummeriert. Dann wird eine $(n \times n)$-Matrix (a_{ij}) erstellt, sodass

  $$a_{ij} = \begin{cases} 1 \text{ falls } & (v_i, v_j) \in E \\ 0 \text{ sonst} & \end{cases}$$

  Für den Graphen aus Beispiel 1 erhält man folgende Adjazenzmatrix:

	a	b	c	d
a	0	1	1	1
b	1	0	1	0
c	1	1	0	1
d	1	0	1	0

  Im Grunde ist diese Darstellung redundant, denn die Einträge in der Hauptdiagonalen sind stets 0, und jeder Eintrag nordöstlich davon ist identisch mit dem entsprechenden Eintrag südwestlich der Diagonale. Man bräuchte daher nur das Teildreieck unterhalb (bzw. oberhalb) der Diagonale zu notieren.

- Die Adjazenzliste ist ein Assoziativspeicher (beispielsweise eine Java-HashMap), in der zu jedem Knoten v die Liste der zu v adjazenten Knoten gespeichert ist. Für den Graphen aus Beispiel 1 erhält man folgende Adjazenzliste:

a	b	c	d
b	a	a	a
c	c	b	c
d		d	

  Diese ist so zu lesen: Zu a sind b, c und d adjazent; zu b sind a und c adjazent usw.

Definition Grad eines Knotens

Der *Grad* (engl. *degree*) $\delta(v)$ eines Knotens v ist die Anzahl der mit v inzidenten Kanten. Knoten vom Grad 0 heißen *isolierte Knoten*, Knoten vom Grad 1 heißen *Endknoten*.

Der *Maximalgrad* $\Delta(G)$ des Graphen G ist der höchste vorkommende Grad.

In der Adjazenzmatrix kann man den Grad eines Knotens ablesen, indem man in dessen Zeile (oder Spalte) alle Einsen aufsummiert. Im obigen Beispiel ist $\delta(a) = \delta(c) = 3$, $\delta(b) = \delta(d) = 2$. Der Maximalgrad ist 3.

Der höchstmögliche Grad, den ein Knoten überhaupt haben kann, ist offenbar $n - 1$. Im vollständigen Graphen K_n hat jeder Knoten diesen Grad.

Satz

In jedem Graphen $G = (V, E)$ gilt:

$$\sum_{v \in V} \delta(v) = 2|E| .$$

Beweis: Die Summe auf der linken Seite ist gleich der Anzahl aller Einsen in der Adjazenzmatrix. Jede Kante liefert zwei 1-Einträge in der Matrix, und daraus folgt die Behauptung. ■

Ein Knoten heißt *gerade*, wenn sein Grad gerade ist, *ungerade*, wenn sein Grad ungerade ist. Aus dem obigen Satz folgt, dass jeder Graph eine gerade Anzahl ungerader Knoten besitzt.

Schauen Sie sich die folgenden drei Graphen an. Was fällt Ihnen auf?

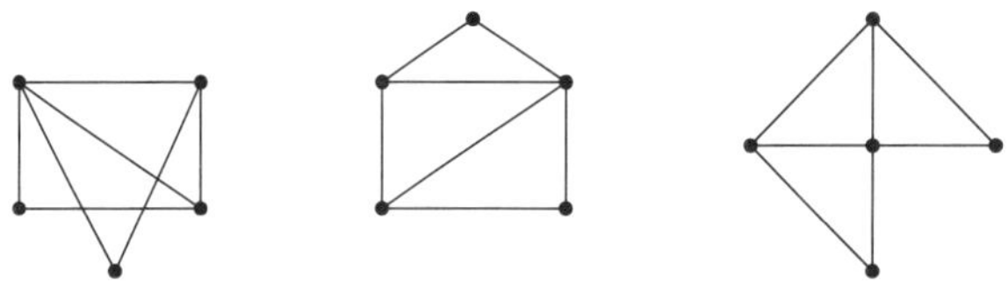

Abb. 7-3
Drei isomorphe Graphen

Es handelt sich stets um denselben Graphen, nur jeweils in einer anderen räumlichen Anordnung. Solche Graphen heißen *isomorph*.

Definition isomorphe Graphen

Seien $G = (V, E)$ und $G' = (V', E')$ Graphen. Eine bijektive Abbildung $\varphi : V \to V'$ heißt *Isomorphismus*, falls $vw \in E$ genau dann gilt, wenn $\varphi(v)\varphi(w) \in E'$ ist. In diesem Fall heißen die Graphen G und G' *isomorph*.

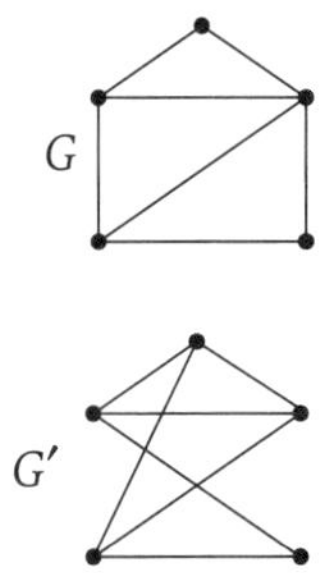

Abb. 7-4
Zwei nicht isomorphe Graphen

Aufgabe Zeigen Sie, dass die Graphen G und G' in Abbildung 7-4 nicht isomorph sind.

Lösung Zwar haben G und G' jeweils gleich viele Knoten und gleich viele Kanten, jedoch hat G einen Knoten vom Grad 4, während in G' der maximale Grad 3 ist. Daher können G und G' nicht isomorph sein. ■

Ist φ ein Isomorphismus von G nach G', so gilt für alle $v \in V$:

$$\delta(v) = \delta(\varphi(v)) .$$

Dieses Kriterium kann wie in Aufgabe Aufgabe als Negativkriterium dienen, um auszuschließen, dass zwei gegebene Graphen isomorph sind. Aus der Tatsache, dass zwei Graphen dieselben Knotengrade besitzen, kann man jedoch umgekehrt nicht schließen, dass sie isomorph sind, wie das Beispiel in Abbildung 7-5 zeigt:

Beide Graphen haben sechs Knoten und sechs Kanten und in beiden Graphen haben alle Knoten den Grad 2. Dennoch sind sie offenbar nicht isomorph.

Im Allgemeinen ist es sehr schwer, festzustellen, ob zwei gegebene Graphen isomorph sind. Es ist kein effizienter Algorithmus bekannt, der dieses Problem löst.

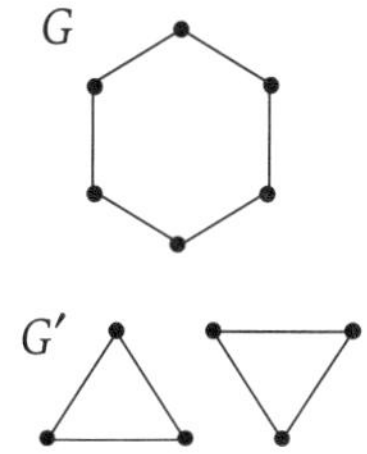

Abb. 7-5
Zwei nicht isomorphe Graphen

Aufgaben zu 7.1

7.1 Zeichnen Sie den Graphen mit der Adjazenzmatrix

$$M = \begin{pmatrix} 0 & 1 & 1 & 0 & 1 \\ 1 & 0 & 0 & 1 & 1 \\ 1 & 0 & 0 & 1 & 1 \\ 0 & 1 & 1 & 0 & 1 \\ 1 & 1 & 1 & 1 & 0 \end{pmatrix}.$$

7.2 Drei Häuser, A, B und C sollen jeweils an die Gas-, Wasser- und Elektrizitätsversorgung angeschlossen werden. Zeichnen Sie den Graphen, seine Adjazenzmatrix und die Adjazenzliste. Kann man den Graphen überschneidungsfrei zeichnen, das heißt, so, dass sich keine zwei Kanten kreuzen?

7.3 Zeigen Sie, dass die beiden Graphen G und G' in Abbildung 7-6 isomorph sind.

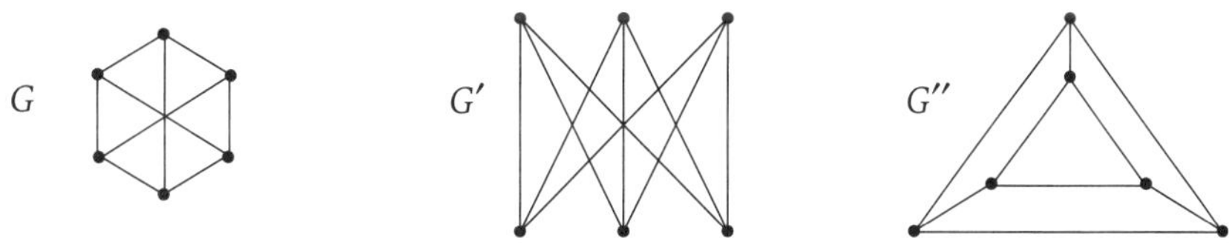

Abb. 7-6
Zu Aufgabe 7.3 und 7.4

7.4 Zeigen Sie, dass die beiden Graphen G und G'' in Abbildung 7-6 nicht isomorph sind.

7.5 Beweisen Sie, dass in jeder Gruppe von Menschen zwei dabei sind, die dieselbe Anzahl an Freunden in der Gruppe haben.

7.2 Wege, Kreise und Komponenten eines Graphen

In vielen Anwendungen von Graphen sind Wege von einem Knoten zu einem anderen Knoten gesucht.

Beispiel 7.2 Sie kennen sicherlich das folgende Rätsel: *Ein Bauer in Begleitung eines Wolfes, einer Ziege und eines Kohlkopfes möchte über einen Fluss übersetzen. Er kann im Boot immer nur entweder den Wolf oder die Ziege oder den Kohlkopf mitnehmen. Dabei muss er darauf achten, dass Wolf und Ziege oder Ziege und Kohlkopf zu kei-*

ner Zeit unbeaufsichtigt an einem Ufer sind. Die Kombination Wolf / Kohlkopf ist dagegen unproblematisch, da Wölfe sich naturgemäß wenig aus Kohl machen. Wie kommt der Bauer mit seinen Begleitern ans andere Ufer?

Wir stellen das Problem mithilfe eines Graphen dar. Die Knoten des Graphen sind die erlaubten Zustände, die Kanten sind die möglichen Überfahrten.

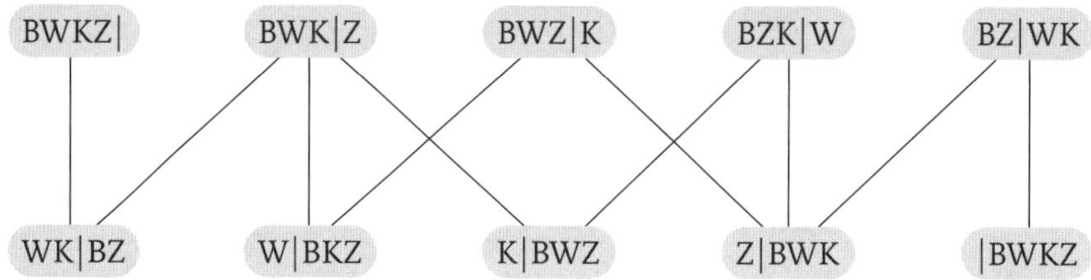

Abb. 7-7 Das Bauer-Wolf-Ziege-Kohlkopf-Problem

Beispielsweise bedeutet K|BWZ, dass Bauer, Wolf und Ziege sich am rechten Ufer befinden, während der Kohlkopf am linken Ufer liegt.

Zur Lösung des Problems muss jetzt nur noch ein Weg von links oben nach rechts unten bzw. umgekehrt gefunden werden. ■

Definition Kantenzug, Weg und Kreis

Eine Folge $v_0, v_1, \ldots, v_k$ mit $k > 0$ von Knoten heißt *Kantenzug*, wenn jeweils zwei aufeinanderfolgende Knoten adjazent sind. Im Falle $v_0 = v_k$ handelt es sich um einen *geschlossenen* und sonst um einen *offenen* Kantenzug.

Sind alle Kanten verschieden, so heißt der Kantenzug im offenen Fall ein *Weg* und im geschlossenen Fall ein *Kreis*.

Sind in einem Weg auch alle Knoten verschieden, so spricht man von einem *einfachen Weg*. Ein Kreis, in dem außer $v_0 = v_k$ alle Knoten verschieden sind, heißt *einfacher Kreis*.

Beispiel 7.3 Im Allgemeinen führen viele Wege nach Rom. In Abbildung 7-8 sind a und z durch viele Kantenzüge verbunden, unter anderem durch:

$$abz, acbz, acdz, abcabz, \ldots$$

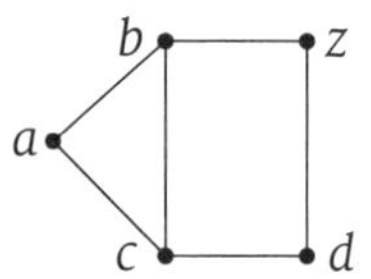

Abb. 7-8 Graph zu Beispiel 7.3

Die ersten drei sind Wege, der vierte nicht. Unter anderem gibt es folgende geschlossenen Kantenzüge:

$$abca, bzdcb, abzdca, abcdzbca, \ldots$$

Die ersten drei sind Kreise, der vierte nicht. ■

Zwischen den beiden Graphen G und G' in Abbildung 7-5 gibt es einen entscheidenden Unterschied: In G sind zwei Knoten stets durch einen Kantenzug verbunden, in G' dagegen nicht. Wir sagen, G ist zusammenhängend, G' jedoch nicht.

Definition
zusammenhängender Graph, Zusammenhangskomponenten

Zwei Knoten eines Graphen $G = (V, E)$ heißen *verbunden*, wenn sie identisch sind oder durch einen Kantenzug verbunden sind. Die Relation „verbunden mit" ist offenbar eine Äquivalenzrelation auf der Menge E. Die Äquivalenzklassen dieser Relation heißen die *Zusammenhangskomponenten* des Graphen G. Besitzt G nur eine Zusammenhangskomponente, so heißt G *zusammenhängend*.

Der Graph G' in Abbildung 7-5 hat zwei Zusammenhangskomponenten.

Schauen wir uns einen Extremfall an: Ein Graph, der nur aus einem einzigen Knoten (und demzufolge keiner Kante) besteht, ist ebenfalls zusammenhängend.

Mit folgendem Algorithmus kann man feststellen, ob ein gegebener Graph G zusammenhängend ist: Man wählt einen beliebigen Knoten v von G und markiert sukzessive alle Knoten, die mit v verbunden sind. Sind zum Schluss alle Knoten markiert, so ist G zusammenhängend. Mit einer kleinen Erweiterung des Verfahrens kann man auch die Zusammenhangskomponenten des Graphen G ermitteln.

Der folgende Algorithmus verwendet eine Agenda, also eine „To-do-Liste".

Algorithmus
Test auf Zusammenhang

Eingabe: ein Graph $G = (V, E)$.

Ausgabe: *wahr*, wenn der Graph zusammenhängend ist, sonst *falsch*.

(1) Initialisiere die Agenda.

(2) Wähle einen Knoten v als Startknoten. Füge v in die Agenda ein.

(3) Solange die Agenda nicht leer ist:

  Entferne den ersten Knoten w aus der Agenda und markiere ihn.

  Füge alle zu w adjazenten, nicht markierten Knoten in die Agenda ein.

(4) Sind alle Knoten markiert, so gib *wahr* zurück, ansonsten *falsch*.

Dieser Algorithmus ist sehr einfach, jedoch grundlegend für eine große Zahl von Graphenalgorithmen. Wir werden Erweiterungen und Varianten dieses Verfahrens in Abschnitt 7.4 näher untersuchen.

Ein notwendiges Kriterium für den Zusammenhang eines Graphen betrifft die Anzahl seiner Kanten.

Aufgabe Wie viele Kanten muss ein Graph mit n Knoten mindestens haben, damit er zusammenhängend ist?

Lösung Ist der Graph zusammenhängend, so muss in der Schleife des Algorithmus jeder Knoten außer dem Startknoten irgendwann in die Agenda eingefügt worden sein. Das heißt, es sind in der Schleife insgesamt $n-1$ Knoten eingefügt worden. Zu jedem Knoten kommt man über genau eine Kante, also hat der Graph mindestens $n-1$ verschiedene Kanten. ■

Eulersche Wege und hamiltonsche Kreise

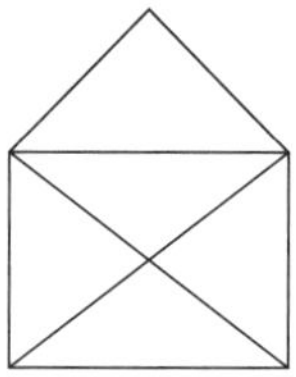

Abb. 7-9
Das Haus vom Nikolaus

Kennen Sie das „Haus vom Nikolaus"? Dieses Haus soll in einem Zug gezeichnet werden, ohne den Bleistift abzusetzen und ohne einen Strich doppelt zu zeichnen. Mit einigem Probieren kann man leicht herausfinden, dass dies nur möglich ist, wenn man an einer der beiden unteren Ecken anfängt (und dann endet man automatisch an der anderen unteren Ecke).

Graphentheoretisch gesprochen geht es darum, einen Weg oder Kreis zu finden, der sämtliche Kanten des Graphen enthält. Ein Weg oder Kreis mit dieser Eigenschaft heißt *eulerscher Weg* (bzw. *eulerscher Kreis*). Ein Graph, der einen eulerschen Kreis besitzt, heißt eulersch.

Im Jahre 1736 wurde dem Mathematiker Leonhard Euler folgendes Problem, das sogenannte *Königsberger Brückenproblem*, gestellt: Durch die Stadt Königsberg im damaligen Ostpreußen fließt ein Fluss, der Pregel. Dieser teilt sich an einer Stelle und umfließt zwei Inseln, die untereinander und mit dem Ufer durch sieben Brücken verbunden sind. Das Problem bestand darin, zu klären, ob es einen Weg, vielleicht sogar einen Rundweg gibt, bei dem man alle sieben Brücken genau einmal überquert. Euler stellte das Problem zunächst als Graph dar (▶ Abbildung 7-10). Dieser Graph ist zwar ein Multigraph, bei dem zwei Knoten durch mehrere Kanten verbunden sein dürfen, die Argumentation bleibt jedoch dieselbe.

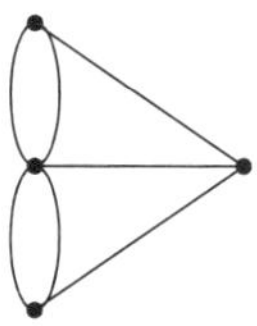

Abb. 7-10
Die Brücken von Königsberg

Euler gelang es, das Problem zu lösen. Er bewies, dass ein solcher Weg über die sieben Brücken von Königsberg nicht möglich war; in unserer Terminologie: dass es weder einen eulerschen Kreis noch einen eulerschen Weg in diesem Graphen gibt. Gäbe es einen eulerschen *Kreis*, so käme man auf dem Rundweg in jeden Knoten v auf einer Kante hinein und auf einer anderen Kante wieder hinaus. Dies kann auch mehrfach vorkommen, aber auf jeden Fall muss v gerade sein. Im Königsberger Graph sind alle Knoten ungerade, also kann es keinen eulerschen Kreis geben. Gäbe es einen eulerschen *Weg*, so kann man genauso argumentieren, bis auf den Start- und den Endknoten der Rundreise. Diese beiden müssen ungerade sein, alle anderen gerade. Auch dies trifft für den Graphen aus Abbildung 7-10 nicht zu.

Euler bewies, dass in einem eulerschen Graphen alle Knoten gerade sein müssen. Diese Bedingung ist sogar schon hinreichend dafür, dass es sich um einen eulerschen Graphen handelt:

Satz
Charakterisierung eulerscher Graphen

Ein zusammenhängender Graph ist genau dann eulersch, wenn alle seine Knoten gerade sind.

Beweis: Eine Richtung haben wir bereits bewiesen. Es bleibt zu beweisen, dass ein Graph, dessen Knoten sämtlich gerade sind, einen eulerschen Kreis besitzt. Der folgende Algorithmus (von Hierholzer) konstruiert einen eulerschen Kreis in einem Graphen, dessen Knoten sämtlich gerade sind.

Man wählt einen beliebigen Knoten v_0 von G als Startknoten.

Hat G überhaupt keine Kanten, so handelt es sich um den Graphen mit nur einem einzigen Knoten, denn G ist laut Voraussetzung zusammenhängend. Dieser einzelne Knoten bildet definitionsgemäß einen eulerschen Kreis.

Andernfalls wählt man sukzessive Knoten v_1, v_2, ..., sodass jeweils zwei aufeinanderfolgende Knoten adjazent sind. Das Spiel geht immer weiter, denn in jeden Knoten, in den man hineinkommt, kommt man aufgrund der Voraussetzung auch wieder hinaus. Da der gesamte Graph endlich ist, muss man irgendwann an einen Knoten kommen, der schon einmal da war. Auf diese Weise hat man einen Kreis K_0 konstruiert. Ist dieser eulersch, so ist man fertig. Andernfalls muss es einen Knoten w in K_0 geben, der mit einer Kante inzidiert, die nicht in K_0 enthalten ist. Von w aus konstruiert man auf dieselbe Weise einen Kreis K_1, ohne jedoch Kanten aus K_0 zu benutzen. Anschließend werden die beiden Kreise, die im Knoten w in Form einer 8 zusammenhängen, zu einem Kreis verschmolzen: Der erste Teil besteht aus dem Weg von v_0 bis w mit Kanten aus K_0, der zweite aus dem Kreis K_1 von w bis w, der dritte aus dem Weg von w bis v_0 mit Kanten aus K_0. Auf diese Weise fährt man fort, bis alle Knoten von G untergebracht sind. ■

Beispiel 7.4 Wir führen die Konstruktion eines Eulerkreises am Beispiel des Graphen in Abbildung 7-11 vor.

Nehmen wir an, als Erster wird der Kreis $K_0 = abea$ konstruiert. Von b aus sind die beiden Kanten bc und bf noch nicht verbraucht, von e aus die Kanten ec und ef. Wir fahren mit b fort und konstruieren den Kreis $K_1 = bcefb$. Anschließend werden die beiden Kreise verschmolzen zu $K_2 = abcefbea$. Wir fahren fort mit c und konstruieren den Kreis $K_3 = cdfc$, der anschließend mit K_2 zu dem Eulerkreis $K_4 = abcdfcefbea$ verschmolzen wird. ■

Ein *hamiltonscher Weg oder Kreis* in einem Graphen ist ein Weg bzw. Kreis, der jeden *Knoten* des Graphen enthält. Ein Graph, der einen Hamiltonkreis enthält, heißt hamiltonsch. Beispielsweise gibt es im Graphen aus Beispiel 7.4 folgende hamiltonsche Kreise: *abcdfea*, *abfdcea*. Es ist jedoch keine Charakterisierung hamiltonscher Graphen analog zu der eulerscher Graphen bekannt.

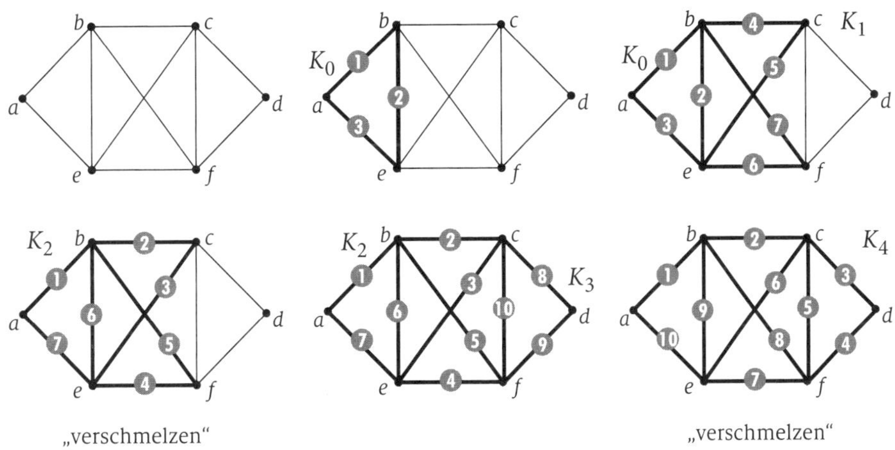

Abb. 7-11
Konstruktion eines Eulerkreises

Aufgaben zu 7.2

7.6 Drei Missionare und drei Kannibalen möchten über einen Fluss übersetzen. Im Boot können maximal zwei Personen fahren. Dabei ist darauf zu achten, dass zu keiner Zeit an einem Ufer die Kannibalen in der Überzahl sind, da sie sonst die Missionare verspeisen würden. Wie gelangen die Missionare und Kannibalen sicher ans andere Ufer?

7.7 Welche der folgenden Graphen sind eulersch, welche sind hamiltonsch? Finden Sie gegebenenfalls einen Eulerkreis bzw. Hamiltonkreis.

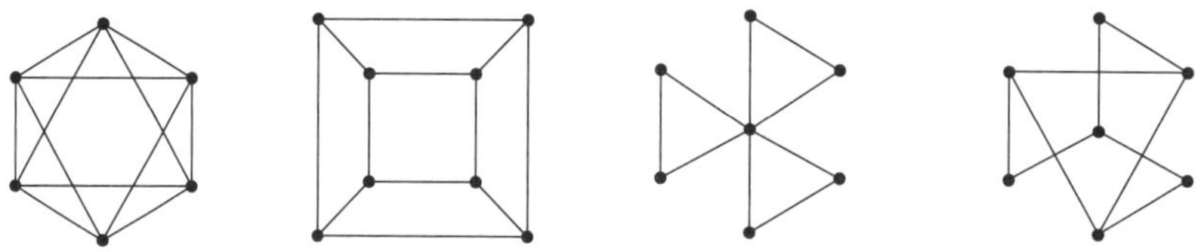

Abb. 7-12
Zu Aufgabe 7.7

7.8 Für welche n ist der vollständige Graph K_n eulersch, für welche n ist er hamiltonsch?

Programmierprojekt Graphen

Graphen und Graphenalgorithmen

(1) Schreiben Sie eine Klasse `Graph`, die Graphen mithilfe von Adjazenzlisten implementiert. Folgende Methoden sollten mindestens programmiert werden:

- Hinzufügen eines Knotens,
- Hinzufügen und Löschen einer Kante,
- Löschen eines Knotens und aller damit inzidenten Kanten.

(2) Implementieren Sie eine grafische Oberfläche, auf der Graphen erzeugt und modifiziert werden können. Folgende Funktionalität sollte mindestens implementiert werden:

- Markieren von Knoten und Kanten,
- Bewegen von Knoten mithilfe der Maus,
- Hinzufügen eines Knotens durch Mausklick,
- Hinzufügen und Löschen einer Kante,
- Löschen eines Knotens und aller damit inzidenten Kanten,
- Laden und speichern von Graphen in Dateien.

(3) Implementieren Sie den Algorithmus von Hierholzer zur Konstruktion eines Eulerkreises.

Die Klasse `Graph` wird in späteren Abschnitten um zusätzliche Funktionalität erweitert.

7.3 Färbungen von Graphen

Nehmen Sie an, Sie sollen 6 Vorlesungen a, b, c, d, e, f planen. Folgende Vorlesungen dürfen nicht parallel stattfinden, weil es Studierende gibt, die jeweils beide hören möchten:

a und b, a und d, a und f, b und f, c und e, d und e sowie e und f.

Wie viele Vorlesungsstunden benötigt man mindestens für die 5 Vorlesungen?

Im Graph in Abbildung 7-13 sind die Vorlesungen als Knoten eingezeichnet. Zwei Vorlesungen, die nicht gleichzeitig stattfinden dürfen, sind mit einer Kante verbunden. Eine mögliche Lösung ist der folgende Stundenplan:

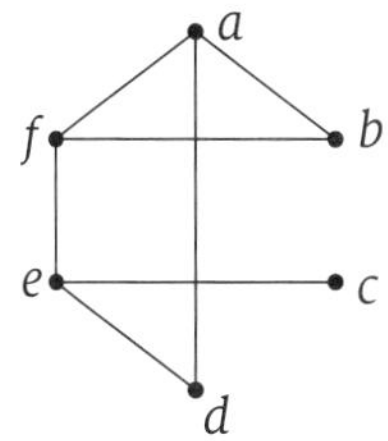

Abb. 7-13 Planung von sechs Vorlesungen

Stunde	1	2	3	4
Vorlesungen	a, c	b, d	e	f

Mathematisch gesprochen handelt es sich darum, eine Funktion f von V in eine Menge M (etwa $M = \mathbb{N}$) zu finden, sodass adjazenten Knoten verschiedene Werte zugeordnet werden. Man pflegt dabei von Farben zu sprechen, meint jedoch natürliche Zahlen. Dann lautet die Aufgabe folgendermaßen: Färbe die Knoten des Graphen so, dass benachbarte Knoten unterschiedlich gefärbt sind.

Die Sache mit den Farben hat folgenden Hintergrund: Im Jahre 1852 wollte Francis Guthrie[1] in einer Karte die Grafschaften von England färben, sodass benachbarte Grafschaften unterschiedlich gefärbt waren. Drei Farben reichen dafür offensichtlich nicht aus, jedoch kam Guthrie mit vier Farben aus. Er vermutete, dass man für keine denkbare Landkarte mehr als vier Farben benötigte. Diese Vermutung wurde als Vier-Farben-Vermutung berühmt und nach einigen fehlerhaften Beweisen erst 1976 von K. Apel und W. Haken mithilfe eines Computers bewiesen. Seither heißt sie Vier-Farben-Satz. Dieser Satz gilt jedoch nur unter der Voraussetzung, dass es keine Exklaven wie etwa das russische Gebiet Kaliningrad gibt. In diesem Fall würde man tatsächlich mehr als vier Farben benötigen.

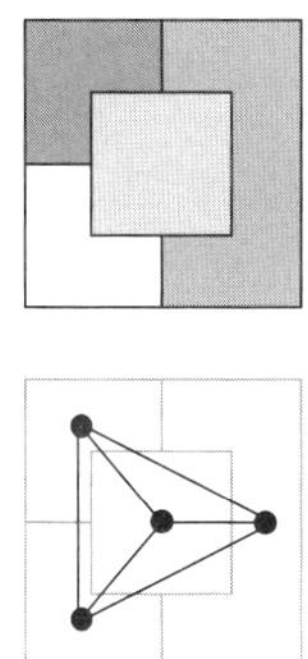
Abb. 7-14 Übersetzung einer Landkarte in einen Graphen

Man kann das Färbungsproblem für Landkarten in ein Graphenfärbungsproblem übersetzen, indem man jedem Land einen Knoten zuordnet und benachbarte Länder mit einer Kante verbindet (▶ Abbildung 7-14). Auf diese Weise erhält man einen sogenannten *planare Graphen*. Diese haben die besondere Eigenschaft, dass sie überschneidungsfrei gezeichnet werden können.

Definition Knotenfärbung, chromatische Zahl

Eine *Knotenfärbung* (kurz: Färbung) eines Graphen $G = (V, E)$ ist eine Abbildung $f : V \to \mathbb{N}$ mit der Eigenschaft, dass

$$f(v) \neq f(w), \text{ falls } vw \in E.$$

Die *chromatische Zahl* von G, geschrieben $\chi(G)$, ist die kleinste Zahl k, sodass G eine Färbung mit k Farben besitzt.

1. Francis Guthrie (1831–1899), brit. Mathematiker

In dieser Terminologie besagt der Vier-Farben-Satz, dass die chromatische Zahl eines planaren Graphen höchstens 4 ist. Ist umgekehrt die chromatische Zahl eines Graphen größer als 4, so kann er nicht planar sein.

Der folgende Algorithmus färbt die Knoten eines beliebigen Graphen G:

Algorithmus Knotenfärbung eines Graphen

Eingabe: ein Graph $G = (V, E)$

Ausgabe: eine Knotenfärbung von G

(1) Nummeriere die Knoten durch: $v_1, v_2, ..., v_n$.

(2) Für $i = 1,...,n$:

Färbe den Knoten v_i mit der „kleinsten Farbe", die nicht verboten ist.

Ein solcher Algorithmus wird auch *Greedy-Algorithmus* („gieriger Algorithmus") genannt, weil er sich stets das größte bzw. beste Stück des Kuchens nimmt, ohne Rücksicht darauf, dass es damit in späteren Schritten Probleme geben könnte. Im Alltag wird das Greedy-Prinzip (nicht nur bei Kindergeburtstagen!) oft angewandt: Wenn Sie etwa für die Urlaubsreise möglichst viele Gepäckstücke im Auto verstauen wollen, wenden Sie höchstwahrscheinlich das Prinzip an, die größten Brocken zuerst zu verstauen. Das kann, muss aber nicht zu einer optimalen Lösung führen.

Wenn man den Graphen aus Abbildung 7-13 mit diesem Verfahren färbt, erhält man genau die dort angegebene Färbung bzw. Stundenverteilung.

Aufgabe Färben Sie den Graphen aus Abbildung 7-13 mit dem Greedy-Algorithmus, jedoch mit folgender Knotenreihenfolge: a, b, c, d, f, e.

Lösung Es ergibt sich folgender Plan mit nur 3 Vorlesungsstunden:

Stunde	1	2	3
Vorlesungen	b, c, d	a, e	f

Das Ergebnis des Greedy-Algorithmus kann also stark von der Reihenfolge abhängen, in der die Einzelschritte vorgenommen werden. Unabhängig von der Reihenfolge jedoch kann man sagen, dass er nicht mehr als $\Delta(G)+1$ Farben benötigt. Warum? Der Knoten v_i hat im schlimmsten Fall $\Delta(G)$ benachbarte Knoten, und alle sind mit unterschiedlichen Farben gefärbt. Dann benötigt man für v_i die Farbe $\Delta(G)+1$.

Aufgaben zu 7.3

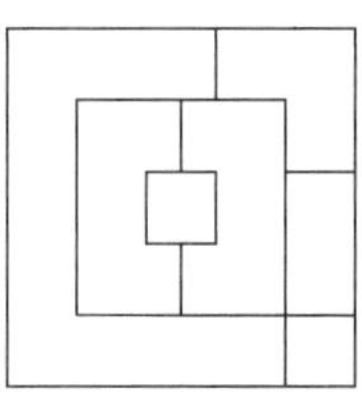

Abb. 7-15 Zu Aufgabe 7.9

7.9 Färben Sie die nebenstehende Landkarte mit möglichst wenigen Farben und zeichnen Sie den dazugehörigen Graphen.

7.10 Bestimmen Sie die chromatische Zahl des vollständigen Graphen K_n und zeigen Sie, dass die Graphen K_n mit $n > 4$ nicht planar sind.

7.11 Bestimmen Sie die chromatische Zahl der Graphen aus Abbildung 7-12.

7.12 Finden Sie einen möglichst kleinen planaren Graphen, der die chromatische Zahl 4 hat.

7.13 Sei C_n ein Graph, der nur aus einem einfachen Kreis besteht. Bestimmen Sie die chromatische Zahl des Graphen C_n für beliebiges n.

Programmierprojekt Graphen

Implementieren Sie in der Klasse `Graph` den Greedy-Algorithmus zur Knotenfärbung.

7.4 Bäume und Graphenalgorithmen

Definition Baum

Eine *Baum* ist ein kreisfreier zusammenhängender Graph.

Einige Bäume sind in Abbildung 7-16 dargestellt.

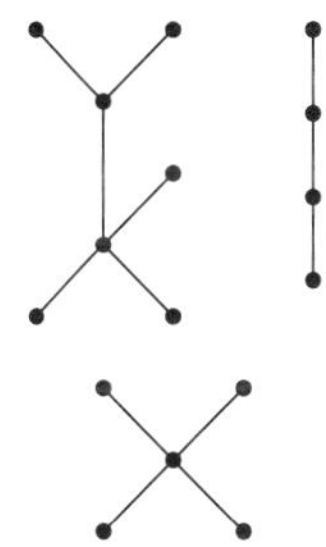

Abb. 7-16
Drei Bäume

Der folgende Satz gibt einige alternative Charakterisierungen von Bäumen.

Sei $G = (V, E)$ ein Graph mit n Knoten. Dann sind die folgenden Bedingungen äquivalent:

a) G ist ein Baum.
b) Je zwei Knoten von G sind durch genau einen Weg verbunden.
c) G ist ein bezüglich der Kantenzahl minimaler zusammenhängender Graph; das heißt, entfernt man eine Kante von G, so ist G nicht mehr zusammenhängend.
d) G ist zusammenhängend und hat $n - 1$ Kanten.
e) G ist kreisfrei und hat $n - 1$ Kanten.
f) G ist ein maximaler kreisfreier Graph; das heißt, fügt man zu G eine Kante hinzu, so ist G nicht mehr kreisfrei.

Beweis: Wir beweisen a) $\Rightarrow$ b) $\Rightarrow$ c) $\Rightarrow$ d) $\Rightarrow$ e) $\Rightarrow$ f) $\Rightarrow$ a).

a) $\Rightarrow$ b): Seien v und w Knoten von G. Da G zusammenhängend ist, sind v und w durch mindestens einen Weg $P = (v_0, v_1, \ldots, v_n)$ mit $v_0 = v$ und $v_n = w$ verbunden. Angenommen, es gäbe es einen zweiten, von P verschiedenen Weg $Q = w_0, w_1, \ldots, w_m$ mit $w_0 = v$ und $w_m = w$. Im Startpunkt sind die beiden Wege noch gleich. Irgendwann trennen sie sich (ansonsten wären sie ja gleich) und schließlich (spätestens im Endpunkt) müssen sie sich wieder vereinigen. Sei k der kleinste Index mit $v_k \neq w_k$ (die Trennung), und r der kleinste Index nach k mit $v_r = w_s$ für irgendein s (die Wiedervereinigung). Dann ist offenbar $v_{k-1} = w_{k-1}, v_k, ...v_r = w_s, w_{s-1}, ..., w_k, w_{k-1} = v_{k-1}$ ein Kreis. Im Widerspruch zur Annahme.

b) $\Rightarrow$ c): Aus b) folgt, dass G zusammenhängend ist. Sei $e = vw$ eine Kante von G. Dann ist e der einzige Weg, der die beiden Knoten verbindet. Entfernt man e, so sind v und w nicht mehr verbunden, also ist G nicht mehr zusammenhängend. G hat dann zwei Zusammenhangskomponenten.

c) $\Rightarrow$ d): Jede Löschung einer Kante von G erhöht die Zahl der Zusammenhangskomponenten um 1. Am Anfang hat G eine Zusammenhangskomponente, sind alle Kanten gelöscht, so sind es n Zusammenhangskomponenten. Es wurden also $n - 1$ Kanten gelöscht.

d) $\Rightarrow$ e): Durch Induktion nach n. Wir zeigen zunächst, dass ein zusammenhängender Graph G mit n Knoten und $n-1$ Kanten einen Endknoten haben muss. Da G zusammenhängend ist, gibt es keinen isolierten Knoten. Wäre $\delta(v) \geq 2$ für alle $v \in V$, so wäre

$$2(n-1) = 2|E| = \sum_{v \in V} \delta(v) \geq 2|V| = 2n\,.$$

Also gibt es einen Knoten vom Grad 1.

Wir beweisen nun durch Induktion nach n, dass G kreisfrei ist. Für $n = 1$ handelt es sich um einen Graphen, der aus einem einzigen isolierten Knoten besteht. Dieser ist kreisfrei. Wir nehmen als Induktionshypothese an, dass sämtliche zusammenhängende Graphen mit n Knoten und $n-1$ Kanten kreisfrei sind. Sei G ein zusammenhängender Graph mit $n+1$ Knoten und n Kanten. Wir wissen bereits, dass G einen Endknoten besitzt. Wir löschen v und die einzige mit v inzidente Kante und erhalten einen zusammenhängenden Graphen G' mit n Knoten und $n-1$ Kanten. Dieser ist nach Induktionsvoraussetzung kreisfrei. Da der Knoten v nur mit einer einzigen Kante mit G' verbunden ist, ist auch G kreisfrei.

e) $\Rightarrow$ f): Wir löschen zunächst alle Kanten von G, sodass nur noch n isolierte Knoten (Zusammenhangskomponenten) übrigbleiben. Dann fügen wir sukzessive die Kanten von G wieder hinzu. Da G kreisfrei ist, vermindert jede hinzugefügte Kante die Zahl der Zusammenhangskomponenten um 1. Sind alle $n-1$ Kanten hinzugefügt, so hat G nur noch eine Zusammenhangskomponente, ist also zusammenhängend. Fügt man nun zu G eine *neue* Kante $vw \notin E$ hinzu, so entsteht ein Kreis, denn v und w sind im zusammenhängenden Graphen G verbunden.

f) $\Rightarrow$ a): Es muss nur noch gezeigt werden, dass G zusammenhängend ist. Gäbe es zwei Knoten v, w, die nicht verbunden sind, so lägen sie in zwei verschiedenen Zusammenhangskomponenten. Dann könnte der erweiterte Graph $(V, E \cup \{vw\})$ aber keinen Kreis enthalten. ■

Wurzelbäume und Binärbäume

Bäume werden in der Informatik häufig zur Datenspeicherung verwendet. Oft ist damit auch eine schnelle Zugriffsmöglichkeit verbunden. Ein ganz einfaches Beispiel ist ein Suchbaum.

Beispiel 7.5 Binärer Suchbaum

In einem Suchbaum sind natürliche Zahlen gespeichert – oder irgendwelche Objekte, die sich ordnen lassen. Die Zahlen sind so gespeichert, dass für jeden Knoten *v* mit dem Wert *x* gilt: Im linken Teilbaum, der an *v* hängt, sind Werte kleiner als *x* gespeichert, im rechten Teilbaum Werte größer als *x*.

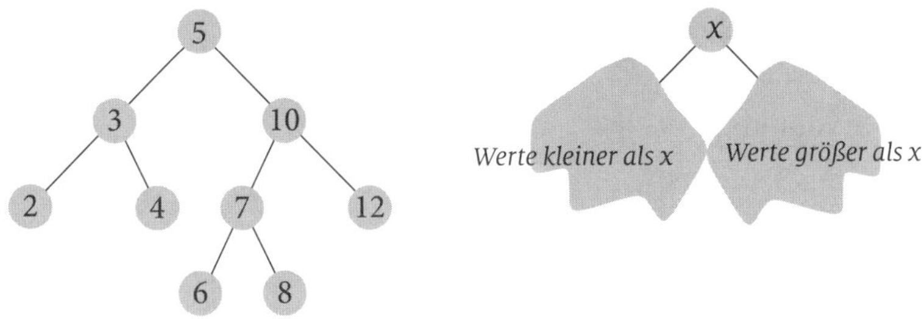

Abb. 7-17
Suchbaum zu Beispiel 7.5

Der Suchbaum hat einen speziellen Startknoten, die *Wurzel*, das ist im Beispiel der Knoten mit der 5. Wenn Sie jetzt ein bestimmtes Element, beispielsweise die 8, im Baum suchen, so starten Sie bei der Wurzel. Die 8 ist größer als 5, also gehen Sie nach rechts. Dort finden Sie die 10. Die 8 ist kleiner als 10, also weiter nach links. Dort steht die 7, nun geht's noch einmal nach rechts, und Sie haben die 8 gefunden. Würde man dagegen die 1 suchen, so würde man mit diesem Verfahren nach zwei Schritten an dem Endknoten (bei Bäumen spricht man auch von *Blattknoten* bzw. von *Blättern*) mit der 2 landen, und dabei feststellen, dass die 1 im Baum nicht gespeichert ist.

Der Vorteil dieser Methode besteht darin, dass man nicht alle Knoten durchsuchen, sondern nur einen Ast von der Wurzel bis zum Blatt verfolgen muss. Welche Ersparnis das genau bringt, das wollen wir im Folgenden untersuchen. ■

Ein *Wurzelbaum* ist ein Baum mit einem speziell ausgezeichneten Knoten, der *Wurzel*. Die Endknoten eines Wurzelbaums heißen *Blätter*. Der in Abbildung 7-17 dargestellte Wurzelbaum hat eine starke Regelmäßigkeit: Es gibt die Wurzel mit dem Grad 2, es gibt die Blätter mit dem Grad 1 und es gibt „innere Knoten", die alle den Grad 3 haben. Von diesen 3 benachbarten Knoten eines inneren Knotens *v* liegt einer „nach oben" in Richtung der Wurzel; dieser Knoten wird auch der *Vater* von *v* genannt. Die beiden anderen Nachbarknoten liegen in Richtung zu den Blättern hin, diese beiden werden die *Söhne* von *v* genannt. Mit dieser Terminologie können wir sagen: Jeder Knoten außer den Blättern hat zwei Söhne, jeder Knoten mit Ausnahme der Wurzel hat einen Vater. Einen solchen Baum nennen wir einen *Binärbaum*. Hat jeder Knoten außer den Blättern 3 Söhne, so spricht man von einem *Ternärbaum* usw.

Wurzelbäume müssen jedoch nicht diese Regelmäßigkeit aufweisen. Denken Sie etwa an Datei-Verzeichnisstrukturen, wo in jedem Ordner (innerer Knoten) beliebig viele Unterordner oder Dateien (Blattknoten) sein können.

Die *Höhe eines Knotens v* in einem Wurzelbaum ist dessen Abstand zur Wurzel. Die *Höhe des Baumes* ist die maximale Höhe seiner Knoten, das heißt, die Länge des längsten Weges von der Wurzel bis zu einem Blatt. Der Suchbaum in Abbildung 7-17 hat die Höhe 3.

Satz

Sei B ein binärer Baum.

a) Hat B die Höhe h, so hat B höchstens 2^h Blätter und höchstens $2^{h+1}-1$ Knoten insgesamt.

b) Hat B b Blätter, so hat B mindestens die Höhe $\log_2 b$.

Beweis: a) Durch Induktion nach h.

Ist $h = 0$, so handelt es sich um einen Baum, der nur aus dem Wurzelknoten (der auch gleichzeitig das einzige Blatt ist) besteht.

Angenommen, der Satz ist wahr für alle Bäume, die eine Höhe von maximal h haben. Wir zeigen, dass der Satz dann auch für Bäume der Höhe $h+1$ gilt. Sei B ein Baum der Höhe $h+1$. Wir entfernen die Wurzel und erhalten dann zwei Bäume B_l und B_r, die beide eine Höhe von maximal h haben. Nach Induktionsvoraussetzung haben beide jeweils höchstens 2^h Blätter und $2^{h+1}-1$ Knoten.

Die Blätter des Baumes B sind genau die Blätter von B_l und von B_r, also hat B höchstens $2 \cdot 2^h = 2^{h+1}$ Blätter.

Die Knotenmenge des Baumes B besteht aus den Knoten von B_l, denen von B_r sowie dem Wurzelknoten, also hat B höchstens $2 \cdot (2^{h+1}-1)+1 = 2^{h+2}-1$ Knoten.

b) Folgt sofort aus a). ■

In einem Binärbaum der Höhe h lassen sich also bis zu $2^{h+1}-1$ Daten speichern. Für einen Baum der Höhe 10 sind dies 2047 Knoten. Zu jedem dieser Knoten führt von der Wurzel aus ein Weg, der höchstens h Kanten lang ist. Die Datenstruktur Baum eignet sich daher für schnelle Zugriffsmöglichkeit.

Gerüste, Tiefensuche und Breitensuche

Definition Gerüst

Sei $G = (V, E)$ ein Graph. Ein *Gerüst* (auch *aufspannender Baum* genannt) von G ist ein Baum $B = (V, T)$ mit $T \subseteq E$.

Stellen Sie sich vor, Sie löschen aus dem Graphen G solange Kanten, wie er noch zusammenhängend ist. Wenn keine Kante mehr gelöscht werden kann, ohne den Zusammenhang zu zerreißen, liegt ein aufspannender Baum vor. Je nachdem, in welcher Reihenfolge Sie Kanten löschen, können dabei ganz unterschiedliche aufspannende Bäume resultieren. Abbildung 7-18 zeigt einen Graphen G und einige ihn aufspannende Bäume.

Um ein Gerüst eines zusammenhängenden Graphen G zu konstruieren, kann man den Algorithmus von Seite 141 in einer leicht modifizierten Form verwenden. Die Datenstruktur *Knoten* ist dabei so zu implementieren, dass außer dem Wurzelkno-

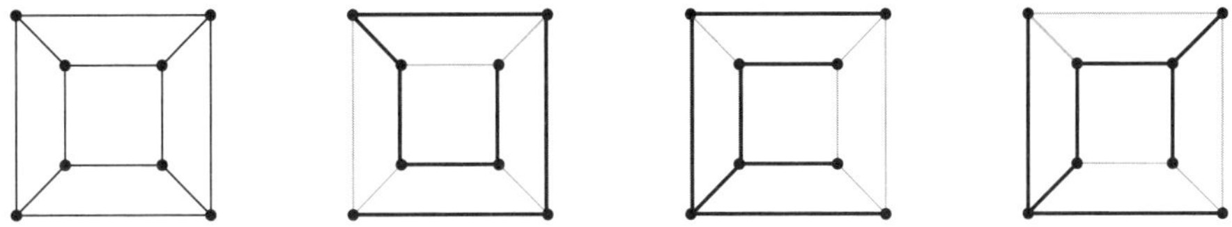

Abb. 7-18
Ein Graph und drei Gerüste

ten jeder Knoten des zu konstruierenden Baumes einen Verweis auf seinen Vaterknoten hat.

Algorithmus
Konstruktion eines Gerüsts

Eingabe: ein Graph $G = (V, E)$.

Ausgabe: ein Gerüst $B = (V, T)$.

(1) Initialisierung: Agenda = $\varnothing$, $T = \varnothing$.

(2) Wähle einen Knoten als Startknoten und füge ihn in die Agenda ein.

(3) Solange die Agenda nicht leer ist:

Entferne einen Knoten w aus der Agenda.

Ist w bereits markiert, so gehe zu (3), andernfalls markiere w.

Hat w einen Vaterknoten v, so füge die Kante vw zu T hinzu.

Füge alle zu w adjazenten und nicht markierten Knoten in die Agenda ein.

(4) Gib B zurück.

Je nachdem, wie die Agenda realisiert ist, erhält man verschiedene Suchstrategien und unterschiedliche Gerüste.

Ist die Agenda als *Stack* nach dem LIFO-Prinzip (*last in, first out*) organisiert, so führt der Algorithmus eine *Tiefensuche* (engl. *depth-first-search*) durch. Die Strategie der Tiefensuche lautet: Man expandiere stets den zuletzt gefundenen Knoten, bis man an einen Knoten gelangt, an dem man nicht weiterkommt, weil dessen sämtliche Nachfolger schon markiert sind. Dann setzt man zurück an den letzten Verzweigungspunkt (engl. *backtracking*). Abbildung 7-19 zeigt in der Mitte das Gerüst, das aus dem Graphen links mit dieser Methode konstruiert wird. Dabei werden die Söhne eines Knotens jeweils in alphabetischer Reihenfolge auf den Stack gelegt.

Ist die Agenda als *Queue* nach dem FIFO-Prinzip (*first in, first out*) organisiert, so führt der Algorithmus eine *Breitensuche* (engl. *breadth-first-search*) durch. Dabei wird jeweils jede Schicht des Baumes vollständig abgearbeitet, bis die nächste an

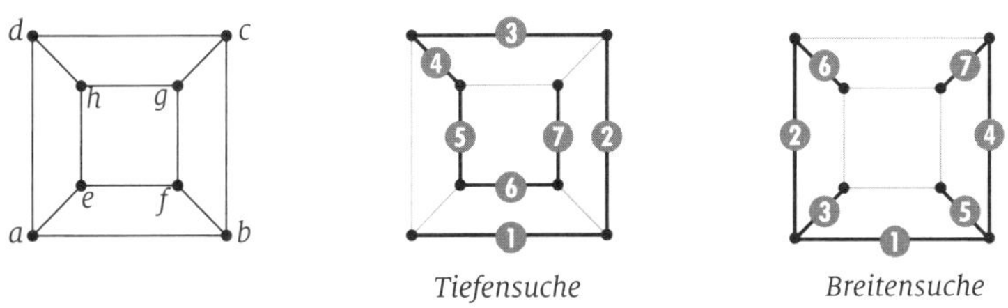

Abb. 7-19
Konstruktion eines Gerüsts

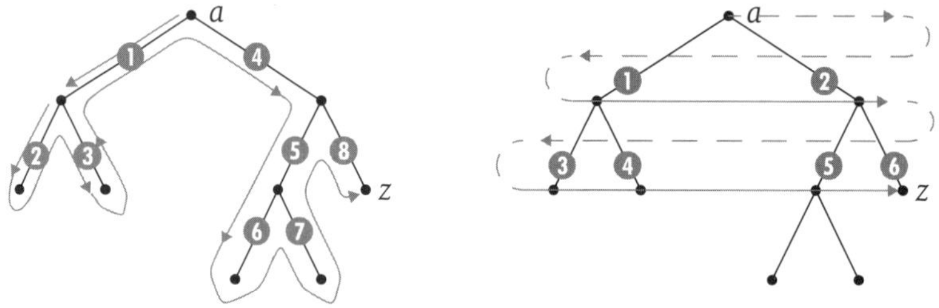

Abb. 7-20
Tiefensuche (links); Breitensuche (rechts)

die Reihe kommt. Abbildung 7-19 zeigt rechts das Gerüst, das aus dem Graphen links mit der Breitensuche konstruiert wird.

Bei diesem Algorithmus handelt es sich um ein grundlegendes Verfahren, das *mutatis mutandis* für viele Problemstellungen verwendet werden kann. Wird etwa in einem Graphen G eine Verbindung zwischen zwei Knoten v und w gesucht, so wählt man als Startknoten einen der beiden, etwa v, und stoppt den Algorithmus, sobald der Zielknoten w in Schritt 3 aus der Agenda geholt wird.

Abbildung 7-20 zeigt, wie das Verfahren arbeitet, wenn der gegebene Graph G bereits ein Baum ist. Daran kann man den Unterschied zwischen Tiefensuche und Breitensuche erkennen. Startknoten ist a, Zielknoten ist z, die Söhne eines Knotens werden stets von links nach rechts in die Agenda eingefügt.

Minimalgerüste und die Bestensuche

In vielen Anwendungen sind die Kanten eines Graphen bewertet oder gewichtet. Im Kontext einer Reiseplanung können dies die Fahrtkosten sein, die auf einer bestimmten Straße oder Zugverbindung anfallen, im Kontext der Planung solcher Verbindungen die Baukosten. Formal handelt es sich bei einem *gewichteten Graphen* um einen Graphen $G = (V, E, w)$ mit einer Funktion $w : E \rightarrow \mathbb{N}$.

Beispiel 7.6 Fünf Städte sollen durch ein Straßennetz verbunden werden, sodass jede Stadt von jeder anderen aus erreichbar ist. Die Kosten für den Bau jeder einzelnen Straße zwischen zwei Städten sind bekannt. Es soll ein Straßennetz mit minimalen Baukosten konstruiert werden.

Wir führen den Standardalgorithmus zur Konstruktion eines Gerüsts durch, jedoch mit folgender Modifikation: Die Agenda ist eine *Priority Queue*, bei der jeweils das kleinste Element vorne steht, das heißt, der Befehl *entferne das erste Element w aus der Agenda* liefert das kleinste in der Agenda befindliche Element.

Wir starten mit dem Knoten a. In jedem Schritt wird die jeweils billigste Kante an den soweit konstruierten Graphen angefügt. Nach vier Schritten ist tatsächlich das Minimalgerüst konstruiert. ■

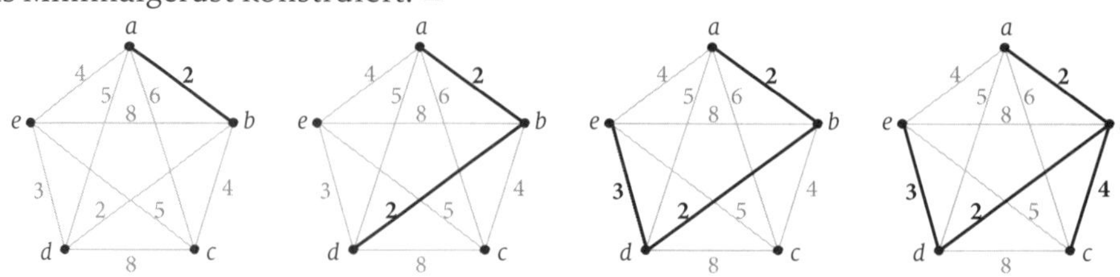

Abb. 7-21
Bestensuche

Dieses Verfahren heißt auch *Bestensuche* (*best-first-search*), weil in jedem Schritt die beste zur Verfügung stehende Kante ausgewählt wird. Es handelt sich also offenkundig um einen *Greedy-Algorithmus* (▶ Seite 146). Während jedoch beim Knotenfärbungsproblem der Greedy-Algorithmus nicht notwendigerweise das beste Resultat liefert, findet er im Fall des Minimalgerüsts stets die optimale Lösung.

Bei diesem Algorithmus wird in jedem Schritt eine neue Kante an das soweit konstruierte Teilgerüst angefügt, sodass dieses während des ganzen Prozesses zusammenhängend bleibt. Ein alternatives Verfahren, der Algorithmus von Kruskal[1], fügt dagegen in jedem Schritt die jeweils kleinste zur Verfügung stehende Kante hinzu, egal, ob das so entstehende Teilgerüst zusammenhängend ist oder nicht. Es wird lediglich darauf geachtet, dass durch das Hinzufügen kein Kreis entsteht. Technisch wird dies folgendermaßen realisiert: Jedem Knoten v_i wird eine Zahl λ_i zugeordnet, die seine Zusammenhangskomponente angibt. Zu Beginn des Algorithmus sind alle Knoten isoliert und werden daher einfach von $\lambda_1 = 1$ bis $\lambda_n = n$ durchnummeriert. Eine neue Kante $v_r v_s$ kann nur eingefügt werden, wenn $\lambda_r \neq \lambda_s$ ist. Danach werden die Zusammenhangskomponenten von v_r und von v_s verschmolzen, dadurch, dass alle Knoten, die den höheren der beiden λ-Werte besitzen, den niedrigeren der beiden λ-Werte erhalten. Das Verfahren stoppt, wenn $n-1$ Kanten verbaut wurden.

Kruskals Algorithmus

Eingabe: ein gewichteter Graph $G = (\{v_1, \ldots, v_n\}, E, w)$.
Ausgabe: ein Minimalgerüst $B = (\{v_1, \ldots, v_n\}, T, w)$.

(1) $T = \varnothing$.
(2) Sortiere die Kanten von G nach Gewicht aufsteigend von e_1 bis e_k.
(3) Für $i = 1,\ldots, n$: $\lambda_i = i$.
(4) Für $i = 1,\ldots, k$:
  Sei $e_i = v_r w_s$.
  Falls $\lambda_r \neq \lambda_s$:
    Füge e_i zu T hinzu.
    Setze alle λ_j mit $\lambda_j = \lambda_r$ oder $\lambda_j = \lambda_s$ auf $\min(\lambda_r, \lambda_s)$.
    Ist $|T| = n-1$, so gehe zu (6).
(5) Gib B zurück.

Aufgaben zu 7.4

7.14 Welche Aussagen bezüglich Zusammenhang und Kreisfreiheit können Sie über folgende Graphen $G = (V, E)$ treffen?

a) $|V| = 5$, $|E| = 8$

1. Joseph Kruskal (geb. 1928), US-amerikanischer Mathematiker

b) $|V| = 7, |E| = 5$
c) $|V| = 8, |E| = 7$

7.15 Sie möchten 100 Daten in einem Binärbaum B speichern. Welche Höhe muss B mindestens haben?

7.16 Speichern Sie die Zahlen 23, 15, 17, 28, 2, 6, 18, 30, 24, 9, 31, 12 in einem binären Suchbaum.

7.17

a) Wie viele Blätter hat ein Binärbaum mit n inneren Knoten?
b) Wie viele Blätter hat ein Ternärbaum mit n inneren Knoten?
c) Allgemein: Wie viele Blätter hat ein b-ärbaum mit n inneren Knoten? Beweisen Sie Ihr Ergebnis.

7.18 Wie viele unterschiedliche (also nicht isomorphe) Binärbäume mit 6 Blättern gibt es? Konstruieren Sie alle!

7.19

a) Wir wissen: Ein binärer Baum der Höhe h hat höchstens 2^h Blätter und höchstens $2^{h+1}-1$ Knoten. Wie viele Blätter und Knoten hat B *mindestens*?
b) Welche Höhe hat ein Baum mit b Blättern höchstens?

7.20 Bestimmen Sie (ohne den Graphen zu zeichnen!) die Zusammenhangskomponenten des Graphen, der durch folgende Adjazenzliste gegeben ist:

a	*b*	*c*	*d*	*e*	*f*	*g*	*h*	*i*
d	*e*	*f*	*a*	*b*	*c*	*a*	*c*	*a*
g		*h*	*g*		*h*	*d*	*f*	
i								

7.21 Gegeben sei der zusammenhängende Graph G mit folgender Adjazenzliste:

a	*b*	*c*	*d*	*e*	*f*	*g*	*h*	*i*	*j*
b	*a*	*b*	*c*	*d*	*e*	*a*	*f*	*a*	*b*
g	*c*	*d*	*e*	*f*	*h*	*h*	*g*	*g*	*c*
i	*j*	*j*	*j*			*i*	*i*	*h*	*d*
							j		*h*

Bestimmen Sie (ohne den Graphen zu zeichnen!) ein Gerüst von G

a) mit Tiefensuche,
b) mit Breitensuche.

7.22 Gegeben sei der zusammenhängende gewichtete Graph G mit Knotenmenge $V = \{a, b, c, d, e, f, g, h\}$ und den folgenden gewichteten Kanten:

ab	*ah*	*bc*	*bg*	*bh*	*cd*	*cf*	*cg*	*ch*	*de*	*df*	*dg*	*ef*	*fg*	*gh*
8	3	3	2	4	5	6	2	8	9	7	4	3	8	1

Bestimmen Sie (ohne den Graphen zu zeichnen!) ein Minimalgerüst von G

a) mit Bestensuche,

b) mit Kruskals Algorithmus.

Programmierprojekt Graphen

Implementieren Sie in der Klasse `Graph`:

- die Konstruktion eines Gerüsts mit Tiefensuche und mit Breitensuche,
- den Greedy-Algorithmus zur Konstruktion eines Minimalgerüsts,
- Kruskals Algorithmus.

7.5 Boy meets girl: Bipartite Graphen

Amanda liebt Boris und Carl, Britta liebt ebenfalls Boris und Carl, Claudia liebt Alex und Carl und Doris liebt Alex und Dirk. Können die vier Frauen und die vier Männer so miteinander verheiratet werden, dass jede Frau einen Mann bekommt, den sie liebt (die Männer werden nicht gefragt!)? Wir stellen das Problem als Graph dar (▶ Abbildung 7-22 links). Jede Frau heiratet natürlich nur einen Mann und umgekehrt. In der Sprache der Graphen heißt das, wenn wir verheiratete Paare durch fettgedruckte Kanten einzeichnen (▶ Abbildung 7-22 rechts), so haben jeweils zwei fettgedruckte Kanten keinen Knoten gemeinsam.

Ein Graph von der speziellen Form wie in Abbildung 7-22 links heißt *bipartit*. Es bedeutet, dass sich die Knotenmenge V in zwei disjunkte Teilmengen X und Y zerlegen lässt, sodass Kanten nur zwischen Elementen von X und Elementen von Y existieren. Eine Teilmenge M von Kanten des bipartiten Graphen, sodass jeweils zwei Kanten aus M keine gemeinsamen Knoten haben, heißt *Matching*.

Definition bipartiter Graph, Matching

Ein Graph $G = (V, E)$ heißt *bipartit*, wenn V in zwei disjunkte Teilmengen X und Y zerfällt und $E \subseteq X \times Y$ ist. Wir schreiben $G = (F \cup M, E)$.

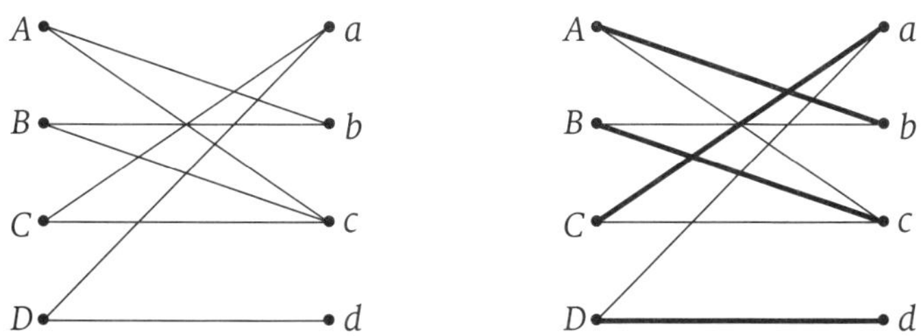

Abb. 7-22
Boy meets girl

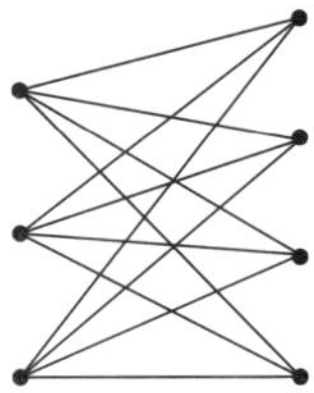

Abb. 7-23
Der vollständige bipartite Graph

Der *vollständige bipartite Graph* $K_{n,m}$ ist der bipartite Graph $G = (X \cup Y, E)$ mit $|X| = n$ und $|Y| = m$ und $E = X \times Y$ (jede Frau liebt jeden Mann).

Eine Kantenmenge $M \subseteq E$ heißt *Matching*, wenn keine zwei Kanten aus M einen gemeinsamen Knoten haben.

Vermutlich wird kein Heiratsinstitut graphentheoretische Methoden anwenden, aber die Theorie der bipartiten Graphen hat auch andere sehr wichtige Anwendungen, etwa die Verteilung von Bewerbern auf mehrere Stellen oder die Zuordnung von Arbeitern zu Maschinen.

Wenn wir in einem bipartiten Graphen die Frauen weiß und die Männer schwarz färben, erhalten wir eine konsistente Knotenfärbung. Umgekehrt ist auch jeder Graph, der sich mit zwei Farben färben lässt, bipartit.

Ein Graph ist genau dann *bipartit*, wenn er die chromatische Zahl 2 hat.

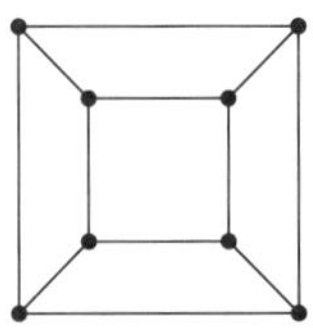

Abb. 7-24

Aufgabe Zeigen Sie, dass der Graph in Abbildung 7-24 bipartit ist.

Lösung Fangen Sie bei einem beliebigen Knoten an und färben ihn weiß. Anschließend färben Sie alle dazu adjazenten Knoten schwarz und fahren so immer abwechselnd fort, bis alle Knoten schwarz oder weiß gefärbt sind. ■

Wie kann man nun möglichst viele, am besten sogar alle Frauen glücklich verheiraten?

Definition maximales und vollständiges Matching

Sei M ein Matching in einem bipartiten Graphen $G = (X \cup Y, E)$.

a) M heißt *maximal*, wenn es kein Matching M' mit $M'| > |M|$ gibt.

b) M heißt *vollständig*, wenn $|M| = |X|$ ist.

Abbildung 7-25 zeigt links ein nicht maximales Matching, rechts ein maximales Matching.Ein vollständiges Matching ist hier nicht möglich.

Dass es kein vollständiges Matching geben kann, sieht man daran, dass die drei Frauen Amanda, Britta und Claudia dieselben zwei Männer lieben.

Sei allgemein $G = (X \cup Y, E)$ ein bipartiter Graph. Ist $x \in X$, so definieren wir:

$$L(x) = \{y \in M | xy \in E\}$$

und ist $A \subseteq X$, so sei

$$L(A) = \bigcup_{x \in A} L(x).$$

In Abbildung 7-25 ist $L(A) = L(B) = \{b, c\}$ und $L(C) = \{c\}$, sowie $L(\{A, B, C\}) = \{b, c\}$. Wir haben bereits festgestellt, dass es in diesem Fall kein vollständiges Matching geben kann. Allgemein gilt: Wenn X eine Teilmenge A enthält mit $|L(A)| < |A|$, so

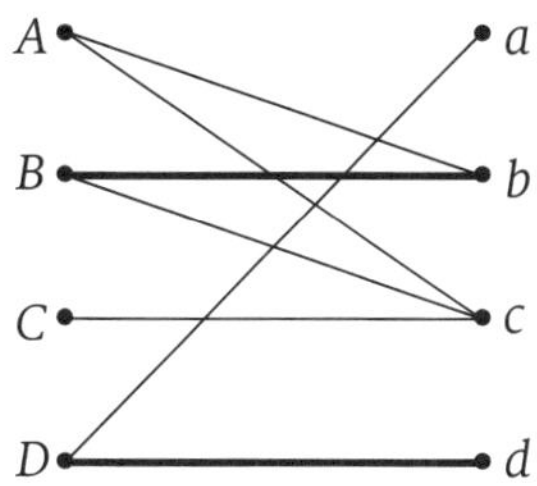

nicht maximales Matching

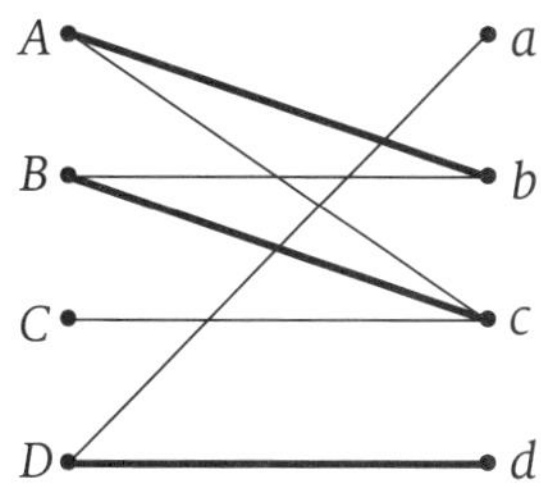

maximales, aber nicht vollständiges Matching

Abb. 7-25

kann es kein vollständiges Matching geben. Anders formuliert, ist es eine notwendige Bedingung für die Existenz eines vollständigen Matchings, dass $|L(A)| \geq |A|$ für alle $A \subseteq X$ gilt. Der Satz von Hall[1] besagt, dass dies auch eine hinreichende Bedingung ist:

Satz von Hall

Der bipartite Graph $G = (X \cup Y, E)$ besitzt genau dann ein vollständiges Matching, wenn

$$|L(A)| \geq |A| \text{ für alle } A \subseteq X$$

gilt.

Beweis: Wir brauchen nur noch zu beweisen, dass aus $|L(A)| \geq |A|$ für alle $A \subseteq X$ die Vollständigkeit des Matchings folgt. Zunächst folgt aus der Voraussetzung, dass es nicht weniger Männer als Frauen geben darf (warum? Setzen Sie $A = X$).

Weiterhin folgt aus der Vorausetzung, dass jede Frau mindestens einen Mann liebt. Sei nun M ein nicht vollständiges Matching, das heißt $|M| < |X|$. Das heißt, es gibt eine unverheiratete Frau und demzufolge auch einen unverheirateten Mann.

Wir konstruieren ein Matching M' mit $|M'| = |M| + 1$. Sei x_0 eine in M unverheiratete Frau. Sie liebt mindestens einen Mann, etwa y_1. Ist dieser unverheiratet, so verheiraten wir die beiden und und erhalten ein Matching M' mit $|M'| = |M| + 1$. Ist y_1 jedoch verheiratet, etwa mit x_1, so gilt $|L(\{x_0, x_1\})| \geq |\{x_0, x_1\}| = 2$. Es gibt also einen weiteren Mann, y_2, der von x_0 oder von x_1 oder von beiden geliebt wird. Ist dieser ledig, so sind wir fertig – was dann passiert, sehen wir gleich. Ist y_2 verheiratet, etwa mit x_2, so gibt es einen weiteren Mann y_3, der von mindestens einer Frau aus der Menge $\{x_0, x_1, x_2\}$ geliebt wird. Wenn wir auf diese Weise fortfahren, stoßen wir schließlich auf einen ledigen Mann y, denn die Menge der Männer und die der Frauen ist endlich. In dieser Folge von Frauen und von Männern finden wir auf jeden Fall eine Teilfolge

$$x_0, y_{t_1}, x_{t_1}, y_{t_2}, x_{t_2}, \ldots, y_{t_k}, x_{t_k}, y\,,$$

1. Philip Hall (1904–1982), britischer Mathematiker

sodass jeweils y_{t_i}, x_{t_i} verheiratet sind und x_{t_i} den $y_{t_{i+1}}$ liebt. Um die Zahl der verheirateten Paare zu vergrößern, scheiden wir die bestehenden Ehen und verheiraten x_0 mit y_{t_1}, x_{t_1} mit y_{t_2}, ..., $x_{t_{k-1}}$ mit y_{t_k} und schließlich x_{t_k} mit y (▶ Abbildung 7-26).

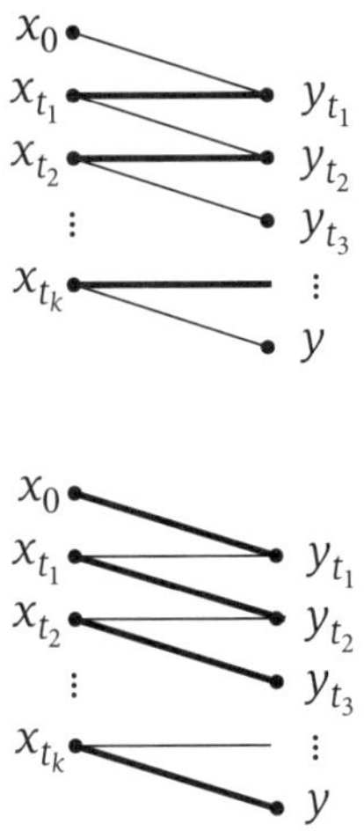

Abb. 7-26
vorher (oben) – hinterher (unten)

Damit haben wir die Anzahl der Ehen um eins erhöht. Dieses Verfahren können wir durchführen, solange das Matching unvollständig ist. Auf diese Weise erhalten wir schließlich ein vollständiges Matching. ■

Ich möchte mich bei allen Leserinnen und Lesern entschuldigen, denen das skrupellose Verheiraten, Scheiden und gleich wieder neu Verheiraten unromantisch, vielleicht gar zynisch erscheint!

Die im Beweis konstruierte und in Abbildung 7-26 dargestellte Folge von Frauen und Männern nennt man einen alternierenden Weg für das Matching M. Das heißt, ein *alternierender Weg* ist ein Weg

$$x_0, y_1, x_1, y_2, x_2, \ldots, x_{k-1}, y_k,$$

sodass x_0 und y_k beide unverheiratet sind und jeweils $\{y_i, x_i\} \in M$ und $\{x_i, y_{i+1}\} \in E - M$ ist. Dieser Weg enthält $k-1$ verheiratete Paare. Der verbesserte alternierende Weg ist dann derselbe Weg, wobei jeweils $\{x_i, y_{i+1}\} \in M$ und $\{y_i, x_i\} \in E - M$ ist. Dieser Weg enthält k verheiratete Paare.

Satz

> Ist das Matching M in dem bipartiten Graphen G nicht maximal, so gibt es einen alternierenden Weg für M.

Beweis: Sei M^* ein maximales Matching und sei U die Menge der Kanten, die entweder in M oder in M^*, aber nicht in beiden Mengen liegen. Wir betrachten den Graphen H, der aus den Kanten in U und den darin enthaltenen Knoten gebildet ist. Ist v ein Knoten von H, so gibt es folgende Fälle:

Fall 1: v gehört zu genau einer Kante aus M und zu keiner Kante aus M^*. In diesem Fall hat v den Grad 1 (im Graphen H!).

Fall 2: v gehört zu genau einer Kante aus M^* und zu keiner Kante aus M. In diesem Fall hat v ebenfalls den Grad 1 in H.

Fall 3: v gehört zu genau einer Kante aus M und zu genau einer Kante aus M. In diesem Fall hat v den Grad 2 in H.

Andere Fälle gibt es nicht. Das heißt, die Knoten des Graphen H haben alle Grad 1 oder Grad 2, somit sind die Zusammenhangskomponenten von H Wege oder Kreise. In jedem solchen Pfad und in jedem Kreis wechseln sich Kanten aus M und Kanten aus M^* ab. Ein Kreis, in dem sich Kanten aus M und Kanten aus M^* abwechseln, enthält gleich viele Kanten aus M wie aus M^*, denn sonst müssten irgendwo zwei Kanten aus M oder zwei Kanten aus M^* aufeinanderstoßen. Bestünde der Graph H nur aus Kreisen, so enthielte er gleich viele Kanten aus M wie aus M^*. Das kann jedoch nicht sein, denn M^* ist maximal, M jedoch nicht, und das wiederum bedeutet $|M^*| > |M|$. Daher gibt es mindestens einen Weg, der mehr Kanten aus M^* als Kanten aus M enthält, und dieser Weg ist alternierend für M. ■

Dieser Satz liefert nun die Grundlage für einen Algorithmus zur Bestimmung eines maximalen Matchings. Der Algorithmus heißt *ungarischer Algorithmus* nach den ungarischen Mathematikern Dénes Kőnig und Jenő Egerváry.

Ungarischer Algorithmus

Eingabe: ein bipartiter Graph $(X \cup Y, E)$.

Ausgabe: ein maximales Matching M.

(1) Wähle eine beliebige Kante e aus E und setze $M = \{e\}$.
(2) Suche einen alternierenden Weg w für M.
(3) Wenn es keinen solchen gibt, so ist M maximal. Stop, gib M zurück.
(4) Konstruiere ein Matching M′ durch Verbessern von w,
setze $M = M'$ und gehe zu (2).

Unterprogramm: Suche eines alternierenden Weges w mit Breitensuche

Die Agenda ist als Queue organisiert (first in, first out). Jeder Knoten hat einen Verweis auf seinen Vorgängerknoten.
(1) Initialisierung: Agenda = $\emptyset$.
(2) Füge alle ledigen Frauen in die Agenda ein.
(3) Solange die Agenda nicht leer ist:
Entferne einen Knoten v aus der Agenda.
Ist v weiblich, so füge alle Männer, die von v geliebt werden, außer natürlich ihrem eigenen Mann(!), mit Verweis auf v zur Agenda hinzu.
Ist v männlich und ledig, so ist v Endpunkt eines alternierenden Weges. Gehe zu (4).
Ist v männlich und verheiratet, so füge seine Ehefrau mit Verweis auf ihren Mann zur Agenda hinzu.
(4) Gib v zurück.

Beispiel 7.7 Wir konstruieren ein maximales Matching in dem Graphen aus Abbildung 7-27. Als Startmatching wurde *Dd* gewählt. Es geht los mit der Suche nach einem alternierenden Weg. Die drei ledigen Frauen *A*, *B* und *C* werden in die

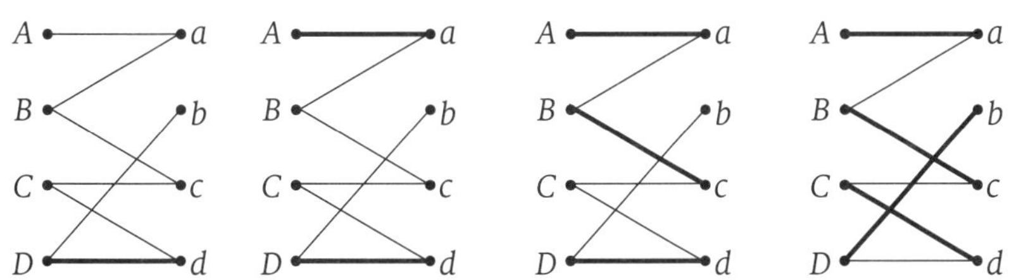

Abb. 7-27
Zu Beispiel 7.7

Agenda eingefügt. Die Suche nach einem alternierenden Weg nimmt folgenden Verlauf (es ist jeweils die Agenda dargestellt):

$$(A, B, C) \Rightarrow (B, C, Aa) \Rightarrow (C, Aa, Ba, Bc) \Rightarrow (Aa, Ba, Bc, Cc, Cd)\,.$$

Aa ist ein alternierender Weg, denn *a* ist ungebunden. Er wird mit *A* verheiratet. Jetzt sind noch zwei Frauen unverheiratet, *B* und *C*. Die Agenda hat folgenden Verlauf:

$$(B, C) \Rightarrow (C, Ba, Bc) \Rightarrow (Ba, Bc, Cc, Cd) \Rightarrow (Bc, Cc, Cd, BaA)\,.$$

Nun ist *Bc* ein alternierender Weg, da *c* ungebunden ist. Er wird jedoch umgehend verheiratet mit *B*. Nun muss nur noch *C* unter die Haube gebracht werden, was sich jedoch als etwas langwieriger erweist.

$$(C) \Rightarrow (Cc, Cd) \Rightarrow (Cd, CcB) \Rightarrow (CcB, CdD) \Rightarrow (CdD, CcBa)$$
$$\Rightarrow (CcBa, CdDb) \Rightarrow (CdDb, CcBaA)$$

Nun ist *CdDb* ein alternierender Weg mit einem unverheiratetem Mann am Ende. Die Ehe *Dd* wird geschieden und es werden neu verheiratet: *C* mit *c*, *D* mit *b*. Und nun sind alle glücklich. ■

Aufgaben zu 7.5

7.23 Welche der folgenden Graphen sind bipartit?

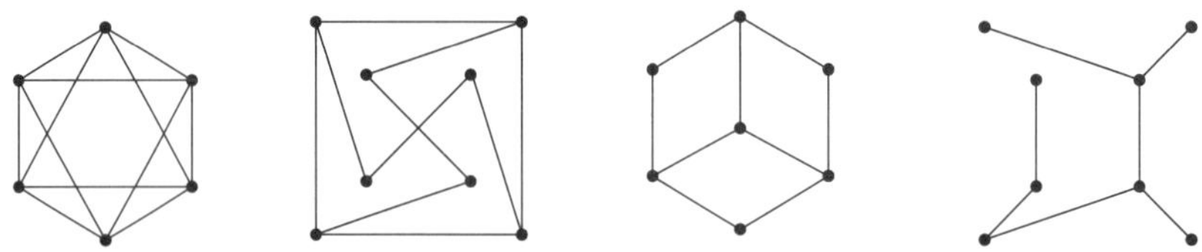

Abb. 7-28
Zu Aufgabe 7.23

7.24 Zeigen Sie, dass jeder Baum ein bipartiter Graph ist.

7.25 Zeigen Sie, dass ein bipartiter Graph keinen Kreis ungerader Länge hat.

7.26 Ein Bauunternehmer sucht einen Maurer, einen Zimmermann, einen Installateur und einen Baggerführer. Für diese Stellen gibt es fünf Bewerber: Einer bewirbt sich um die Stelle des Maurers, einer um die des Zimmermanns, einer möchte die Maurer- oder die Installateurstelle haben, und zwei weitere möchten als Baggerführer oder Installateur arbeiten. Kann der Bauunternehmer alle Stellen besetzen?

7.27 In welchen der folgenden bipartiten Graphen existiert ein vollständiges Matching?

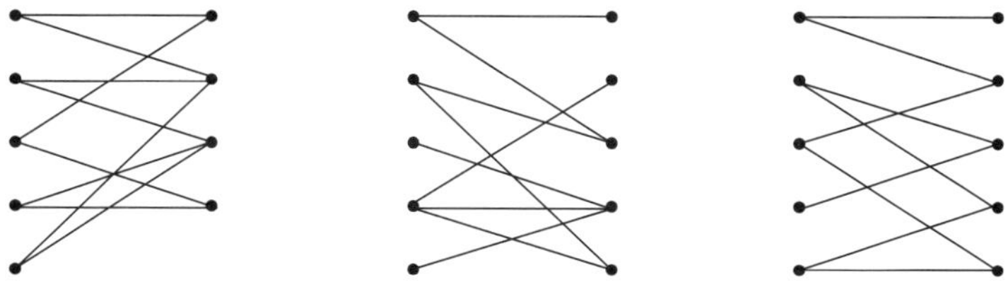

Abb. 7-29
Zu Aufgabe 7.27

7.28 Gegeben ist der bipartite Graph $G = (X \cup Y, E)$ mit

$$X = \{A, B, C, D, E, F, G\}, \; Y = \{a, b, c, d, e, f, g, h\}$$

und folgender Adjazenzmatrix (es ist nur X gegen Y aufgetragen):

	a	b	c	d	e	f	g	h
A	1	1	1	0	1	0	0	0
B	0	1	0	1	0	1	0	1
C	0	1	0	1	0	1	0	1
D	0	1	0	1	0	1	0	0
E	0	0	0	1	0	1	0	1
F	0	1	0	0	0	1	0	1
G	0	0	0	0	1	0	1	1

Finden Sie mithilfe des ungarischen Algorithmus ein maximales Matching.

Programmierprojekt Graphen

Bipartite Graphen und der ungarische Algorithmus

(1) Schreiben Sie eine Klasse `BipartiterGraph`, als Unterklasse von `Graph`.
(2) Erweitern Sie entsprechend Ihre grafische Oberfläche für Graphen.
(3) Implementieren Sie den ungarischen Algorithmus zur Konstruktion eines maximalen Matching.

8 Analytische Geometrie in der Ebene

8.1 Einführung

Wenn Sie in einem Zeichenprogramm eine Linie zeichnen, so können Sie diese anschließend mit einem Mausklick markieren. Dabei ist eine gewisse Toleranz eingebaut, das heißt, Sie müssen mit der Maus nicht direkt die Linie treffen, denn dazu bräuchte man eine große Geschicklichkeit. Es reicht aus, nahe genug an der Linie zu klicken. Was heißt dieses „nahe genug“?

Stellen Sie sich vor, Sie müssten dieses Markierungsverfahren selbst programmieren. Ihr Programm müsste die Entscheidung treffen, ob der Punkt des Mausklicks nahe genug an der Linie ist.

Aufgabe Überlegen Sie zunächst selbst, wie Sie diese Aufgabe durchführen würden. Welche Größen benötigen Sie dazu? Welche geometrischen Verfahren sind erforderlich?

Lösung Das Programm benötigt folgende Größen:

- Den Mausklickpunkt M. Dieser ist gegeben durch seine Koordinaten.
- Die Linie ist gegeben durch ihren Anfangspunkt A und Endpunkt B.
- Schließlich braucht man noch eine Toleranzschwelle ε. Dies ist eine (kleine) reelle Zahl. Je kleiner ε ist, um so weniger Abweichung von der Linie wird toleriert.

Sie sind sicher auf die Idee gekommen, den Abstand d des Mausklickpunktes M zur Linie[1] $\overline{AB}$ zu bestimmen und ihn mit der Toleranzschwelle zu vergleichen. Ist $d \leq \varepsilon$, so wird der Mausklick als Klick auf die Linie akzeptiert, andernfalls wird er verworfen. Hierbei ist jedoch Vorsicht geboten! Der Abstand eines Punktes zu einer *Strecke* ist geometrisch gar nicht definiert, sondern nur zu einer *Geraden*. Und das macht einen entscheidenden Unterschied, wie man in Abbildung 8-1 sieht. Dort sind die Strecke $\overline{AB}$ in Schwarz sowie die Gerade $g = AB$ gestrichelt eingezeichnet.

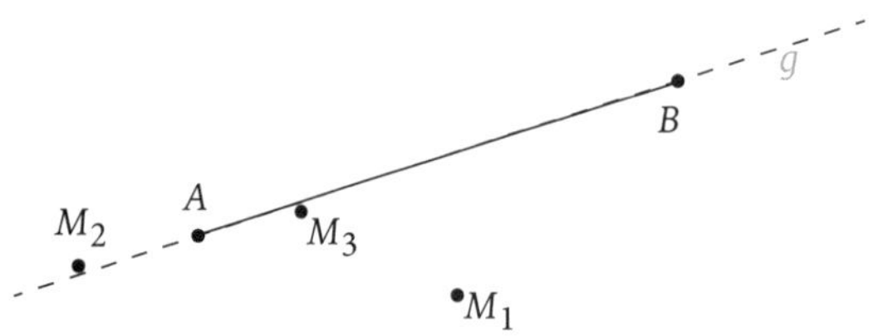

Abb. 8-1
Wohin klickt die Maus?

1. In der Mathematik spricht man von einer *Strecke*. Ich werde den in der Computergrafik gebräuchlichen Begriff der Linie verwenden.

Von den drei Punkten M_1, M_2 und M_3 liegt M_3 eindeutig nahe genug an der Strecke $\overline{AB}$ und M_1 eindeutig zu weit entfernt. Der Punkt M_2 liegt zwar nahe genug an der *Geraden g*, aber nichtsdestominder zu weit entfernt von der *Strecke* $\overline{AB}$, denn er liegt außerhalb eines Streifens, der senkrecht zu $\overline{AB}$ verläuft (▶ Abbildung 8-2). Dies äußert sich dadurch, dass der Winkel zwischen $\overline{AB}$ und $\overline{AM_2}$ ein stumpfer Winkel, d. h. größer als 90° ist.

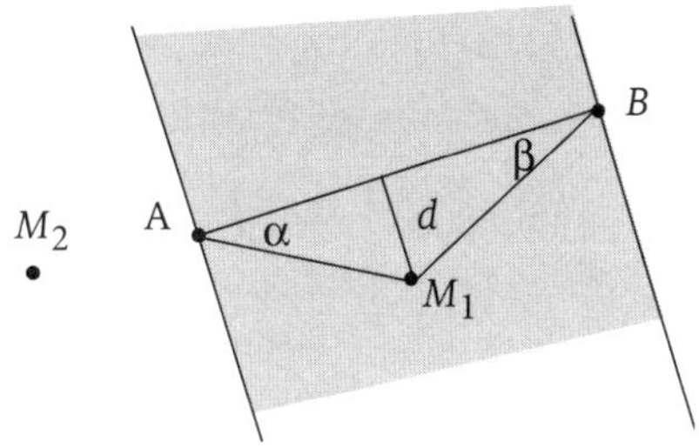

Abb. 8-2

Damit ergibt sich folgender Plan für unser Programm:

- Bestimme die Winkel α zwischen $\overline{AB}$ und $\overline{AM}$ und β zwischen $\overline{BA}$ und $\overline{BM}$. Ist einer der beiden Winkel größer als 90°, so ist M nicht nahe genug an der Linie $\overline{AB}$.
- Sind beide Winkel nicht größer als 90°, so bestimme den Abstand d von M zur Geraden AB. Ist $d \leq \varepsilon$, so ist M nahe genug an AB.

Um den Plan in die Tat umzusetzen, müssen wir zunächst Folgendes klären:

- die Darstellung der geometrischen Grundbegriffe Punkt, Gerade, Winkel,
- die Bestimmung des Abstandes von einem Punkt zu einer Geraden,
- die Bestimmung des Winkels zwischen zwei Geraden.

Dies alles unter der grundlegenden Voraussetzung, dass die elementaren Objekte, die Punkte, durch ihre (Bildschirm-)Koordinaten gegeben sind. Wir werden diese offenen Fragen nach und nach klären. Im folgenden Abschnitt widmen wir uns zunächst der Frage der Darstellung der geometrischen Objekte.

Aufgaben zu 8.1

8.1 Mit der Maus soll eine Kreisscheibe (also ein gefüllter Kreis) markiert werden.

Stellen Sie die Überlegungen aus Abschnitt 1.1 an: Wie lässt sich der Kreis darstellen? Was benötigt man, um zu bestimmen, ob der Mausklickpunkt die Kreisscheibe trifft? Ist eine Toleranzschwelle erforderlich?

8.2 Stellen Sie dieselben Überlegungen für ein (ebenfalls gefülltes) Dreieck an.

8.2 Vektoren

Man könnte annehmen, der Begriff des Punktes sei der grundlegende Begriff der analytischen Geometrie. Es zeigt sich jedoch, dass Vektoren dazu geeigneter sind. Ein Vektor ist ein Pfeil, der eine Länge und eine Richtung hat. Die Lage des Pfeils in der Ebene ist jedoch unbestimmt. Das heißt, dass zwei Vektoren mit gleicher Länge und gleicher Richtung nicht unterschieden werden können. In Abbildung 8-3

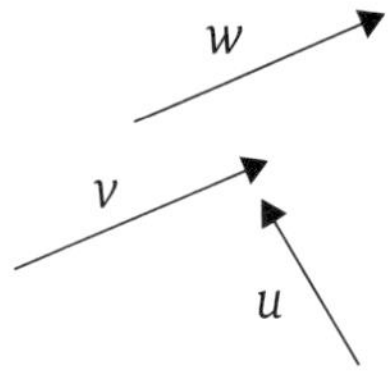

Abb. 8-3 Vektoren

sind die Vektoren v und w identisch, v und u dagegen verschieden. Das heißt: Ein Vektor kann beliebig verschoben werden, er bleibt immer derselbe Vektor.

Ein Beispiel aus der Physik mag diesen auf den ersten Blick verwirrenden Sachverhalt verdeutlichen: Kräfte wie etwa die Erdanziehungskraft (Gravitation) werden in der Physik durch Vektoren dargestellt. Die Länge des Vektors bestimmt die Stärke der Kraft, die Richtung des Vektors bestimmt die Richtung der Kraft. Dabei ist es egal, an welchem Punkt die Kraft angreift. Man kann Kraftvektoren beliebig verschieben und auf diese Weise etwa Kräfte addieren. Man unterscheidet daher in der Physik skalare Größen wie Weg, Masse und Ladung, die nur durch ihren Zahlenwert bestimmt sind, von vektoriellen Größen wie Geschwindigkeit, Beschleunigung und Kraft, die durch Betrag und Richtung bestimmt sind.

Wir werden im Folgenden ebenfalls von einer skalaren Größe reden, falls wir eine Zahl explizit von einem Vektor unterscheiden wollen. Für Vektoren verwenden wir bevorzugt die Buchstaben v, w, u und für Skalare die griechischen Buchstaben λ, μ, ν, σ, τ.

Die obige Definition des Vektorbegriffs legt nahe, einen Vektor in einem gegebenen Koordinatensystem durch seine Richtung (in Form des Winkels zur x-Achse) und seine Länge darzustellen. Diese Form der Darstellung ist jedoch für das Rechnen mit Vektoren wenig brauchbar[1]. Wir stellen stattdessen einen Vektor v durch die beiden Katheten v_1 und v_2 seines Steigungsdreiecks dar und schreiben

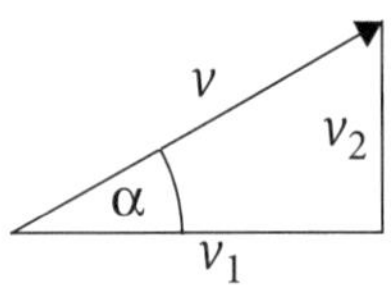

Abb. 8-4
Das Steigungsdreieck

$$v = \begin{pmatrix} v_1 \\ v_2 \end{pmatrix}.$$

Die Komponenten sind reelle Zahlen. Mit $\mathbb{R}^2$ bezeichnen wir die Menge aller Vektoren der Ebene:

$$\mathbb{R}^2 = \left\{ \begin{pmatrix} v_1 \\ v_2 \end{pmatrix} \middle| v_1, v_2 \in \mathbb{R} \right\}.$$

Die Schreibweise als Spaltenvektor hat einige Vorteile, leider aber auch einen gewichtigen Nachteil: Steht ein Spaltenvektor innerhalb eines Absatzes, so werden dessen Zeilen stark „auseinandergerissen". Deshalb gibt es die Schreibweise $v = (a\ b)^T$. Das „T" steht für „transponiert" und besagt, dass dieser Vektor zwar als Zeilenvektor geschrieben, aber als Spaltenvektor zu lesen ist.

Wenn Ihnen die obige physikalische Analogie nicht behagt, so können Sie sich einen Vektor $v = (a\ b)^T$ einfach auch als eine Verschiebung vorstellen, die eine beliebige Figur um a in x-Richtung und um b in y-Richtung verschiebt.

1. Siehe dazu die Diskussion zur Nützlichkeit einer Darstellung in Abschnitt 3.1.

In der Physik werden Vektoren oft auch in der Form $\overrightarrow{PQ}$ durch einen Anfangspunkt P und einen Endpunkt Q dargestellt. Dabei ist jedoch zu beachten, dass dieser Vektor trotz festen Anfangs- und Endpunktes frei in der Ebene verschiebbar ist! Auch wir werden im Folgenden manchmal diese Darstellungsform wählen. Ein Vektor der Form $\overrightarrow{OP}$ – also vom Koordinatenursprung O zum Punkt P – heißt auch *Ortsvektor* zum Punkt P. Ist $P = (a|b)$, so gilt $\overrightarrow{OP} = (a\ b)^T$. Im Folgenden werden wir häufig nicht explizit zwischen einem Punkt P und dessen Ortsvektor $\overrightarrow{OP}$ unterscheiden. Ist $A = (a_1|a_2)$ und $B = (b_1|b_2)$, so gilt:

$$\overrightarrow{AB} = \begin{pmatrix} b_1 - a_1 \\ b_2 - a_2 \end{pmatrix}.$$

Zwei Vektoren $v = (a\ b)^T$ und $w = (c\ d)^T$ sind genau dann gleich, wenn $a = c$ und $b = d$ ist. Falls Sie, liebe Leserin, lieber Leser, nun denken, das sei doch eine Selbstverständlichkeit, die nicht extra erwähnt werden müsse, so möchte ich entgegnen: In der Mathematik sollte man nichts für selbstverständlich halten. Nicht nur in der Mathematik lohnt es sich, scheinbare Selbstverständlichkeiten zu hinterfragen.

Für Brüche beispielsweise gilt diese Selbstverständlichkeit nicht: Betrachten Sie etwa die beiden Brüche $\frac{2}{3}$ und $\frac{4}{6}$. Die Zähler und die Nenner sind zwar jeweils verschieden, nichtsdestominder sind die beiden Brüche gleich.

Länge (Betrag) und Richtung eines Vektors

Die *Länge* (auch *Betrag* genannt) des Vektors v wird mit $\|v\|$ bezeichnet. In dem Steigungsdreieck (▶Abbildung 8-4) gilt nach dem Satz des Pythagoras $\|v\|^2 = v_1^2 + v_2^2$, und daraus folgt:

$$\|v\| = \sqrt{v_1^2 + v_2^2}.$$

Einen Vektor v *normieren* heißt, ihn auf die Länge 1 zu stutzen, indem man ihn durch seine Länge dividiert. Wenn Sie beispielsweise den Vektor $v = (3\ 4)^T$ normieren wollen, so berechnen Sie zunächst dessen Länge zu $\|v\| = \sqrt{25} = 5$. Damit erhalten Sie den normierten Vektor

$$\frac{v}{\|v\|} = \frac{1}{5}\begin{pmatrix} 3 \\ 4 \end{pmatrix}.$$

Die Richtung des Vektors v ist gegeben durch den Winkel α zwischen v und der x-Achse (▶Abbildung 8-4). Wir nennen den Winkel α im Folgenden den *Steigungswinkel* von v. Er lässt sich bestimmen durch die folgenden Gleichungen:

$$\cos\alpha = \frac{v_1}{\sqrt{v_1^2 + v_2^2}} = \frac{v_1}{\|v\|} \text{ und } \alpha = \arccos\frac{v_1}{\sqrt{v_1^2 + v_2^2}}$$

bzw.

$$\sin\alpha = \frac{v_2}{\sqrt{v_1^2+v_2^2}} = \frac{v_2}{\|v\|} \text{ und } \alpha = \arcsin\frac{v_2}{\sqrt{v_1^2+v_2^2}}.$$

Sie haben sicher schon bemerkt, dass diese Gleichungen nur dann sinnvoll sind, wenn $\|v\| \neq 0$ ist, und das ist genau dann der Fall, wenn der Vektor nicht der Nullvektor ist. Wir schreiben den Nullvektor $(0\ 0)^T$ auch in der Form $\mathbf{0}$. Für diesen ist natürlich die Angabe eines Winkels sinnlos.

Ist es nun egal, welche der beiden Formeln man nimmt, um den Steigungswinkel zu berechnen? Probieren Sie es selbst aus!

Aufgabe Zeichnen Sie die folgenden Vektoren

$$v_1 = \begin{pmatrix} 1 \\ 1 \end{pmatrix}, v_2 = \begin{pmatrix} -1 \\ 1 \end{pmatrix}, v_3 = \begin{pmatrix} -1 \\ -1 \end{pmatrix}, v_4 = \begin{pmatrix} 1 \\ -1 \end{pmatrix}$$

als Ortsvektoren in ein Koordinatensystem und bestimmen Sie jeweils deren Steigungswinkel α_1, α_2, α_3, α_4 einmal mit der Kosinusformel und einmal mit der Sinusformel. Benutzen Sie den Taschenrechner zur Berechnung der Arkuskosinus- und Arkussinuswerte.

Lösung

Ihnen ist sicherlich aufgefallen, dass die vier Pfeilspitzen in vier verschiedenen Quadranten des Koordinatensystems liegen (▶ Abbildung 8-5).

- Im ersten Quadranten liefern beide Formeln den korrekten Winkel $\alpha_1 = 45°$.
- Im zweiten Quadranten liefert die Kosinusformel den korrekten Wert $\alpha_2 = 135°$.
- Im dritten Quadranten liefern beide Formeln falsche Werte.
- Im vierten Quadranten liefert die Sinusformel den korrekten Wert $\alpha_4 = -45°$.

Ursache des Problems ist die Tatsache, dass sowohl die Sinusfunktion als auch die Kosinusfunktion nur auf einem eingeschränkten Bereich umkehrbar sind. In Ab-

Abb. 8-5

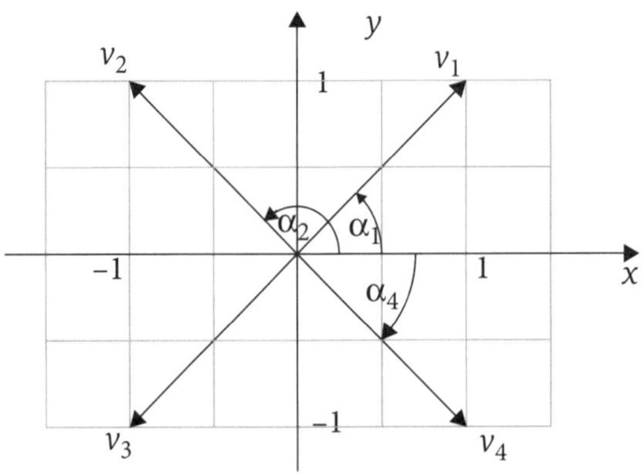

bildung 8-5 können Sie sehen, dass $\cos\alpha_1 = \cos\alpha_4$ und $\sin\alpha_1 = \sin\alpha_2$ ist. Die Arkuskosinusfunktion kann daher nur einen der beiden Winkel α_1 und α_4 liefern. Sie liefert grundsätzlich nur Winkelwerte im Bereich zwischen 0° und 180° (1. und 2. Quadrant), während die Sinusfunktion nur Werte zwischen –90° und 90° liefert (4. und 1. Quadrant). Winkel im 3. Quadranten kommen dabei gar nicht vor. Einer der Gründe, warum ich schon in der Schule die Mathematik liebte, war die Tatsache, dass man für Mathematik nichts auswendig lernen musste. Man benötigt im Grunde nur einige wenige grundlegende Definitionen und Formeln. Darüber hinaus kann man sich das Meiste mit mehr oder weniger Mühe selbst ableiten. Wenn ich zum Beispiel gerade mal vergessen habe, wo der Kosinus negativ und der Sinus positiv ist, dann mache ich mir schnell eine kleine Skizze und schon weiß ich es wieder. Der Weg zum Bücherregal, wo die Formelsammlung still vor sich hin döst, ist mir dazu zu umständlich.

Den korrekten Winkel in allen vier Quadranten erhalten wir folgendermaßen:

- Die Kosinusformel liefert den Wert des Winkels.
- Die Sinusformel liefert die Orientierung des Winkels: positiv (gegen den Uhrzeigersinn) oder negativ (im Uhrzeigersinn). Dafür brauchen wir gar nicht den Wert des Sinus zu kennen, sondern nur dessen Vorzeichen. Und dafür wiederum genügt offenbar das Vorzeichen von v_2.

Oft wird jedoch der Winkel selbst gar nicht benötigt, sondern lediglich dessen Kosinuswert oder Sinuswert. In diesem Fall kann man sich diese Überlegungen ersparen.

Addition und Subtraktion von Vektoren

Im Folgenden seien $v = (v_1\ v_2)^T$ und $w = (w_1\ w_2)^T$ zwei beliebige Vektoren.

Die Summe von v und w ist definiert durch:

$$v + w = \begin{pmatrix} v_1 \\ v_2 \end{pmatrix} + \begin{pmatrix} w_1 \\ w_2 \end{pmatrix} = \begin{pmatrix} v_1 + w_1 \\ v_2 + w_2 \end{pmatrix}.$$

Hier zeigt sich ein Vorteil der Spaltenschreibweise: Führen Sie folgende Addition einmal in der Zeilenschreibweise

$$(3\ 5\ {-1}\ 7)^T + (1\ {-5}\ 2\ 4)^T + (5\ {-8}\ 2\ 0)^T$$

und einmal in der Spaltenschreibweise

$$\begin{pmatrix} 3 \\ 5 \\ -1 \\ 7 \end{pmatrix} + \begin{pmatrix} 1 \\ -5 \\ 2 \\ 4 \end{pmatrix} + \begin{pmatrix} 5 \\ -8 \\ 2 \\ 0 \end{pmatrix}$$

durch. Überzeugt?

Geometrisch erhält man den Vektor $v + w$, indem man die Vektoren wie in Abbildung 8-6 aneinandersetzt. Aus der Physik kennen Sie vielleicht das „Kräfteparallelogramm", mit dem man die Summe zweier Kräfte konstruiert.

Den negativen Vektor $-v = (-v_1 \; -v_2)^T$ erhält man geometrisch aus v offenbar durch Umkehrung der Richtung.

Die Differenz

$$v - w = \begin{pmatrix} v_1 \\ v_2 \end{pmatrix} - \begin{pmatrix} w_1 \\ w_2 \end{pmatrix} = \begin{pmatrix} v_1 - w_1 \\ v_2 - w_2 \end{pmatrix}$$

lässt sich in der Form $v - w = v + (-w)$ schreiben. Der Vektor $v - w$ zeigt von der Spitze von w zur Spitze von v (▶Abbildung 8-6).

Aufgabe

Seien $P(a|b)$ und $Q(c|d)$ Punkte. Bestimmen Sie den Vektor $\overrightarrow{PQ}$.

Lösung

Es gilt:

$$\overrightarrow{OP} = \begin{pmatrix} a \\ b \end{pmatrix} \text{ und } \overrightarrow{OQ} = \begin{pmatrix} c \\ d \end{pmatrix}.$$

Daraus folgt:

$$\overrightarrow{PQ} = \overrightarrow{OQ} - \overrightarrow{OP} = \begin{pmatrix} c - a \\ d - b \end{pmatrix}.$$

Skalare Multiplikation

Die skalare Multiplikation eines Vektors v mit einem Skalar (also einer reellen Zahl) λ ist definiert durch:

$$\lambda v = \lambda \begin{pmatrix} v_1 \\ v_2 \end{pmatrix} = \begin{pmatrix} \lambda v_1 \\ \lambda v_2 \end{pmatrix}.$$

Abb. 8-6 Summe (links) und Differenz (rechts) von Vektoren

Aufgabe In dieser Aufgabe sollen Sie die geometrische Bedeutung der skalaren Multiplikation erkennen.

a) Welche Auswirkung hat die skalare Multiplikation auf Richtung (Steigungswinkel) und Länge eines Vektors? Hinweis: Experimentieren Sie mit einem konkreten Vektor v und unterschiedlichen λ-Werten.
b) Sei v ein beliebiger Vektor und λ ein Skalar. Drücken Sie den Betrag des Vektors λv mithilfe von λ und dem Betrag von v aus.

Lösung

a) Die Richtung des Vektors bleibt bei positivem λ erhalten, bei negativem λ kehrt sie sich um. Die Länge des Vektors wird dabei vergrößert oder verkleinert:

- Ist $|\lambda| > 1$, so wird v gedehnt.
- Ist $|\lambda| < 1$, so wird v gestaucht.

b) Es gilt: $\|\lambda v\| = |\lambda| \|v\|$. ■

Zwei Vektoren v und w heißen *kollinear*, wenn sie in die gleiche oder entgegengesetzte Richtung zeigen. Dies ist genau dann der Fall, wenn sich einer der beiden als skalares Vielfaches des anderen schreiben lässt.

Beispiel: Der Satz von Varignon

Zeichnen Sie ein beliebiges Viereck $ABCD$, am besten möglichst unregelmäßig, und zeichnen Sie die vier Seitenmitten E, F, G, H ein. Nun verbinden Sie benachbarte Seitenmitten miteinander, sodass wieder ein Viereck entsteht. Der Satz von Varignon[1] besagt, dass dieses Viereck ein Parallelogramm ist. Wir wollen diesen Satz mithilfe von Vektoren beweisen. Dafür gibt es zwei Möglichkeiten.

Zunächst die etwas umständlichere Version: Wir zeichnen die Punkte in ein Koordinatensystem und rechnen mit Koordinatenvektoren. Um die Rechnung möglichst einfach zu halten, wählen wir das Koordinatensystem so, dass der Punkt A im Ursprung liegt und der Punkt B auf der x-Achse (▶ Abbildung 8-7 links).

Aufgabe

a) Berechnen Sie die Koordinaten der Punkte E, F, G, H.

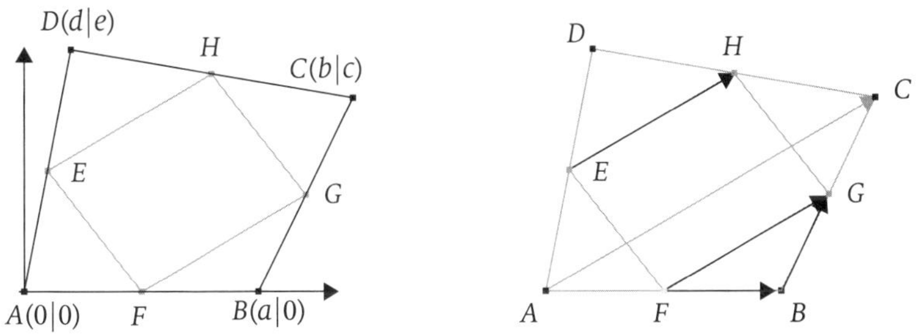

Abb. 8-7
Der Satz von Varignon

1. Pierre de Varignon (1654 – 1722), frz. Mathematiker

b) Berechnen Sie die Vektoren $\overrightarrow{FG}$ und $\overrightarrow{EH}$.

Lösung

a) Für zwei Punkte $P(x|y)$ und $Q(z|w)$ berechnet sich der Mittelpunkt der Strecke $\overline{PQ}$ zu $M_{\overline{PQ}}\left(\frac{x+z}{2}\middle|\frac{y+w}{2}\right)$. Wir erhalten:

$$E\left(\frac{d}{2}\middle|\frac{e}{2}\right),\ F\left(\frac{a}{2}\middle|0\right),\ G\left(\frac{a+b}{2}\middle|\frac{c}{2}\right),\ H\left(\frac{b+d}{2}\middle|\frac{c+e}{2}\right).$$

b) $\overrightarrow{FG} = \frac{1}{2}\begin{pmatrix} b \\ c \end{pmatrix}$ und $\overrightarrow{EH} = \frac{1}{2}\begin{pmatrix} b \\ c \end{pmatrix}$

Dies zeigt, dass die beiden Seiten EH und FG die gleiche Richtung und die gleiche Länge haben, und damit ist das Viereck ein Parallelogramm.

Hier nun die etwas elegantere Lösung ohne Koordinaten (▶ Abbildung 8-7 rechts): Wir bestimmen die Vektoren $\overrightarrow{FG}$ und $\overrightarrow{EH}$ mithilfe der Punkte A, B, C und D. Es gilt:

$$\overrightarrow{FB} = \frac{1}{2}\overrightarrow{AB} \text{ und } \overrightarrow{BG} = \frac{1}{2}\overrightarrow{BC}.$$

Daher ist

$$\overrightarrow{FG} = \overrightarrow{FB} + \overrightarrow{BG} = \frac{1}{2}(\overrightarrow{AB} + \overrightarrow{BC}) = \frac{1}{2}\overrightarrow{AC}.$$

Ebenso ist

$$\overrightarrow{EH} = \overrightarrow{ED} + \overrightarrow{DH} = \frac{1}{2}(\overrightarrow{AD} + \overrightarrow{DC}) = \frac{1}{2}\overrightarrow{AC}.$$

Die Vektoren $\overrightarrow{FG}$ und $\overrightarrow{EH}$ sind identisch, und das Viereck ist ein Parallelogramm. Dieser Beweis zeigt sehr schön, dass die Seiten $\overline{FG}$ und $\overline{EH}$ beide parallel zur Diagonalen $\overline{AC}$ und halb so lang wie diese sind. In der Schule wird dies mit dem Strahlensatz bewiesen.

Aufgaben zu 8.2

8.3 Bestimmen Sie jeweils Betrag und Steigungswinkel der folgenden Vektoren.

$$v_1 = \begin{pmatrix} 2 \\ 2 \end{pmatrix},\ v_2 = \begin{pmatrix} 1 \\ -\sqrt{3} \end{pmatrix},\ v_3 = \begin{pmatrix} -\sqrt{3} \\ -1 \end{pmatrix}$$

8.4 Bestimmen Sie jeweils die Koordinatendarstellung des Vektors v bei gegebener Länge und Steigungswinkel.

a) $\|v\| = 4,\ \alpha = 60°$

b) $\|v\| = 2$, $\alpha = 150°$
c) $\|v\| = 6$, $\alpha = -30°$
d) $\|v\| = 1$, $\alpha = -120°$

8.5 Seien $P(a|b)$ und $Q(c|d)$ Punkte in der Ebene. Bestimmen Sie $\overline{PQ}$ (die Distanz zwischen P und Q).

8.6 Liegt der Punkt $P(5|7)$ innerhalb oder außerhalb des Kreises mit Mittelpunkt $M(2|3)$ und Radius $r = 4$?

8.7 Beweisen Sie die Aussage $\|\lambda v\| = |\lambda| \|v\|$.

Programmieraufgaben

8.8 Erstellen Sie eine Klasse `Punkt`, die Punkte in der Ebene darstellt. Diese Klasse hat die folgenden Methoden:

- `boolean equals(Punkt q)`: prüft, ob *this* und q gleich sind.
- `String toString()`: liefert eine String-Darstellung des Punktes in der Form $(x|y)$.

8.9 Erstellen Sie eine Klasse `Vektor` (nicht Vector – die gibt es nämlich schon!), die Vektoren in der Ebene darstellt. Erstellen Sie folgende Konstruktoren:

- `Vektor(double x, double y)`: erzeugt einen Vektor aus seinen beiden Komponenten.
- `Vektor(Punkt p, Punkt q)`: erzeugt den Vektor von Punkt p zu Punkt q.

sowie folgende Methoden:

- die `equals`-Methode,
- die `toString`-Methode,
- Methoden zur Addition, Subtraktion und skalaren Multiplikation,
- Methoden zur Bestimmung der Länge und des Steigungswinkels.

Hinweis: Ich halte es für sinnvoll, Addition, Subtraktion und skalare Multiplikation als statische Methoden zu implementieren.

8.3 Winkel, Skalarprodukt und Determinante

Um zu prüfen, ob der Mausklickpunkt nahe genug an der vorgegebenen Strecke ist, müssen wir unter anderem Winkel zwischen Geraden berechnen. Dieser Abschnitt beschäftigt sich mit der Frage der Winkelberechnung zwischen Vektoren. Wir werden sehen, dass dadurch auch die Frage nach dem Winkel zwischen Geraden im Wesentlichen gelöst ist. Wenn im Folgenden vom Winkel zwischen zwei Vektoren v und w die Rede ist, so ist stets der kleinere der beiden gemeint (in der Abbildung ist dies α_1). Es handelt sich somit um einen Winkel zwischen 0° und 180°.

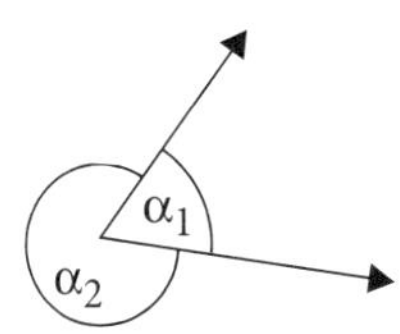

Einen Sonderfall wollen wir ausschließen: Ein Winkel zwischen zwei Vektoren ist natürlich nur dann sinnvoll definiert, wenn keiner der beiden der Nullvektor ist. Wir nehmen deshalb für den Rest dieses Abschnitts an, dass $v \neq \mathbf{0}$ und $w \neq \mathbf{0}$ ist.

Wir wissen bereits (▶ Abschnitt 8.2), wie der Steigungswinkel eines Vektors v berechnet werden kann.

Aufgabe Überlegen Sie, wie dieses Wissen genutzt werden kann, um den Winkel zwischen zwei Vektoren v und w zu berechnen.

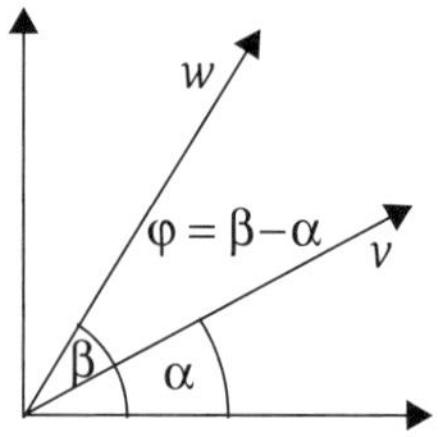

Abb. 8-8
Berechnung des Winkels zwischen v und w

Lösung Abbildung 8-8 zeigt eine Lösung dieser Aufgabe. Ist α der Steigungswinkel von v und β der Steigungswinkel von w, so ist der Winkel φ zwischen den Vektoren v und w offenbar $\beta - \alpha$. Damit ist klar, wie φ berechnet werden kann. In der Praxis wird jedoch meistens der Winkel φ selbst gar nicht benötigt, sondern die Werte $\cos\varphi$ oder $\sin\varphi$.

Aufgabe Sei φ der Winkel zwischen den Vektoren v und w und seien wie oben α und β die Steigungswinkel von v bzw. w. Bestimmen Sie $\cos\varphi$ und $\sin\varphi$ nur mithilfe der Größen v_1, v_2, w_1, w_2. **Hinweis**: Die dazu benötigten trigonometrischen Formeln finden Sie in jeder Formelsammlung oder unter http://de.wikipedia.org/wiki/Formelsammlung_Trigonometrie.

Lösung Nach einem der trigonometrischen Additionstheoreme gilt:

$$\cos\varphi = \cos(\beta - \alpha) = \cos\alpha\cos\beta + \sin\alpha\sin\beta\,.$$

Wir setzen nun die in Abschnitt 8.2 gefundenen Werte ein und erhalten:

$$\cos\varphi = \cos\alpha\cos\beta + \sin\alpha\sin\beta = \frac{v_1 w_1 + v_2 w_2}{\sqrt{v_1^2 + v_2^2}\sqrt{w_1^2 + w_2^2}}\,.$$

Auf die gleiche Weise erhalten wir:

$$\sin\varphi = \sin\beta\cos\alpha - \sin\alpha\cos\beta = \frac{v_1 w_2 - v_2 w_1}{\sqrt{v_1^2 + v_2^2}\sqrt{w_1^2 + w_2^2}}\,.$$

Die Terme $v_1 w_1 + v_2 w_2$ und $v_1 w_2 - v_2 w_1$, die im Zähler von $\cos\varphi$ bzw. $\sin\varphi$ vorkommen, sind so wichtig, dass sie jeweils mit einem eigenen Begriff bezeichnet werden.

Definition
Skalarprodukt und Determinante

Das *Skalarprodukt* von $v = (v_1, v_2)^T$ und $w = (w_1, w_2)^T$ ist definiert durch:

$$v \cdot w = v_1 w_1 + v_2 w_2\,.$$

Die *Determinante* von v und w ist definiert durch:

$$\det(v, w) = v_1 w_2 - v_2 w_1\,.$$

Beachten Sie, dass beim Skalarprodukt der Punkt zwischen den beiden Vektoren im Unterschied zur „normalen" Multiplikation zwischen Zahlen niemals weggelassen wird.

Mit diesen beiden Begriffen können wir die obigen Formeln folgendermaßen umschreiben:

Die Sinus- und die Kosinusformel

$$\cos\varphi = \frac{v \cdot w}{\|v\|\,\|w\|} \qquad \text{(Die Kosinusformel)}$$

$$\sin\varphi = \frac{\det(v, w)}{\|v\|\,\|w\|} \qquad \text{(Die Sinusformel)}$$

Beachten Sie, dass wir den Nullvektor schon zu Anfang des Abschnitts ausgeschlossen hatten. Soll der Wert des Winkels φ berechnet werden (was, wie gesagt, oft gar nicht nötig ist), so stehen folgende Formeln zur Verfügung:

$$\varphi = \arccos \frac{v \cdot w}{\|v\|\,\|w\|}$$

und

$$\varphi = \arcsin \frac{\det(v, w)}{\|v\|\,\|w\|}.$$

Wir werden im Folgenden auch diese beiden Formeln als Kosinus- bzw. Sinusformel bezeichnen – es sind ja bloß Umformulierungen davon.

An dieser Stelle ergibt sich dieselbe Frage wie bei der Bestimmung des Steigungswinkels (▶ Seite 170): Sinusformel oder Kosinusformel? Und die Antwort ist ebenfalls dieselbe: Die Kosinusformel liefert den Betrag des Winkels, während die Sinusformel dessen Orientierung liefert.

Für viele Anwendungen in der Computergrafik reicht es aus zu wissen, ob ein Winkel kleiner als 90° ist. In anderen Kontexten wiederum ist es wichtig, rechte Winkel zu erkennen.

Spitze und stumpfe Winkel, orthogonale Vektoren

Seien v und w Vektoren und φ der eingeschlossene Winkel, $0° \leq \varphi \leq 180°$. Es gilt:

- $\varphi < 90°$, wenn $v \cdot w > 0$ ist.
- $\varphi > 90°$, wenn $v \cdot w < 0$ ist.
- $\varphi = 90°$, wenn $v \cdot w = 0$ ist. Man sagt in diesem Fall, v und w sind *orthogonal*, in Zeichen $v \perp w$.

Beweis: Übungsaufgabe.

Drehsinn, kollineare Vektoren

Seien v und w Vektoren und φ der Drehwinkel von v zu w. Dann gilt:

- $\varphi > 0°$ (Drehung gegen den Uhrzeigersinn), wenn $\det(v, w) > 0$ ist,
- $\varphi < 0°$ (Drehung im Uhrzeigersinn), wenn $\det(v, w) < 0$ ist,
- $\varphi = 0°$ oder $\varphi = 180°$ (v und w sind *kollinear*), wenn $\det(v, w) = 0$ ist.

Es folgen einige Rechenregeln für das Skalarprodukt und die Determinante:

Rechenregeln für das Skalarprodukt und die Determinante

- $v \cdot w = w \cdot v$
- $(\lambda v) \cdot w = v \cdot (\lambda w) = \lambda(v \cdot w)$
- $u \cdot (v + w) = u \cdot v + u \cdot w$
- $\det(v, w) = -\det(w, v)$
- $\det(v, v) = 0$
- $\det(\lambda v, w) = \det(v, \lambda w) = \lambda \det(v, w)$
- $\det(u, v + w) = \det(u, v) + \det(u, w)$

Die Beweise überlasse ich Ihnen als Übungsaufgabe. Wie man leicht nachrechnet, gilt ferner:

$$v \cdot v = \|v\|^2 \text{ oder } \|v\| = \sqrt{v \cdot v}\,.$$

Sind $v = \overrightarrow{AC}$ und $w = \overrightarrow{AB}$ zwei Vektoren wie in Abbildung 8-9, so nennt man die Länge p der Strecke $\overline{AD}$ die *Projektion* von v auf w. Die Länge d der Strecke $\overline{CD}$ ist der Abstand des Punktes C zur Geraden AB.

Projektion Abstand Punkt zu Gerade

Für die Projektion p des Vektors v auf den Vektor w gilt:

$$p = \|v\| \cdot \cos\varphi = \|v\| \cdot \frac{v \cdot w}{\|v\| \cdot \|w\|} = \frac{v \cdot w}{\|w\|}\,.$$

Für den Abstand des Punktes C zur Geraden AB gilt:

$$d = \|v\| \cdot \sin\varphi = \|v\| \cdot \frac{\det(v, w)}{\|v\| \cdot \|w\|} = \frac{\det(v, w)}{\|w\|} = \frac{\det(\overrightarrow{AC}, \overrightarrow{AB})}{\|\overrightarrow{AB}\|}\,.$$

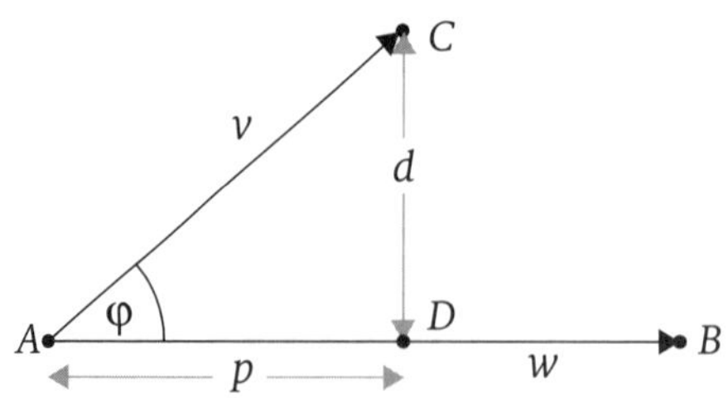

Abb. 8-9
Projektion p und Abstand d eines Punktes von einer Geraden

Aufgaben zu 8.3

8.10 Berechnen Sie jeweils den Winkel α zwischen v und w.

a) $v = (3\ 3)^T$, $w = (-2\ 2)^T$

b) $v = (1\ 2)^T$, $w = (2\ 1)^T$

8.11 Gegeben seien die Punkte $P(5|3)$, $A(-1|0)$ und $B(0|2)$. Berechnen Sie den Abstand des Punktes P von der Geraden AB.

8.12 Beweisen Sie die Rechenregeln des Skalarprodukts.

8.13 Beweisen Sie die Rechenregeln der Determinante.

8.14 Beweisen Sie die Aussagen, die auf Seite 173 unter „Spitze und stumpfe Winkel, orthogonale Vektoren“ gemacht werden.

8.15 Der Satz von Thales[1] besagt: Liegt der Punkt C eines Dreiecks ABC auf einem Halbkreis über der Strecke $\overline{AB}$, dann hat das Dreieck bei C einen rechten Winkel.

Beweisen Sie den Satz von Thales mit Vektoren. Hinweis: Zeichnen Sie den Mittelpunkt M des Halbkreises ein. Sie können wie beim Beweis des Satzes von Varignon entweder mit oder ohne Koordinaten rechnen. Verwenden Sie das Ergebnis von Aufgabe 8.10.

Programmieraufgaben

8.16 Erstellen Sie in der Klasse `Vektor` Methoden für

- Skalarprodukt,
- Determinante,
- Winkel zwischen zwei Vektoren.

8.4 Lösung des Problems „Wohin klickt die Maus?“

An dieser Stelle haben wir schon genügend Werkzeuge, um das eingangs gestellte Problem zu lösen. Wir wollen dies an einem konkreten Beispiel mit zwei unterschiedlichen Mausklickpunkten M_1 und M_2 vorführen:

$$A(2|1),\ B(4|2),\ M_1(1{,}5|0{,}5),\ M_2(3|1{,}4)$$

Erster Teil der Lösung

- Bestimme die Winkel α zwischen $\overrightarrow{AB}$ und $\overrightarrow{AM}$ und β zwischen $\overrightarrow{BA}$ und $\overrightarrow{BM}$. Ist einer der beiden Winkel größer als 90°, so ist M nicht nahe genug an AB.

1. Thales von Milet (um 624 v.Chr. – um 546 v.Chr.), griech. Philosoph und Mathematiker

Es ist nun gar nicht nötig, die beiden Winkel α und β explizit zu bestimmen, denn uns interessiert ja nur, ob sie kleiner oder größer als 90° sind, und dies kann man schon am Vorzeichen des Skalarprodukts erkennen. Es gilt:

$$\alpha < 90^\circ \text{ genau dann, wenn } \overrightarrow{AB} \cdot \overrightarrow{AM} > 0 .$$

In unserem Beispiel ergibt sich:

$$\overrightarrow{AB} = \begin{pmatrix} 2 \\ 1 \end{pmatrix}, \overrightarrow{AM_1} = \begin{pmatrix} -0,5 \\ -0,5 \end{pmatrix}$$

und damit

$$\overrightarrow{AB} \cdot \overrightarrow{AM_1} = \begin{pmatrix} 2 \\ 1 \end{pmatrix} \cdot \begin{pmatrix} -0,5 \\ -0,5 \end{pmatrix} = 2 \cdot (-0,5) + 1 \cdot (-0,5) = -1,5 .$$

Dieser Wert ist negativ, also ist auch $\cos\alpha$ negativ, und damit ist $\alpha > 90^\circ$. Der Punkt M_1 liegt demnach außerhalb eines Streifens, der senkrecht zur Linie $\overline{AB}$ verläuft, und scheidet somit schon aus.

Für den Punkt M_2 erhalten wir:

$$\overrightarrow{AB} \cdot \overrightarrow{AM_2} = \begin{pmatrix} 2 \\ 1 \end{pmatrix} \cdot \begin{pmatrix} 1 \\ 0,4 \end{pmatrix} = 2,4$$

und

$$\overrightarrow{BA} \cdot \overrightarrow{BM_2} = \begin{pmatrix} -2 \\ -1 \end{pmatrix} \cdot \begin{pmatrix} -1 \\ -0,6 \end{pmatrix} = 2,6 .$$

Beide Werte sind positiv, das heißt, beide Winkel sind kleiner als 90° und der Punkt M_2 „bleibt im Rennen".

Zweiter Teil der Lösung

- Bestimme den Abstand d von M zur Geraden AB. Ist $d \leq \varepsilon$, so ist M nahe genug an AB.

Wir benötigen nun ein ε und wählen (willkürlich) $\varepsilon = 0,1$.

Für den Abstand des Punktes M zur Geraden AB gilt:

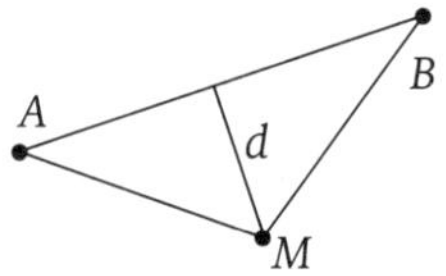

$$d = \frac{\det(\overrightarrow{AM}, \overrightarrow{AB})}{\overline{AB}} .$$

In unserem Beispiel erhalten wir für den gesuchten Abstand d von M_2 zur Geraden AB:

$$\det(\overrightarrow{AM_2}, \overrightarrow{AB}) = \det\left(\begin{pmatrix} 1 \\ 0,4 \end{pmatrix}, \begin{pmatrix} 2 \\ 1 \end{pmatrix}\right) = 1 \cdot 1 - 0,4 \cdot 2 = 0,2$$

und

$$\overline{AB} = \|\overrightarrow{AB}\| = \left\|\begin{pmatrix} 2 \\ 1 \end{pmatrix}\right\| = \sqrt{5}$$

und somit

$$d = \frac{0,2}{\sqrt{5}} \approx 0,09 < 0,1 \,.$$

Damit ist $d < \varepsilon$ und der Punkt M_2 ist nahe genug an der Geraden AB und nach dem Ergebnis des ersten Teils auch nahe genug an der Linie $\overline{AB}$. ■

Das Problem scheint damit zufriedenstellend gelöst zu sein. Wenn Sie das Verfahren nun implementieren und testen, werden Sie jedoch bald feststellen, dass ein systematischer Fehler eingebaut ist: Die Mausklickpunkte, die rechts der Geraden AB liegen (wenn Sie von A nach B schauen) werden korrekt identifiziert, diejenigen, die links davon liegen, werden unterschiedslos alle akzeptiert, auch wenn sie viel zu weit von der Linie entfernt sind.

Aufgabe Finden Sie heraus, woran das liegt.

Lösung Wir wählen beispielhaft den Punkt $M_3(3|3)$, der – wie Sie mit bloßem Auge auf der Zeichnung sehen – weit von der Geraden AB entfernt liegt, und erhalten:

$$\det(\overrightarrow{AM_3}, \overrightarrow{AB}) = \det\left(\begin{pmatrix} 1 \\ 2 \end{pmatrix}, \begin{pmatrix} 2 \\ 1 \end{pmatrix}\right) = -3$$

sowie $d \approx -1,34 < 0,1$. Damit ist der Fehler klar: Negative Distanzwerte sind stets kleiner als das positive ε. Man muss daher mit $|d|$ statt mit d rechnen. ■

Aus Fehlern lernt man, sagt der Volksmund – zu Recht! Der Fehler mit dem negativen d zeigt, dass man mithilfe der Determinante bestimmen kann, ob ein Punkt M links oder rechts von einer Geraden AB liegt.

Punkt links oder rechts einer Linie, Umlaufsinn eines Dreiecks

Seien M, A und B Punkte und sei $d = \det(\overrightarrow{AM}, \overrightarrow{AB})$. Dann gilt:

- $d > 0$ genau dann, wenn M rechts von der Geraden AB liegt bzw. das Dreieck ABM im Uhrzeigersinn durchlaufen wird,
- $d < 0$ genau dann, wenn M links von der Geraden AB liegt bzw. das Dreieck ABM gegen den Uhrzeigersinn durchlaufen wird,
- $d = 0$ genau dann, wenn M auf der Geraden AB liegt.

Stellen Sie sich einen Zug vor, der von A nach B fährt. Dann ist klar, was *in Fahrtrichtung links* bzw. *in Fahrtrichtung rechts* bedeutet. Dadurch, dass man auf die explizite Berechnung von Winkeln verzichten kann, braucht man fast ausschließlich nur die vier Grundrechenarten, mit einer einzigen Ausnahme: der Berechnung der Wurzel zur Bestimmung von $\overline{AB}$. Selbst auf diese Wurzelberechnung kann man verzichten, indem man nicht d mit ε vergleicht, sondern d^2 mit ε^2, denn für alle reellen Zahlen x und y gilt:

$$|x| < |y| \Leftrightarrow x^2 < y^2 .$$

Aufgaben zu 8.4

8.17 Berechnen Sie den Flächeninhalt des Dreiecks und des Parallelogramms, das von den Vektoren $v = (v_1\ v_2)^T$ und $w = (w_1\ w_2)^T$ aufgespannt wird.

8.18 Berechnen Sie den Flächeninhalt des Dreiecks ABC mit $A(2|1)$, $B(4|2)$, $C(3|4)$.

8.19 Gegeben sind die Punkte $A(2|3)$, $B(7|6)$, sowie der Mausklickpunkt $M(5|5)$. Liegt M nahe genug an der Linie AB, falls die Toleranzschwelle $\varepsilon = 0{,}1$ beträgt?

8.20 Gegeben ist das Dreieck ABC mit $A(-2|1)$, $B(3|-1)$, $C(4|3)$ sowie der Punkt $P(0|2)$. Liegt P innerhalb oder außerhalb des Dreiecks?

Programmierprojekt 1

Markieren einer Linie

Implementieren Sie das Verfahren „Wohin klickt die Maus?“ mit einer grafischen Oberfläche. Das Programm stellt folgende Funktionen zur Verfügung:

- Zeichnen einer Linie mit der Maus.
- Markieren einer Linie durch Mausklick, sofern dieser nahe genug an der Linie ist.
- Löschen einer markierten Linie.

Benutzen Sie dazu die Klasse `Vektor`.

Programmierprojekt 2

Markieren eines Polygons

Anstelle einer Linie soll nun ein Polygon markiert werden.

Implementieren Sie das Verfahren mit einer grafischen Oberfläche. Das Programm stellt folgende Funktionen zur Verfügung:

- Zeichnen eines Polygons mit der Maus.
- Markieren eines Polygons durch Mausklick, sofern dieser innerhalb des Polygons ist.

- Löschen des markierten Polygons.

Das wesentliche mathematische Problem ist die Frage, ob sich der Mausklickpunkt M innerhalb des Polygons P befindet. Eine zentrale Rolle bei der Beantwortung dieser Frage spielt die Frage, ob M jeweils links oder rechts der Randlinien des Polygons liegt. Nehmen Sie zunächst an, dass das Polygon P *konvex* ist.

Kann man das Verfahren für nichtkonvexe Polygone entsprechend modifizieren? Wie sieht es aus mit Polygonen, bei denen sich Linien überschneiden?

- Java stellt eine Klasse **Polygon** zum Zeichnen zur Verfügung.

8.5 Geraden

Am Anfang dieses Abschnitts soll wieder eine konkrete Problemstellung stehen, dieses Mal jedoch ein „innermathematisches“ Problem. Sie kennen aus der Schule den Satz: Die drei Höhen eines Dreiecks schneiden sich in einem Punkt. Diesen wollen wir mit den Mitteln der analytischen Geometrie – das heißt letztendlich durch Rechnen – beweisen. Was benötigen wir dazu?

- Anders als beim Problem „Wohin klickt die Maus?“, müssen wir hier mit Geraden und nicht mit Linien arbeiten, denn nur bei Geraden können wir sicher sein, dass ein Schnittpunkt existiert – vorausgesetzt, sie sind nicht parallel. Wir brauchen daher eine Form der Darstellung von Geraden.
- Die Höhe h_a beispielsweise ist diejenige Gerade, die durch den Dreieckspunkt A geht und orthogonal zur gegenüberliegenden Seite a ist. Wir müssen daher eine Gerade bestimmen können, die durch einen vorgegebenen Punkt geht und eine bestimmte Richtung (senkrecht zu a) hat.
- Schließlich müssen wir den Schnittpunkt zweier (nicht paralleler) Geraden bestimmen können.

Die Parameterform der Geradendarstellung

Zunächst zur Darstellung von Geraden. Aus der Schule kennen Sie die funktionale (oder explizite) Form $y = f(x) = mx + n$ mit der Steigung m und dem Achsenabschnitt n. Diese Form ist für unsere Zwecke unbrauchbar, und zwar aus einem ganz einfachen Grund: Vertikale Geraden lassen sich damit nicht darstellen, denn deren Steigung ist unendlich. Unsere Darstellung soll jedoch ausnahmslos alle Geraden erfassen.

Eine leichte Modifikation der funktionalen Form genügt, um auch vertikale Geraden darstellen zu können. Die implizite Form lautet $ax + by = c$. Die explizite Form lässt sich ganz einfach in die implizite Form bringen:

$$y = mx + n \qquad \Leftrightarrow \qquad -mx + y = n$$

Umgekehrt lässt sich unter der Voraussetzung $b \neq 0$ die implizite in die explizite Form bringen:

$$ax + by = c \qquad \Leftrightarrow \qquad y = -\frac{a}{b}x + \frac{c}{b}, \text{ falls } b \neq 0$$

Ist $b = 0$, so handelt es sich um eine vertikale Gerade. Die implizite Form hat jedoch der expliziten Form gegenüber den Nachteil, dass sie nicht eindeutig ist. Beispielsweise sind die Geraden

$$g: 2x - 3y = 5$$

und

$$h: 4x - 6y = 10$$

identisch.

In der analytischen Geometrie verwenden wir die sogenannte *Punkt-Richtungsform* (meist *Parameterform* genannt). Als Beispiel betrachten wir zunächst eine Gerade durch den Ursprung (▶ Abbildung 8-10 links) und einige Punkte P_1, P_2, P_3, P_4 auf dieser Geraden. Die Ortsvektoren

$$\overrightarrow{OP_1} = \begin{pmatrix} 2 \\ 1 \end{pmatrix}, \overrightarrow{OP_2} = \begin{pmatrix} 4 \\ 2 \end{pmatrix}, \overrightarrow{OP_3} = \begin{pmatrix} 5 \\ 2,5 \end{pmatrix}, \overrightarrow{OP_4} = \begin{pmatrix} -2 \\ -1 \end{pmatrix}$$

sind offenbar alle Vielfache voneinander. Wir können deshalb einen beliebigen Vektor herausgreifen, etwa $v = \overrightarrow{OP_1} = (2\ 1)^T$ und die Gerade als die Menge aller skalaren Vielfachen dieses Vektors darstellen. Wir schreiben die Menge $\{\lambda v | \lambda \in \mathbb{R}\}$ aller skalaren Vielfachen von v in der Form $\langle v \rangle$ und erhalten dann die Geradendarstellung

$$g: \{\lambda v | \lambda \in \mathbb{R}\} \qquad \text{bzw.} \qquad g: \langle v \rangle .$$

Mit dieser Form lassen sich sämtliche Geraden *durch den Ursprung* – aber sonst keine! – darstellen. Der Vektor v gibt offenbar die Steigung bzw. Richtung der Geraden an. Jeder Punkt auf der Geraden entspricht genau einem Wert von λ, und umgekehrt erhält man durch jede Wahl von λ den Ortsvektor eines Punktes auf der Geraden.

Geraden, die nicht durch den Ursprung gehen, erhält man durch Parallelverschiebung einer Geraden durch den Ursprung. In Abbildung 8-10 (rechts) sehen Sie eine Gerade h, die aus g durch Parallelverschiebung um zwei Einheiten nach rechts entsteht. Für die Punkte Q_1 bis Q_4 auf der Geraden h gilt jeweils:

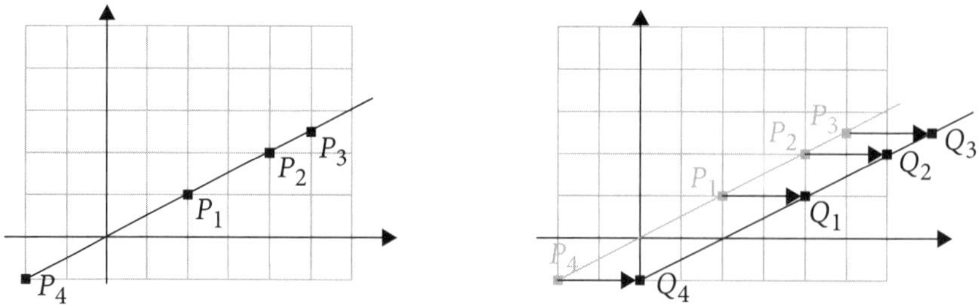

Abb. 8-10
Geradendarstellung

$$\overrightarrow{OQ_i} = \overrightarrow{OP_i} + \begin{pmatrix} 2 \\ 0 \end{pmatrix}.$$

Der Vektor $u = (2\ 0)^T$ gibt die Verschiebung an. Wir können nun die Gerade h darstellen durch die Punktmenge:

$$h : \{u + \lambda v | \lambda \in \mathbb{R}\} \quad \text{bzw.} \qquad h : u + \langle v \rangle .$$

Mit dieser Form lassen sich sämtliche Geraden darstellen. Der Vektor v gibt die Steigung bzw. Richtung der Geraden an, der Vektor u gibt die Verschiebung an. Jeder Punkt auf der Geraden entspricht genau einem Wert von λ und umgekehrt erhält man durch jede Wahl von λ einen Punkt auf der Geraden.

Wie die implizite Form ist auch die Parameterform $u + \langle v \rangle$ nicht eindeutig, denn statt v hätte man genauso gut jedes skalare Vielfache von v nehmen können. Auch die Verschiebung u ist nicht eindeutig bestimmt. So ist es im Beispiel egal, ob wir die Gerade g um zwei nach rechts ($u = (2\ 0)^T$) oder um eins nach unten ($u = (0\ {-1})^T$) verschieben. Man kann als Verschiebungsvektor jeden Ortsvektor nehmen, dessen Spitze auf der Geraden h liegt. Man nennt den Vektor u auch *Stützvektor* der Geraden h, den entsprechenden Punkt auf h nennt man *Stützpunkt* von h.

Definition
Parameterform einer Geraden

Die *Parameterform* der Geraden h ist gegeben durch:

$$h : \{u + \lambda v | \lambda \in \mathbb{R}\},$$

abgekürzt

$$h : u + \langle v \rangle .$$

Dabei ist

- u ein *Stützvektor* von h, das heißt, der Ortsvektor eines Punktes auf h und
- v ein *Richtungsvektor* von h, das heißt, ein Vektor, der in dieselbe Richtung zeigt wie h.

Aufgabe

a) Bestimmen Sie die Parameterform der Geraden durch die beiden Punkte $P(1|2)$ und $Q(3|3)$.
b) Bestimmen Sie allgemein die Parameterform der Geraden durch zwei Punkte P und Q.

Lösung

a) Als Stützpunkt kann man am bequemsten einen der beiden Punkte wählen, also etwa $P(1|2)$. Das ergibt den Stützvektor $(1\ 2)^T$. Als Richtungsvektor wählen wir den Vektor $\overrightarrow{PQ} = (2\ 1)^T$ und erhalten die Gerade

$$g : \begin{pmatrix} 1 \\ 2 \end{pmatrix} + \langle \begin{pmatrix} 2 \\ 1 \end{pmatrix} \rangle .$$

b) $g : \overrightarrow{OP} + \langle \overrightarrow{PQ} \rangle$ ■

Parameterform der Geraden durch zwei Punkte

> Die Gerade g durch die beiden Punkte P und Q hat die Form:
>
> $$g : \overrightarrow{OP} + \langle \overrightarrow{PQ} \rangle .$$

Wir schreiben im Folgenden $P \in g$, falls der Punkt P auf der Geraden g liegt.

Aufgabe

a) Gegeben ist der Punkt $P(9|-10)$ und die Gerade

$$g : \begin{pmatrix} 3 \\ -2 \end{pmatrix} + \langle \begin{pmatrix} -4 \\ 5 \end{pmatrix} \rangle .$$

Gilt $P \in g$?

b) Geben Sie allgemein ein Verfahren an, mit dem man prüfen kann, ob ein gegebener Punkt P auf einer Geraden g liegt.

Lösung

a) Der Punkt P liegt auf g, falls es ein $\lambda \in \mathbb{R}$ gibt, sodass die folgende Gleichung gilt:

$$\begin{pmatrix} 3 \\ -2 \end{pmatrix} + \lambda \begin{pmatrix} -4 \\ 5 \end{pmatrix} = \begin{pmatrix} 9 \\ -10 \end{pmatrix}$$

bzw.

$$\lambda \begin{pmatrix} -4 \\ 5 \end{pmatrix} = \begin{pmatrix} 9 \\ -10 \end{pmatrix} - \begin{pmatrix} 3 \\ -2 \end{pmatrix} = \begin{pmatrix} 6 \\ -8 \end{pmatrix} .$$

Der Wert von λ interessiert uns nicht, wir wollen nur wissen, ob die Gleichung überhaupt lösbar ist. Dies ist sie offenbar genau dann, wenn die beiden Vektoren $(-4\ 5)^T$ und $(6\ -8)^T$ kollinear sind. Das wiederum ist genau dann der Fall, wenn die Determinante $\det((-4\ 5)^T, (6\ -8)^T)$ gleich 0 ist. Es gilt $\det((-4\ 5)^T, (6\ -8)^T) = 32 - 30 = 2$, also ist die obige Gleichung nicht lösbar und damit liegt P nicht auf g. ■

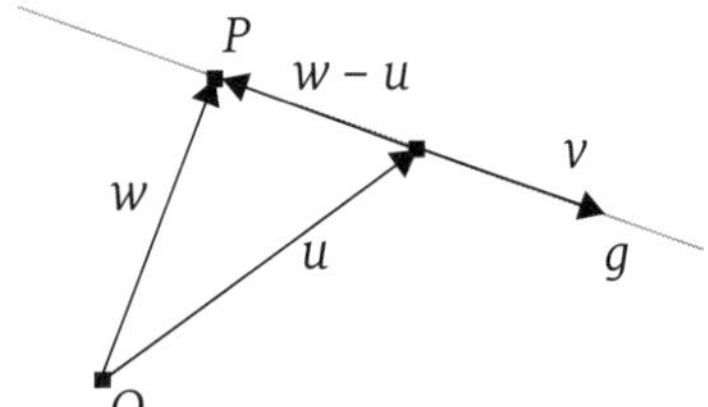

Abb. 8-11
Prüfen, ob P auf g liegt

b) Sei $w = \overrightarrow{OP}$ und sei $g : u + \langle v \rangle$. Dann gilt $P \in g$ genau dann, wenn $w - u$ und v kollinear sind, d. h., wenn $\det(w - u, v) = 0$ ist (▶ Abbildung 8-11). ■

Sei $g : u + \langle v \rangle$ eine Gerade und P ein Punkt mit Ortsvektor w. Dann gilt:

$P \in g$ genau dann, wenn $\det(w - u, v) = 0$ ist.

Prüfen, ob ein Punkt auf einer Geraden liegt

Beispiel: der Höhenschnittpunkt im Dreieck

Wir wollen nun den Satz, dass sich die drei Höhen im Dreieck in einem Punkt schneiden, mithilfe von Vektoren beweisen. Wie beim Beweis des Satzes von Varignon wählen wir das Koordinatensystem so, dass der Punkt A im Ursprung liegt und der Punkt B auf der x-Achse (▶ Abbildung 8-12).

Zunächst wollen wir die Gleichungen der drei Höhen h_a, h_b und h_c aufstellen. Die Höhe h_b geht durch den Punkt B und ist orthogonal zur Seite b. Als Stützvektor wählen wir den Ortsvektor $(a, 0)^T$ von B. Der Richtungsvektor von h_b ist orthogonal zum Vektor $\overrightarrow{AC} = (b\ c)^T$. Dies ist nach den Ergebnissen aus Abschnitt 8.3 genau dann der Fall, wenn das Skalarprodukt der beiden Vektoren 0 ergibt. Gesucht ist daher ein Vektor, der mit $(b\ c)^T$ das Skalarprodukt 0 hat. Es ist leicht zu sehen, dass $(-c\ b)^T$ (und natürlich auch jedes Vielfache davon) ein solcher Vektor ist.

Wir erhalten somit die Geradengleichung:

$$h_b = \begin{pmatrix} a \\ 0 \end{pmatrix} + \left\langle \begin{pmatrix} -c \\ b \end{pmatrix} \right\rangle .$$

Aufgabe Bestimmen Sie jeweils die Gleichung der Höhen h_a und h_c.

Lösung Es ergibt sich:

$$h_a = \begin{pmatrix} 0 \\ 0 \end{pmatrix} + \left\langle \begin{pmatrix} c \\ a-b \end{pmatrix} \right\rangle = \left\langle \begin{pmatrix} c \\ a-b \end{pmatrix} \right\rangle \text{ und}$$

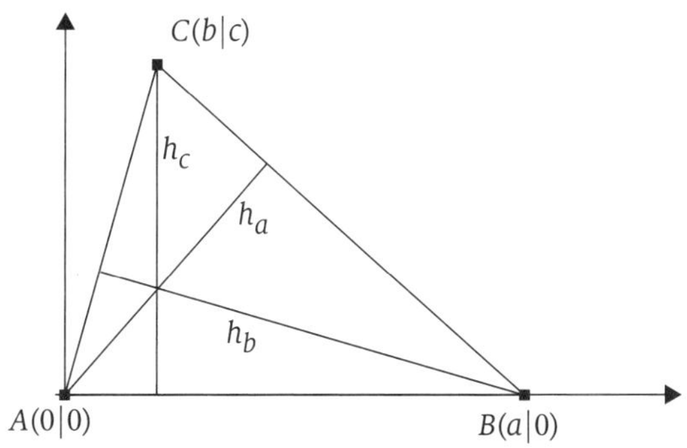

Abb. 8-12
Der Satz vom Höhenschnittpunkt im Dreieck

$$h_c = \begin{pmatrix} b \\ c \end{pmatrix} + \left\langle \begin{pmatrix} 0 \\ a \end{pmatrix} \right\rangle .$$

Im nächsten Schritt sind die Schnittpunkte jeweils zweier Höhen zu bestimmen. Wir beginnen mit dem Schnittpunkt S_{ab} von h_a und h_b. Dieser gesuchte Punkt $S_{ab} = (x\,y)^T$ erfüllt sowohl die Geradengleichung von h_a als auch die von h_b. Es gibt daher reelle Zahlen λ und μ, sodass:

$$S_{ab} = \begin{pmatrix} x \\ y \end{pmatrix} = \lambda \begin{pmatrix} c \\ a-b \end{pmatrix} \text{ und} \tag{1}$$

$$S_{ab} = \begin{pmatrix} x \\ y \end{pmatrix} = \begin{pmatrix} a \\ 0 \end{pmatrix} + \mu \begin{pmatrix} -c \\ b \end{pmatrix} \tag{2}$$

gilt. Dabei ist zu beachten, dass es sich um zwei im Allgemeinen verschiedene Größen λ und μ handelt. Durch Gleichsetzen von (1) und (2) erhalten wir:

$$\lambda \begin{pmatrix} c \\ a-b \end{pmatrix} = \begin{pmatrix} a \\ 0 \end{pmatrix} + \mu \begin{pmatrix} -c \\ b \end{pmatrix} .$$

Ziel ist es nun, die beiden Parameter λ und μ zu ermitteln. Wir stellen die Gleichung zunächst um, sodass die Unbekannten auf einer Seite stehen:

$$\lambda \begin{pmatrix} c \\ a-b \end{pmatrix} - \mu \begin{pmatrix} -c \\ b \end{pmatrix} = \begin{pmatrix} a \\ 0 \end{pmatrix}$$

und ziehen die Skalarfaktoren in die Vektoren:

$$\begin{pmatrix} \lambda c + \mu c \\ \lambda(a-b) - \mu b \end{pmatrix} = \begin{pmatrix} a \\ 0 \end{pmatrix} .$$

Erinnern Sie sich an die Diskussion um die Gleichheit von Vektoren zu Anfang von Abschnitt 8.2? Dort haben wir festgestellt, dass Gleichheit zweier Vektoren bedeutet, dass die jeweiligen Komponenten der beiden Vektoren gleich sind. Dies liefert uns die beiden folgenden Gleichungen:

$$\begin{aligned} \lambda c + \mu c &= a \\ \lambda(a-b) - \mu b &= 0 \end{aligned}$$

mit den Unbekannten λ und μ. Dieses lineare Gleichungssystem kann man mit den aus der Schule bekannten Verfahren (Einsetzungs-, Gleichsetzungs- und Additionsverfahren) lösen und erhält:

$$\lambda = \frac{b}{c} \text{ und } \mu = \frac{a-b}{c}.$$

Beachten Sie dabei, dass wir den Fall $c = 0$ ausschließen können (warum?). Den Ausgangspunkt unserer Überlegungen bildeten die Gleichungen (1) und (2). Wir setzen nun den gefundenen Wert von λ in (1) ein und erhalten auf diese Weise:

$$S_{ab} = \frac{b}{c}\begin{pmatrix} c \\ a-b \end{pmatrix} = \begin{pmatrix} b \\ \dfrac{ab-b^2}{c} \end{pmatrix}. \qquad (1')$$

Wenn Sie zur Bestätigung des Resultats noch eine Probe machen wollen, können Sie den Wert von μ in (2) einsetzen:

$$S_{ab} = \begin{pmatrix} a \\ 0 \end{pmatrix} + \frac{a-b}{c}\begin{pmatrix} -c \\ b \end{pmatrix} = \begin{pmatrix} b \\ \dfrac{ab-b^2}{c} \end{pmatrix}. \qquad (2')$$

Aufgabe Bestimmen Sie den Schnittpunkt der Höhen h_a und h_c.

Lösung Wir erhalten zunächst die Vektorgleichung:

$$\lambda\begin{pmatrix} c \\ a-b \end{pmatrix} = \begin{pmatrix} b \\ c \end{pmatrix} + \mu\begin{pmatrix} 0 \\ a \end{pmatrix}$$

und daraus das lineare Gleichungssystem:

$$\begin{aligned} \lambda c &= b \\ \lambda(a-b) - \mu a &= c \end{aligned}$$

mit den Lösungen

$$\lambda = \frac{b}{c} \text{ und } \mu = \frac{b}{c} - \frac{b^2}{ac} - \frac{c}{a}.$$

Für den Schnittpunkt S_{ac} ergibt sich:

$$S_{ac} = \begin{pmatrix} b \\ \dfrac{ab-b^2}{c} \end{pmatrix},$$

also $S_{ab} = S_{ac}$. Damit ist der Beweis des Satzes vollständig. ■

Im Fall des Schnittpunktes können wir sicher sein, dass dieser (in einem nicht entarteten Dreieck!) auch tatsächlich existiert. Im Allgemeinen können die Geraden jedoch parallel oder identisch sein, sodass es keinen Schnittpunkt gibt.

Aufgabe Formulieren Sie Bedingungen, die erfüllt sein müssen, damit zwei beliebige Geraden g und h

- einen eindeutigen Schnittpunkt haben,
- parallel, aber nicht identisch sind,
- identisch sind.

Lösung Siehe folgende Übersicht.

Lage zweier Geraden zueinander und Schnittpunktbestimmung

Seien $g: u_1 + \langle v_1 \rangle$ und $h: u_2 + \langle v_2 \rangle$ zwei Geraden. Dann gilt:

- g und h haben einen eindeutigen Schnittpunkt genau dann, wenn v_1 und v_2 nicht kollinear sind, d. h., wenn $\det(v_1, v_2) \neq 0$ ist.
  Um den Schnittpunkt zu bestimmen, stellt man das Gleichungssystem
  $$u_1 + \lambda v_1 = u_2 + \mu v_2 .$$
  auf, schreibt dieses zeilenweise und erhält so zwei Gleichungen. Dieses System löst man nach λ und μ auf. Setzt man nun λ in $u_1 + \lambda v_1$ oder μ in $u_2 + \mu v_2$ ein, so erhält man den Ortsvektor des gesuchten Schnittpunkts.
- g und h sind parallel, aber nicht identisch genau dann, wenn $\det(v_1, v_2) = 0$ ist und $u_1 \notin h$ gilt, d. h., wenn $\det(u_1 - u_2, v_2) \neq 0$ ist. In diesem Fall haben g und h keinen Schnittpunkt.
- g und h sind identisch genau dann, wenn $\det(v_1, v_2) = 0$ ist und $u_1 \in h$ gilt, d. h., wenn $\det(u_1 - u_2, v_2) = 0$ ist. In diesem Fall haben g und h unendlich viele Schnittpunkte.

Aufgaben zu 8.5

8.21 Zeichnen Sie die Gerade $g: \begin{pmatrix} 1 \\ 1 \end{pmatrix} + \langle \begin{pmatrix} -2 \\ 3 \end{pmatrix} \rangle$ mit Lineal auf kariertem Papier.

8.22 Bestimmen Sie die Parameterform der Geraden durch die Punkte $A(3|-1)$ und $B(-2|1)$.

8.23 Gegeben ist die Gerade

$$g: \begin{pmatrix} -1 \\ 2 \end{pmatrix} + \langle \begin{pmatrix} -1 \\ 1 \end{pmatrix} \rangle .$$

a) Welche der beiden Punkte $P(1|0)$ und $Q(-3|4)$ liegen auf der Geraden g?
b) Stellen Sie g, falls möglich, in der expliziten Form dar.

8.24 Prüfen Sie, ob die Punkte $P(5|4)$, $Q(3|5)$, $R(-1|7)$ auf einer Geraden liegen.

8.25 Gegeben ist die Gerade g in der expliziten Form $y = mx + n$. Stellen Sie g in der Parameterform dar.

8.26 Gegeben ist die Gerade g in der Parameterform $u + \langle v \rangle$ mit $u = (u_1\ u_2)^T$ und $v = (v_1\ v_2)^T$.

a) Stellen Sie g in der impliziten Form dar.

b) Stellen Sie g in der expliziten Form dar und formulieren Sie die Bedingung, unter der dies möglich ist.

8.27

a) Prüfen Sie, ob die beiden Geraden g und h gleich sind.

$$g : \begin{pmatrix} -1 \\ 4 \end{pmatrix} + \left\langle \begin{pmatrix} 3 \\ -6 \end{pmatrix} \right\rangle \text{ und } h : \begin{pmatrix} 1 \\ 0 \end{pmatrix} + \left\langle \begin{pmatrix} -2 \\ 4 \end{pmatrix} \right\rangle .$$

b) Gegeben seien allgemein zwei Geraden

$$g_1 : u_1 + \langle v_1 \rangle \text{ und } g_2 : u_2 + \langle v_2 \rangle .$$

Geben Sie ein Verfahren an, mit dem man prüfen kann, ob die beiden Geraden gleich sind.

8.28 In einem Dreieck schneiden sich die Seitenhalbierenden in einem Punkt (welcher *Schwerpunkt des Dreiecks* genannt wird). Beweisen Sie diesen Satz mithilfe von Vektoren.

8.29 In einem Dreieck schneiden sich die Mittelsenkrechten in einem Punkt. Dieser Schnittpunkt ist der Umkreismittelpunkt des Dreiecks, das heißt, er ist von allen drei Eckpunkten gleich weit entfernt. Beweisen Sie beide Teile dieses Satzes mithilfe von Vektoren.

Programmieraufgaben

8.30 Erstellen Sie eine Klasse `Gerade`, die Geraden in der Ebene in der Parameterform darstellt. Erstellen Sie in dieser Klasse folgende Methoden:

- einen Konstruktor `Gerade(Punkt p, Vektor q)`, der die Gerade mit Stützpunkt `p` und Richtungsvektor `q` konstruiert,
- einen Konstruktor `Gerade(Punkt p, Punkt q)`, der die Gerade durch die beiden Punkte `p` und `q` konstruiert.
- `boolean equals(Gerade g)`
- `String toString()`
- `boolean meets(Punkt p)`: prüft, ob der Punkt `p` auf der Geraden `this` liegt.
- `boolean isParallel(Gerade h)`: prüft, ob die Gerade `h` zu `this` parallel ist.

9 Analytische Geometrie im Raum

Stellen Sie sich folgende 3-dimensionale Szene vor: Sie schauen in einen Raum, in dem sich mehrere räumliche Figuren befinden – nehmen wir der Einfachheit halber an, es handelt sich ausschließlich um Quader. Einige der Figuren sind von Ihrem Standpunkt aus nicht sichtbar, weil sie von anderen verdeckt werden. Vor allem sehen Sie immer nur die Ihnen zugewandten Seiten der Quader, die Rückseiten können Sie erst dann sehen, wenn Sie um die Objekte herumgehen.

Nehmen Sie an, Sie sollten ein Programm schreiben, das einen kompakten Würfel (das heißt: kein Drahtgittermodell) aus einer bestimmten Betrachtungsrichtung darstellt. Welche Seiten sind sichtbar, welche sind verdeckt?

Das Programm benötigt folgende Größen:

- die Richtung, in der der Beobachter den Würfel sieht,
- die Position des Würfels im Koordinatensystem. Diese ist gegeben durch die jeweiligen Eckpunkte und die Oberflächen.

Der wesentliche Punkt dabei ist die Darstellung der Seitenflächen des Würfels und deren Sichtbarkeitsbestimmung. Wir wollen zunächst die benötigten 3D-Konzepte entwickeln und dann diese Frage auf Seite 194 beantworten.

9.1 Vektoren im Raum

Ein Vektor im Raum wird durch 3 Komponenten dargestellt:

$$v = \begin{pmatrix} v_1 \\ v_2 \\ v_3 \end{pmatrix}$$

bzw. $v = (v_1\ v_2\ v_3)^T$. Man kann sich diesen Vektor als Ortsvektor zu dem Punkt $P(v_1|v_2|v_3)$ oder auch als Raumdiagonale eines Quaders mit den Seiten v_1, v_2 und v_3 vorstellen.

Mit $\mathbb{R}^3$ bezeichnen wir die Menge aller Vektoren des Raums:

$$\mathbb{R}^3 = \{(v_1\ v_2\ v_3)^T | v_1, v_2, v_3 \in \mathbb{R}\}.$$

Zwei Vektoren v und w sind genau dann gleich, wenn ihre jeweiligen Komponenten übereinstimmen. Auch die Addition, skalare Multiplikation und das Skalarprodukt von Vektoren ebenso wie der Betrag eines Vektors übertragen sich problemlos auf den Fall 3-D: Seien $v = (v_1\ v_2\ v_3)^T$ und $w = (w_1\ w_2\ w_3)^T$. Dann ist:

$$v + w = \begin{pmatrix} v_1 + w_1 \\ v_2 + w_2 \\ v_3 + w_3 \end{pmatrix}, \qquad \text{(Addition)}$$

$$\lambda v = \begin{pmatrix} \lambda v_1 \\ \lambda v_2 \\ \lambda v_3 \end{pmatrix}, \qquad \text{(skalare Multiplikation)}$$

$$v \cdot w = v_1 w_1 + v_2 w_2 + v_3 w_3, \qquad \text{(Skalarprodukt)}$$

$$\|v\| = \sqrt{v_1^2 + v_2^2 + v_3^2} = \sqrt{v \cdot v}. \qquad \text{(Betrag eines Vektors)}$$

Auch die Kosinusformel zur Bestimmung des Winkels zwischen zwei Vektoren bleibt gültig. Lediglich für die Determinante bietet sich keine ganz naheliegende Übertragung auf den dreidimensionalen Fall an. Das dreidimensionale Analogon der Determinante ist das Kreuzprodukt.

Definition
Kreuzprodukt

Das *Kreuzprodukt* zweier Vektoren (auch Vektorprodukt genannt) ist selbst wieder ein Vektor. Es ist folgendermaßen definiert:

$$\begin{pmatrix} v_1 \\ v_2 \\ v_3 \end{pmatrix} \times \begin{pmatrix} w_1 \\ w_2 \\ w_3 \end{pmatrix} = \begin{pmatrix} v_2 w_3 - v_3 w_2 \\ v_3 w_1 - v_1 w_3 \\ v_1 w_2 - v_2 w_1 \end{pmatrix}.$$

Die Verwandtschaft zur Determinante erkennt man, wenn man zweidimensionale Vektoren „im Raum einbettet", das heißt, wenn man sie als Vektoren in der *x*-*y*-Ebene des Raums betrachtet, also als Vektoren, deren dritte Komponente (die *z*-Komponente) 0 ist. Dann ergibt die obige Formel:

$$\begin{pmatrix} v_1 \\ v_2 \\ 0 \end{pmatrix} \times \begin{pmatrix} w_1 \\ w_2 \\ 0 \end{pmatrix} = \begin{pmatrix} 0 \\ 0 \\ v_1 w_2 - v_2 w_1 \end{pmatrix}.$$

Das Kreuzprodukt ist in diesem Fall ein Vektor in *z*-Richtung, und es gilt:

$$\|v \times w\| = \sqrt{(v_1 w_2 - v_2 w_1)^2} = |v_1 w_2 - v_2 w_1|.$$

Die Länge des Kreuzprodukts ist gleich dem Betrag der Determinante von v und w.

Eigenschaften des Kreuzprodukts

Für alle Vektoren v, w gilt:

a) $v \times w = -(w \times v)$

b) $v \times w = \mathbf{0}$ gilt genau dann, wenn $v = \mathbf{0}$ oder $w = \mathbf{0}$ oder wenn v und w kollinear sind.

c) $\|v \times w\|^2 = \|v\|^2 \|w\|^2 - (v \cdot w)^2$

d) Der Vektor $v \times w$ ist orthogonal zu v und zu w.

e) $\|v \times w\| = \|v\| \|w\| \sin\varphi$, wobei φ der von v und w eingeschlossene Winkel ist. $\|v \times w\|$ ist der Flächeninhalt des von v und w aufgespannten Parallelogramms.

f) Die drei Vektoren v, w, $v \times w$ bilden (in dieser Reihenfolge) im Raum ein *Rechtssystem*, das heißt, sie verhalten sich wie Daumen, Zeigefinger und Mittelfinger der rechten Hand (Rechte-Hand-Regel).

Beweis: a) bis d): ▶ Aufgabe 9.2. e): Nach c) gilt:

$$\|v \times w\|^2 = \|v\|^2 \|w\|^2 - (v \cdot w)^2 .$$

Mithilfe der Kosinusformel (▶ page 173) folgt dann:

$$\|v \times w\|^2 = \|v\|^2 \|w\|^2 - (v \cdot w)^2 = \|v\|^2 \|w\|^2 - \|v\|^2 \|w\|^2 \cos^2\varphi =$$

$$= \|v\|^2 \|w\|^2 (1 - \cos^2\varphi) = \|v\|^2 \|w\|^2 \sin^2\varphi.$$

Daraus erhalten wir $\|v \times w\| = \|v\| \|w\| |\sin\varphi|$, denn lediglich der Sinusterm könnte negativ werden. Da es sich jedoch bei dem eingeschlossenen Winkel φ um einen Winkel zwischen 0° und 180° handelt, ist $\sin\varphi \geq 0$, also können wir schreiben

$$\|v \times w\| = \|v\| \|w\| \sin\varphi .$$ ■

In Teil f) haben wir festgestellt, dass die Vektoren v, w, $v \times w$ ein Rechtssystem bilden. Jedes 3-D-Koordinatensystem besitzt eine räumliche Orientierung, die sich danach orientiert, ob die drei Achsen x, y und z in dieser Reihenfolge der Rechte-Hand-Regel gehorchen oder der Linke-Hand-Regel. Ein Rechtssystem und ein Linkssystem lassen sich durch Drehungen oder Translationen im Raum nicht aufeinander abbilden, ebenso, wie man aus einem linken Handschuh durch reines Drehen oder Verschieben keinen rechten Handschuh machen kann.

Dasselbe Prinzip der Spiegelbildlichkeit liegt auch den sogenannten *enantiomeren organischen Molekülen* zugrunde. Dabei handelt es sich um ein Molekülpaar, von denen beide Moleküle chemisch identisch aufgebaut sind, die jedoch in der räumlichen Anordnung der Atome spiegelbildlich zueinander sind. Ein Beispiel für solche enantiomere Moleküle kennen Sie sicherlich aus der Werbung für probiotischen Joghurt: die linksdrehenden und die rechtsdrehenden Milchsäuren.

Aufgaben zu 9.1

9.1 Berechnen Sie das Kreuzprodukt $(-1\ 0\ 1)^T \times (1\ -1\ 0)^T$.

9.2 Rechnen Sie die Eigenschaften a) bis d) des Kreuzprodukts nach.

9.3 Berechnen Sie die Fläche des von den Vektoren $(2\ 1\ 0)^T$ und $(1\ 0\ 2)^T$ aufgespannten Parallelogramms.

9.4 Berechnen Sie die Fläche des Dreiecks ABC mit $A(1|0|0)$, $B(0|1|0)$ und $C(0|0|1)$.

Programmieraufgaben

Erstellen Sie die Klassen `Punkt3D` und `Vektor3D` in Analogie zu den Klassen, die Sie in den Programmieraufgaben aus Abschnitt 8.2 konstruiert haben:

Die Klasse `Punkt3D` stellt Punkte im Raum dar. Methoden:

- `boolean equals(Punkt q)`
- `String toString()`

Die Klasse `Vektor3D` stellt Vektoren im Raum dar. Methoden:

Konstruktoren:

- `Vektor3D(double x, double y)`
  erzeugt einen Vektor aus seinen beiden Komponenten.
- `Vektor3D(Punkt3D p, Punkt3D q)`
  erzeugt den Vektor von Punkt p zu Punkt q.

sowie folgende Methoden:

- die `equals`-Methode
- die `toString`-Methode
- Addition, Subtraktion und skalare Multiplikation
- Länge eines Vektors
- Skalarprodukt und Kreuzprodukt

9.2 Ebenen

Ebenendarstellungen

Die funktionale Form der Ebenendarstellung, $z = f(x, y) = ax + by + c$, scheidet für unsere Zwecke aus demselben Grund aus wie die funktionale Form der Geradendarstellung im zweidimensionalen Fall. Für uns in Betracht kommen die implizite Gleichungsform

$$ax + by + cz = d$$

und die Parameterform, die wir im Folgenden entwickeln wollen.

Wir beginnen wieder mit Ebenen durch den Ursprung. Für eine Gerade durch den Ursprung benötigen wir einen Richtungsvektor, für eine Ebene durch den Ursprung brauchen wir zwei Richtungsvektoren. Um etwa die x-y-Ebene im Raum darzustellen, nehmen wir die beiden Vektoren $v = (1\ 0\ 0)^T$ und $w = (0\ 1\ 0)^T$ als Richtungsvektoren. Jeder Punkt der x-y-Ebene hat einen Richtungsvektor p der Form $(a\ b\ 0)^T$ und lässt sich deshalb folgendermaßen als sogenannte Linearkombination der Vektoren v und w darstellen:

$$p = av + bw\,.$$

Allgemein nennen wir einen Ausdruck der Form

$$\sum_{i=1}^{n} \lambda_i v_i = \lambda_1 v_1 + \ldots + \lambda_n v_n$$

eine *Linearkombination* der Vektoren $v_1, \ldots, v_n$. Mit $\langle v_1, \ldots, v_n \rangle$ bezeichnen wir die Menge aller Linearkombinationen von $v_1, \ldots, v_n$. Die in Abschnitt 8.5 eingeführte Notation $\langle v \rangle$ ist somit ein Spezialfall der allgemeinen Notation $\langle v_1, \ldots, v_n \rangle$.

Mit dieser Terminologie gilt nun:

$$\langle v, w \rangle = \left\langle \begin{pmatrix} 1 \\ 0 \\ 0 \end{pmatrix}, \begin{pmatrix} 0 \\ 1 \\ 0 \end{pmatrix} \right\rangle = \left\{ \begin{pmatrix} x \\ y \\ 0 \end{pmatrix} \middle| \, x, y \in \mathbb{R} \right\}.$$

Das heißt, $\langle v, w \rangle$ stellt die x-y-Ebene im Raum dar. Man sagt auch, die Vektoren v und w spannen die x-y-Ebene auf.

Aufgabe

a) Rechnen Sie nach, dass die beiden Vektoren $v = (1\ 1\ 0)^T$ und $w = (1\ {-1}\ 0)^T$ ebenfalls die x-y-Ebene aufspannen.

b) Die Menge

$$\left\{ \begin{pmatrix} x \\ y \\ x+y \end{pmatrix} \middle| \, x, y \in \mathbb{R} \right\}$$

stellt eine Ebene durch den Ursprung dar, nämlich die Ebene mit der impliziten Gleichung

$$x + y - z = 0\,.$$

Versuchen Sie, sich die Lage dieser Ebene im Raum vorzustellen und finden Sie zwei Vektoren v und w, die diese Ebene aufspannen.

c) Sei E eine beliebige Ebene durch den Ursprung. Wie kann man allgemein Vektoren v und w finden, die E aufspannen?

Lösung

a) Man muss nachrechnen, dass sich ein beliebiger Punkt $(a\ b\ 0)^T$ als Linearkombination der Vektoren v und w darstellen lässt:

$$\begin{pmatrix} a \\ b \\ 0 \end{pmatrix} = \lambda \begin{pmatrix} 1 \\ 1 \\ 0 \end{pmatrix} + \mu \begin{pmatrix} 1 \\ -1 \\ 0 \end{pmatrix}.$$

Diese Vektorgleichung lässt sich wieder zeilenweise als Gleichungssystem in den beiden Unbekannten λ und μ lesen:

$$\begin{aligned} \lambda + \mu &= a \\ \lambda - \mu &= b \\ 0 &= 0. \end{aligned}$$

Daraus erhält man die eindeutig bestimmte Lösung:

$$\lambda = \frac{a+b}{2} \text{ und } \mu = \frac{a-b}{2}.$$

b) Die Ebene E geht durch den Ursprung und die beiden Punkte $(1|0|1)$ und $(0|1|1)$. Stellen Sie sich die Gerade mit der Gleichung $y = -x$ in der Ebene vor und drehen Sie die x-y-Ebene um 45° um diese Rotationsachse, dann erhalten Sie E. Die beiden Vektoren $(1\ 0\ 1)^T$ und $(0\ 1\ 1)^T$ spannen die Ebene E auf. Es gibt jedoch noch unendlich viele andere Lösungen.

c) Man bestimmt zwei Punkte P und Q, die in der Ebene E liegen und wählt als aufspannende Vektoren v und w die beiden Ortsvektoren zu P und zu Q. Die Vektoren v und w müssen folgende Bedingungen erfüllen:
– Keiner der beiden darf der Nullvektor sein.
– v und w dürfen nicht kollinear sein. ■

Die Lösung von Teil c) der Aufgabe zeigt, dass zwei Vektoren genau dann eine Ebene aufspannen, wenn sie nicht kollinear sind und wenn keiner der beiden der Nullvektor ist. Wir sagen in diesem Fall, die Vektoren sind *linear unabhängig*.

Definition Lineare Unabhängigkeit zweier Vektoren

Zwei Vektoren v und w heißen *linear unabhängig*, wenn folgende Bedingungen erfüllt sind:

- $v \neq \mathbf{0}$ und $w \neq \mathbf{0}$.
- v und w sind nicht kollinear.

Dies ist genau dann der Fall, wenn $v \times w \neq 0$ ist.

Eine Ebene, die nicht durch den Ursprung geht, lässt sich nun wieder mit einem entsprechenden Verschiebungsvektor darstellen. Wenn wir beispielsweise die Ebene aus Teil b) um eins in z-Richtung verschieben, so erhalten wir die Ebene E:

$$E: \begin{pmatrix} 0 \\ 0 \\ 1 \end{pmatrix} + \left\langle \begin{pmatrix} 1 \\ 0 \\ 1 \end{pmatrix}, \begin{pmatrix} 0 \\ 1 \\ 1 \end{pmatrix} \right\rangle = \left\{ \begin{pmatrix} 0 \\ 0 \\ 1 \end{pmatrix} + \lambda \begin{pmatrix} 1 \\ 0 \\ 1 \end{pmatrix} + \mu \begin{pmatrix} 0 \\ 1 \\ 1 \end{pmatrix} \middle| \lambda, \mu \in \mathbb{R} \right\}.$$

Definition Parameterform einer Ebene

Die *Parameterform* der Ebene E ist gegeben durch:

$$E: \{u + \lambda v + \mu w | \lambda, \mu \in \mathbb{R}\}, \text{ abgekürzt } E: u + \langle v, w \rangle .$$

Dabei gilt:

- u ist ein Stützvektor von E, das heißt, der Ortsvektor eines Punktes in E.
- v und w sind Richtungsvektoren von E, das heißt, Vektoren, die jeweils in eine Richtung von E zeigen.
- v und w sind linear unabhängig.

Parameterform der Ebene durch 3 Punkte

Sind P, Q und R drei Punkte, die nicht auf einer Geraden liegen, so ist die Ebene E durch P, Q und R gegeben durch:

$$E: \overrightarrow{OP} + \langle \overrightarrow{PQ}, \overrightarrow{PR} \rangle .$$

Sichtbarkeitsbestimmung und Normalenvektor

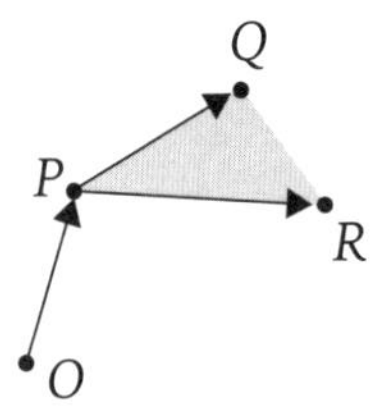

Abb. 9-1 Parameterform der Ebene durch P, Q und R

Die Steigung einer Ebene ist bestimmt durch zwei Richtungsvektoren, die beliebig gewählt werden können, sofern sie nur linear unabhängig sind. Alternativ dazu kann die Richtung der Ebene auch durch den sogenannten *Normalenvektor* dargestellt werden. Der Normalenvektor einer Ebene ist ein Vektor, der orthogonal zu dieser Ebene ist. Davon gibt es zwar viele, aber diese sind alle kollinear. Wenn wir etwa die x-y-Ebene E_{xy} betrachten, so sind alle Vektoren in positiver oder negativer z-Richtung orthogonal zu E_{xy}. Wir verlangen nun zusätzlich, dass der Normalenvektor die Länge 1 hat. Nun reduziert sich die Anzahl der Normalenvektoren auf zwei. Im Fall der x-y-Ebene sind dies die beiden Vektoren $(0\ 0\ 1)^T$ und $(0\ 0\ -1)^T$.

Beide Normalenvektoren geben die Steigung der Ebene an, sie zeigen jedoch in entgegengesetzte Richtungen. Mit der Angabe eines Normalenvektors kann man deshalb noch eine Orientierung der Ebene festlegen. Stellen Sie sich vor, Sie müssten einen Würfel (einen soliden Würfel, kein Drahtmodell) mithilfe von Eckpunkten, Kanten und Flächen darstellen. Um eine zweidimensionale Projektion des Würfels zeichnen zu können, muss man wissen, welche Außenflächen des Würfels sichtbar und welche verdeckt sind. Dazu stellt man die Flächen jeweils durch denjenigen Normalenvektor dar, der nach außen zeigt. Zur Sichtbarkeitsbestimmung braucht man dann nur noch den Winkel α zwischen dem Sehstrahl (Vektor entgegengesetzt der Blickrichtung) und dem Normalenvektor der Fläche zu berechnen. Ist $\alpha < 90°$, so ist die Fläche sichtbar, ist $\alpha > 90°$, so ist sie verdeckt und ist $\alpha = 90°$, so sieht man auf die Seitenkante der Fläche (▶ Abbildung 9-2).

Wir werden im Folgenden trotzdem meist von „dem" Normalenvektor einer Ebene sprechen, sofern dessen Orientierung keine Rolle spielt. Wie bestimmt man den Normalenvektor einer Ebene in Parameterform? Der Normalenvektor von E steht senkrecht auf E und damit auch auf den beiden Richtungsvektoren v und w von E. Ein solcher Vektor, der orthogonal zu zwei gegebenen Vektoren v und w ist, ist das Kreuzprodukt $v \times w$. Durch Normieren des Vektors $v \times w$ erhalten wir einen Normalenvektor der Ebene.

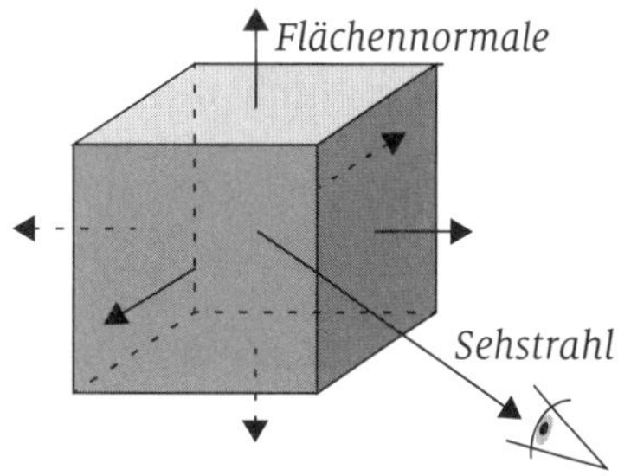

Abb. 9-2
Sichtbare und verdeckte Flächen

Definition
Normalenvektor einer Ebene

Ist E eine Ebene mit den Richtungsvektoren v und w, so sind die beiden *Normalenvektoren* von E gegeben durch

$$n_1 = \frac{v \times w}{\|v \times w\|} \text{ und } n_2 = -n_1 = \frac{w \times v}{\|w \times v\|}.$$

Sofern es nicht darauf ankommt, welcher der beiden gemeint ist, schreiben wir n_E für *den* Normalenvektor von E.

Beispiel 9.1 Wir berechnen die beiden Normalenvektoren der Ebene $E : \langle v, w\rangle$ mit $v = (1\ 0\ 1)^T$ und $w = (0\ 1\ 1)^T$ (▶ Aufgabe Aufgabe). Es gilt:

$$v \times w = \begin{pmatrix} 1 \\ 0 \\ 1 \end{pmatrix} \times \begin{pmatrix} 0 \\ 1 \\ 1 \end{pmatrix} = \begin{pmatrix} -1 \\ -1 \\ 1 \end{pmatrix}$$

und $\|v \times w\| = \sqrt{3}$. Die beiden Normalenvektoren sind deshalb:

$$n_1 = \frac{1}{\sqrt{3}}\begin{pmatrix} -1 \\ -1 \\ 1 \end{pmatrix} \text{ und } n_2 = \frac{1}{\sqrt{3}}\begin{pmatrix} 1 \\ 1 \\ -1 \end{pmatrix}.$$

Beispiel 9.2 (Sichtbarkeitsbestimmung)

Ein Würfel der Kantenlänge 1 ist so in einem Koordinatensystem platziert, dass die Seitenflächen parallel zu den Koordinatenebenen sind und eine Ecke im Ursprung liegt, eine andere im Punkt $(1|1|1)$ (▶ Abbildung 9-3). Für die interne Darstellung des Würfels muss folgende Information gespeichert werden:

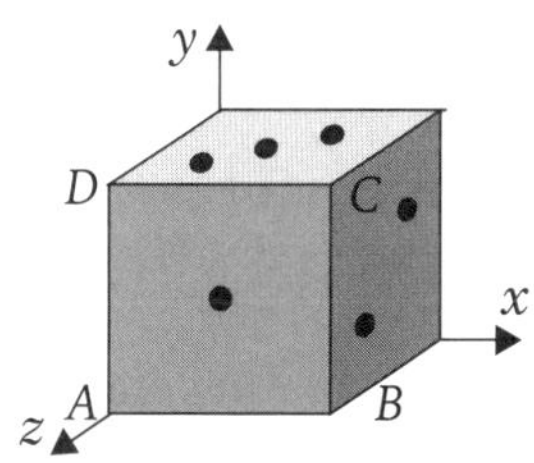

Abb. 9-3
Zu Beispiel 9.2

- die 8 Ecken jeweils in Form eines Ortsvektors
  A: $(0\ 0\ 1)^T$, B: $(1\ 0\ 1)^T$, C: $(1\ 1\ 1)^T$, D: $(0\ 1\ 1)^T$ usw.,
- die 12 Kanten jeweils in Form eines Vektors ($\overrightarrow{AB}$, $\overrightarrow{BC}$, usw.) und
- die 6 Flächen jeweils durch die umrandenden Kanten. Diese werden so angegeben, dass sie die Fläche von außerhalb des Würfels betrachtet gegen den Uhrzeigersinn durchlaufen. Für die Fläche mit der „1" ergibt sich die Folge der 4 Vektoren $\overrightarrow{AB} = (1\ 0\ 0)^T$, $\overrightarrow{BC} = (0\ 1\ 0)^T$, $\overrightarrow{CD} = (-1\ 0\ 0)^T$, $\overrightarrow{DA} = (0\ -1\ 0)^T$. Bildet man das Kreuzprodukt zweier Kantenvektoren in der angegebenen Reihenfolge, etwa

$$\overrightarrow{AB} \times \overrightarrow{BC} = \begin{pmatrix} 1 \\ 0 \\ 0 \end{pmatrix} \times \begin{pmatrix} 0 \\ 1 \\ 0 \end{pmatrix} = \begin{pmatrix} 0 \\ 0 \\ 1 \end{pmatrix},$$

so erhält man den nach außen zeigenden Normalenvektor der Fläche.

Die sechs Würfelflächen haben folgende nach außen zeigende Normalenvektoren:

- Die Seite mit der 1: $n_1 = (0\ 0\ 1)^T$
- Die Seite mit der 2: $n_2 = (1\ 0\ 0)^T$
- Die Seite mit der 3: $n_3 = (0\ 1\ 0)^T$
- Die Seite mit der 4 : $n_4 = (0\ -1\ 0)^T$
- Die Seite mit der 5: $n_5 = (-1\ 0\ 0)^T$
- Die Seite mit der 6: $n_6 = (0\ 0\ -1)^T$

Ein Beobachter, der im Punkt $P(2|2|2)$ steht und in Richtung des Ursprungs blickt, hat den Sehvektor $v = (2\ 2\ 2)^T$ (negative Blickrichtung). Wir brauchen den Winkel zwischen Sehvektor und Flächennormalen gar nicht explizit zu berechnen, denn es genügt zu wissen, ob er kleiner als 90° ist. Dies ist genau dann der Fall, wenn das Skalarprodukt der beiden Vektoren positiv ist.

Es gilt:

$$v \cdot n_1 = 2,\ v \cdot n_2 = 2,\ v \cdot n_3 = 2,\ v \cdot n_4 = -2,\ v \cdot n_5 = -2,\ v \cdot n_6 = -2.$$

Vom Beobachtungspunkt (2|2|2) aus sind die Seiten mit den Zahlen 1, 2 und 3 sichtbar, die Seiten 4, 5 und 6 sind verdeckt.

Umwandlung zwischen Parameterform und impliziter Gleichungsform

Aufgabe Gegeben sei die Ebene E in der impliziten Gleichungsform:

$$E: 2x + 3y - z = 6.$$

Stellen Sie E in Parameterform dar.

Lösung Man bestimmt zunächst drei Punkte der Ebene, die nicht auf einer Geraden liegen. Am einfachsten geht dies, wenn man jeweils zwei der drei Koordinaten null setzt und dann die verbleibende Koordinate berechnet:

$x = y = 0$: $z = -6$. Wir erhalten den Punkt $P(0|0|-6)$.

$x = z = 0$: $y = 2$. Wir erhalten den Punkt $Q(0|2|0)$.

$y = z = 0$: $x = 3$. Wir erhalten den Punkt $R(3|0|0)$.

Die Punkte P, Q, R liegen sicherlich nicht auf einer Geraden, denn P liegt auf der z-Achse, Q auf der y-Achse und R auf der x-Achse und keiner der drei Punkte ist der Ursprung.

Daraus ergibt sich eine mögliche Parameterform:

$$E : \begin{pmatrix} 0 \\ 0 \\ -6 \end{pmatrix} + \left\langle \begin{pmatrix} 0 \\ 2 \\ 6 \end{pmatrix}, \begin{pmatrix} 3 \\ 0 \\ 6 \end{pmatrix} \right\rangle .$$

■

Allgemein erhält man die Parameterform aus der impliziten Gleichungsform, indem man drei Punkte der Ebene bestimmt und anschließend daraus die Parameterform erzeugt.

Die Umwandlung der Parameterform in die Gleichungsform liegt nicht so sehr auf der Hand. Sie benutzt den Normalenvektor der Ebene.

Beispiel 9.3 Umwandlung der Parameterform in die Gleichungsform

a) Die Ebene E sei gegeben in der Parameterform

$$E : u + \langle v, w \rangle$$

mit $u = (0\ 0\ 0)^T$, $v = (1\ 0\ 1)^T$, $w = (0\ 1\ 1)^T$. Es handelt sich also um eine Ebene durch den Ursprung. Die Ebene E hat den Normalenvektor $n_E = \frac{1}{\sqrt{3}}(-1\ -1\ 1)^T$. Ist $P(x|y|z)$ ein Punkt in E, so ist der Ortsvektor $p = (x\ y\ z)^T$ orthogonal zu n_E, d. h.:

$$n_E \cdot p = \frac{1}{\sqrt{3}} \begin{pmatrix} -1 \\ -1 \\ 1 \end{pmatrix} \cdot \begin{pmatrix} x \\ y \\ z \end{pmatrix} = 0 .$$

Daraus erhalten wir die Gleichung:

$$\frac{1}{\sqrt{3}}(-x - y + z) = 0 ,$$

die sich einfacher schreiben lässt in der Form:

$$-x - y + z = 0 .$$

Durch Multiplikation mit −1 erhalten wir die ursprüngliche Gleichungsform der Ebene (▶ Aufgabe Aufgabe) zurück.

b) Wir verschieben die Ebene E aus Teil a) dieses Beispiels um eine Einheit in z-Richtung:

$$E : u + \langle v, w\rangle$$

mit $u = (0\ 0\ 1)^T$, $v = (1\ 0\ 1)^T$, $w = (0\ 1\ 1)^T$. Der Normalenvektor ist derselbe wie in a). Ist $P(x|y|z)$ ein Punkt auf E, so ist nun nicht der Ortsvektor $p = (x\ y\ z)^T$ orthogonal zu n_E, sondern der Vektor $p-u$ vom Stützpunkt der Ebene zum Punkt P (▶ Abbildung 9-4):

$$n_E \cdot (p-u) = 0 .$$

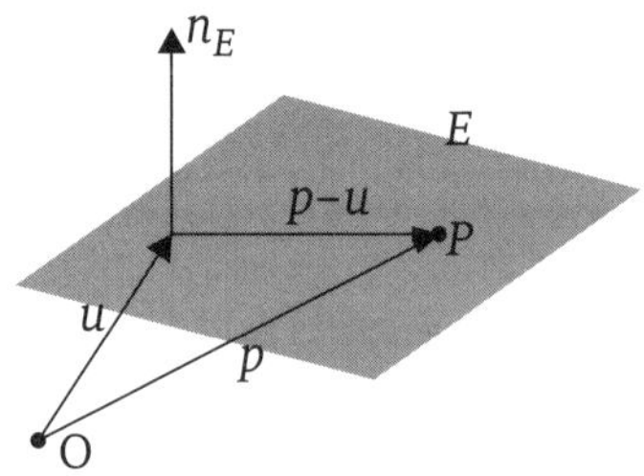

Abb. 9-4

Es folgt:

$$n_E \cdot p - n_E \cdot u = 0$$

bzw.

$$n_E \cdot p = n_E \cdot u .$$

In unserem Beispiel ergibt dies:

$$-\frac{1}{\sqrt{3}}x - \frac{1}{\sqrt{3}}y + \frac{1}{\sqrt{3}}z = -\frac{1}{\sqrt{3}}$$

bzw.

$$\frac{1}{\sqrt{3}}x + \frac{1}{\sqrt{3}}y - \frac{1}{\sqrt{3}}z = \frac{1}{\sqrt{3}} .$$

Diese spezielle Form der impliziten Geradengleichung, bei der die reellen Koeffizienten einem normierten Vektor entsprechen, heißt *hessesche Normalform*. Das Glied auf der rechten Seite der Gleichung gibt den Abstand der Ebene vom Ursprung an.

Man kann aber selbstverständlich die Gleichung mit $\sqrt{3}$ multiplizieren und erhält dann die übersichtlichere Form:

$$x + y - z = 1 .$$

Um anhand dieser Form der Geradengleichung den Abstand der so dargestellten Ebene vom Ursprung zu bestimmen, muss man das Glied auf der rechten Seite durch den Betrag des Koeffizientenvektors dividieren. ■

Um den Schnittpunkt (Durchstoßpunkt) einer Geraden $g : u_1 + \langle v_1\rangle$ mit einer Ebene $E : u_2 + \langle v_2, w_2\rangle$ zu bestimmen, geht man im Wesentlichen genauso vor wie im Fall zweier Geraden. Man stellt das folgende Gleichungssystem auf:

$$u_1 + \lambda v_1 = u_2 + \mu v_2 + \sigma w_2 ,$$

schreibt dies zeilenweise und erhält auf diese Weise drei Gleichungen mit drei Unbekannten λ, μ und σ. Dieses System löst man nach λ, μ und σ auf, setzt den Wert von λ in $u_1 + \lambda v_1$ oder die Werte von μ und σ in $u_2 + \mu v_2 + \sigma w_2$ ein und erhält auf diese Weise den Ortsvektor des gesuchten Schnittpunkts, falls dieser eindeutig bestimmt ist. Überlegen Sie selbst, welche Sonderfälle auftreten können (▶ Aufgabe 9.11).

Aufgaben zu 9.2

9.5 Welche der Punkte $P(1|1|5)$, $Q(1|1|0)$, $R(-2|0|8)$ liegen in der Ebene E?

$$E : (1 \;\; -1 \;\; 2)^T + \langle (-2 \;\; 0 \;\; 3)^T, (1 \;\; 1 \;\; 0)^T \rangle$$

9.6 Wandeln Sie jeweils die implizite Gleichungsform der Ebene in die Parameterform um.

a) $E_1 : 5x - 2y + z = 10$
b) $E_2 : x - y = 2$
c) $E_3 : y = -1$

9.7 Wandeln Sie jeweils die Parameterform der Ebene in die implizite Gleichungsform um.

a) $E_1 : \langle (1 \;\; -1 \;\; 1)^T, (0 \;\; 1 \;\; 1)^T \rangle$
b) $E_2 : (1 \;\; 2 \;\; -1)^T + \langle (1 \;\; -1 \;\; 1)^T, (0 \;\; 1 \;\; 1)^T \rangle$

9.8 Gegeben ist die Ebene $E : (1 \;\; 2 \;\; 1)^T + \langle (-3 \;\; 0 \;\; 1)^T, (0 \;\; 2 \;\; -1)^T \rangle$.

a) Bestimmen Sie den Abstand der Ebene E vom Ursprung.
b) Bestimmen Sie den Abstand der Ebene E vom Punkt $P(-2|1|0)$.

9.9 Bestimmen Sie den Schnittpunkt (Durchstoßpunkt) der Geraden g mit der Ebene E.

$$g : (1 \;\; 0 \;\; 2)^T + \langle (0 \;\; 1 \;\; -1)^T \rangle,$$
$$E : (-1 \;\; 2 \;\; 0)^T + \langle (1 \;\; 1 \;\; 4)^T, (-1 \;\; 2 \;\; 3)^T \rangle$$

9.10 Bestimmen Sie den Schnittpunkt der Ebene E, die durch die Punkte $A(-1|2|3)$, $B(0|0|3)$, $C(0|3|1)$ bestimmt ist, mit der Geraden g, die durch die Punkte $P(0|1|-1)$ und $Q(1|1|-3)$ bestimmt ist.

9.11 Welche Sonderfälle können bei der Bestimmung des Schnittpunkts einer Geraden mit einer Ebene auftreten und wie äußern sich diese in der Berechnung?

9.12 Liegen die vier Punkte $A(2|-1|1)$, $B(3|0|1)$, $C(3|-1|2)$ und $D(2|0|2)$ in einer Ebene? Begründen Sie Ihre Antwort.

9.13 Sind die Ebenen E_1 und E_2 parallel, identisch oder nichts von beidem? Begründen Sie Ihre Antwort.

$$E_1: (1 \;\; 0 \;\; 0)^T + \langle (1 \;\; 0 \;\; -1)^T, (0 \;\; -1 \;\; 1)^T \rangle \;,$$
$$E_2: (0 \;\; 1 \;\; 0)^T + \langle (1 \;\; -1 \;\; 0)^T, (1 \;\; 1 \;\; -2)^T \rangle$$

9.14 Die Cheops-Pyramide wurde um 2600 v. Chr. erbaut. Es handelt sich um eine Pyramide mit quadratischer Grundfläche, deren Grundseiten 230 m lang sind und deren Spitze (S) 140 m hoch ist. Die Abbildung zeigt die Pyramide aus der Vogelperspektive.

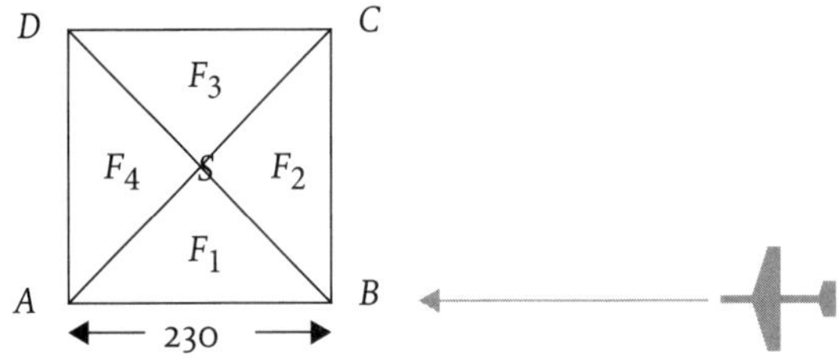

Ein Flugzeug fliegt in 400 m Höhe entlang der Verlängerung der Linie AB (▶ Abbildung) auf die Pyramide zu. Ein Passagier schaut die ganze Zeit gebannt auf die Spitze der Pyramide.

a) Welche der 4 Pyramidenflächen kann er sehen, wenn das Flugzeug noch 1 km von Punkt A entfernt ist?
b) Ab welcher Entfernung vom Punkt A ist F_3 sichtbar?
c) Ab welcher Entfernung vom Punkt A ist F_4 sichtbar?

9.3 Spatprodukt, lineare Unabhängigkeit von 3 Vektoren, Basen

Zwei Vektoren u und v im $\mathbb{R}^2$ sind linear unabhängig, wenn sie eine Ebene aufspannen. Man kann dies prüfen, indem man die Determinante $\det(u, v)$ berechnet. Ist diese ungleich 0, so sind die Vektoren linear unabhängig, andernfalls sind sie abhängig.

Wie lässt sich dieses Konzept auf 3 Dimensionen übertragen? Offenbar sind 3 Vektoren u, v und w linear unabhängig, wenn sie den ganzen Raum aufspannen. Das geht natürlich nur, wenn es sich um Vektoren im $\mathbb{R}^3$ handelt. Drei Vektoren in der Ebene sind immer linear abhängig. Nehmen wir also an, u, v und w sind Vektoren des $\mathbb{R}^3$. Wie kann man auf einfache Weise prüfen, ob sie linear unabhängig sind?

Bevor wir diese Frage beantworten, geben wir zunächst eine Definition:

Definition
Spatprodukt / Determinante

Der Ausdruck $u \cdot (v \times w)$ heißt *Spatprodukt* oder *Determinante* von u, v und w. Wir schreiben:

$$\det(u, v, w) = u \cdot (v \times w)\,.$$

Es gilt:

$$\det(u, v, w) = \det(w, u, v) = \det(v, w, u)$$

sowie:

$$\det(u, v, w) = -\det(u, w, v).$$

Die Gleichung $\det(u, v, w) = \det(w, u, v)$ lässt sich problemlos nachrechnen. Die zweite Gleichung $\det(u, v, w) = -\det(u, w, v)$ folgt sofort aus der Gleichung $v \times w = -w \times v$.

Die Beziehung zwischen Spatprodukt und linearer Unabhängigkeit liefert folgender Satz:

Spatprodukt und lineare Unabhängigkeit

Die Vektoren u, v und w im $\mathbb{R}^3$ sind genau dann linear abhängig, wenn $\det(u, v, w) = 0$ ist.

Warum ist dies so? Wenn die Vektoren u, v und w linear abhängig sind, also nicht den Raum, sondern nur eine Ebene, eine Gerade oder nur den Ursprung aufspannen, so gibt es drei Möglichkeiten:

Fall 1: (Mindestens) einer der drei Vektoren ist der Nullvektor. Dann ist $u \cdot (v \times w) = 0$.

Fall 2: Zwei der drei Vektoren, etwa v und w, sind kollinear. Dann ist $v \times w = \mathbf{0}$ und somit auch $u \cdot (v \times w) = 0$.

Fall 3: Zwei der drei Vektoren, etwa v und w, spannen eine Ebene E: $\langle v,w \rangle$ auf, und der dritte Vektor u liegt in der Ebene E. Dann ist u orthogonal zu dem Normalenvektor $n_E = v \times w$ und daraus folgt $u \cdot (v \times w) = 0$.

Sind die Vektoren u, v und w jedoch linear unabhängig, so sind insbesondere v und w nicht kollinear, also ist $v \times w \neq \mathbf{0}$. Außerdem liegt der Vektor u nicht in der Ebene E: $\langle v,w \rangle$, das heißt, er ist nicht orthogonal zu $v \times w$, und daraus folgt $u \cdot (v \times w) \neq 0$.

Das Spatprodukt lässt sich auch als das Volumen des Spats (oder Parallelepipeds) interpretieren, das von u, v und w aufgespannt wird (▶ Abbildung 9-5). Es gilt:

$$u \cdot (v \times w) = \|u\| \cdot \|v \times w\| \cdot \cos\varphi,$$

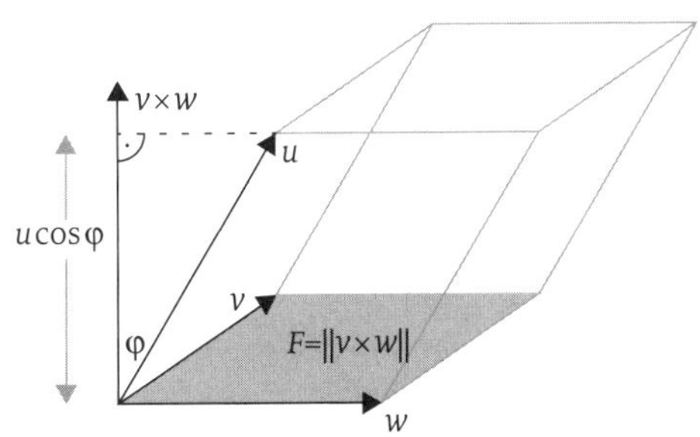

Abb. 9-5
Volumen eines Spats (Parallelepipeds)

wobei φ der Winkel zwischen der Flächennormale $v \times w$ und dem Vektor u ist. Des Weiteren ist $\|u\| \cdot \cos\varphi$ die Höhe des Spats und $\|v \times w\|$ ist gleich der Grundfläche. Daraus folgt, dass $u \cdot (v \times w)$ gleich dem Volumen des Spats ist. Dies liefert eine anschauliche Erklärung des Zusammenhangs zwischen Spatprodukt und linearer Unabhängigkeit: Das Volumen des von drei Vektoren aufgespannten Spats ist genau dann gleich 0, wenn die drei Vektoren nicht den Raum, sondern nur eine Ebene oder Gerade aufspannen, das heißt, wenn sie linear abhängig sind.

Definition
Basis und kanonische Basis des $\mathbb{R}^2$ und $\mathbb{R}^3$

Eine *Basis* des $\mathbb{R}^2$ ist eine Menge von zwei linear unabhängigen Vektoren des $\mathbb{R}^2$. Die Vektoren

$$e_1 = \begin{pmatrix} 1 \\ 0 \end{pmatrix}, e_2 = \begin{pmatrix} 0 \\ 1 \end{pmatrix}$$

bilden eine Basis des $\mathbb{R}^2$, die sogenannte *kanonische Basis* des $\mathbb{R}^2$.

Eine *Basis* des $\mathbb{R}^3$ ist eine Menge von drei linear unabhängigen Vektoren des $\mathbb{R}^3$. Die Vektoren

$$e_1 = \begin{pmatrix} 1 \\ 0 \\ 0 \end{pmatrix}, e_2 = \begin{pmatrix} 0 \\ 1 \\ 0 \end{pmatrix}, e_3 = \begin{pmatrix} 0 \\ 0 \\ 1 \end{pmatrix}$$

bilden eine Basis des $\mathbb{R}^3$, die sogenannte *kanonische Basis* des $\mathbb{R}^3$.

Es gilt: Ist die Menge M eine Basis des $\mathbb{R}^2$ (bzw. $\mathbb{R}^3$), so lässt sich jeder Vektor aus $\mathbb{R}^2$ (bzw. $\mathbb{R}^3$) *eindeutig* als Linearkombination der Basisvektoren darstellen.

Aufgaben zu 9.3

9.15 Welche der folgenden Mengen von Vektoren sind linear unabhängig?

a) $\{(1\ \ 0\ \ 0)^T, (1\ \ 1\ \ 0)^T, (1\ \ 1\ \ 1)^T\}$

b) $\{(1\ \ 1\ \ -1)^T, (2\ \ -3\ \ 4)^T, (4\ \ -1\ \ 2)^T\}$

9.16 Leiten Sie aus der Formel für das Volumen eines Spats eine Formel für den Abstand eines Punktes M von der Ebene $u + \langle v,w \rangle$ ab.

9.17 Bestimmen Sie die Schnittgerade der Ebene E mit der x-y-Ebene.

$$E: (1\ \ -1\ \ 1)^T + \langle (1\ \ -2\ \ 1)^T, (-3\ \ 2\ \ 1)^T \rangle$$

10 Lineare und affine Abbildungen

10.1 2-D-Transformationen in der Computergrafik

Sie haben sicherlich schon einmal mit einer Zeichensoftware gearbeitet, also einem Programm, mit dem man im einfachsten Fall geometrische Figuren wie Linien, Rechtecke, Polygone und Kreise zeichnen kann. Sie können eine gezeichnete Figur mit der Maus anpacken und auf dem Zeichenfeld herumschieben. Sie können sie markieren, an einer Ecke anpacken und in horizontaler oder vertikaler Richtung auseinanderziehen oder zusammenstauchen. Sie können die Figur auch spiegeln und um beliebige Winkel drehen. Die Figur wird bei all diesen Aktionen auf eine andere Figur abgebildet. Wir wollen uns diese Abbildungen (in der Computergrafik *Transformationen* genannt) näher anschauen und uns in erster Linie fragen, wie man solche Transformationen im Computer darstellen kann.

Wir werden uns in diesem Abschnitt hauptsächlich mit folgenden Transformationen in der Ebene beschäftigen:

- Verschiebung (Translation)
- Spiegelung
- Zoom (gleichmäßige Skalierung)
- Skalierung (ziehen oder stauchen in Richtung der Koordinatenachsen)
- Scherung
- Drehung (Rotation)
- Projektion

Um eine Transformation auf eine geometrische Figur, beispielsweise ein Rechteck, anzuwenden, reicht es aus, sie auf die vier Eckpunkte anzuwenden und daraus wieder ein Rechteck zu zeichnen. Es reicht also aus, wenn wir wissen, wie die Transformation auf einen einzelnen Punkt wirkt. Und da wir einen Punkt mit seinem Ortsvektor identifizieren können, fassen wir eine ebene Transformation als eine Abbildung auf, die jedem Vektor $(x\,y)^T$ einen Bildvektor $(x'\,y')^T$ zuordnet. Wir schreiben:

$$f\begin{pmatrix} x \\ y \end{pmatrix} = \begin{pmatrix} x' \\ y' \end{pmatrix}.$$

Translationen

Eine Translation (Verschiebung) verschiebt jeden Punkt um a Einheiten in x-Richtung und um b Einheiten in y-Richtung, oder anders ausgedrückt, um einen festen Vektor $(a\,b)^T$:

$$T(a,b)\colon f\begin{pmatrix} x \\ y \end{pmatrix} = \begin{pmatrix} x \\ y \end{pmatrix} + \begin{pmatrix} a \\ b \end{pmatrix} = \begin{pmatrix} x+a \\ y+b \end{pmatrix}.$$

Ist $v = (a\ b)^T$, so schreiben wir auch $T(v)$ für $T(a,b)$.

Spiegelungen

Wir betrachten zunächst nur Spiegelungen an den beiden Koordinatenachsen. Eine Spiegelung an der *y*-Achse belässt die *y*-Koordinate und invertiert die *x*-Koordinate. Eine Spiegelung an der *x*-Achse wirkt genau umgekehrt: Sie belässt die *x*-Koordinate und invertiert die *y*-Koordinate.

$$Sp_y\colon f\begin{pmatrix} x \\ y \end{pmatrix} = \begin{pmatrix} -x \\ y \end{pmatrix} \qquad Sp_x\colon f\begin{pmatrix} x \\ y \end{pmatrix} = \begin{pmatrix} x \\ -y \end{pmatrix}$$

Zoom

Man kann in ein Bild hineinzoomen (vergrößern) und hinauszoomen (verkleinern). In der Geometrie spricht man von einer zentrischen Streckung (oder Stauchung). Das Zentrum der Abbildung ist der einzige Punkt, der dabei unverändert bleibt. Wir betrachten zunächst nur den Zoom mit dem Koordinatenursprung als Zentrum. Die Transformation *Zoom* lässt sich durch die Multiplikation mit einem Skalar λ (dem Streckungsfaktor) beschreiben:

$$Z_\lambda\colon f\begin{pmatrix} x \\ y \end{pmatrix} = \lambda\begin{pmatrix} x \\ y \end{pmatrix} = \begin{pmatrix} \lambda x \\ \lambda y \end{pmatrix}.$$

Ist $\lambda > 1$, so handelt es sich um eine Vergrößerung (hineinzoomen), ist $0 < \lambda < 1$, so handelt es sich um eine Verkleinerung (hinauszoomen). Der Wert $\lambda = 1$ bewirkt keine Veränderung und $\lambda = 0$ bildet alles auf den Ursprung ab. Ist $\lambda < 0$, so dreht sich die Richtung aller Vektoren um.

Skalierung

Im Unterschied zum Zoom, bei dem in beide Koordinatenrichtungen gleich gestreckt oder gestaucht wird, hat die Skalierung zwei unabhängige Skalierungsfaktoren, λ in *x*-Richtung und μ in *y*-Richtung:

$$S(\lambda,\mu)\colon f\begin{pmatrix} x \\ y \end{pmatrix} = \begin{pmatrix} \lambda x \\ \mu y \end{pmatrix}.$$

Die beiden Spiegelungen und der Zoom sind Spezialfälle der Skalierung: Beim Zoom ist $\lambda = \mu$, bei der Spiegelung an der *x*-Achse ist $\lambda = 1$ und $\mu = -1$, bei der Spiegelung an der *y*-Achse ist $\lambda = -1$ und $\mu = 1$.

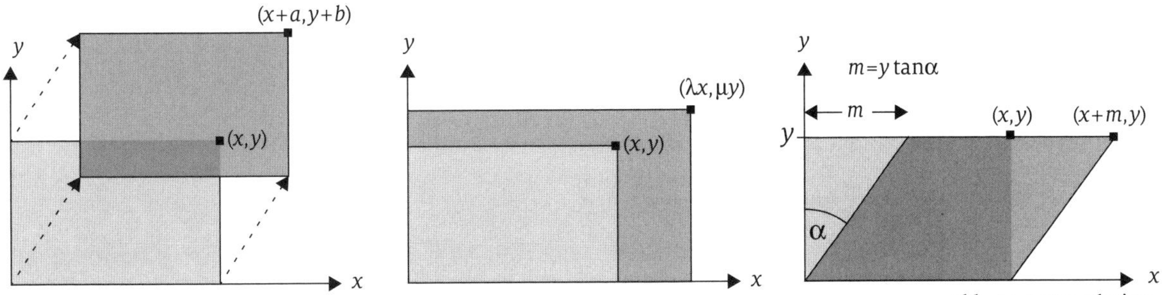

Abb. 10-1 Translation, Skalierung und Scherung

Scherung

Bei der Scherung (in x-Richtung) werden die Punkte in Richtung der x-Achse verschoben, und zwar so, dass die Länge des Verschiebungsvektors proportional zum Abstand des Punktes von der x-Achse ist. Die Punkte auf der x-Achse bleiben dabei fest. Ein Rechteck wird dabei zu einem Parallelogramm. Der Proportionalitätsfaktor ist durch den Tangens des Neigungswinkels α des Parallelogramms gegeben (▶ Abbildung 10-1). Eine entsprechende Scherung gibt es auch in y-Richtung.

$$\mathrm{Sh}_x(\alpha): f\begin{pmatrix} x \\ y \end{pmatrix} = \begin{pmatrix} x + y\tan\alpha \\ y \end{pmatrix} \qquad \mathrm{Sh}_y(\alpha): f\begin{pmatrix} x \\ y \end{pmatrix} = \begin{pmatrix} x \\ y + x\tan\alpha \end{pmatrix}$$

Rotation

Eine der wichtigsten geometrischen Transformationen ist die Drehung (Rotation). Eine Rotation ist definiert durch ihr Rotationszentrum und den Drehwinkel. Wie üblich gilt die Vereinbarung, dass ein positiver Winkel eine Drehung gegen den Uhrzeigersinn bewirkt. Wir betrachten zunächst nur die Drehung um den Koordinatenursprung. Die Abbildungsvorschrift der Rotation um den Winkel φ werden wir im folgenden Abschnitt 10.2 herleiten.

Orthogonale Projektionen

Bei der orthogonalen Projektion auf die Projektionsgerade g wird jeder Punkt P auf einen Punkt P' abgebildet, der auf der Geraden g liegt. Dabei wird von P das Lot auf die Gerade g gefällt, dann ist der Bildpunkt P' der Lotfußpunkt. Wir betrachten zunächst die Projektionen auf die beiden Koordinatenachsen:

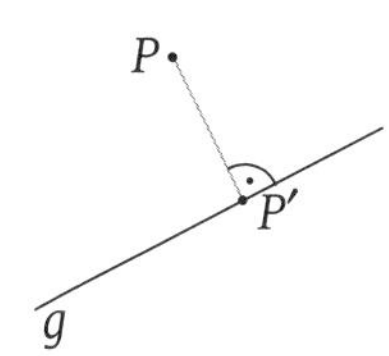

Abb. 10-2 Orthogonale Projektion auf die Gerade g

$$\pi_y: f\begin{pmatrix} x \\ y \end{pmatrix} = \begin{pmatrix} 0 \\ y \end{pmatrix} \qquad \pi_x: f\begin{pmatrix} x \\ y \end{pmatrix} = \begin{pmatrix} x \\ 0 \end{pmatrix}.$$

10.2 Lineare Abbildungen und Matrizen

Alle beschriebenen 2-D-Transformationen mit Ausnahme der Translation kann man durch die folgende allgemeine Abbildung beschreiben:

$$f\begin{pmatrix} x \\ y \end{pmatrix} = \begin{pmatrix} ax+by \\ cx+dy \end{pmatrix}. \qquad \text{(Lin 1)}$$

Man kann nun leicht nachrechnen (▶ Aufgabe 10.4), dass diese Abbildung folgende Eigenschaft besitzt:

Definition
Lineare Abbildung

Eine Abbildung f heißt *linear*, falls für alle Vektoren u und v sowie für alle Skalare λ gilt:

$$f(u+v) = f(u)+f(v)$$

$$f(\lambda v) = \lambda f(v).$$

Abbildung 10-3 zeigt die geometrische Interpretation dieser beiden Eigenschaften für das konkrete Beispiel der Rotation um einen Winkel φ.

Umgekehrt wollen wir nun zeigen, dass jede lineare Abbildung auf 2-D-Vektoren von der Form (Lin 1) ist.

Beweis: Sei f eine lineare Abbildung in der Ebene. Einen Vektor $v = (x\ y)^T$ können wir als Linearkombination der beiden kanonischen Basisvektoren $e_1 = (1\ 0)^T$ und $e_2 = (0\ 1)^T$ darstellen:

$$v = xe_1 + ye_2.$$

Dann ist

$$f(v) = f(xe_1+ye_2) = xf(e_1)+yf(e_2).$$

Eine lineare Abbildung ist deshalb durch die Bilder der beiden kanonischen Basisvektoren vollständig bestimmt. Sei

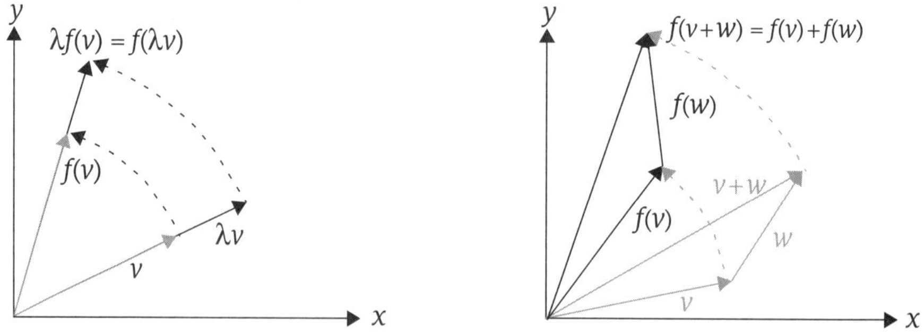

Abb. 10-3
Die Rotation ist linear

$$f\begin{pmatrix}1\\0\end{pmatrix}=\begin{pmatrix}a\\c\end{pmatrix} \text{ und } f\begin{pmatrix}0\\1\end{pmatrix}=\begin{pmatrix}b\\d\end{pmatrix}.$$

Dann ist

$$f(v) = x\begin{pmatrix}a\\c\end{pmatrix}+y\begin{pmatrix}b\\d\end{pmatrix} = \begin{pmatrix}ax\\cx\end{pmatrix}+\begin{pmatrix}by\\dy\end{pmatrix} = \begin{pmatrix}ax+by\\cx+dy\end{pmatrix}.$$ ■

Wir können also eine lineare 2-D-Transformation durch 4 reelle Parameter a, b, c und d darstellen. Dies geschieht in Form der folgenden *Matrix*:

$$M = \begin{pmatrix}a & b\\c & d\end{pmatrix}.$$

Definition
Matrix einer linearen Abbildung

Eine ($m\times n$)-*Matrix* ist ein rechteckiges Zahlenschema mit m Zeilen und n Spalten.

Man erhält die Matrix einer linearen Abbildung $f: \mathbb{R}^2 \to \mathbb{R}^2$, indem man die Bilder der beiden kanonischen Basisvektoren $e_1 = (1\ 0)^T$ und $e_2 = (0\ 1)^T$ berechnet. Die Vektoren $f(e_1)$ und $f(e_2)$ bilden dann die Spalten der Matrix.

Auf diese Weise können wir mit geringem geometrischem Aufwand die Matrix der Drehung um einen Winkel φ berechnen. Wir drehen die Vektoren $(1\ 0)^T$ und $(0\ 1)^T$ jeweils um den Winkel φ (▶ Abbildung 10-4) und erhalten:

$$R_\varphi\begin{pmatrix}1\\0\end{pmatrix}=\begin{pmatrix}\cos\varphi\\\sin\varphi\end{pmatrix} \text{ und } R_\varphi\begin{pmatrix}0\\1\end{pmatrix}=\begin{pmatrix}-\sin\varphi\\\cos\varphi\end{pmatrix}.$$

Daraus erhalten wir die folgende Drehmatrix:

$$\begin{pmatrix}\cos\varphi & -\sin\varphi\\\sin\varphi & \cos\varphi\end{pmatrix}.$$

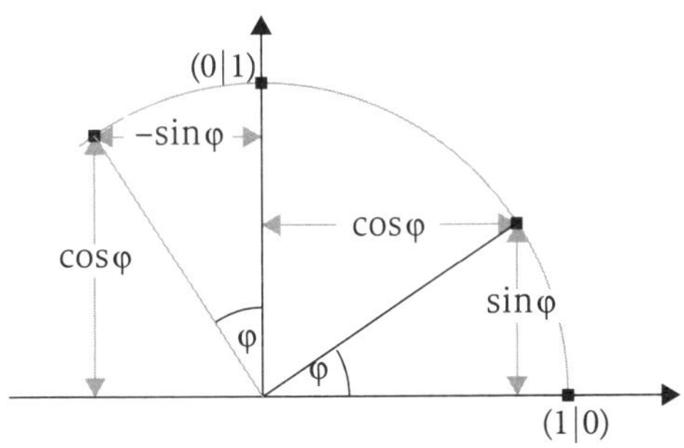

Abb. 10-4
Berechnung der Drehmatrix

Tabelle 10-1 zeigt eine Übersicht über die Matrizen der in Abschnitt 10.1 vorgestellten 2-D-Transformationen.

Eigenschaft linearer Abbildungen

Für jede lineare Abbildung f gilt $f(\mathbf{0}) = \mathbf{0}$.

Beweis: Folgt sofort aus Gleichung (Lin 1). Alternativ kann man diese Eigenschaft mithilfe der Linearität beweisen: Sei v ein beliebiger Vektor. Dann ist

$$f(\mathbf{0}) = f(0 \cdot v) = 0 \cdot f(v) = \mathbf{0}.$$ ■

Jede lineare Abbildung hat also den Ursprung als Fixpunkt. Umgekehrt kann eine Abbildung, die den Ursprung nicht fest lässt, keine lineare Abbildung sein. Beispielsweise ist die Translation $T(v)$ nicht linear, denn sie verschiebt den Ursprung, außer natürlich im Fall $v = 0$, aber dabei handelt es sich ja um keine „echte" Translation, sondern um die identische Abbildung.

Anwendung einer Matrix auf einen Vektor

Die Anwendung einer linearen Abbildung mit der Matrix $M = \begin{pmatrix} a & b \\ c & d \end{pmatrix}$ auf einen Vektor $v = \begin{pmatrix} x \\ y \end{pmatrix}$ ist gegeben durch

$$M \cdot v = \begin{pmatrix} ax + by \\ cx + dy \end{pmatrix}.$$

Mit folgendem Schema können Sie sich diese Vorschrift gut merken:

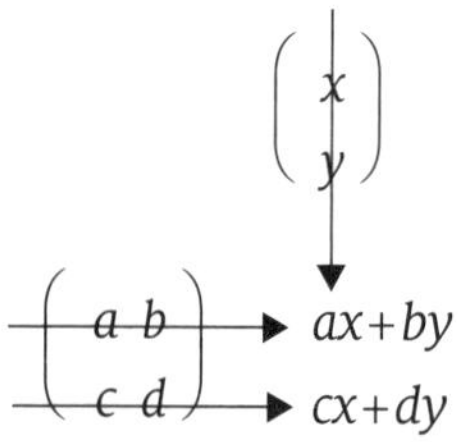

Tabelle 10-1
Matrizen der wichtigsten 2-D-Transformationen

Skalierung

$$S(\lambda, \mu): \begin{pmatrix} \lambda & 0 \\ 0 & \mu \end{pmatrix}$$

Zoom

$$Z_\lambda: \begin{pmatrix} \lambda & 0 \\ 0 & \lambda \end{pmatrix}$$

Spiegelung an der x-Achse

$$Sp_x: \begin{pmatrix} 1 & 0 \\ 0 & -1 \end{pmatrix}$$

Spiegelung an der y-Achse

$$Sp_y: \begin{pmatrix} -1 & 0 \\ 0 & 1 \end{pmatrix}$$

Projektion auf die x-Achse

$$\pi_x: \begin{pmatrix} 1 & 0 \\ 0 & 0 \end{pmatrix}$$

Projektion auf die y-Achse

$$\pi_y: \begin{pmatrix} 0 & 0 \\ 0 & 1 \end{pmatrix}$$

Scherung in x-Richtung

$$\mathrm{Sh}_x(\alpha): \begin{pmatrix} 1 & \tan\alpha \\ 0 & 1 \end{pmatrix}$$

Scherung in y-Richtung

$$\mathrm{Sh}_y(\beta): \begin{pmatrix} 1 & 0 \\ \tan\beta & 1 \end{pmatrix}$$

Rotation

$$\mathrm{R}(\varphi): \begin{pmatrix} \cos\varphi & -\sin\varphi \\ \sin\varphi & \cos\varphi \end{pmatrix}$$

identische Abbildung

$$E: \begin{pmatrix} 1 & 0 \\ 0 & 1 \end{pmatrix}$$

Beispiel 10.1 Rotation um 90°

Das Dreieck ABC in Abbildung 10-5 soll um 90° um den Ursprung gedreht werden. Wegen cos 90° = 0 und sin 90° = 1 ist die Drehmatrix R(90°) gegeben durch:

$$R(90°) = \begin{pmatrix} 0 & -1 \\ 1 & 0 \end{pmatrix}.$$

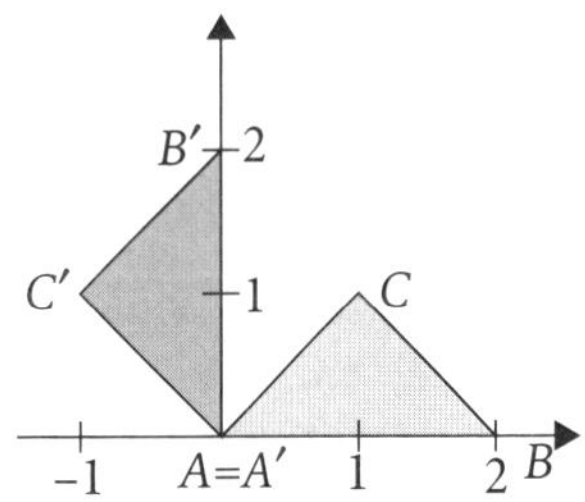

Abb. 10-5
Rotation um 90°

Es gilt:

$$\begin{pmatrix} 0 & -1 \\ 1 & 0 \end{pmatrix} \cdot \begin{pmatrix} 0 \\ 0 \end{pmatrix} = \begin{pmatrix} 0 \\ 0 \end{pmatrix}$$

$$\begin{pmatrix} 0 & -1 \\ 1 & 0 \end{pmatrix} \cdot \begin{pmatrix} 2 \\ 0 \end{pmatrix} = \begin{pmatrix} 0 \\ 2 \end{pmatrix}$$

$$\begin{pmatrix} 0 & -1 \\ 1 & 0 \end{pmatrix} \cdot \begin{pmatrix} 1 \\ 1 \end{pmatrix} = \begin{pmatrix} -1 \\ 1 \end{pmatrix}.$$

Das gedrehte Dreieck ist $A'B'C'$ mit $A'(0|0)$, $B'(0|2)$, $C'(-1|1)$. ■

Eine Figur, die um den Ursprung gedreht wird, bleibt als Figur erhalten und nur ihre Lage ändert sich. Man sagt, die Figur A und die gedrehte Figur A' sind *kongruent*. Das impliziert insbesondere, dass die Längen der entsprechenden Seiten von A und A' gleich sind, dass die entsprechenden Winkel gleich sind und dass die Flächen gleich sind. Die Rotation ist also längen-, winkel-, und flächentreu. Wir wollen im Folgenden die Längentreue beweisen. Der Beweis der anderen beiden Eigenschaften verbleibt als Übungsaufgabe.

Formal mathematisch ausgedrückt heißt das, dass der Vektor v und sein Bildvektor $v' = R_\varphi(v)$ dieselbe Länge haben:

$$\|v\| = \|R_\varphi(v)\|.$$

Um die Wurzel zu vermeiden, beweisen wir $\|v\|^2 = \|R_\varphi(v)\|^2$. Sei $v = (v_1\ v_2)^T$. Dann ist

$$\begin{aligned}
\|R_\varphi(v)\|^2 &= \left\| \begin{pmatrix} v_1 \cos\varphi - v_2 \sin\varphi \\ v_1 \sin\varphi + v_2 \cos\varphi \end{pmatrix} \right\|^2 \\
&= (v_1 \cos\varphi - v_2 \sin\varphi)^2 + (v_1 \sin\varphi + v_2 \cos\varphi)^2 \\
&= v_1^2 \cos^2\varphi - 2 v_1 v_2 \cos\varphi \sin\varphi + v_2^2 \sin^2\varphi \\
&\quad + v_1^2 \sin^2\varphi + 2 v_1 v_2 \cos\varphi \sin\varphi + v_2^2 \cos^2\varphi \\
&= v_1^2(\cos^2\varphi + \sin^2\varphi) + v_2^2(\cos^2\varphi + \sin^2\varphi) = v_1^2 + v_2^2 = \|v\|^2.
\end{aligned}$$

Verkettung von linearen Abbildungen

In konkreten Anwendungssituationen werden oft viele Transformationen nacheinander auf ein Objekt angewandt. Man kann selbstverständlich das Bildobjekt berechnen, indem man mehrfach nacheinander die Operation Matrix mal Vektor durchführt. Insbesondere wenn man dieselben Operationen auf viele verschiedene Punkte anwenden muss, ist es einfacher, vorher die Matrix der verketteten Transformation zu berechnen. Anstatt etwa $A \cdot (B \cdot (C \cdot (D \cdot v)))$ mehrfach für viele v zu berechnen, berechnet man zunächst die Matrix $M = A \cdot B \cdot C \cdot D$ und dann erst die vielen Produkte $M \cdot v$, was sicherlich effizienter ist.

Diese Vorgehensweise kann natürlich nur dann funktionieren, wenn die Verkettung linearer Abbildungen selbst wieder linear ist. Das wird sich jedoch im Verlauf der Berechnung der verketteten Abbildung erweisen.

Seien nun φ und ψ lineare Abbildungen mit den dazugehörigen Matrizen $A = \begin{pmatrix} a & b \\ c & d \end{pmatrix}$ bzw. $B = \begin{pmatrix} e & f \\ g & h \end{pmatrix}$ und sei $v = \begin{pmatrix} x \\ y \end{pmatrix}$ ein Vektor. Dann ist

$$(\varphi \circ \psi)(v) = \varphi(\psi(v)) = A \cdot (B \cdot v) = \begin{pmatrix} a & b \\ c & d \end{pmatrix} \cdot \left(\begin{pmatrix} e & f \\ g & h \end{pmatrix} \cdot \begin{pmatrix} x \\ y \end{pmatrix} \right)$$

$$= \begin{pmatrix} a & b \\ c & d \end{pmatrix} \cdot \begin{pmatrix} ex+fy \\ gx+hy \end{pmatrix} = \begin{pmatrix} aex+afy+bgx+bhy \\ cex+cfy+dgx+dhy \end{pmatrix}$$

$$= \begin{pmatrix} (ae+bg)x+(af+bh)y \\ (ce+dg)x+(cf+dh)y \end{pmatrix}.$$

Dies zeigt zum einen, dass die Verkettung der beiden linearen Abbildungen auch wieder linear ist, denn sie erfüllt die Gleichung (Lin 1). Zum anderen liefert sie auch eine Vorschrift zur Berechnung der Matrix der Verkettung. Wir bezeichnen die so erhaltene Matrix als das *Produkt* der Matrizen A und B.

Verkettung linearer Abbildungen und Matrizenprodukt

Sind φ und ψ lineare Abbildungen, so ist auch die Verkettung $\varphi \circ \psi$ linear. Sind $A = \begin{pmatrix} a & b \\ c & d \end{pmatrix}$ bzw. $B = \begin{pmatrix} e & f \\ g & h \end{pmatrix}$ die zu φ bzw. ψ gehörigen Matrizen, so wird die Verkettung $\varphi \circ \psi$ dargestellt durch das *Matrizenprodukt*

$$A \cdot B = \begin{pmatrix} ae+bg & af+bh \\ ce+dg & cf+dh \end{pmatrix}.$$

Dabei ist zu beachten, dass wegen $(\varphi \circ \psi)(v) = \varphi(\psi(v))$ zuerst die Abbildung ψ (bzw. die Matrix B) und dann die Abbildung φ (die Matrix A) angewandt wird!

Sie können sich diese Vorschrift mit einem ähnlichen Schema (dem sogenannten *falkschen Schema*) wie bei der Multiplikation Matrix mal Vektor merken:

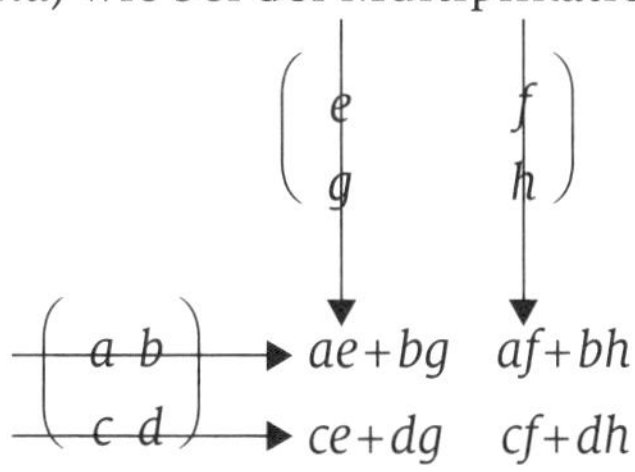

Beispiel 10.2 Ein Dreieck wird erst in x-Richtung um den Faktor $\lambda = 2$ gestreckt und anschließend um 90° gedreht. Die Matrix dieser Abbildung berechnet sich zu:

$$R(90°) \cdot S(\lambda, 1) = \begin{pmatrix} 0 & -1 \\ 1 & 0 \end{pmatrix} \cdot \begin{pmatrix} 2 & 0 \\ 0 & 1 \end{pmatrix} = \begin{pmatrix} 0 & -1 \\ 2 & 0 \end{pmatrix}.$$

(Beachten Sie die Reihenfolge!)

Wird hingegen zuerst gedreht und dann in x-Richtung gestreckt, so ergibt sich die folgende Matrix:

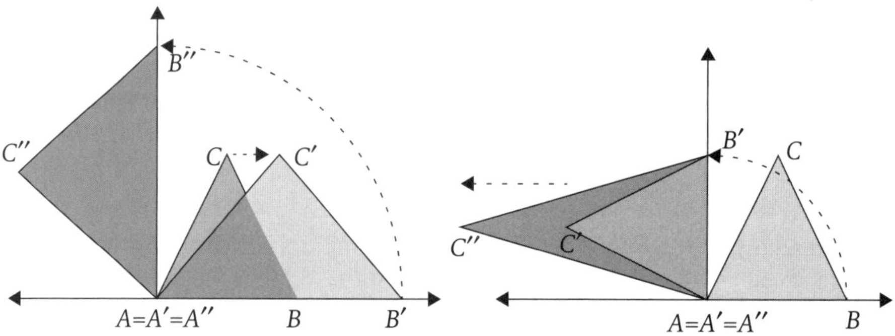

Abb. 10-6
Erst Streckung, dann Drehung (links); erst Drehung, dann Streckung (rechts)

$$S(\lambda, 1) \cdot R(90°) = \begin{pmatrix} 2 & 0 \\ 0 & 1 \end{pmatrix} \cdot \begin{pmatrix} 0 & -1 \\ 1 & 0 \end{pmatrix} = \begin{pmatrix} 0 & -2 \\ 1 & 0 \end{pmatrix}.$$

Die beiden Matrizen sind verschieden. Abbildung 10-6 zeigt die geometrische Interpretation. ■

Das Beispiel zeigt, dass man die Reihenfolge der Matrizen in einem Produkt nicht vertauschen kann. Das heißt, die Matrizenmultiplikation ist nicht kommutativ.

Aufgabe Sei g eine Ursprungsgerade, die mit der x-Achse einen Winkel φ einschließt. Sei $\mathrm{Sp}(\varphi)$ die Spiegelung an der Geraden g. Berechnen Sie die Matrix von $\mathrm{Sp}(\varphi)$.

Lösung Es gibt zwei unterschiedliche Lösungsansätze:

- Berechnung der Bilder der beiden Standardbasisvektoren
- Zusammensetzen der Spiegelung aus bekannten Transformationen

Erste Lösung (▶ Abbildung 10-7):

$$f\begin{pmatrix} 1 \\ 0 \end{pmatrix} = \begin{pmatrix} \cos(2\varphi) \\ \sin(2\varphi) \end{pmatrix} \text{ und } f\begin{pmatrix} 0 \\ 1 \end{pmatrix} = \begin{pmatrix} \sin(2\varphi) \\ -\cos(2\varphi) \end{pmatrix}.$$

Somit ergibt sich die Matrix:

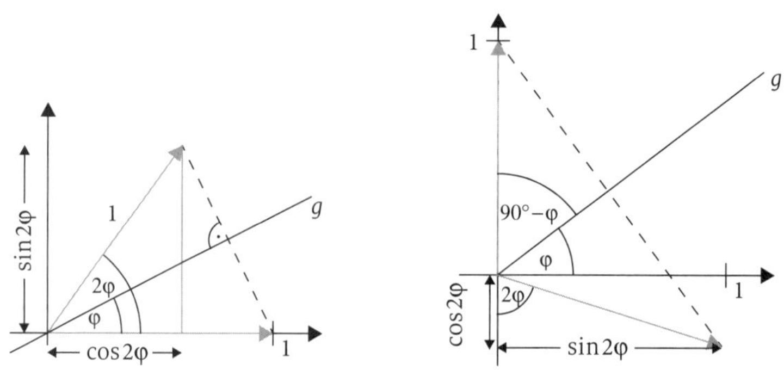

Abb. 10-7
Berechnung der Matrix der Spiegelung mit Achse g

$$Sp(\varphi) = \begin{pmatrix} \cos(2\varphi) & \sin(2\varphi) \\ \sin(2\varphi) & -\cos(2\varphi) \end{pmatrix}.$$

Zweite Lösung: Nehmen wir an, es soll ein Dreieck gespiegelt werden. Wir drehen erst das Dreieck mitsamt der Spiegelungsachse g um den Winkel $-\varphi$, sodass die Achse g mit der x-Achse zusammenfällt. Dann spiegeln wir das Dreieck an der gedrehten Geraden g (also an der x-Achse) und drehen das Ganze hinterher wieder zurück, nämlich um den Winkel φ gegen den Uhrzeigersinn. Die gesamte Spiegelung stellt sich daher als Verkettung von drei Transformationen dar – beachten Sie die Reihenfolge: Die zuerst angewandte Transformation steht ganz rechts!

$$\begin{aligned} Sp(\varphi) &= R(\varphi) \cdot Sp_x \cdot R(-\varphi) \\ &= \begin{pmatrix} \cos\varphi & -\sin\varphi \\ \sin\varphi & \cos\varphi \end{pmatrix} \cdot \begin{pmatrix} 1 & 0 \\ 0 & -1 \end{pmatrix} \cdot \begin{pmatrix} \cos(-\varphi) & -\sin(-\varphi) \\ \sin(-\varphi) & \cos(-\varphi) \end{pmatrix} \\ &= \begin{pmatrix} \cos\varphi & \sin\varphi \\ \sin\varphi & -\cos\varphi \end{pmatrix} \cdot \begin{pmatrix} \cos\varphi & \sin\varphi \\ -\sin\varphi & \cos\varphi \end{pmatrix} \\ &= \begin{pmatrix} \cos^2\varphi - \sin^2\varphi & 2\sin\varphi\cos\varphi \\ 2\sin\varphi\cos\varphi & \sin^2\varphi - \cos^2\varphi \end{pmatrix} \\ &= \begin{pmatrix} \cos(2\varphi) & \sin(2\varphi) \\ \sin(2\varphi) & -\cos(2\varphi) \end{pmatrix}. \end{aligned}$$

Definition
Determinante einer 2×2-Matrix

Die *Determinante* der Matrix $A = \begin{pmatrix} a & b \\ c & d \end{pmatrix}$ ist folgendermaßen definiert:

$$\det A = ad - bc.$$

Die Determinante von A ist also gleich der Determinante der Spaltenvektoren von A.

Seien $v = (a\ c)^T$ und $w = (b\ d)^T$ die Spaltenvektoren der Matrix A. Die Vektoren v und w geben die Bilder der beiden kanonischen Basisvektoren $e_1 = (1\ 0)^T$ und $e_2 = (0\ 1)^T$ unter der Abbildung A an. Es ist $\det A = \det(v, w)$ gleich dem Flächeninhalt des von v und w aufgespannten Parallelogramms. Das heißt, die Determinante der Matrix A gibt an, wie sich der Flächeninhalt des von den Vektoren e_1 und e_2 aufgespannten Einheitsquadrats unter der Abbildung A ändert. Es gilt: Die Abbildung A ist genau dann flächentreu, wenn $|\det A| = 1$ ist.

Beispiel 10.3 Determinanten

a) Für die Determinante der Drehmatrix $R(\varphi)$ gilt:

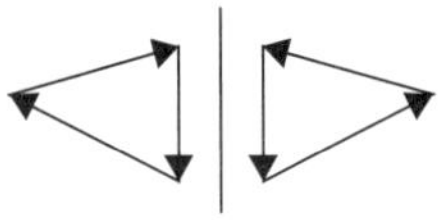

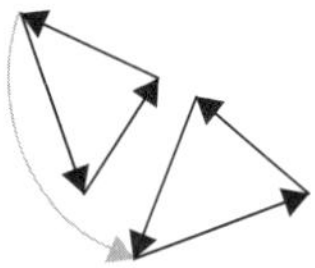

Abb. 10-8 Die Spiegelung ändert den Umlaufsinn (oben), die Drehung nicht (unten)

$$\det R(\varphi) = \det\begin{pmatrix} \cos\varphi & -\sin\varphi \\ \sin\varphi & \cos\varphi \end{pmatrix} = \cos^2\varphi + \sin^2\varphi = 1\,.$$

Dies beweist, dass die Drehung flächentreu ist.

b) Für die Determinante der Spiegelungsmatrix Sp(φ) gilt:

$$\det Sp(\varphi) = \det\begin{pmatrix} \cos 2\varphi & \sin 2\varphi \\ \sin 2\varphi & -\cos 2\varphi \end{pmatrix} = -\cos^2 2\varphi - \sin^2 2\varphi = -1\,.$$

Sie ist also ebenfalls flächentreu, im Unterschied zur Drehung ändert sie jedoch den Umlaufsinn einer Figur (▶ Abbildung 10-8). ■

Es gilt:

$$\det(A \cdot B) = \det A \cdot \det B\,.$$

Aufgaben zu 10.2

10.1 Welche der folgenden Abbildungen $f: \mathbb{R}^2 \to \mathbb{R}^2$ sind linear?

a) $f\begin{pmatrix} x \\ y \end{pmatrix} = \begin{pmatrix} y \\ x \end{pmatrix}$ b) $f\begin{pmatrix} x \\ y \end{pmatrix} = \begin{pmatrix} x-y \\ 0 \end{pmatrix}$ c) $f\begin{pmatrix} x \\ y \end{pmatrix} = \begin{pmatrix} x+3 \\ x-y \end{pmatrix}$

d) $f\begin{pmatrix} x \\ y \end{pmatrix} = \begin{pmatrix} |x| \\ y \end{pmatrix}$ e) $f\begin{pmatrix} x \\ y \end{pmatrix} = \begin{pmatrix} x^2 \\ y \end{pmatrix}$ f) $f\begin{pmatrix} x \\ y \end{pmatrix} = \begin{pmatrix} 0 \\ 0 \end{pmatrix}$

10.2 Bestimmen Sie für die linearen Abbildungen aus Aufgabe 2 jeweils die Matrix.

10.3 Beweisen Sie, dass die Spiegelung im $\mathbb{R}^2$ an einer Achse, die nicht durch den Ursprung geht, nicht linear ist.

10.4 Rechnen Sie nach, dass die Abbildung $f\begin{pmatrix} x \\ y \end{pmatrix} = \begin{pmatrix} ax+by \\ cx+dy \end{pmatrix}$ linear ist.

10.5 Gegeben sei das Dreieck ABC mit $A(0|0)$, $B(1|1)$, $A(2|0)$. Berechnen Sie mithilfe der entsprechenden Matrizen:

a) das Bild von ABC unter der Drehung R(30°),

b) das Bild von ABC unter der Spiegelung Sp(30°).

Fertigen Sie eine Zeichnung an!

10.6 Ist die Hintereinanderausführung zweier Scherungen in x-Richtung wieder eine Scherung in x-Richtung?

10.7 Ist die Hintereinanderausführung einer Scherung in x-Richtung und einer Scherung in y-Richtung wieder eine Scherung?

10.8 Offenbar gilt $R(\varphi) \cdot R(\psi) = R(\varphi + \psi)$, das heißt, es ist dasselbe, wenn Sie eine Figur zuerst um den Winkel φ und anschließend um den Winkel ψ drehen, oder ob Sie gleich die Figur um $\varphi+\psi$ drehen. Beweisen Sie dies durch Multiplikation der beiden Drehmatrizen. Hinweis: trigonometrische Additionstheoreme!

10.9 Sei g eine Ursprungsgerade, die mit der x-Achse einen Winkel φ einschließt. Sei $\pi(\varphi)$ die orthogonale Projektion auf die Geraden g. Berechnen Sie die Matrix von $\pi(\varphi)$.

10.10 Welche lineare Abbildung ist die Hintereinanderausführung zweier Spiegelungen $\mathrm{Sp}(\varphi)$ und $\mathrm{Sp}(\psi)$?

10.11 Beweisen Sie, dass die Rotation winkeltreu ist.

10.12 Rechnen Sie nach, dass die Gleichung $\det(A \cdot B) = \det A \cdot \det B$ gilt.

10.13 a) Was für ein geometrisches Gebilde ist das Bild einer Geraden unter einer linearen Abbildung? Hinweis: Eine Gerade wird dargestellt durch eine Punktmenge $\{u + \lambda v | \lambda \in \mathbb{R}\}$. Wenden Sie die lineare Abbildung f auf diese Punktmenge an.

b) Was für ein geometrisches Gebilde ist das Bild der ganzen Ebene unter einer linearen Abbildung?

c) Beweisen Sie mithilfe von b), dass die Abbildung $f : \mathbb{R}^2 \to \mathbb{R}^2$

$$f\begin{pmatrix} x \\ y \end{pmatrix} = \begin{pmatrix} |x| \\ y \end{pmatrix}$$

nicht linear ist.

10.3 3-D-Transformationen

Wenn wir zu 3-D-Transformationen übergehen, ergibt sich nichts grundsätzlich Neues. Alle linearen Abbildungen, die einen 3-D-Vektor auf einen 3-D-Vektor abbilden, haben folgende Form

$$f\begin{pmatrix} x \\ y \\ z \end{pmatrix} = \begin{pmatrix} ax + by + cz \\ dx + ey + fz \\ gx + hy + kz \end{pmatrix}$$

und lassen sich folgendermaßen als 3×3-Matrix darstellen:

$$\begin{pmatrix} a & b & c \\ d & e & f \\ g & h & k \end{pmatrix}.$$

Matrix einer 3-D-Transformation

> Man erhält die Matrix einer linearen Abbildung f, indem man die Bilder der kanonischen Basis des $\mathbb{R}^3$ berechnet. Die Bildvektoren
>
> $$f(e_1), f(e_2), f(e_3)$$
>
> bilden dann die Spalten der Matrix.

Als Beispiel berechnen wir die Matrix der Drehung um die z-Achse mit dem Rotationswinkel φ. Der Einheitsvektor in x-Richtung wird genauso gedreht wie im 2-D-Fall. Er verbleibt dabei in der x-y-Ebene, das heißt, die z-Koordinate bleibt 0. Entsprechendes gilt für den Einheitsvektor in y-Richtung. Der Einheitsvektor in z-Richtung schließlich bleibt fest, weil der Punkt (0|0|1) auf der Drehachse liegt. Wir erhalten somit:

$$f\begin{pmatrix} 1 \\ 0 \\ 0 \end{pmatrix} = \begin{pmatrix} \cos\varphi \\ \sin\varphi \\ 0 \end{pmatrix}, f\begin{pmatrix} 0 \\ 1 \\ 0 \end{pmatrix} = \begin{pmatrix} -\sin\varphi \\ \cos\varphi \\ 0 \end{pmatrix}, f\begin{pmatrix} 0 \\ 0 \\ 1 \end{pmatrix} = \begin{pmatrix} 0 \\ 0 \\ 1 \end{pmatrix}$$

und daher als Drehmatrix:

$$R_z(\varphi) = \begin{pmatrix} \cos\varphi & -\sin\varphi & 0 \\ \sin\varphi & \cos\varphi & 0 \\ 0 & 0 & 1 \end{pmatrix}.$$

Sie sehen dieser Matrix auf den ersten Blick die Verwandtschaft mit der 2-D-Drehmatrix an. Es ist nicht schwer zu erraten, wie die Matrizen der beiden anderen Drehungen (um die x-Achse und um die y-Achse) aussehen. Dasselbe gilt für Skalierung, Zoom und Spiegelung im $\mathbb{R}^3$.

Tabelle 10-2 Matrizen der wichtigsten 3-D-Transformationen

Skalierung	**identische Abbildung**
$S(\kappa, \lambda, \mu): \begin{pmatrix} \kappa & 0 & 0 \\ 0 & \lambda & 0 \\ 0 & 0 & \mu \end{pmatrix}$	$E_3: \begin{pmatrix} 1 & 0 & 0 \\ 0 & 1 & 0 \\ 0 & 0 & 1 \end{pmatrix}$

Fortsetzung Tabelle 10-2

Rotation um die *x-Achse*	**Rotation** um die *y-Achse*	**Rotation** um die *z-Achse*
$R_x(\varphi): \begin{pmatrix} 1 & 0 & 0 \\ 0 & \cos\varphi & -\sin\varphi \\ 0 & \sin\varphi & \cos\varphi \end{pmatrix}$	$R_y(\varphi): \begin{pmatrix} \cos\varphi & 0 & -\sin\varphi \\ 0 & 1 & 0 \\ \sin\varphi & 0 & \cos\varphi \end{pmatrix}$	$R_z(\varphi): \begin{pmatrix} \cos\varphi & -\sin\varphi & 0 \\ \sin\varphi & \cos\varphi & 0 \\ 0 & 0 & 1 \end{pmatrix}$
Spiegelung an der *xy*-Ebene	**Spiegelung** an der *yz*-Ebene	**Spiegelung** an der *xz*-Ebene
$Sp_{xy}: \begin{pmatrix} 1 & 0 & 0 \\ 0 & 1 & 0 \\ 0 & 0 & -1 \end{pmatrix}$	$Sp_{yz}: \begin{pmatrix} -1 & 0 & 0 \\ 0 & 1 & 0 \\ 0 & 0 & 1 \end{pmatrix}$	$Sp_{xz}: \begin{pmatrix} 1 & 0 & 0 \\ 0 & -1 & 0 \\ 0 & 0 & 1 \end{pmatrix}$

Orthogonale Parallelprojektionen

Um eine dreidimensionale Szene auf einer Malerleinwand, auf einem Blatt Papier oder auf einem Computermonitor darstellen zu können, muss sie in eine zweidimensionale Form transformiert werden. In der Architektur, dem Bauwesen und im technischen Zeichnen kennt man die *Normalprojektion* oder Dreitafelprojektion, bei der das dreidimensionale Objekt mithilfe der Draufsicht, der Seitenansicht und der Vorderansicht dargestellt wird. Es handelt sich dabei um eine *orthogonale Parallelprojektion*, das heißt, die Projektionsstrahlen verlaufen parallel und treffen senkrecht auf der Projektionsfläche auf.

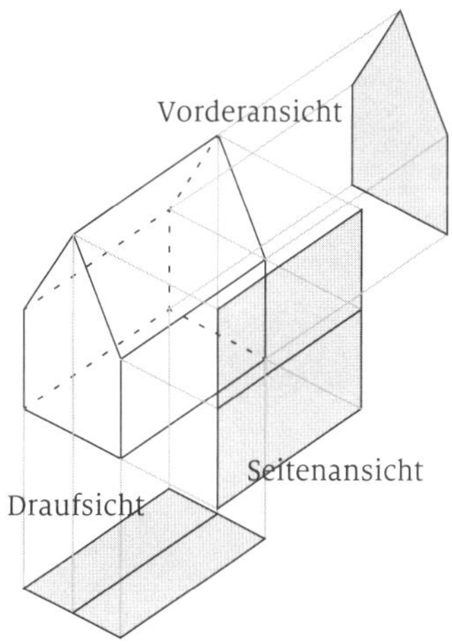

Abb. 10-9
Normalprojektion

Bei jeder dieser drei Projektionsarten wird jeweils eine Koordinate weggelassen. Bei der Draufsicht wird der Punkt $P(x|y|z)$ auf den Punkt $P'(x|y)$ abgebildet, bei der Seitenansicht auf den Punkt $P''(y|z)$ und bei der Vorderansicht auf den Punkt $P'''(x|z)$. Die dazugehörigen Matrizen sind 3×2-Matrizen. Sie haben folgende Form:

$M = \begin{pmatrix} 1 & 0 & 0 \\ 0 & 1 & 0 \end{pmatrix}$	$M = \begin{pmatrix} 0 & 1 & 0 \\ 0 & 0 & 1 \end{pmatrix}$	$M = \begin{pmatrix} 1 & 0 & 0 \\ 0 & 0 & 1 \end{pmatrix}$
Vorderansicht	*Draufsicht*	*Seitenansicht*

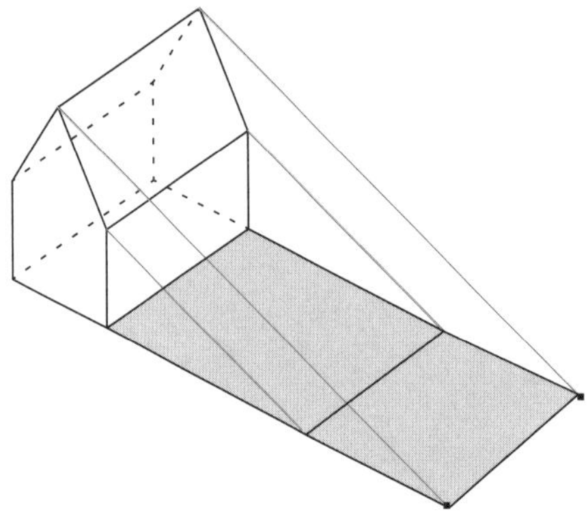

Abb. 10-10
Schiefe Parallelprojektion

Schiefe Parallelprojektionen

Bei dieser Projektionsart verlaufen die Strahlen ebenfalls parallel, treffen jedoch nicht im rechten Winkel auf die Projektionsfläche auf. Wir wollen die Matrix dieser Projektion bestimmen. Sie hängt natürlich von den beiden Winkeln ab, die der Projektionsstrahl mit der x-y-Ebene bildet. Wir betrachten einen Punkt $P(x|y|z)$ und berechnen den Bildpunkt $P^*(x^*|y^*)$ in der x-y-Ebene.

In Abbildung 10-11 ist $P_0(x|y)$ der Hilfspunkt, der bei einer orthogonalen Projektion auf die Grundfläche entstehen würde. Es gilt:

$$x^* = x + c\cos\beta$$

$$y^* = y + c\sin\beta\,.$$

Unser Ziel ist es, die Abbildung nur in Abhängigkeit von den beiden Winkeln α und β darzustellen. Aus Abbildung 10-11 geht hervor, dass $\tan\alpha = \frac{z}{c}$, also $c = \frac{z}{\tan\alpha}$ ist. Wir erhalten:

$$x^* = x + z\frac{\cos\beta}{\tan\alpha} \text{ und } y^* = y + z\frac{\sin\beta}{\tan\alpha}\,.$$

Daraus ergibt sich die folgende Matrix für die schiefe Parallelprojektion:

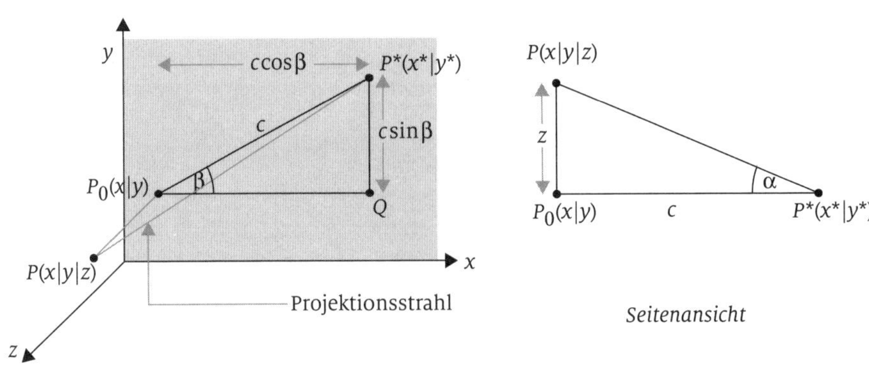

Abb. 10-11
Berechnung der schiefen Parallelprojektion

$$M = \begin{pmatrix} 1 & 0 & \frac{\cos\beta}{\tan\alpha} \\ 0 & 1 & \frac{\sin\beta}{\tan\alpha} \end{pmatrix}.$$

Die Darstellung mit $\beta = 45°$ und $\alpha = 45°$ ($\tan\alpha = 1$) heißt *Kavalierprojektion*, die Darstellung mit $\beta = 45°$ und $\tan\alpha = 2$ heißt *Kabinettprojektion*. Bei der Kavalierprojektion werden die Linien, die senkrecht zur Grundebene verlaufen, in ihrer tatsächlichen Länge dargestellt. Bei der Kabinettprojektion werden sie auf die Hälfte verkürzt, was einen realistischeren Eindruck ergibt. Es ergeben sich folgende Matrizen für die Kavalier- und die Kabinettprojektion:

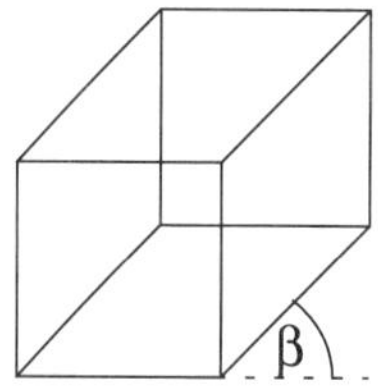

Abb. 10-12 a)
Würfel in Kavalierprojektion

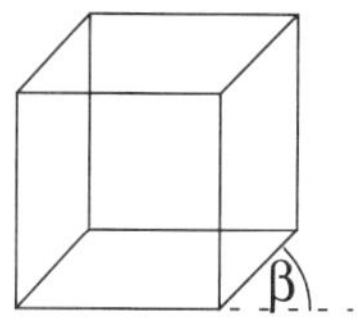

Abb. 10-12 b)
Würfel in Kabinettprojektion

$$\begin{pmatrix} 1 & 0 & \frac{\sqrt{2}}{2} \\ 0 & 1 & \frac{\sqrt{2}}{2} \end{pmatrix} \qquad \begin{pmatrix} 1 & 0 & \frac{\sqrt{2}}{4} \\ 0 & 1 & \frac{\sqrt{2}}{4} \end{pmatrix}$$

Kavalierprojektion Kabinettprojektion

Die Determinante

Definition
Determinante einer 3×3-Matrix

> Die *Determinante* einer 3×3-Matrix A ist gleich der Determinante (= Spatprodukt, ▶ Seite 200) der drei Spaltenvektoren von A.

In Analogie zum zweidimensionalen Fall ist $\det A = \det(u, v, w)$ gleich dem Volumen des von u, v und w aufgespannten Spats. Das heißt, die Determinante der Matrix A gibt an, wie sich das Volumen des von den Standardbasisvektoren aufgespannten Einheitswürfels unter der Abbildung A ändert. Es gilt: Die Abbildung A ist genau dann volumentreu, wenn $|\det A| = 1$ ist.

Die Berechnung der Determinante einer 3×3-Matrix lässt sich mit dem Schema von Sarrus gut merken: Man fügt die ersten beiden Spalten der Matrix noch einmal rechts an die Matrix an, sodass man fünf Spalten erhält (▶ Abbildung 10-13).

Nun bildet man 3 Hauptdiagonalen (von Nordwest nach Südost) und 3 Nebendiagonalen (von SW nach NO), multipliziert in jeder Diagonale die Einträge und summiert anschließend die 3 Produkte in den Hauptdiagonalen und die 3 Produkte in

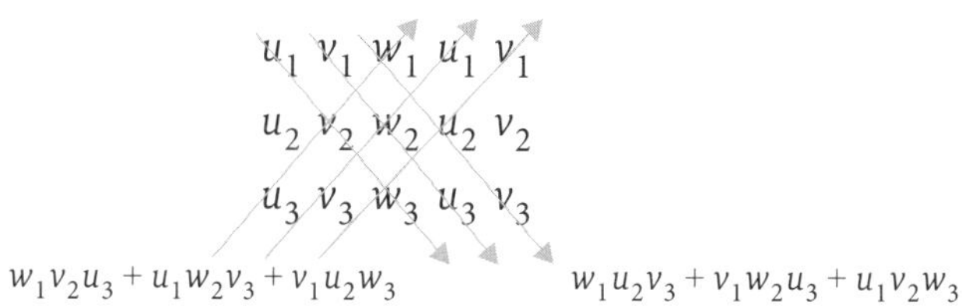

Abb. 10-13
Berechnung der Determinante nach dem Sarrus-Schema

den Nebendiagonalen separat auf. Zuletzt subtrahiert man das Ergebnis der Nebendiagonalen von dem Ergebnis der Hauptdiagonalen.

Beispiel 10.4 Determinanten

Die dreidimensionalen Drehmatrizen haben alle die Determinante 1. Die Drehungen sind also volumentreu.

Die drei Spiegelungsmatrizen haben alle die Determinante −1. Sie sind also volumentreu, ändern jedoch die Orientierung des Koordinatensystems: Aus einem Linkssystem wird ein Rechtssystem (▶ Seite 190) und umgekehrt.

Wie im 2-D-Fall gilt auch für 3×3-Matrizen:

$$\det(A \cdot B) = \det A \cdot \det B .$$

Aufgaben zu 10.3

10.14 Bestimmen Sie die Matrix der linearen Abbildung $f : \mathbb{R}^3 \to \mathbb{R}^3$ mit

$$f\begin{pmatrix} x \\ y \\ z \end{pmatrix} = \begin{pmatrix} x-y \\ y-z \\ z-x \end{pmatrix} .$$

10.15 Bestimmen Sie die Matrix der Drehung im $\mathbb{R}^3$ um den Winkel φ um die Drehachse mit der Geradengleichung $<(1\ 1\ 0)^T>$.

10.16 Ein Objekt wird im Raum jeweils um 90° gedreht: Zuerst um die z-Achse, anschließend um die y-Achse und zum Schluss um die x-Achse. Welcher Gesamttransformation entspricht dies? Hätte man das Ergebnis auch einfacher bewerkstelligen können?

10.17 Berechnen Sie jeweils $\det A$.

a) $A = \begin{pmatrix} 2 & 3 & 1 \\ 1 & 1 & 2 \\ 1 & 2 & -1 \end{pmatrix}$ b) $A = \begin{pmatrix} 1 & 1 & 0 \\ 1 & 0 & 1 \\ 0 & 1 & 1 \end{pmatrix}$

10.18 Zeichnen Sie mithilfe der Projektionsmatrix die Cheops-Pyramide (▶ Aufgabe 9.14 auf Seite 200) in Kabinettprojektion.

10.19 Was für ein geometrisches Gebilde ist das Bild einer Ebene unter einer linearen Abbildung?

Programmier-projekt 1

Darstellung eines Würfels (Drahtmodell)

Schreiben Sie ein Programm, mit dem ein Würfel als Drahtmodell in Kabinettprojektion dargestellt wird. Die grafische Oberfläche hat vier Tasten: Jeweils eine, mit dem der Würfel sich um seine eigene x-, y- bzw. z-Achse dreht, sowie eine Taste, um die Rotation wieder zu stoppen.

Sie benötigen dafür eine Klasse *Würfel*, die sowohl die 8 Ecken als auch die Kanten des Würfels speichert.

Programmier-projekt 2

Darstellung eines soliden Würfels

Schreiben Sie ein Programm, mit dem ein solider Würfel in Kabinettprojektion dargestellt wird. Die grafische Oberfläche hat dieselbe Funktionalität wie in Projekt 1.

Implementieren Sie dazu die von *Würfel* abgeleitete Klasse *SoliderWürfel*. Diese speichert zusätzlich zu den Ecken und Kanten auch die Flächen des Würfels und deren Orientierung, sodass die Bestimmung der verdeckten Seitenflächen möglich ist.

10.4 Affine Abbildungen und homogene Koordinaten

Matrizen bieten eine ideale Möglichkeit der Darstellung von geometrischen Transformationen. Sie sind kompakt in der Form und stellen einfache Rechenoperationen zur Verfügung, um die Anwendung einer Transformation auf ein Objekt, und um die Komposition von Abbildungen zu berechnen.

Eine wichtige Gruppe von Transformationen lässt sich jedoch nicht durch Matrizen darstellen. In Abschnitt 10.2 haben wir festgestellt, dass die Translation nicht linear ist und daher auch nicht durch eine Matrix dargestellt werden kann. Neben der Translation gibt es noch weitere wichtige grafische Transformationen, die nicht linear sind:

- Drehungen um einen anderen Punkt als den Ursprung
- Spiegelungen an einer Achse, die nicht durch den Ursprung geht
- Skalierungen relativ zu einem Punkt, der nicht der Ursprung ist

Bei allen genannten Abbildungen bleibt der Ursprung nicht erhalten und aus diesem Grund sind sie nicht linear. Wir werden später sehen, dass man diese Abbildungen als Komposition aus linearen Abbildungen und Translationen erhalten kann. Man fasst die Gruppe der linearen Abbildungen und die der eben genannten nicht linearen Abbildungen unter dem Namen *affine Abbildungen* zusammen.

Diese Abbildungen sind jedoch in der Praxis der Computergrafik so häufig, dass es wünschenswert ist, auch sie durch Matrizen darstellen zu können. Auf diese

Weise hätte man für sämtliche affine Abbildungen eine einheitliche Darstellungsform.

Wir beginnen im $\mathbb{R}^2$ mit der Translation T(*e*,*f*).

$$T(e,f): f\begin{pmatrix} x \\ y \end{pmatrix} = \begin{pmatrix} x \\ y \end{pmatrix} + \begin{pmatrix} e \\ f \end{pmatrix} = \begin{pmatrix} x+e \\ y+f \end{pmatrix}$$

Aus Abschnitt 10.2 wissen wir, dass eine lineare Abbildung folgende allgemeine Funktionsgleichung besitzt:

$$f\begin{pmatrix} x \\ y \end{pmatrix} = \begin{pmatrix} ax+by \\ cx+dy \end{pmatrix}.$$

Bei einer affinen Abbildungen kommen nun noch zusätzlich konstante Glieder dazu:

$$f\begin{pmatrix} x \\ y \end{pmatrix} = \begin{pmatrix} ax+by+e \\ cx+dy+f \end{pmatrix}.$$

Definition
affine Abbildung

Eine *affine Abbildung* $f:\mathbb{R}^2 \to \mathbb{R}^2$ ist von folgender Form:

$$f\begin{pmatrix} x \\ y \end{pmatrix} = \begin{pmatrix} ax+by+e \\ cx+dy+f \end{pmatrix}.$$

Ist $e = f = 0$, so handelt es sich um eine lineare Abbildung.

Versucht man jedoch, diese Abbildungsvorschrift als Matrix in der Form

$$\begin{pmatrix} a & b & e \\ c & d & f \end{pmatrix}$$

darzustellen, so ergibt sich die Schwierigkeit, dass diese Matrix sich nicht in der üblichen Form (Matrix mal Vektor) auf einen Vektor $v = (x\ y)^T$ anwenden lässt. Die Lösung besteht darin, alle Vektoren um eine (symbolische!) dritte Komponente zu erweitern, die konstant 1 ist. Auf diese Weise erhält man:

$$\begin{pmatrix} a & b & e \\ c & d & f \end{pmatrix} \cdot \begin{pmatrix} x \\ y \\ 1 \end{pmatrix} = \begin{pmatrix} ax+by+e \\ cx+dy+f \end{pmatrix}.$$

Dabei entsteht jedoch ein Vektor, dem die dritte Komponente 1 fehlt. Aus diesem Grund muss auch die Matrix um eine dritte Zeile erweitert werden, und dann stimmt wieder alles:

$$\begin{pmatrix} a & b & e \\ c & d & f \\ 0 & 0 & 1 \end{pmatrix} \cdot \begin{pmatrix} x \\ y \\ 1 \end{pmatrix} = \begin{pmatrix} ax + by + e \\ cx + dy + f \\ 1 \end{pmatrix}.$$

Somit ergibt sich:

Definition
Homogene Koordinaten

Der Vektor $v = \begin{pmatrix} x \\ y \end{pmatrix}$ wird in *homogenen Koordinaten* folgendermaßen dargestellt:

$$v = \begin{pmatrix} x \\ y \\ 1 \end{pmatrix}.$$

Die affine Abbildung

$$f\begin{pmatrix} x \\ y \end{pmatrix} = \begin{pmatrix} ax + by + e \\ cx + dy + f \end{pmatrix}$$

wird durch folgende Matrix in homogenen Koordinaten dargestellt:

$$M = \begin{pmatrix} a & b & e \\ c & d & f \\ 0 & 0 & 1 \end{pmatrix}.$$

Ist $e = f = 0$, so handelt es sich um eine lineare Abbildung. Die Multiplikationen Matrix mal Vektor sowie Matrix mal Matrix werden nach demselben Schema durchgeführt wie im nicht homogenen Fall.

Die Translation $T(a,b)$ wird somit durch folgende homogene Matrix dargestellt:

$$T(a, b) = \begin{pmatrix} 1 & 0 & a \\ 0 & 1 & b \\ 0 & 0 & 1 \end{pmatrix}.$$

Alle linearen 2-D-Transformationen können auf einfache Weise in homogene Koordinaten „eingebettet“ werden:

$$\begin{pmatrix} a & b \\ c & d \end{pmatrix} \qquad \begin{pmatrix} a & b & 0 \\ c & d & 0 \\ 0 & 0 & 1 \end{pmatrix}$$

lineare Abbildung in gewöhnlichen Koordinaten — *lineare Abbildung in homogenen Koordinaten*

Beispiel 10.5

Ein achsenparalleles Rechteck *ABCD* (▶ Abbildung 10-14) soll relativ zu seinem linken unteren Eckpunkt $A(a|b)$ um einen Faktor λ gezoomt werden. Man kann diese Transformation aus drei elementaren Abbildungen zusammensetzen:

- Zuerst wird das Rechteck so verschoben, dass der Punkt A im Ursprung liegt.
- Anschließend wird (relativ zum Ursprung) gezoomt, und
- dann wird das Rechteck wieder zurückverschoben, sodass der Punkt A wieder an seinem ursprünglichen Ort liegt.

Die Transformation berechnet sich folgendermaßen – beachten Sie wieder die Reihenfolge: Die zuerst angewandte Transformation steht ganz rechts!

$$T(a, b) \cdot Z_\lambda \cdot T(-a, -b) =$$

$$= \begin{pmatrix} 1 & 0 & a \\ 0 & 1 & b \\ 0 & 0 & 1 \end{pmatrix} \cdot \begin{pmatrix} \lambda & 0 & 0 \\ 0 & \lambda & 0 \\ 0 & 0 & 1 \end{pmatrix} \cdot \begin{pmatrix} 1 & 0 & -a \\ 0 & 1 & -b \\ 0 & 0 & 1 \end{pmatrix} = \begin{pmatrix} \lambda & 0 & a(1-\lambda) \\ 0 & \lambda & b(1-\lambda) \\ 0 & 0 & 1 \end{pmatrix}$$

Geometrische Interpretation von homogenen Koordinaten und Matrizen

Die dritte Komponente der homogenen Koordinaten wurde zunächst aus rein formalen Gründen eingeführt, um den affinen Anteil von Transformationen darstellen zu können. Es gibt jedoch auch eine geometrische Interpretation dieser zusätzlichen Komponente. Der Vektor $(x\ y\ 1)^T$ entspricht im $\mathbb{R}^3$ einem Punkt mit der z-Koordinate 1. Erweitert man also alle Vektoren $(x\ y)^T$ um eine dritte Komponente

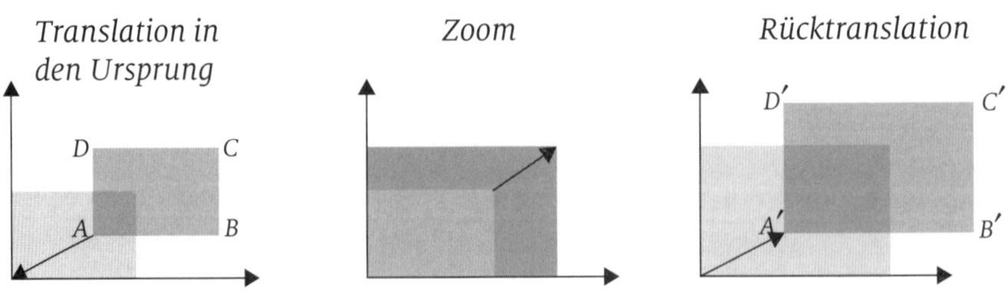

Abb. 10-14
Zoom relativ zu *A*

zu $(x\,y\,1)^T$, so verschiebt sich dadurch die gesamte x-y-Ebene um eine Einheit nach oben (d. h. in z-Richtung). Wir nennen diese Ebene die x-y-1-Ebene.

Was geschieht mit der x-y-1-Ebene, wenn man eine lineare 2-D-Transformation anwendet, etwa die Rotation R_φ um den Ursprung? In homogenen Koordinaten sieht diese Transformation genauso aus wie die 3-D-Rotation um die z-Achse (▶ Tabelle 10-2 auf Seite 216). Eine Figur in der x-y-1-Ebene wird dabei exakt genauso gedreht wie dieselbe Figur in der x-y-Ebene.

Vergleichen wir dieses Ergebnis mit einer nichtlinearen affinen Abbildung, etwa der Translation. Die Translation $T(a,b)$ in homogenen Koordinaten hat dieselbe Matrix wie eine 3-dimensionale Scherung in x- und y-Richtung. Stellen Sie sich einen Würfel der Kantenlänge 1 vor, der mit der Grundfläche auf der x-y-Ebene steht und dessen Kanten parallel zu den Koordinatenachsen sind. Die obere Würfelfläche liegt in der x-y-1-Ebene. Eine 3-dimensionale Scherung um den Wert a in x-Richtung und um b in y-Richtung verschiebt die obere Würfelfläche entlang des Vektors $(a\ b)^T$.

Aufgaben zu 10.4

10.20 Offenbar gilt $T(v) \cdot T(w) = T(v+w)$. Beweisen Sie dies durch Multiplikation der beiden Translationsmatrizen.

10.21 Berechnen Sie die Matrizen folgender affiner 2-D-Transformationen:

a) Spiegelung an der Achse mit der Geradengleichung $u + \langle v \rangle$.

a) Projektion auf die Achse mit der Geradengleichung $u + \langle v \rangle$.

b) Rotation um den Winkel φ mit Rotationszentrum $P(a|b)$.

Programmierprojekt

Ein Zeichenprogramm

Implementieren Sie ein Mini-2-D-Zeichenprogramm mit einer grafischen Oberfläche. Die Oberfläche bietet eine Werkzeugpalette zum Zeichnen von geometrischen Figuren (Rechteck, Polygon). Per Mausklick und Mausbewegung oder durch Anwählen von Tasten oder Menüeinträgen können geometrische Transformationen durchgeführt werden:

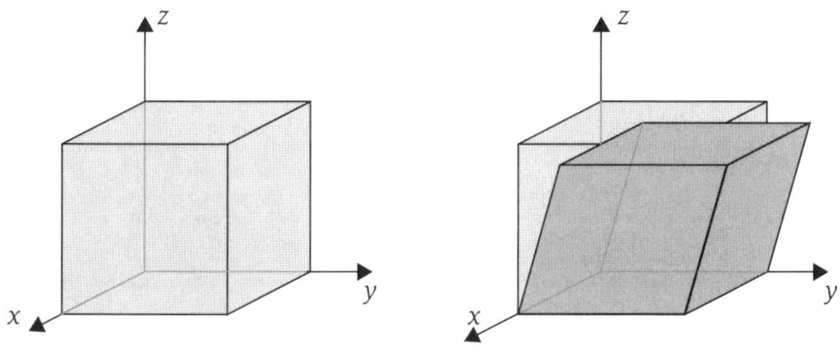

Abb. 10-15
2-D-Translation in der x-y-1-Ebene entspricht einer 3-D-Scherung

- Figuren können durch Ziehen mit der Maus verschoben werden (Translation).
- Eine Figur kann skaliert werden (etwa durch Ziehen an einem Randpunkt oder durch Markieren der Figur und anschließendes Anwählen eines Menüeintrags oder einer Taste zur Skalierung).
- Eine markierte Figur kann um einen wählbaren Winkel um den eigenen Mittelpunkt gedreht werden.
- Eine Figur kann horizontal oder vertikal gespiegelt werden (jeweils an ihrer eigenen Achse).

10.5 Inverse Abbildungen

In vielen Fällen müssen Aktionen, die man durchgeführt hat, wieder rückgängig gemacht werden können. Wird etwa eine Botschaft mit einem geheimen Code verschlüsselt, so muss der Empfänger des Geheimtextes in der Lage sein, den Text zu entschlüsseln, das heißt, die ursprüngliche Verschlüsselung wieder rückgängig zu machen. Das Gleiche gilt für geometrische Transformationen. Wird eine Figur in der Ebene oder im Raum verschoben, gedreht und/oder skaliert, so soll es auch möglich sein, alle diese Aktionen rückgängig zu machen, um die ursprüngliche Figur wieder herzustellen. Man nennt die Abbildung, die eine andere Abbildung f rückgängig macht, die *Inverse* von f (▶ Seite 72) und bezeichnet sie mit f^{-1}.

Aufgabe Einige geometrische Transformationen und ihre Inverse

Überlegen Sie, wie folgende lineare bzw. affine Transformationen rückgängig gemacht werden können:

a) Drehung um den Winkel φ,
b) Translation entlang des Vektors v,
c) Grundriss-Projektion von $\mathbb{R}^3$ nach $\mathbb{R}^2$.

Lösung

a) Die Drehung um den Winkel φ kann offenbar durch eine Drehung um $-\varphi$ wieder rückgängig gemacht werden.

$$\mathrm{R}(\varphi): \begin{pmatrix} \cos\varphi & -\sin\varphi \\ \sin\varphi & \cos\varphi \end{pmatrix}$$

Die Matrix der Inverse lautet dann:

$$(R(\varphi))^{-1} = R(-\varphi): \begin{pmatrix} \cos(-\varphi) & -\sin(-\varphi) \\ \sin(-\varphi) & \cos(-\varphi) \end{pmatrix} = \begin{pmatrix} \cos\varphi & \sin\varphi \\ -\sin\varphi & \cos\varphi \end{pmatrix}.$$

Es gilt:

$$(R(\varphi))^{-1} \cdot R(\varphi) = R(-\varphi) \cdot R(\varphi) = R(-\varphi + \varphi) = R(0) = E.$$

b) Die Translation T(v) entlang des Vektors v wird offenbar durch die Translation entlang des Vektors $-v$ rückgängig gemacht, das heißt, $(T(v))^{-1} = T(-v)$. Es gilt:

$$(T(v))^{-1} \cdot T(v) = T(-v) \cdot T(v) = T(-v + v) = T(0) = E.$$

c) Die Grundrissprojektion kann offenbar nicht rückgängig gemacht werden, denn in einem Grundriss ist die Information über die Höhe des Objektes verloren. Das Originalobjekt lässt sich nicht mehr konstruieren.

Definition
inverse Abbildung
inverse Matrix

Eine affine Abbildung f heißt *invertierbar*, falls es eine affine Abbildung g gibt, sodass

$$f(g(v)) = v \text{ und } g(f(v)) = v$$

für alle Vektoren v gilt. Dies ist gleichbedeutend damit, dass $f \circ g = g \circ f = id$ ist (id ist die identische Abbildung). In diesem Fall heißt g die *Inverse* von f, geschrieben f^{-1}.

Eine Matrix A heißt *invertierbar*, falls es eine Matrix B mit $A \cdot B = B \cdot A = E$ gibt. In diesem Fall heißt B die *inverse Matrix* von A, geschrieben $B = A^{-1}$.

Aufgabe Überlegen Sie, wie eine zusammengesetzte Transformation rückgängig gemacht werden kann. Nehmen Sie als Beispiel eine Drehung um den Winkel φ, gefolgt von einer Spiegelung an der x-Achse. Wie macht man dies rückgängig? Stellen Sie eine Vermutung auf, wie man allgemein die Inverse $(A \cdot B)^{-1}$ bestimmen kann, wenn man die Einzelinversen A^{-1} und B^{-1} kennt.

Lösung Die Drehung um den Winkel φ, gefolgt von einer Spiegelung an der x-Achse wird folgendermaßen rückgängig gemacht: Zuerst macht man die Spiegelung rückgängig, danach die Drehung. Allgemein gilt:

$$(A \cdot B)^{-1} = B^{-1} \cdot A^{-1}.$$

Aufgabe Wir werden später sehen, dass nur quadratische Matrizen überhaupt invertierbar sein können. Bestimmen Sie die Inverse einer allgemeinen quadratischen 2×2-Matrix

$$M = \begin{pmatrix} a & b \\ c & d \end{pmatrix}$$

und formulieren Sie die Bedingung, unter der M invertierbar ist.

Lösung wird im folgenden Kasten gezeigt.

Inverse einer 2×2-Matrix

Die Matrix $M = \begin{pmatrix} a & b \\ c & d \end{pmatrix}$ ist genau dann invertierbar, wenn $\det M = ad - bc \neq 0$ ist. In diesem Fall ist die Inverse von M gegeben durch:

$$M^{-1} = \frac{1}{\det M} \begin{pmatrix} d & -b \\ -c & a \end{pmatrix} = \frac{1}{ad - bc} \begin{pmatrix} d & -b \\ -c & a \end{pmatrix}.$$

Aufgaben zu 10.5

10.22

a) Bestimmen Sie die Inverse der Scherung $\mathrm{Sh}_x(m)$.

b) Bestimmen Sie die Inverse der Skalierung $S(\lambda, \mu)$.

10.23 Sind die folgenden Matrizen invertierbar? Falls ja, so bestimmen Sie jeweils die inverse Matrix.

a) $A = \begin{pmatrix} 2 & 3 \\ 1 & 1 \end{pmatrix}$

b) $A = \begin{pmatrix} 2 & -3 \\ -4 & 6 \end{pmatrix}$

10.24 Beweisen Sie: Ist M eine invertierbare quadratische Matrix (2×2 oder 3×3), so ist $\det M \neq 0$ und es gilt $\det(M^{-1}) = (\det M)^{-1}$. Hinweis: Verwenden Sie die Gleichung $\det(A \cdot B) = \det A \cdot \det B$.

11 Vektorräume

11.1 Einführung

Sie, liebe Leserin, lieber Leser, werden sicherlich zustimmen, dass die in den letzten drei Kapiteln dargestellte Theorie der analytischen Geometrie und der linearen Transformationen Werkzeuge bereitstellt, die für Anwendungen in der Computergrafik gut geeignet und äußerst nützlich sind. Die Begriffe und Methoden dieser Theorie wurden dabei stets anhand einer konkreten Anschauung, nämlich der ebenen oder räumlichen Geometrie, entwickelt.

Wenn wir nun in diesem und den folgenden Kapiteln den anschaulichen Bereich der Geometrie verlassen, um die Theorie für neue Anwendungen zu erweitern und auf eine höhere Abstraktionsebene zu heben, dann steht nichtsdestoweniger im Hintergrund immer noch die geometrische Anschauung – selbst wenn Sie sich einen 4-dimensionalen Raum nicht vorstellen können (was ich ebensowenig kann und auch sonst kein Mathematiker). Die konkrete, lebendige Anschauung macht es sehr viel einfacher, abstrakte Zusammenhänge auch in höherdimensionalen oder noch „exotischeren" Vektorräumen zu verstehen, zu erklären und zu beweisen. Sie zeigt dabei meist Wege zum Ziel auf; die konkreten Beweise werden jedoch abstrakt, das heißt unabhängig vom Anschauungsmodell, geführt.

Wir wollen uns nun ein Beispiel anschauen, in dem wir die im Zusammenhang mit Vektoren und Matrizen entwickelten Begriffe und Methoden in einem ganz anderen als dem geometrischen Kontext auf natürliche Weise anwenden können. In Abschnitt 5.3 hatten wir auf page 106 das Verfahren des Prüfbits vorgestellt, das dazu dient, eine Information gegen Übertragungsfehler zu schützen: An ein Datenwort einer festen Länge N, das komplett aus Bits, also Nullen und Einsen, besteht, wird ein Prüfbit (*parity bit*) angehängt, und zwar so, dass die Gesamtanzahl der Einsen (die *Prüfsumme*) gerade ist. Beispielsweise wird an das Datenwort $w = 1011$ der Länge $N = 4$ das Prüfbit 1 angehängt.

Wir können das Datenwort durch einen (Bit-)Vektor mit 4 Komponenten darstellen, die jeweils nur die Werte 0 oder 1 annehmen können. Unser Vektorraum ist also nicht auf dem Körper $\mathbb{R}$ der reellen Zahlen aufgebaut, sondern auf dem Körper $\mathbb{Z}_2$, der nur aus 0 und 1 besteht. Addition und Multiplikation sind in diesem Körper folgendermaßen definiert:

+	0	1
0	0	1
1	1	0

·	0	1
0	0	0
1	0	1

In Analogie zu den Bezeichnungen $\mathbb{R}^2$ und $\mathbb{R}^3$ nennen wir die Menge aller derartiger Vektoren mit 4 Komponenten $\mathbb{Z}_2^4$.

Das Anhängen des Prüfbits entspricht dann einer Abbildung $f : \mathbb{Z}_2^4 \to \mathbb{Z}_2^5$, denn aus einem 4-dimensionalen Vektor wird ein 5-dimensionaler. Diese Abbildung ist sogar linear. Um das zu beweisen, müssen wir zwei Eigenschaften nachweisen:

$$f(\lambda v) = \lambda f(v)$$

für alle Skalare λ und Bitvektoren v und

$$f(v+w) = f(v)+f(w)$$

für alle Bitvektoren v und w. Im Körper $\mathbb{Z}_2$ gibt es jedoch nur die beiden Skalare 0 und 1, und für beide ist die erste Gleichung trivialerweise erfüllt. Bleibt also noch die zweite Gleichung, die ist etwas kniffliger. Zunächst ist klar, dass für die reinen Datenbits die zweite Gleichung gilt, denn der Datenvektor von $f(v)$ ist ja gerade v. Sei allgemein $p(v)$ das Prüfbit eines Vektors v. Dann müssen Sie sich nur davon überzeugen, dass $p(v+w) = p(v)+p(w)$ gilt (▶ Aufgabe 11.1).

Wir wissen nun, dass die Abbildung, die ein Prüfbit anhängt, linear ist. Sie kann daher durch eine Matrix dargestellt werden, und da die Abbildung von $\mathbb{Z}_2^4$ in $\mathbb{Z}_2^5$ abbildet, muss es sich um eine 4×5 Matrix handeln. Die folgende Matrix G stellt unsere Abbildung dar[1]:

$$G = \begin{pmatrix} 1 & 0 & 0 & 0 \\ 0 & 1 & 0 & 0 \\ 0 & 0 & 1 & 0 \\ 0 & 0 & 0 & 1 \\ 1 & 1 & 1 & 1 \end{pmatrix}.$$

Testen Sie diese Matrix probeweise mit einem Beispielvektor, etwa $v = (1\ 0\ 1\ 0)^T$ oder $w = (0\ 1\ 1\ 1)^T$ und denken Sie daran, in $\mathbb{Z}_2$ zu rechnen:

Die ersten vier Zeilen der Matrix dienen einfach zur Reproduktion des Datenvektors. Die fünfte Zeile addiert alle Komponenten des Datenvektors auf, und da es sich dabei ja nur um 0 und 1 handelt, heißt das, dass sie die Anzahl der Einsen modulo 2 berechnet, und das ist genau das, was wir wollen.

Da wir nun eine Matrix für die Abbildung gefunden haben, hätten wir uns sogar den etwas umständlichen Nachweis der Linearität sparen können, denn wir wissen bereits, dass jede Abbildung, die sich durch eine Matrix darstellen lässt, die Linearitätseigenschaft besitzt.

Die Matrixmultiplikation können wir ebenfalls zur Prüfung eines 5-Bit-Wortes, das heißt, zur Bildung der Prüfsumme, benutzen. Wir verwenden dazu die folgende 1×5-Prüfmatrix H:

$$H = (1\ \ 1\ \ 1\ \ 1\ \ 1).$$

---

1. Der Buchstabe G steht für *Generatormatrix*.

Wird die Prüfmatrix H mit einem korrekten Wort, etwa $v' = (1\ 0\ 1\ 0\ 0)^T$ multipliziert, so ist das Ergebnis $H \cdot v' = \mathbf{0}$. Ist das Wort inkorrekt, etwa $w' = (0\ 1\ 1\ 1\ 0)^T$, so ergibt die Multiplikation $H \cdot w' = 1$. Das zu prüfende Wort u ist offenbar genau dann korrekt (das heißt, es hat eine gerade Anzahl von Einsen), wenn $H \cdot u = \mathbf{0}$ ist, was sich am Aufbau der Matrix auch leicht ablesen lässt.

Wir werden das Thema der Fehlererkennung (und Fehlerkorrektur), das wir hier nur angeschnitten haben, an späterer Stelle (▶ Kapitel 14) wieder aufgreifen und vertiefen. An dieser Stelle ist lediglich folgender Aspekt wichtig: Das Beispiel zeigt zwei „Abstraktionsstufen" gegenüber den bisher bekannten Vektorräumen $\mathbb{R}^2$ und $\mathbb{R}^3$ auf: Zum einen können die Vektoren nicht nur 2 und 3, sondern eine beliebige Dimension n annehmen. Zum anderen können wir den Grundkörper $\mathbb{R}$ durch einen beliebigen anderen Körper wie etwa $\mathbb{Z}_2$ ersetzen.

Die Abstraktion geht jedoch noch eine Stufe weiter. Wir können sogar auf die Koordinatendarstellung der Vektoren, also die Darstellung als Spaltenvektor der Form $(a_1\ a_2\ \ldots\ a_n)^T$, verzichten. Der eigentliche, unverzichtbare Kern der Theorie der Vektorräume sind die Operationen Addition von Vektoren und skalare Multiplikation und die Linearitätseigenschaft – und aus diesem Grund heißt das Gebiet auch „lineare Algebra".

Eine Frage wird uns in den folgenden Abschnitten besonders beschäftigen: Wie lässt sich der intuitive Begriff der Dimension, der in der Ebene und im Raum anschaulich völlig klar ist, in allgemeinen Vektorräumen formal definieren? Geraden im Raum haben die Dimension 1, Ebenen die Dimension 2 und der gesamte Raum hat die Dimension 3. Gibt es eine Entsprechung von Geraden und Ebenen beispielsweise in dem Vektorraum $\mathbb{Z}_2^4$?

Zunächst soll im folgenden Abschnitt der Begriff des Vektorraums definiert werden. Dabei wird *nicht* konkret gesagt, *wie* beispielsweise die Vektoraddition oder die skalare Multiplikation berechnet wird. Es wird nur festgelegt, welche Eigenschaften diese Operationen besitzen müssen. Diese Vorgehensweise erinnert an den Begriff der *abstrakten Datenstruktur* aus der Informatik. Ein einfaches Beispiel für eine solche Datenstruktur ist der *Stack*. Die abstrakte Datenstruktur *Stack* ist durch ein Interface definiert. Dieses Interface spezifiziert lediglich die Zugriffsfunktionen und ihre Eigenschaften, legt jedoch nicht fest, wie diese Funktionen in Form von konkreten Methoden realisiert werden.

Aufgaben zu 11.1

11.1 Achtung: Diese Aufgabe ist im wahrsten Sinne eine Bitfummelei. Sei $p(v)$ das Prüfbit eines Bitvektors v. Rechnen Sie nach, dass die folgende Gleichung gilt:

$$p(v+w) = p(v) + p(w)\,.$$

11.2 Bestimmen Sie die Generatormatrix und die Prüfmatrix der ISBN-10-Codierung (▶ Abschnitt 5.3) über $\mathbb{Z}_{11}$.

11.2 Vektorräume und Unterräume

Definition
Vektorraum

Ein *Vektorraum* V über einem Körper K (kurz: ein K-*Vektorraum*) besteht aus einer Menge V von *Vektoren*, einer Operation + (*Vektoraddition*) auf der Menge V, einem Vektor $\mathbf{0} \in V$, einem Körper K, dessen Elemente *Skalare* genannt werden, und einer Operation · (*skalare Multiplikation*), die jedem $\lambda \in K$ und jedem $v \in V$ ein Element $\lambda \cdot v \in V$ zuordnet. Die Operationen haben folgende Eigenschaften:

(V1) $(V, +, \mathbf{0})$ ist eine abelsche Gruppe.

(V2) $\lambda(\mu v) = (\lambda\mu)v$

(V3) $1 \cdot v = v$

(V4) $(\lambda + \mu)v = \lambda v + \mu v$

(V5) $\lambda(v + w) = \lambda v + \lambda w$

Wie üblich wird der Multiplikationspunkt der skalaren Multiplikation nicht geschrieben. Der Nullvektor $\mathbf{0}$ wird zur besseren Unterscheidung vom Skalar 0 fettgedruckt.

Aus den obigen Axiomen kann man einige einfache Rechenregeln ableiten:

Rechenregeln für Vektorräume

Für alle $v \in V$ und $\lambda \in K$ gilt:

(V6) $\lambda\mathbf{0} = \mathbf{0}$

(V7) $0v = \mathbf{0}$

(V8) $(-1)v = -v$

(V9) Ist $\lambda v = \mathbf{0}$, so ist $\lambda = 0$ oder $v = \mathbf{0}$.

Beweis: Vielleicht fragen Sie sich, was es da überhaupt zu beweisen gebe? Denken Sie daran: Wir reden hier nicht von einem bekannten Vektorraum wie $\mathbb{R}^2$ oder $\mathbb{R}^3$, wo wir genau wissen, wie die Operationen durchzuführen sind. In diesen Räumen sind die obigen Rechenregeln selbstverständlich trivial. Hier wissen wir jedoch überhaupt nicht, wie die Operationen konkret definiert sind, wir wissen lediglich, dass sie die Eigenschaften (V1) bis (V5) besitzen. Das bedeutet: Zum Beweis der Rechenregeln dürfen nur die Axiome (V1) bis (V5) herangezogen werden, und sonst nichts!

Nun zum Beweis von (V6): Aus (V1) folgt $\mathbf{0} = \mathbf{0} + \mathbf{0}$. Somit gilt wegen (V5):

$$\lambda\mathbf{0} = \lambda(\mathbf{0} + \mathbf{0}) = \lambda\mathbf{0} + \lambda\mathbf{0}.$$

In der abelschen Gruppe $(V,+)$ gilt die Kürzungsregel, das heißt, wir können auf beiden Seiten $\lambda\mathbf{0}$ abziehen und erhalten $\lambda\mathbf{0} = \mathbf{0}$.

Beweis für (V7) bis (V9): Übungsaufgabe (Aufgabe 11.3).

Beispiel 11.1 Beispiele von Vektorräumen

a) $\mathbb{R}^2$ und $\mathbb{R}^3$ sind Vektorräume.

b) Für jedes $n \in \mathbb{N}$ ist $\mathbb{R}^n = \{(a_1 \; a_2 \; \ldots \; a_n)^\mathsf{T} \mid a_i \in \mathbb{R}\}$ ein Vektorraum. Vektoraddition und skalare Multiplikation sind dabei komponentenweise definiert. Der Vektorraum $\mathbb{R}^n$ wird auch der *euklidische Raum* genannt.

c) Sei K ein Körper. Dann ist $K^n = \{(a_1 \; a_2 \; \ldots \; a_n)^\mathsf{T} \mid a_i \in K\}$ ein Vektorraum. Dieser Vektorraum wird im Folgenden das „Standardbeispiel" eines Vektorraums sein.

d) Wir betrachten die Menge $\mathfrak{F}$ aller Funktionen von $\mathbb{R}$ nach $\mathbb{R}$. Vektoren in diesem Vektorraum sind die Funktionen, Skalare sind die reellen Zahlen. Man kann Funktionen addieren und mit einer reellen Zahl multiplizieren:

$$(f+g)(x) = f(x) + g(x)$$
$$(\lambda \cdot f)(x) = \lambda \cdot f(x).$$

Assoziativgesetz und Kommutativgesetz der Addition gelten genauso wie in $\mathbb{R}$. Das neutrale Element der Addition ist die Nullfunktion $f(x) = 0$, und zu jeder Funktion $f(x)$ gibt es eine negative Funktion $-f(x)$. Auch die restlichen Vektorraumaxiome lassen sich zurückführen auf Eigenschaften der reellen Zahlen.

e) Wir betrachten die Menge $\mathbb{R}[x]$ aller Polynome mit reellen Koeffizienten (▶ Abschnitt 6.3). Vektoren in diesem Vektorraum sind die Polynome, Skalare sind die reellen Zahlen. Man kann Polynome addieren und mit einer reellen Zahl multiplizieren.

Die Menge $\mathbb{R}[x]$ bildet einen Vektorraum über $\mathbb{R}$. Allgemeiner kann man auch für einen beliebigen Körper K die Menge $K[x]$ aller Polynome mit Koeffizienten aus K betrachten. Diese bildet einen Vektorraum über K. ■

Definition Unterraum

Eine Teilmenge U eines K-Vektorraums V, die mit den Verknüpfungen von V selbst wieder ein Vektorraum ist, heißt *Unterraum* (auch: *Teilraum*) von V.

Ein Unterraum muss also insbesondere abgeschlossen unter der Vektoraddition und der skalaren Multiplikation sein. Umgekehrt ist aber auch jede nicht leere Teilmenge U von V, die abgeschlossen unter Vektoraddition und skalarer Multiplikation ist, ein Unterraum:

Satz

Sei U eine nicht leere Teilmenge U des K-Vektorraums V. Dann ist U genau dann ein Unterraum von V, wenn U abgeschlossen unter der Addition und skalaren Multiplikation ist, das heißt, wenn die folgenden beiden Bedingungen gelten:

(U1) $v + w \in U$ für alle $v, w \in U$.

(U2) $\lambda v \in U$ für alle $v \in U, \lambda \in K$.

Beweis: Ist U ein Unterraum, so gelten selbstverständlich die Gleichungen (U1) und (U2).

Seien umgekehrt die beiden Bedingungen erfüllt. Assoziativ- und Kommutativgesetz der Addition gelten natürlich in U genauso wie in V. Die Menge U ist nach Voraussetzung nicht leer, enthält also mindestens einen Vektor u. Wegen (U2) ist $0u = \mathbf{0} \in U$, und zu jedem Vektor $u \in U$ ist auch $(-1)u = -u \in U$.

Die Vektorraumaxiome (V5) bis (V8) sind ebenfalls erfüllt, weil sie für alle Elemente von V, also auch insbesondere für die Elemente von U gelten.

Beispiel 11.2 Beispiele für Unterräume

a) In jedem Vektorraum V ist die Menge $\{\mathbf{0}\}$ ein Unterraum. Außerdem ist V selbst ein Unterraum von V. Diese beiden Unterräume, die es stets gibt, heißen auch *triviale Unterräume* und sind, wie diese Bezeichnung schon andeutet, nicht von besonderem Interesse.
b) Im $\mathbb{R}^3$ ist jede Ursprungsgerade $<v>$ ein Unterraum: Jedes Element von $<v>$ lässt sich in der Form λv schreiben. Sind $\lambda_1 v$ und $\lambda_2 v \in <v>$, so ist auch $\lambda_1 v + \lambda_2 v = (\lambda_1 + \lambda_2)v \in <v>$. Ist $\lambda v \in <v>$, und $\mu \in \mathbb{R}$, so ist auch $\mu(\lambda v) = (\mu\lambda)v \in <v>$. Geraden, die nicht durch den Ursprung gehen, sind jedoch keine Unterräume, weil sie den Nullvektor nicht enthalten.
c) Im $\mathbb{R}^3$ ist jede Ebene $<v, w>$ durch den Ursprung ein Unterraum. Dies lässt sich auf dieselbe Weise wie in b) beweisen. Ebenen, die nicht durch den Ursprung gehen, sind keine Unterräume, weil sie den Nullvektor nicht enthalten. ■

Andere Unterräume als die in Beispiel 2 a) bis c) genannten gibt es im $\mathbb{R}^3$ nicht. Die Liste dieser Unterräume lässt sich auf naheliegende Weise auf beliebige Vektorräume verallgemeinern:

Definition und Satz
Linearkombination
lineare Hülle

Sei V ein K-Vektorraum. Sei $n \in \mathbb{N}$, $v_1,..., v_n \in V$ und $\lambda_1,..., \lambda_n \in K$. Die Summe

$$\sum_{i=1}^{n} \lambda_i v_i = \lambda_1 v_1 + \lambda_2 v_2 + \ldots + \lambda_n v_n$$

heißt *Linearkombination* von $v_1,..., v_n$. Die Menge aller Linearkombinationen von $v_1,..., v_n$ heißt die *lineare Hülle* von $v_1,..., v_n$. Wir bezeichnen sie mit $<v_1,..., v_n>$. Eine andere gängige Bezeichnung für lineare Hülle ist *Spann*.

Ist M eine unendliche Menge von Vektoren, so ist $<M>$ die Menge aller Linearkombinationen von endlich vielen Vektoren aus M.

Es gilt: Ist M eine (endliche oder unendliche) Menge von Vektoren aus V, so ist $<M>$ ein Unterraum von V. Umgekehrt gilt: Ist U ein Unterraum von V, so ist U von der Form $<M>$.

Beispiel 11.3 Unterräume des Vektorraums $\mathbb{Z}_2^4$

Für die Vektorräume, die auf dem Körper $\mathbb{Z}_2$ aufbauen, bietet sich folgende Kurznotation an: Anstelle von etwa $(0\ 1\ 1\ 0)^T$ schreiben wir einfach 0110. Die Operationen in diesem Vektorraum haben einige Besonderheiten, die das Rechnen sehr vereinfachen: So gibt es in $\mathbb{Z}_2$ nur die beiden Skalare 0 und 1. Das Unterraumaxiom (U2) reduziert sich also zu den beiden Bedingungen $0v \in U$ und $1v \in U$, die beide erfüllt sind, wenn $\mathbf{0} \in U$ gilt. Um nachzuweisen, dass eine Menge U ein Unterraum von V ist, braucht man daher nur zu zeigen, dass U unter der Vektoraddition abgeschlossen ist und den Nullvektor enthält.

Weiterhin gilt $v + v = \mathbf{0}$ für jeden Vektor v, wie man leicht sehen kann.

Der Vektorraum $V = \mathbb{Z}_2^4$ hat selbstverständlich die beiden trivialen Unterräume: $U_0 = \{\mathbf{0}\}$ und $V = \mathbb{Z}_2^4$.

Wie sehen die anderen, nichttrivialen Unterräume aus? Wenn wir zu U_0 einen einzelnen Vektor v hinzufügen, so erhalten wir den Unterraum $\langle v \rangle = \{\mathbf{0}, v\}$. Beispielsweise ist {0000, 1010} ein Unterraum.

Fügen wir einen zweiten Vektor $w \neq v$ hinzu, so erhalten wir den Unterraum $\langle v, w \rangle = \{\mathbf{0}, v, w, v + w\}$ mit 4 Elementen. Beispielsweise ist {0000, 1010, 0101, 1111} ein Unterraum.

Fügen wir einen weiteren Vektor $u \notin \langle v, w \rangle$ hinzu, so erhalten wir den Unterraum

$$\langle v, w, u \rangle = \{\mathbf{0}, v, w, u, v + w, v + u, w + u, v + w + u\}$$

mit 8 Elementen. Ein Beispiel hierfür ist {0000, 1010, 0101, 1111, 0011, 1100, 1001, 0110}.

Fügen wir einen weiteren Vektor hinzu, der noch nicht in der linearen Hülle der 3 Vektoren u, v, w liegt, so erhalten wir den ganzen Raum.

Die genannten sind offenbar alle Unterräume des Vektorraums $\mathbb{Z}_2^4$.

Beispiel 11.4 Der Funktionenraum $\mathcal{F}$ und der Polynomraum $K[x]$

a) Die Menge der stetigen Funktionen von $\mathbb{R}$ nach $\mathbb{R}$ ist ein Unterraum des Vektorraums $\mathcal{F}$, denn die Summe zweier stetiger Funktionen ist stetig, und das Produkt einer stetigen Funktion mit einer reellen Zahl ist ebenfalls stetig.
b) Auch der Vektorraum $\mathbb{R}[x]$ ist ein Unterraum des Vektorraums $\mathcal{F}$.
c) Die Menge $K^2[x]$ der Polynome vom Grad höchstens 2 mit Koeffizienten aus K ist ein Unterraum von $K[x]$, denn bei der Addition und der skalaren Multiplikation kann kein Polynom mit einem Grad größer als 2 entstehen.
Wenn Sie das Polynom $a_2x^2 + a_1x + a_0$ als Koeffizientenvektor $(a_0 \;\; a_1 \;\; a_2)^T$ schreiben, so erkennen Sie, dass dieser Unterraum $K^2[x]$ nichts anderes ist als unser bekannter K^3.

Aufgaben zu 11.2

11.3 Beweisen Sie die Rechenregeln (V7) bis (V9).

11.4 Welche der folgenden Mengen sind Unterräume des $\mathbb{R}^2$? Begründen Sie Ihre Antwort.

a) $\{(x \quad y)^T | x, y \in \mathbb{R}, x > y\}$

b) $\{(x \quad y)^T | x, y \in \mathbb{R}, x \geq y\}$

c) $\{(x \quad 3x)^T | x \in \mathbb{R}\}$

d) $\{(x \quad x^2)^T | x \in \mathbb{R}\}$

11.5 Welche der folgenden Mengen sind Unterräume des $\mathbb{Z}_2^4$? Begründen Sie Ihre Antwort.

a) $M_1 = \{1010, 0001, 1011, 1111\}$
b) $M_2 = \{0000, 1010, 0001, 1011, 1111\}$
c) $M_3 = \{0000, 1110, 0111, 1001\}$

11.6 Sei $V = K^n$ und seien $a_1, \ldots, a_n \in K$. Beweisen Sie, dass die Lösungsmenge der Gleichung

$$a_1 x_1 + \ldots + a_n x_n = 0,$$

das heißt, die Menge aller Vektoren $(x_1 \quad \ldots \quad x_n)^T$, deren Komponenten die obige Gleichung erfüllen, ein Unterraum von V ist.

11.7 Beweisen Sie mithilfe von Aufgabe 4, dass die Menge U aller Vektoren mit einer geraden Anzahl von Einsen ein Unterraum des $\mathbb{Z}_2^n$ ist.

11.8 Ist $v \in \mathbb{R}^3$, so sei $v^\perp$ die Menge aller Vektoren, die zu v orthogonal sind. Beweisen Sie mithilfe von Aufgabe 4, dass $v^\perp$ ein Unterraum des $\mathbb{R}^3$ ist.

11.9 Beweisen Sie: Ist U ein Unterraum des $\mathbb{Z}_2^n$, so ist $|U|$ eine Zweierpotenz.

11.10 Welche der folgenden Mengen sind Unterräume des Raums $K[x]$? Begründen Sie Ihre Antwort.

a) Die Menge aller quadratischen Polynome (d. h., aller Polynome vom Grad exakt gleich 2).
b) Die Menge aller Polynome $p(x)$ mit $p(0) = 0$.
c) Die Menge aller Polynome $p(x)$ mit $p(0) = 1$.

11.3 Basis, Dimension und lineare Unabhängigkeit

Wir wollen in diesem Abschnitt den intuitiven Begriff der Dimension eines Vektorraums oder Unterraums formal präzisieren. Für den Vektorraum K^n ist die Sachlage offensichtlich: Dieser Vektorraum hat die Dimension n. Sowohl der Funktionenraum $\mathfrak{F}$ als auch der Polynomraum $K[x]$ sperren sich jedoch gegen die Vorstellung einer Dimension. Annähernd gelingt dies noch bei $K[x]$. Wir wissen (▶ Beispiel 11.4), dass sich Polynome vom Grad kleiner gleich 2 durch einen Koeffizientenvektor aus dem K^3 schreiben lassen. Allgemein können wir das Polynom $a_n x^n + \ldots + a_1 x + a_0$ als Koeffizientenvektor $(a_0 \quad a_1 \quad \ldots \quad a_n)^T \in K^{n+1}$

schreiben. Im Polynomraum $K[x]$ ist der Grad der Polynome jedoch nicht beschränkt. Der Grad n eines Polynoms kann beliebig groß werden. Das Problem lässt sich dadurch lösen, dass man unendlichdimensionale Koeffizientenvektoren einführt. Das Polynom $a_n x^n + \ldots + a_1 x + a_0$ lässt sich auch in der folgenden Form schreiben:

$$a_0 + a_1 x + \ldots + a_n x^n + 0x^{n+1} + 0x^{n+2} + \ldots,$$

wobei sämtliche Koeffizienten ab a_{n+1} gleich 0 sind. Somit erhalten wir einen „unendlichdimensionalen" Koeffizientenvektor

$$(a_0 \;\; a_1 \;\; \ldots \;\; a_n \;\; 0 \;\; 0 \;\; \ldots)^T.$$

Beispielsweise wird aus

$$(x^3 - 2x + 1,5) + (x^2 + 2x - 0,5) \;=\; x^3 + x^2 + 1$$

in dieser Schreibweise:

$$(1,5 \;\; -2 \;\; 0 \;\; 1 \;\; 0 \;\; \ldots)^T + (-0,5 \;\; 2 \;\; 1 \;\; 0 \;\; 0 \;\; \ldots)^T = (1 \;\; 0 \;\; 1 \;\; 1 \;\; 0 \;\; \ldots)^T.$$

Die Idee eines unendlichdimensionalen Vektorraums werden wir jedoch nicht näher verfolgen.

Die Dimension von Unterräumen lässt sich am einfachsten im Fall des $\mathbb{Z}_2^4$ erkennen[I]: Ein Unterraum der Dimension k hat offenbar 2^k Elemente. Wenn wir etwa nachgeprüft haben, dass die Menge $M = \{0000, 1010, 0101, 1111, 0011, 1100, 1001, 0110\}$ ein Unterraum ist, dann brauchen wir nur noch abzuzählen: M hat $2^3 = 8$ Elemente, also hat der Raum die Dimension 3. Dieses Verfahren ist jedoch beschränkt auf Vektorräume vom Typ K^n, falls K ein endlicher Körper $\mathbb{Z}_p$ ist. Es funktioniert nicht bei Vektorräumen wie dem $\mathbb{R}^n$. Es liegt nahe, die Anzahl der erzeugenden Vektoren für den Dimensionsbegriff zu verwenden. Diese sind jedoch nicht eindeutig bestimmt. Beispielsweise wird die Menge $M = \{0000, 1010, 0101, 1111, 0011, 1100, 1001, 0110\}$ sowohl von den drei Vektoren $\{1010, 0101, 0011\}$ als auch von den vier Vektoren $\{1010, 1111, 1100, 1001\}$ erzeugt.

Zur Bestimmung der Dimension dürfen wir also nur die *minimale* Anzahl der Erzeugenden heranziehen. Die zweite Erzeugendenmenge ist nicht minimal, denn es gilt 1001 = 1010 + 1111 + 1100. Wird dieser Vektor aus der Menge gelöscht, so entsteht wieder eine minimale Erzeugendenmenge $\{1010, 1111, 1100\}$. Aus dieser Menge lässt sich nun kein Vektor mehr löschen, ohne die Erzeugendeneigenschaft zu verlieren. Das Erstaunliche dabei ist, dass man zum Schluss immer bei einer Zahl von 3 erzeugenden Vektoren landet. Eine solche minimale Menge von erzeugenden Vektoren heißt auch *Basis* des Vektorraums.

Im Folgenden sei V stets ein K-Vektorraum.

I. Das Angenehme an den Vektorräumen über $\mathbb{Z}_2$ ist, dass sich die Unterräume direkt in Form von Mengen angeben lassen, was für reelle Vektorräume nicht geht.

Definition
Basis eines Vektorraums

Eine *Basis* B von V ist eine minimale Menge von erzeugenden Vektoren, das heißt, es gilt:

- $\langle B \rangle = V$.
- Ist B' eine echte Teilmenge von B, so ist $\langle B' \rangle \neq V$.

Beispiel 11.5

a) Der Vektorraum K^n hat die Basis $B = \{e_1, e_2, ..., e_n\}$ mit

$$e_1 = \begin{pmatrix} 1 \\ 0 \\ \vdots \\ 0 \end{pmatrix}, e_2 = \begin{pmatrix} 0 \\ 1 \\ \vdots \\ 0 \end{pmatrix}, \ldots, e_n = \begin{pmatrix} 0 \\ \vdots \\ 0 \\ 1 \end{pmatrix}.$$

Diese Basis heißt *kanonische Basis* des K^n. Jeder Vektor $v = (a_1 \ldots a_n)^T$ aus K^n lässt sich als Linearkombination der e_i darstellen:

$$v = \begin{pmatrix} a_1 \\ \vdots \\ a_n \end{pmatrix} = \sum_{i=1}^{n} a_i e_i .$$

Ferner ist B minimal, denn löscht man ein beliebiges e_i, so lässt sich dieser Vektor e_i offenbar nicht als Linearkombination der restlichen Vektoren darstellen.

b) Die unendliche Menge $B = \{1, x, x^2, x^3, x^4, \ldots\}$ ist eine Basis des Vektorraums $K[x]$, denn jedes Polynom $a_n x^n + \ldots + a_1 x + a_0$ ist eine Linearkombination einer endlichen Teilmenge von B. Nimmt man ein beliebiges Element x^n aus B heraus, so kann mit der restlichen Menge $B - \{x^n\}$ das Polynom x^n nicht mehr darstellen.

Schreiben wir diese Basisvektoren in der Koeffizientenvektorform,

(1 0 0 0 0 ...), (0 1 0 0 0 ...), (0 0 1 0 0 ...), (0 0 0 1 0 ...) ...

so wird klar, dass es sich wieder um die kanonische Basis handelt, nur eben in einer unendlichen Form. ■

Eine Basis hat den großen Vorteil, dass sie es erlaubt, einen Vektorraum oder Unterraum in kompakter Form anzugeben. Im Beispiel des $\mathbb{Z}_2^n$ etwa reicht es aus, k Basisvektoren anzugeben, um einen Unterraum mit 2^k Elementen darzustellen. Ein weiterer Vorteil einer Basis ist die Tatsache, dass die Darstellung von Vektoren als Linearkombination der Basisvektoren eindeutig ist. Enthält umgekehrt ein Erzeugendensystem eines Vektorraums V überflüssige Vektoren, so lassen sich die Vektoren aus V auf mehrere unterschiedliche Arten darstellen. So ist etwa die Menge $M = \{v_1, v_2, v_3\}$ mit

$$v_1 = \begin{pmatrix} 1 \\ 0 \end{pmatrix}, v_2 = \begin{pmatrix} 0 \\ 1 \end{pmatrix}, v_3 = \begin{pmatrix} 1 \\ -1 \end{pmatrix}$$

keine Basis. Es gilt $v_1 = v_2 + v_3$. Der Vektor $w = (a\ b)^T$ hat dann die zwei unterschiedlichen Darstellungen

$$w = av_1 + bv_2 + 0v_3$$

und

$$w = 0v_1 + (a+b)v_2 + bv_3 .$$

Stellen Sie sich vor, dies wäre bei geografischen Koordinatenangaben der Fall: Sie hätten zwei unterschiedliche Koordinatenangaben $(a|b|c)$ und $(x|y|z)$ und könnten ohne eine umständliche Rechnung gar nicht erkennen, dass es sich in Wirklichkeit um dieselben Punkte handelt! Die Folge wäre ein ziemliches Chaos. Wir werden etwas später auf die Eindeutigkeit der Basisdarstellung zurückkommen.

Zunächst jedoch wollen wir uns mit der Frage beschäftigen, wie man eine Basis eines gegebenen Raums (damit ist gemeint: ein „ganzer" Vektorraum oder ein Unterraum eines gegebenen Vektorraums) bestimmen kann. Was heißt das überhaupt: „Ein gegebener Raum"? Durch was ist er gegeben? Diese Frage ist gar nicht so einfach zu beantworten, denn es gibt je nach Kontext unterschiedliche Möglichkeiten.

Aufgabe Die Menge der Lösungen $v = (x \quad y \quad z)^T$ der Gleichung

$$x + y - z = 0$$

bildet einen Unterraum U des $\mathbb{R}^3$, wie man leicht nachrechnen kann. Bestimmen Sie eine Basis von U.

Lösung Zunächst wird man einfach einige konkrete Lösungsvektoren bestimmen, etwa $v_1 = (0 \quad 0 \quad 0)^T$, $v_2 = (1 \quad 1 \quad 2)^T$, $v_3 = (1 \quad -1 \quad 0)^T$. Es ist hilfreich, zunächst die mögliche Dimension von U einzugrenzen. Auf jeden Fall ist $0 \leq \dim U \leq 3$. Dimension 0 kommt nicht infrage, denn U enthält den Vektor $v_2 \neq \mathbf{0}$. Auch Dimension 3 kommt nicht infrage, denn dann wäre $U = \mathbb{R}^3$, was nicht sein kann, weil U beispielsweise den Vektor $(0\ 0\ 1)^T$ nicht enthält.

Sie haben sicherlich schon festgestellt, dass die Vektoren aus U von der Form $(a \quad b \quad a+b)^T$ sind. Mit einem einzelnen Vektor ist diese Menge nicht zu erzeugen, also hat U die Dimension 2. Mögliche Basen sind $B_1 = \{v_2, v_3\}$ oder $B_2 = \{(1\ 0\ 1)^T, (0\ 1\ 1)^T\}$. ■

Im Fall eines Vektorraums über $\mathbb{Z}_2$ könnte der Raum durch die Menge aller Vektoren gegeben sein. In diesem Fall liegt es nahe, so lange überflüssige Vektoren aus der Menge zu löschen, bis jegliche weitere Löschung die Erzeugendeneigenschaft verletzen würde. Dabei ist zu fragen, was „überflüssig" genau bedeutet. Offenbar ist ein Vektor v überflüssig in einer Menge M, falls er sich als Linearkombination aus den restlichen Vektoren aus M darstellen lässt.

Aufgabe Löschen überflüssiger Vektoren

Gegeben sei die Menge $M = \{v_1, v_2, v_3, v_4, v_5\}$ von Vektoren des $\mathbb{R}^3$ mit

$$v_1 = \begin{pmatrix} 0 \\ 0 \\ 0 \end{pmatrix}, v_2 = \begin{pmatrix} 1 \\ -1 \\ 0 \end{pmatrix}, v_3 = \begin{pmatrix} -2 \\ 2 \\ 0 \end{pmatrix}, v_4 = \begin{pmatrix} 0 \\ 1 \\ 1 \end{pmatrix}, v_5 = \begin{pmatrix} 1 \\ 0 \\ 1 \end{pmatrix}.$$

Bestimmen und löschen Sie die überflüssigen Vektoren, sodass eine Basis von $<M>$ übrig bleibt.

Lösung Es gibt verschiedene Lösungen dieser Aufgabe. Der Nullvektor muss in allen Lösungen gelöscht werden. Von den beiden Vektoren v_2 und $v_3 = (-2)v_2$ muss einer gelöscht werden, beispielsweise v_3. Schließlich gilt $v_2 + v_4 = v_5$ und daraus folgt, dass einer dieser drei Vektoren gelöscht werden muss. ■

Definition Lineare Unabhängigkeit

Eine Menge M von Vektoren heißt *linear unabhängig*, wenn sie keinen überflüssigen Vektor enthält, das heißt, keinen Vektor, der sich als Linearkombination aus den anderen darstellen lässt.

Ist dies nicht der Fall, so heißt M linear abhängig.

Anders ausgedrückt: M ist genau dann linear abhängig, wenn es einen Vektor $v \in M$ gibt mit $v \in \langle M - \{v\} \rangle$.

Den Zusammenhang zwischen der linearen Unabhängigkeit und der Eigenschaft einer Basis stellt der folgende Satz her:

Satz Charakterisierung einer Basis

Die Menge M ist genau dann eine Basis von V, wenn folgende Bedingungen erfüllt sind:

(B1) M ist linear unabhängig.

(B2) M erzeugt V, das heißt $<M> = V$.

Beweis: Sei zunächst M eine Basis von V. Dann ist (B2) erfüllt. Es bleibt (B1) zu zeigen: Wäre M linear abhängig, so gäbe es einen Vektor $v \in M$ mit $v \in \langle M - \{v\} \rangle$. Dann könnte man in jeder Darstellung eines beliebigen Vektors $w \in V$ als Linearkombination von Vektoren aus M den Vektor v ersetzen durch eine Linearkombination von Vektoren aus $\langle M - \{v\} \rangle$. Dann wäre $\langle M - \{v\} \rangle = V$, was jedoch der Minimalität von M widerspricht. Also ist M linear unabhängig.

Seien nun umgekehrt die beiden Bedingungen (B1) und (B2) erfüllt. Dann ist M ein Erzeugendensystem von V. Wäre M nicht minimal, so gäbe es eine echte Teilmenge M' von M mit $<M'> = V$ und einen Vektor $v \in M - M'$. Wegen $M' \subseteq M - \{v\}$ und $<M'> = V$ wäre auch $\langle M - \{v\} \rangle = V$. Insbesondere wäre $v \in \langle M - \{v\} \rangle$, also M linear abhängig, was der Voraussetzung (B1) widerspricht. ■

Die obige Definition der linearen Unabhängigkeit ist etwas unhandlich, wenn man überprüfen möchte, ob eine gegebene Menge M linear abhängig oder unabhängig ist, denn man müsste jeden einzelnen Vektor aus M prüfen, ob er sich als Linearkombination aus den restlichen Vektoren darstellen lässt. Im Falle einer endlichen Menge geht es jedoch einfacher:

Satz

Eine Menge $M = \{v_1,\dots,v_n\}$ ist genau dann linear abhängig, wenn die Gleichung

$$\sum_{i=1}^{n} \lambda_i v_i = \mathbf{0}$$

eine Lösung hat, bei der mindestens ein λ_i ungleich 0 ist.

Beweis: Sei $(\lambda_1, \dots, \lambda_n)$ eine Lösung der obigen Gleichung mit $\lambda_i \neq 0$. Dann ist

$$\lambda_i v_i = \sum_{j \neq i} \lambda_j v_j$$

und wegen $\lambda_i \neq 0$ ist

$$v_i = \lambda_i^{-1} \sum_{j \neq i} \lambda_j v_j = \sum_{j \neq i} \lambda_i^{-1} \lambda_j v_j ,$$

also ist $v_i \in \langle v_1, \dots, v_{i-1}, v_{i+1}, \dots, v_n \rangle = \langle M - \{v_i\} \rangle$, und somit ist M linear abhängig.

Ist umgekehrt M linear abhängig, so gibt es ein $k \in \{1,\dots,n\}$, sodass v_k als Linearkombination der restlichen Vektoren dargestellt werden kann. Um die Schreibarbeit etwas zu vereinfachen, nummerieren wir die Vektoren so, dass $k = 1$ ist. Dann gibt es Skalare $\lambda_2,\dots,\lambda_n$ mit

$$v_1 = \sum_{i=2}^{n} \lambda_i v_i .$$

Dann ist

$$(-1)v_1 + \sum_{i=2}^{n} \lambda_i v_i = \mathbf{0} .$$

Sei $\lambda_1 = -1$. Dann ist $\sum_{i=1}^{n} \lambda_i v_i = \mathbf{0}$. ■

Satz
Eindeutigkeit der Darstellung mit einer Basis

Sei $B = \{b_1,\dots,b_n\}$ ein Erzeugendensystem von V. B ist genau dann eine Basis von V, wenn die Darstellung eines Vektors $v \in V$ als Linearkombination von Vektoren aus B eindeutig ist.

Anders ausgedrückt: B ist genau dann eine Basis von V, wenn für jedes $v \in V$ die Gleichung $v = \lambda_1 b_1 + \dots + \lambda_n b_n$ eindeutig lösbar in $\lambda_1,\dots,\lambda_n$ ist.

Beweis: Sei B eine Basis von V. Wir müssen zeigen: Sind

$$v = \lambda_1 b_1 + \ldots + \lambda_n b_n$$

und

$$v = \mu_1 b_1 + \ldots + \mu_n b_n$$

zwei Darstellungen des Vektors v, so ist $\lambda_1 = \mu_1, \ldots, \lambda_n = \mu_n$. Aus den beiden Gleichungen erhalten wir

$$(\lambda_1 - \mu_1) b_1 + \ldots + (\lambda_n - \mu_n) b_n = \mathbf{0},$$

und da B linear unabhängig ist, hat diese Gleichung nur die triviale Lösung $\lambda_1 - \mu_1 = 0, \ldots, \lambda_n - \mu_n = 0$, und daraus folgt $\lambda_1 = \mu_1, \ldots, \lambda_n = \mu_n$.

Ist B keine Basis von V, so ist B linear abhängig, das heißt, die Gleichung

$$\sum_{i=1}^{n} \lambda_i v_i = \mathbf{0}$$

hat außer der „trivialen" Lösung $\lambda_1 = \ldots = \lambda_n = 0$ eine zweite Lösung mit mindestens einem $\lambda_i \neq 0$. Das bedeutet aber, dass der Nullvektor zwei verschiedene Darstellungen als Linearkombination von Vektoren aus B hat. ■

Beispiel 11.6

Wir zeigen, dass die Vektoren $u = (1\ 1)^T$ und $w = (-1\ 0)^T$ eine Basis des $\mathbb{R}^2$ bilden. In Anbetracht des obigen Satzes müssen wir zeigen, dass die Gleichung $v = \lambda u + \mu w$ eindeutig lösbar ist. Sei $v = (a\ b)^T$. Wir erhalten die Gleichung:

$$\lambda \begin{pmatrix} 1 \\ 1 \end{pmatrix} + \mu \begin{pmatrix} -1 \\ 0 \end{pmatrix} = \begin{pmatrix} a \\ b \end{pmatrix}.$$

Wir schreiben diese Vektorgleichung zeilenweise als lineares Gleichungssystem:

$$\begin{aligned} \lambda - \mu &= a \\ \lambda &= b. \end{aligned}$$

Dieses Gleichungssystem hat die eindeutige Lösung $\lambda = b$ und $\mu = b - a$. ■

In Beispiel 11.6 hat der Vektor $v = (a\ b)^T$ bezüglich der Basis $B = \{u, w\}$ die eindeutige Darstellung $v = b \cdot u + (b - a) \cdot w$. In Kurzform schreiben wir $v_B = (b\ b{-}a)^T$.

Definition
Darstellung eines Vektors in einer Basis B

Sei $B = \{b_1, \ldots, b_n\}$ eine Basis von V. Ist $v = \sum_{i=1}^{n} \lambda_i b_i$, so schreiben wir

$$v_B = \begin{pmatrix} \lambda_1 \\ \vdots \\ \lambda_n \end{pmatrix}.$$

Der folgende Hilfssatz besagt, dass man zu einem Basisvektor eine Linearkombination der restlichen Basisvektoren addieren kann, ohne dass die Eigenschaft der Basis verlorengeht:

Hilfssatz

Sei $B = \{b_1, ..., b_n\}$ eine Basis von V. Ist $v = \sum_{i=1}^{n} \lambda_i b_i$ mit $\lambda_1 \neq 0$, so ist auch $B' = \{v, b_2, ..., b_n\}$ eine Basis von V.

Beweis: Wir zeigen zunächst, dass B' ein Erzeugendensystem von V ist. Dazu reicht es offenbar zu beweisen, dass sich der Vektor b_1 als Linearkombination der Vektoren $v, b_2, ..., b_n$ darstellen lässt: Aus $v = \sum_{i=1}^{n} \lambda_i b_i$ erhalten wir

$$\lambda_1 b_1 = v - \sum_{i=2}^{n} \lambda_i b_i$$

und wegen $\lambda_1 \neq 0$ folgt daraus:

$$b_1 = \lambda_1^{-1}\left(v - \sum_{i=2}^{n} \lambda_i b_i\right) \in \langle B' \rangle .$$

Wir zeigen nun, dass B' linear unabhängig ist. Sei

$$\mu v + \sum_{i=2}^{n} \mu_i b_i = \mathbf{0} .$$

Aus $v = \sum_{i=1}^{n} \lambda_i b_i$ erhalten wir

$$\mathbf{0} = \sum_{i=1}^{n} \mu \lambda_i b_i + \sum_{i=2}^{n} \mu_i b_i = \mu \lambda_1 b_1 + \sum_{i=2}^{n} (\mu \lambda_i + \mu_i) b_i .$$

Aus der linearen Unabhängigkeit von B folgt $\mu \lambda_1 = 0$ und $\mu \lambda_i + \mu_i = 0$ für $i = 2, ..., n$. Aus $\lambda_1 \neq 0$ folgt dann $\mu = 0$ und $\mu_i = 0$ für $i = 2, ..., n$. ■

Satz
steinitzscher Austauschsatz

Sei $B = \{b_1, ..., b_n\}$ eine Basis von V. Jede linear unabhängige Teilmenge M von V mit $|M| = k \leq n$ lässt sich durch $n - k$ Vektoren aus B zu einer Basis ergänzen, das heißt, es gibt eine Teilmenge $B' \subseteq B$ mit $|B'| = n - k$, sodass $M \cup B'$ eine Basis von V ist.

Beweis: Durch Induktion nach k. Induktionsbeginn $k = 1$: Dann ist $M = \{v\}$ nach Voraussetzung linear unabhängig, also ist $v \neq \mathbf{0}$. Nach dem vorangegangenen Hilfssatz ist $\{v, b_2, ..., b_n\}$ eine Basis von V.

Sei nun $1 < k \leq n$ und sei $M = \{v_1, ..., v_k\}$. Da $\{v_1, ..., v_{k-1}\}$ linear unabhängig ist, gibt es nach Induktionsvoraussetzung (nach geeigneter Umnummerierung der b_i) eine Basis von V der Form $\{v_1, ..., v_{k-1}, b_k, ..., b_n\}$. Sei

$$v_k = \sum_{i=1}^{k-1} \lambda_i v_i + \sum_{i=k}^{n} \mu_i b_i .$$

Da auch $\{v_1,..., v_{k-1}, v_k\}$ linear unabhängig ist, ist $v_k \notin \langle v_1,..., v_{k-1}\rangle$, also ist mindestens einer der Koeffizienten μ_i ungleich 0. Wenn wir nun noch die Vektoren $b_k,..., b_n$ geeignet umnummerieren, so ist $\mu_k \neq 0$. Nach dem vorangegangenen Hilfssatz können wir dann b_k durch v_k ersetzen und erhalten eine Basis $\{v_1,..., v_{k-1}, v_k, b_{k+1},..., b_n\}$.

Aus der linearen Unabhängigkeit von B folgt $\mu\lambda_1 = 0$ und $\mu\lambda_i + \mu_i = 0$ für $i = 2,..., n$. Aus $\lambda_1 \neq 0$ folgt dann $\mu = 0$ und $\mu_i = 0$ für $i = 2,..., n$. ■

Als direkte Folgerung aus dem steinitzschen Austauschsatz ergibt sich:

Satz

Sei V ein Vektorraum mit einer Basis von n Vektoren.

a) Jede linear unabhängige Menge von n Vektoren aus V ist eine Basis von V.
b) Jede linear unabhängige Teilmenge von V hat höchstens n Elemente.
c) Jede Basis von V hat genau n Elemente.

Beweis: a) Für $|M| = k = n$ besagt der steinitzsche Austauschsatz, dass M eine Basis von V ist.

b) Sei $M = \{v_1,..., v_k\}$. Wäre $k > n$, so wäre die Teilmenge $\{v_1,..., v_n\}$ von M ebenfalls linear unabhängig und nach Teil a) eine Basis von V. Dann wäre $v_k \in \langle v_1,..., v_n\rangle$ im Widerspruch zur linearen Unabhängigkeit von M.

c) Sei $B = \{b_1,..., b_n\}$ eine Basis von V. Ist B' auch eine Basis von V, so ist B' insbesondere linear unabhängig und nach b) ist $|B'| \leq |B|$. Nun vertauschen wir die Rollen von B und B' und erhalten $|B| \leq |B'|$. Daraus ergibt sich die Behauptung. ■

Dies führt uns zur Definition des Begriffs der Dimension:

Definition
Dimension eines Vektorraums

Hat der Vektorraum V eine endliche Basis B mit $|B| = n$, so heißt n die *Dimension* von V. Wir schreiben $\dim V = n$. Hat V keine endliche Basis, so schreiben wir $\dim V = \infty$.

Der folgende Satz fasst die bisherigen Resultate zusammen:

Satz
Eigenschaften einer Basis

Sei V ein K-Vektorraum der Dimension n. Die folgenden Aussagen sind äquivalent:

a) B ist eine Basis von V.
b) B ist ein linear unabhängiges Erzeugendensystem von V.
c) B ist ein minimales Erzeugendensystem von V.
d) B ist eine maximale linear unabhängige Teilmenge von V.

e) $|B| = n$ und B ist linear unabhängig.
f) $|B| = n$ und B ist ein Erzeugendensystem von V.

Aufgaben zu 11.3

11.11 Sei $M = \{v_1, \ldots, v_k\} \subseteq \mathbb{R}^n$. Richtig oder falsch?
a) Ist M linear abhängig, so ist $k > n$.
b) Ist M linear unabhängig, so ist $k \leq n$.
c) Ist $k = n$, so ist M eine Basis von $\mathbb{R}^n$.
d) Ist M ein Erzeugendensystem des $\mathbb{R}^n$, so ist $k \geq n$.
e) Ist $k = n$ und ist M linear abhängig, so ist M kein Erzeugendensystem des $\mathbb{R}^n$.

11.12 Welche der folgenden Teilmengen von $\mathbb{R}^3$ sind linear unabhängig? Welche sind ein Erzeugendensystem von $\mathbb{R}^3$? Welche sind eine Basis von $\mathbb{R}^3$?

a) $\left\{\begin{pmatrix}3\\2\\7\end{pmatrix}, \begin{pmatrix}-2\\4\\0\end{pmatrix}, \begin{pmatrix}1\\0\\1\end{pmatrix}, \begin{pmatrix}-1\\-2\\5\end{pmatrix}\right\}$ b) $\left\{\begin{pmatrix}1\\0\\0\end{pmatrix}, \begin{pmatrix}1\\1\\0\end{pmatrix}, \begin{pmatrix}1\\1\\1\end{pmatrix}\right\}$

c) $\left\{\begin{pmatrix}1\\-1\\0\end{pmatrix}, \begin{pmatrix}1\\1\\-1\end{pmatrix}, \begin{pmatrix}-2\\0\\1\end{pmatrix}\right\}$ d) $\left\{\begin{pmatrix}3\\-1\\0\end{pmatrix}, \begin{pmatrix}0\\1\\-1\end{pmatrix}\right\}$

11.13 Zeigen Sie: Sind u und v linear unabhängige Vektoren eines Vektorraums V, so sind auch $u + v$ und $u - v$ linear unabhängig.

11.14 Sei $B = \{(1\ 1)^T, (1\ {-1})^T\}$.
a) Zeigen Sie, dass B eine Basis des $\mathbb{R}^2$ ist.
b) Sei $v = (3\ {-2})$. Bestimmen Sie die Darstellung v_B von v in der Basis B.

11.15 Sei $V = K^n$. In Aufgabe 11.6 auf page 236 wurde gezeigt, dass die Lösungsmenge der Gleichung

$$a_1 x_1 + \ldots + a_n x_n = 0$$

ein Unterraum von V ist. Bestimmen Sie eine Basis dieses Unterraums.

11.16 Sei $V = \{p(x) \in K[x] \mid \text{grad } p(x) \leq n\}$, der Vektorraum aller Polynome vom Grad höchstens n. Welche Dimension hat der Unterraum U aller Polynome p mit $p(1) = 0$? Bestimmen Sie eine Basis von U. **Hinweis**: Aufgabe 11.6.

In den folgenden drei Aufgaben ist $V = \mathbb{Z}_2^n$.

11.17 Bestimmen Sie durch Löschung überflüssiger Vektoren eine Basis des folgenden Unterraums von V:

$$U = \{0000, 1010, 0001, 1011, 1111, 0101, 1110, 0100\}.$$

11.18 Welche Dimension hat der Unterraum U aller Vektoren mit einer geraden Anzahl von Einsen? Bestimmen Sie eine Basis von U. **Hinweis**: Aufgabe 11.6.

11.19 Beweisen Sie: Ist U ein Unterraum von V, der mindestens einen Vektor mit einer ungeraden Zahl von Einsen enthält, so existiert eine Basis von U, die nur aus Vektoren mit einer ungeraden Zahl von Einsen besteht. **Hinweis**: Der steinitzsche Austauschsatz.

12 Lineare Abbildungen und Matrizen

12.1 Lineare Abbildungen

In Kapitel 10 haben wir lineare Abbildungen im Kontext von geometrischen Transformationen untersucht und festgestellt, dass sich diese Abbildungen durch Matrizen darstellen lassen. Die Ergebnisse dieses Kapitels sollen nun auf beliebige Vektorräume übertragen werden. Der geometrische Kontext fällt dann allerdings weg. Wozu braucht man dann noch lineare Abbildungen? Welche Fragen kann man damit beantworten, welche Probleme kann man damit lösen? Zum einen kann man damit formal und exakt definieren, was es heißt, dass zwei Vektorräume „im Wesentlichen gleich" sind. Nehmen Sie als Beispiel den Unterraum $K^n[x]$ von $K[x]$, der aus allen Polynomen vom Grad kleiner gleich n besteht. Ein solches Polynom $a_n x^n + \ldots + a_0$ kann durch den Koeffizientenvektor $(a_0 \; \ldots \; a_n)^T$ dargestellt werden. Der Vektorraum $K^n[x]$ ist offenbar nichts anderes als der Raum K^{n+1}. Mit dem Begriff des *Isomorphismus* werden wir dieses „nichts anderes als ..." mathematisch exakt fassen. Eine weitere Anwendung linearer Abbildungen haben wir bereits im Vorspann zu Kapitel 9 angesprochen: Das Anhängen eines Prüfbits lässt sich als lineare Abbildung vom Vektorraum $\mathbb{Z}_2^n$ in den Vektorraum $\mathbb{Z}_2^{n+1}$ interpretieren.

Im Folgenden seien V und W K-Vektorräume. Wir wiederholen an dieser Stelle die Definition einer linearen Abbildung aus Abschnitt 10.2:

Definition
Lineare Abbildung

Eine Abbildung $f: V \to W$ heißt *linear*, falls für alle $u, v \in V$ sowie für alle $\lambda \in V$ gilt:

$$f(u+v) = f(u) + f(v)$$

$$f(\lambda v) = \lambda f(v) .$$

Eine lineare Abbildung heißt auch *Homomorphismus*. Eine lineare Abbildung von V nach V heißt auch *Endomorphismus* von V.

V und W müssen dabei Vektorräume über demselben Körper K sein. Zwischen Vektorräumen über unterschiedlichen Körpern gibt es keine linearen Abbildungen.

Aus der Bedingung $f(\lambda v) = \lambda f(v)$ folgt insbesondere mit $\lambda = 0$, dass $f(\mathbf{0}) = \mathbf{0}$ ist.

Beispiel 12.1

a) Die Abbildung $f: \mathbb{Z}_2^n \to \mathbb{Z}_2^{n+1}$, die an einen Bitvektor ein Prüfbit anhängt, ist linear.
b) Die Abbildung $f: K^n \to K^m$ mit $n < m$ und

$$f(v_1 \;\ldots\; v_n)^T = (v_1 \;\ldots\; v_n \;\; 0 \;\ldots\; 0)^T,$$

die einen n-dimensionalen Vektor mit $(m-n)$ Nullen auffüllt, ist linear.

c) Die Abbildung $f: K^n \to K^m$ mit $n > m$ und

$$f(v_1 \;\ldots\; v_n)^T = (v_1 \;\ldots\; v_m)^T,$$

die die letzten $m-n$ Stellen eines n-dimensionalen Vektors abschneidet, ist linear.

d) Die Abbildung $f: K^n[x] \to \mathbb{R}^{n+1}$ mit

$$f(a_n x^n + \ldots + a_0) = (a_0 \;\ldots\; a_n)^T,$$

die jedem Polynom seinen Koeffizientenvektor zuordnet, ist linear, wie man leicht nachrechnen kann.

e) Sei V der Vektorraum der differenzierbaren reellen Funktionen. Die Abbildung $D: V \to W$ mit

$$D(f(x)) = f'(x),$$

die jeder Funktion ihre Ableitung zuordnet, ist linear, denn es gelten die Ableitungsregeln:

$$(f+g)' = f' + g'$$

$$(cf)' = cf'$$

für $f, g \in V$ und $c \in \mathbb{R}$. ■

Die Abbildung im Beispiel d), die jedem Polynom seinen Koeffizientenvektor zuordnet, ist nicht nur linear, sondern auch bijektiv, denn jedem Polynom aus $K^n[x]$ entspricht genau ein Koordinatenvektor, und jedem Vektor des $\mathbb{R}^{n+1}$ entspricht genau ein Polynom vom Grad kleiner gleich n. Eine solche bijektive lineare Abbildung nennen wir einen *Isomorphismus*. Dies ist die mathematische Konkretisierung der Vorstellung, dass die beiden Vektorräume $K^n[x]$ und $\mathbb{R}^{n+1}$ „im Wesentlichen gleich“ sind.

Definition
Isomorphismus

Eine bijektive lineare Abbildung $f: V \to W$ heißt *Isomorphismus*. Gibt es einen Isomorphismus von V nach W, so heißen V und W *isomorph*.

Sind $f: U \to V$ und $g: V \to W$ lineare Abbildungen, so ist auch die Verkettung $g \circ f: U \to W$ eine lineare Abbildung. Ist $f: V \to W$ ein Isomorphismus, so ist auch die Umkehrabbildung $f^{-1}: W \to V$ ein Isomorphismus.

Aufgabe Untersuchen Sie, ob die linearen Abbildungen in Beispiel 1a) bis c) jeweils injektiv, surjektiv oder bijektiv sind.

Lösung

a) Die „Prüfbitabbildung“ ist injektiv, denn unterschiedliche Bitvektoren können durch Anhängen eines Prüfbits nicht gleich werden. Sie ist jedoch nicht surjektiv, denn durch Anhängen eines Prüfbits können nur Vektoren mit einer geraden Anzahl von Einsen erzeugt werden. Der Vektor (1 0 0 ... 0) kann beispielsweise kein Urbild in $\mathbb{Z}_2^n$ haben.

b) Die lineare Abbildung $f: K^n \to K^m$ mit $n < m$, die einen n-dimensionalen Vektor mit $(m-n)$ Nullen auffüllt, ist injektiv, denn unterschiedliche Vektoren werden auf unterschiedliche Bildvektoren abgebildet. Sie ist jedoch nicht surjektiv, denn der Bildraum ist offenbar nur n-dimensional.

c) Die lineare Abbildung $f: K^n \to K^m$ mit $n > m$, die die letzten $(n-m)$ Komponenten abschneidet, ist surjektiv, denn jeder Vektor $(v_1 \;\ldots\; v_m)^T$ hat als (ein) Urbild den Vektor $(v_1 \;\ldots\; v_m \;\; 0 \;\ldots\; 0)^T$ des K^n. Sie ist jedoch nicht injektiv, denn alle Vektoren aus K^n, deren erste m Komponenten 0 sind, werden auf den Nullvektor abgebildet. ■

Kern und Bild einer Abbildung

Die Beispiele legen nahe, dass die Untersuchung der Injektivität oder Surjektivität einer linearen Abbildung sich zurückführen lässt auf die Bestimmung der Dimension gewisser Unterräume. Für die Surjektivität ist die Dimension des Bildraums entscheidend, für die Injektivität die Dimension des sogenannten Kerns, das ist der Unterraum der Vektoren, die auf den Nullvektor abgebildet werden.

Definition und Satz
Kern und Bild einer Abbildung

Sei $f: V \to W$ eine lineare Abbildung.

a) Der *Kern* von f ist folgendermaßen definiert:

$$\operatorname{Kern} f = \{v \in V \mid f(v) = \mathbf{0}\}.$$

b) Das *Bild* von f ist folgendermaßen definiert:

$$\operatorname{Bild} f = \{f(v) \mid v \in V\}.$$

Es gilt: Kern f ist ein Unterraum von V und Bild f ist ein Unterraum von W. Die Dimension des Unterraums Bild f wird auch als *Rang* von f (rang f) bezeichnet.

Beweis: Wir beweisen, dass Kern f ein Unterraum von V ist. Dazu müssen wir zeigen, dass die Summe zweier Vektoren aus dem Kern wieder im Kern ist, und ebenso ein skalares Vielfaches.

Seien v, w Kern f und $\lambda \in K$. Dann ist $f(v) = \mathbf{0}$ und $f(w) = \mathbf{0}$. Daraus folgt:

$$f(v+w) = f(v) + f(w) = \mathbf{0} + \mathbf{0} = \mathbf{0}$$

und

$$f(\lambda v) = \lambda f(v) = \lambda \cdot \mathbf{0} = \mathbf{0},$$

also sind auch $v+w$ und $\lambda v \in \operatorname{Kern} f$.

Der Beweis von Teil b) verbleibt als Übung (▶ Aufgabe 12.2). ■

Wenn wir wissen wollen, ob eine lineare Abbildung injektiv oder surjektiv ist, reicht es aus, Kern und Bild der Abbildung zu untersuchen.

Satz

> Sei $f: V \to W$ eine lineare Abbildung.
> a) f ist genau dann injektiv, wenn Kern $f = \{\mathbf{0}\}$ ist.
> b) f ist genau dann surjektiv, wenn Bild $f = W$ ist.

Beweis:

a) Ist f injektiv, so ist $\mathbf{0}$ der einzige Vektor, der auf $\mathbf{0}$ abgebildet wird, das heißt, Kern $f = \{\mathbf{0}\}$. Sei umgekehrt Kern $f = \{\mathbf{0}\}$ und seien $v, w \in V$ mit $f(v) = f(w)$. Dann ist

$$f(v - w) = f(v) - f(w) = \mathbf{0},$$

also ist $v - w \in$ Kern f. Aus Kern $f = \{\mathbf{0}\}$ folgt $v - w = \mathbf{0}$, also $v = w$.

b) Ist offensichtlich. ■

Im Folgenden betrachten wir lineare Abbildungen auf endlichdimensionalen Vektorräumen. Zunächst einmal halten wir fest, dass eine lineare Abbildung $f: V \to W$ durch die Bilder der Basisvektoren von V eindeutig bestimmt ist: Sei $B = \{b_1, \ldots, b_n\}$ eine Basis von V und sei $v \in V$. Dann hat v eine eindeutige Darstellung $v = \Sigma\lambda_i b_i$. Wegen der Linearität von f gilt $f(v) = f(\Sigma\lambda_i b_i) = \Sigma f(\lambda_i b_i) = \Sigma\lambda_i f(b_i)$. Wenn wir die Bilder der Basisvektoren kennen, so können wir mit dieser Formel jeden Bildvektor berechnen. Umgekehrt kann man auf dieselbe Weise auch eine lineare Abbildung $f: V \to W$ dadurch definieren, dass man die Bilder $f(b_i)$ der Basisvektoren festlegt.

Satz

> Seien V und W K-Vektorräume und sei $B = \{b_1, \ldots, b_n\}$ eine Basis von V. Eine lineare Abbildung $f: V \to W$ ist genau dann ein Isomorphismus, wenn $\{f(b_1), \ldots, f(b_n)\}$ eine Basis von W ist.

Beweis: Übungsaufgabe (▶ Aufgabe 12.3). ■

Sind nun V und W beides K-Vektorräume derselben Dimension n, so hat V eine Basis $\{v_1, \ldots, v_n\}$ und W eine Basis $\{w_1, \ldots, w_n\}$. Durch die Definition $f(v_i) = w_i$ für $i = 1, \ldots, n$ erhält man nach dem vorigen Satz einen Isomorphismus von V auf W. Daher gilt:

Satz

> Zwei K-Vektorräume gleicher Dimension sind stets isomorph.

Wie groß können die Dimensionen von Kern und Bildraum sein? Der Kern ist ein Unterraum von V und kann daher höchstens die Dimension von V haben. Das Bild von f ist ein Unterraum von W und kann somit auch keine höhere als die Dimension von W annehmen. Es kann aber auch keine höhere Dimension haben als die von V. Anschaulich gesprochen: Eine lineare Abbildung $f: V \to W$ kann die Dimension von V zwar verkleinern, aber nicht vergrößern. Warum ist das so? Nehmen wir an, $B = \{b_1,..., b_n\}$ ist eine Basis von Bild f, was insbesondere bedeutet, dass die Menge B linear unabhängig ist. Die b_i haben Urbildvektoren v_i, mit $f(v_i) = b_i$, die vielleicht nicht eindeutig bestimmt sind, aber das ist egal. Wir zeigen, dass die Urbildvektoren $v_1,..., v_n$ ebenfalls linear unabhängig sind: Sei $\Sigma\lambda_i v_i = \mathbf{0}$. Dann ist auch $f(\Sigma\lambda_i v_i) = \mathbf{0}$. Aus der Linearität von f folgt $\Sigma f(\lambda_i v_i) = \mathbf{0}$ und $\Sigma\lambda_i f(v_i) = \mathbf{0}$ und somit $\Sigma\lambda_i b_i = \mathbf{0}$. Da die b_i linear unabhängig sind, sind alle $\lambda_i = 0$. Dies zeigt, dass die Vektoren $v_1,..., v_n$ linear unabhängig sind. Die Dimension von V ist also mindestens gleich der Dimension von Bild f, bzw. umgekehrt ist die Dimension des Bildraums höchstens gleich der Dimension des Urbildraums. Diese Tatsache entspricht in gewissem Sinn der Tatsache, dass bei einer Abbildung f von einer endlichen Menge A in eine Menge B die Anzahl der Bildpunkte nicht größer sein kann als die Anzahl der Urbildpunkte.

Eine lineare Abbildung $f: V \to W$ kann also die Dimension von V nicht vergrößern, sondern nur unverändert lassen oder verkleinern. Zur letzteren Gruppe von Abbildungen gehören etwa alle Projektionen, die von einem höherdimensionalen Raum in einen niederdimensionalen Raum projizieren. „Wie viele" Dimensionen dabei verlorengehen, das misst der Kern von f. Dies besagt der folgende Dimensionssatz:

Satz
Dimensionssatz

Seien V und W endlichdimensionale Vektorräume und $f: V \to W$ eine lineare Abbildung. Dann gilt: (▶ Abbildung 12-1)

$$\dim \operatorname{Kern} f + \dim \operatorname{Bild} f = \dim V.$$

Beweis: Sei $B = \{v_1, ..., v_n\}$ eine Basis von Kern f und $\{w_1, ..., w_m\}$ eine Basis von Bild f. Seien $u_1, ..., u_m$ (nicht notwendigerweise eindeutig bestimmte) Urbilder von $w_1, ..., w_m$. Dann sind die Vektoren $u_1,..., u_m$, wie wir eben gesehen haben, linear unabhängig. Wir zeigen, dass $B' = \{v_1,..., v_n, u_1,..., u_m\}$ eine Basis von V ist. Dazu zeigen wir zuerst, dass B' linear unabhängig ist: Sei

$$\sum_{i=1}^{n} \lambda_i v_i + \sum_{j=1}^{m} \mu_j u_j = \mathbf{0}. \qquad (*)$$

Dann ist auch

$$\mathbf{0} = f\left(\sum_{i=1}^{n} \lambda_i v_i + \sum_{j=1}^{m} \mu_j u_j\right) = \sum_{i=1}^{n} \lambda_i f(v_i) + \sum_{j=1}^{m} \mu_j f(u_j) = \sum_{j=1}^{m} \mu_j f(u_j),$$

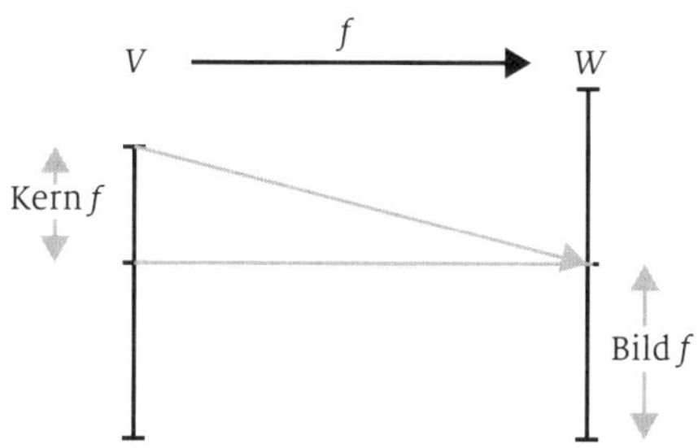

Abb. 12-1
Zum Dimensionssatz

denn $f(v_i) = \mathbf{0}$ für alle $i = 1,\dots,n$. Aus der linearen Unabhängigkeit der u_j folgt $\mu_j = 0$ für $j = 1,\dots,m$. Aus (*) folgt dann

$$\sum_{i=1}^{n} \lambda_i v_i = \mathbf{0},$$

und aus der linearen Unabhängigkeit der v_i folgt $\lambda_i = 0$ für $i = 1,\dots,n$. Damit ist bewiesen, dass B' linear unabhängig ist.

Es bleibt zu zeigen, dass B' den Raum V aufspannt. Sei $v \in V$. Dann ist $f(v) \in$ Bild f, also lässt sich $f(v)$ darstellen in der Form $f(v) = \Sigma\mu_j w_j$. Ist $v' = \Sigma\mu_j u_j$, so ist

$$f(v') = f\left(\sum_{j=1}^{m} \mu_j u_j\right) = \sum_{j=1}^{m} \mu_j f(u_j) = \sum_{j=1}^{m} \mu_j w_j = f(v).$$

Daraus folgt $f(v) - f(v') = 0$, also $f(v - v') = 0$, das heißt $v - v' \in$ Kern f. Somit lässt sich $v - v'$ darstellen in der Form $v - v' = \Sigma\lambda_i v_i$. Es folgt

$$v = v' + \sum_{i=1}^{n} \lambda_i v_i = \sum_{j=1}^{m} \mu_j u_j + \sum_{i=1}^{n} \lambda_i v_i.$$

Dies beweist, dass $B' = \{v_1,\dots, v_n, u_1,\dots, u_m\}$ den Raum V aufspannt. ■

Beispiel 12.2

a) Wir betrachten die Abbildung $f: \mathbb{R}^2 \to \mathbb{R}^2$ mit

$$f\begin{pmatrix} x \\ y \end{pmatrix} = \begin{pmatrix} x \\ 0 \end{pmatrix}.$$

Es handelt sich um die Projektion auf die x-Achse. Es gilt:

Kern $f = \{(0\ y)^T \mid y \in \mathbb{R}\} = \langle(0\ 1)^T\rangle$,

und somit ist dim Kern $f = 1$ und dim Bild $f = 2 - 1 = 1$.

b) Die Lösungsmenge $\mathbb{L}$ der linearen Gleichung

$$x_1 - 2x_2 + x_3 + 3x_4 = 0,$$

das heißt, die Menge aller Vektoren $x = (x_1\ x_2\ x_3\ x_4)^T$ des $\mathbb{R}^4$, deren Komponenten diese Gleichung erfüllen, ist ein Unterraum des $\mathbb{R}^4$. Das können Sie sicherlich leicht nachrechnen, denn solche Rechnungen haben wir nun schon zur Genüge durchexerziert.

Welche Dimension hat dieser Unterraum? Wenn wir den Term $x_1 - 2x_2 + x_3 + 3x_4$ als Abbildungsvorschrift einer linearen Abbildung $f: \mathbb{R}^4 \to \mathbb{R}^1$ auffassen:

$$f(x_1\ \ x_2\ \ x_3\ \ x_4)^T = x_1 - 2x_2 + x_3 + 3x_4,$$

dann ist die gesuchte Lösungsmenge $\mathbb{L}$ gerade der Kern der Abbildung *f*. Wir können die Dimension von $\mathbb{L}$ mittels der Dimensionsformel bestimmen, wenn wir die Dimension des Bilds von *f* kennen. Da der Zielraum eindimensional ist, kann Bild *f* nur die Dimension 0 oder 1 haben. Wegen $f(1\ 0\ 0\ 0)^T = 1$ ist $1 \in$ Bild *f*, also ist Bild *f* nicht der Nullraum und somit ist dim Bild $f = 1$ und aus dem Dimensionssatz folgt dann dim Kern $f = 3$.

c) Die Abbildung $f: \mathbb{Z}_2^n \to \mathbb{Z}_2^{n+1}$, die an einen Bitvektor ein Prüfbit anhängt, ist injektiv, wie wir in Abschnitt 12.1 festgestellt haben. Es folgt dim Kern $f = 0$ und mithilfe des Dimensionssatzes dim Bild $f = n$. Der Bildraum, also die Menge aller $(n+1)$-dimensionalen Bitvektoren mit gerader Parität, hat die Dimension n. ■

Eine direkte Folgerung aus dem Dimensionssatz ist der folgende Satz:

Satz

Sind V und W Vektorräume gleicher Dimension, so ist jede lineare Abbildung $f: V \to W$ genau dann injektiv, wenn sie surjektiv ist.

Beweis: Ist dim V = dim $W = n$, so folgt aus dem Dimensionssatz, dass dim Kern *f* genau dann gleich 0 ist, wenn dim Bild $f = n$ ist, und daraus folgt sofort die Behauptung des Satzes. ■

Es zeigt sich ein ganz ähnliches Bild wie bei gewöhnlichen Abbildungen zwischen endlichen Mengen: Eine Abbildung zwischen endlichen Mengen gleicher Kardinalität ist genau dann injektiv, wenn sie surjektiv ist.

Dieser Satz ist sehr nützlich, wenn Sie etwa beweisen wollen, dass eine lineare Abbildung *f* zwischen zwei Vektorräumen derselben Dimension ein Isomorphismus ist: Dann reicht nämlich der Nachweis einer der beiden Eigenschaften Injektivität und Surjektivität aus.

Beispiel 12.3 Für die 2-D- und 3-D-Transformationen Streckung, Zoom, Spiegelung, Scherung und Rotation gilt jeweils: Kern $f = \{\mathbf{0}\}$. Da es sich um Endomorphismen handelt, also um Abbildungen auf demselben Vektorraum, folgt aus dem obigen Satz, dass alle diese Abbildungen sogar Isomorphismen sind. ■

Aufgaben zu 12.1

12.1 Sei $f: K^n \to K^m$ eine lineare Abbildung. Richtig oder falsch?

a) Ist *f* injektiv, so ist $n \leq m$.
b) Ist $n \leq m$, so ist *f* injektiv.
c) Ist *f* surjektiv, so ist $n \geq m$.
d) Ist $n \geq m$, so ist *f* surjektiv.

12.2 Beweisen Sie, dass das Bild einer linearen Abbildung ein Unterraum des Zielraums ist.

12.3 Seien V und W Vektorräume und sei $f: V \to W$ eine lineare Abbildung.

a) Seien $b_1,...,b_n$ linear unabhängig. Beweisen Sie: Die Abbildung f ist genau dann injektiv, wenn $f(b_1),...,f(b_n)$ linear unabhängig sind.

b) Sei $\langle b_1,..., b_n \rangle = V$. Beweisen Sie: Die Abbildung f ist genau dann surjektiv, wenn $\langle f(b_1),...,f(b_n) \rangle = W$ ist.

Aus a) und b) zusammen folgt der Beweis des Satzes, dass f genau dann ein Isomorphismus ist, wenn sie jede Basis von V auf eine Basis von W abbildet.

12.4 Bestimmen Sie Kern und Bild der orthogonalen Parallelprojektion von $\mathbb{R}^3$ auf $\mathbb{R}^2$.

12.2 Matrizen zur Darstellung linearer Abbildungen

Definition Matrix

Eine $m \times n$-*Matrix* über K ist eine Anordnung von Elementen von K nach folgendem Schema:

$$A = \begin{pmatrix} a_{11} & \cdots & a_{1n} \\ \vdots & & \vdots \\ a_{m1} & \cdots & a_{mn} \end{pmatrix}.$$

Die $a_{ij} \in K$ nennt man auch die *Koeffizienten* der Matrix. Mit dem Buchstaben i bezeichnen wir stets den Zeilenindex ($1 \le i \le m$), mit dem Buchstaben j den Spaltenindex ($1 \le j \le n$). Der j-te *Spaltenvektor* $s_j(A)$ von A ist der Vektor $(a_{1j}\ a_{2j}\ ...\ a_{mj})^T$, der i-te *Zeilenvektor* $z_i(A)$ von A ist der Vektor $(a_{i1}\ a_{i2}\ ...\ a_{in})$.

Eine *quadratische Matrix* ist eine $m \times n$-Matrix mit $m = n$.

Offenbar kann man einen Zeilenvektor auch als $1 \times n$-Matrix und einen Spaltenvektor als $m \times 1$-Matrix auffassen.

Die *Summe* zweier $m \times n$-Matrizen ist komponentenweise definiert:

$$\begin{pmatrix} a_{11} & \cdots & a_{1n} \\ \vdots & & \vdots \\ a_{m1} & \cdots & a_{mn} \end{pmatrix} + \begin{pmatrix} b_{11} & \cdots & b_{1n} \\ \vdots & & \vdots \\ b_{m1} & \cdots & b_{mn} \end{pmatrix} = \begin{pmatrix} a_{11}+b_{11} & \cdots & a_{1n}+b_{1n} \\ \vdots & & \vdots \\ a_{m1}+b_{m1} & \cdots & a_{mn}+b_{mn} \end{pmatrix}.$$

Das *Skalarprodukt* des Zeilenvektors $v = (v_1\ v_2\ ...\ v_n)$ mit dem Spaltenvektor $w = (w_1\ w_2\ ...\ w_n)^T$ ist folgendermaßen definiert:

$$v \cdot w = v_1 w_1 + v_2 w_2 + \ldots + v_n w_n .$$

Wir benutzen das Skalarprodukt an dieser Stelle lediglich als Grundoperation für die weitergehenden Produkte Matrix mal Vektor und Matrix mal Matrix.

Matrix mal Vektor

Sei A eine $m \times n$-Matrix und $w \in K^n$. Das Produkt Aw ist folgendermaßen definiert:

$$Aw = \begin{pmatrix} z_1(A) \cdot w \\ \vdots \\ z_m(A) \cdot w \end{pmatrix}.$$

Man muss also nacheinander jede Zeile der Matrix mit dem Vektor w skalar multiplizieren. Beispiel:

$$\begin{pmatrix} 1 & 0 & 2 \\ -1 & 3 & -2 \end{pmatrix} \cdot \begin{pmatrix} -2 \\ 2 \\ 5 \end{pmatrix} = \begin{pmatrix} 1 \cdot (-2) + 0 \cdot 2 + 2 \cdot 5 \\ (-1) \cdot (-2) + 3 \cdot 2 + (-2) \cdot 5 \end{pmatrix} = \begin{pmatrix} 8 \\ -2 \end{pmatrix}.$$

Wie man leicht nachrechnen kann, gilt für alle Vektoren v, w und alle Skalare λ:

$$A(v+w) = Av + Aw$$

$$A(\lambda v) = \lambda A v.$$

Die Multiplikation Matrix mal Vektor ist also linear.

Aufgabe Gegeben ist die Matrix

$$\begin{pmatrix} 2 & -1 & 1 \\ 3 & 0 & -2 \\ 1 & 2 & 0 \end{pmatrix}.$$

Berechnen Sie die Produkte $A \cdot e_1$, $A \cdot e_2$, $A \cdot e_3$. Hinweis: Die Vektoren e_1, e_2 und e_3 sind die kanonischen Basisvektoren des $\mathbb{R}^3$.

Lösung $A \cdot e_1 = (2\ 3\ 1)^T$, $A \cdot e_2 = (-1\ 0\ 2)^T$, $A \cdot e_3 = (1\ -2\ 0)^T$. Das Ergebnis ist also jeweils die erste, zweite bzw. dritte Spalte von A. ■

Wie man leicht nachrechnen kann, gilt allgemein:

$$A \cdot e_j = s_j(A).$$

Ist nun $x = (x_1\ x_2\ \dots\ x_n)^T \in K^n$, so gilt $x = x_1 e_1 + \dots + x_n e_n$ und daher ist

$$\begin{aligned} Ax &= A(x_1 e_1 + \dots + x_n e_n) \\ &= A(x_1 e_1) + \dots + A(x_n e_n) \end{aligned}$$

$$= x_1(Ae_1) + \ldots + x_n(Ae_n)$$
$$= x_1 s_1(A) + \ldots + x_n s_n(A).$$

Der folgende Satz besagt, dass sich lineare Abbildungen von K^n nach K^m und $m \times n$-Matrizen genau entsprechen.

Satz Lineare Abbildungen und Matrizen

Ist A eine $m \times n$-Matrix über K, dann ist die Abbildung

$$f: K^n \to K^m$$
$$f(v) = A \cdot v$$

linear. Ist umgekehrt $f: K^n \to K^m$ eine lineare Abbildung, so gibt es genau eine $m \times n$-Matrix A, sodass $f(v) = A \cdot v$ für alle $v \in K^n$ gilt.

Beweis: Dass die Abbildung $f(v) = A \cdot v$ linear ist, lässt sich ganz einfach nachprüfen. Sei umgekehrt $f: K^n \to K^m$ eine lineare Abbildung. Wir definieren die $m \times n$-Matrix A dadurch, dass die j-te Spalte von A gleich dem Bild des j-ten kanonischen Basisvektors e_j ist:

$$s_j(A) = f(e_j) \text{ für } j = 1, \ldots, n.$$

Sei nun $v = (v_1\ v_2 \ldots v_n)^T \in K^n$. Dann gilt:

$$\begin{aligned} Av &= v_1 s_1(A) + \ldots + v_n s_n(A) \\ &= v_1 f(e_1) + \ldots + v_n f(e_n) \\ &= f(v_1 e_1 + \ldots + v_n e_n) \\ &= f(v). \end{aligned}$$

Ist nun B eine zweite $m \times n$-Matrix mit $Bv = f(v)$ für alle $x \in K^n$, so folgt insbesondere

$$s_j(B) = Be_j = f(e_j) = s_j(A) \text{ für } j = 1, \ldots, n,$$

also ist $B = A$. ■

Beispiel 12.4 Wir berechnen die Matrix A der Abbildung $f: K^3 \to K^3$ mit

$$f\begin{pmatrix} x \\ y \\ z \end{pmatrix} = \begin{pmatrix} y \\ z \\ x \end{pmatrix}.$$

Die Spaltenvektoren von A sind die Bilder der kanonischen Basisvektoren e_1, e_2, e_3. Es gilt:

$$f(e_1) = e_3,\ f(e_2) = e_1,\ f(e_3) = e_2,$$

und daraus folgt

$$A = \begin{pmatrix} 0 & 1 & 0 \\ 0 & 0 & 1 \\ 1 & 0 & 0 \end{pmatrix}.$$

■

Nach diesem Satz sind $m \times n$-Matrizen über K im Wesentlichen dasselbe wie lineare Abbildungen von K^n nach K^m. Wir werden dieser Tatsache dadurch Rechnung tragen, dass wir im Folgenden oft nicht zwischen der Matrix A und der dazugehörigen linearen Abbildung unterscheiden. Dabei ist jedoch zu beachten, dass die Matrix einer linearen Abbildung stets von den gewählten Basen für Urbildraum und Bildraum abhängt, ja sogar von der Reihenfolge, in der die Basisvektoren angeordnet sind. Wir haben bisher als Basis des K^n stets die kanonische Basis $e_1, e_2, \dots, e_n$ in genau dieser Reihenfolge gewählt.

Die eindeutige Zuordnung zwischen linearen Abbildungen und Matrizen ist nicht auf Abbildungen von K^n nach K^m beschränkt, sondern für alle linearen Abbildungen zwischen endlichdimensionalen Vektorräumen möglich, denn jeder K-Vektorraum der Dimension n ist ja zu K^n isomorph. Betrachten wir als Beispiel eine Abbildung auf dem Raum der Polynome:

Beispiel 12.5 Wir definieren die Abbildung $D : K_3[x] \to K_2[x]$ durch

$$D(p(x)) = \frac{d}{dx} p(x).$$

Der Grad des Polynoms wird dadurch um eins vermindert. Wir wissen bereits, dass diese Abbildung linear ist (▶ Beispiel 12.1 c)). Wir bestimmen die Matrix von D bezüglich der Basis $1, x, x^2, x^3$ des $K_3[x]$ bzw. der Basis $1, x, x^2$ des $K_2[x]$.

Die Matrix von D erhalten wir, indem wir von $p(x)$ und $f(p(x))$ die Koeffizientenvektoren in K^3 bzw. K^2 bilden: Ist

$$p(x) = ax^3 + bx^2 + cx + d,$$

dann ist

$$f(p(x)) = \frac{d}{dx} p(x) = 3ax^2 + 2bx + c.$$

Das Polynom $p(x)$ hat den Koeffizientenvektor $(d\ c\ b\ a)^T$, und $f(p(x))$ hat den Koeffizientenvektor $(c\ 2b\ 3a)^T$. Nun bestimmen wir die Matrix der Abbildung wie gehabt, indem wir die Bilder der kanonischen Basisvektoren berechnen und erhalten auf diese Weise die Matrix

$$A = \begin{pmatrix} 0 & 1 & 0 & 0 \\ 0 & 0 & 2 & 0 \\ 0 & 0 & 0 & 3 \end{pmatrix}.$$

Das Matrixprodukt

Das Produkt der beiden Matrizen A und B ist definiert, falls die Anzahl der Spalten von A gleich der Anzahl der Zeilen von B ist.

Definition
Produkt von Matrizen

> Sei A eine $m \times n$-Matrix und B eine $n \times k$-Matrix. Das *Matrizenprodukt* $A \cdot B$ ist diejenige $m \times k$-Matrix C, für die gilt:
>
> $$s_j(C) = As_j(B).$$

Das heißt, man multipliziert A nacheinander mit den Spalten von B und erhält auf diese Weise sukzessive die Spalten von $A \cdot B$. Die j-te Spalte von $A \cdot B$ ist gleich dem Produkt von A mit der j-ten Spalte von B. Andererseits ist die j-te Spalte einer Matrix C nach dem obigen Resultat gleich Ce_j. Es gilt also:

$$(AB)e_j = s_j(AB) = As_j(B) = A(Be_j) \text{ für } j = 1,\ldots,k.$$

Mithilfe der Linearität erhält man für jeden Vektor $v \in K^k$:

$$(AB)v = A(Bv).$$

Dies zeigt, dass das Produkt der Matrizen A und B gerade der Verkettung der beiden linearen Abbildungen entspricht.

> Seien $f: K^n \to K^m$ und $g: K^k \to K^n$ linear.
>
> Ist A die Matrix von f und B die Matrix von g, so ist AB die Matrix der Verkettung $f \circ g$.

Die identische lineare Abbildung $id: K^n \to K^n$ mit $id(v) = v$ für alle $v \in K^n$ entspricht der $n \times n$-Einheitsmatrix

$$E_n = \begin{pmatrix} 1 & 0 & 0 \\ 0 & \ddots & 0 \\ 0 & 0 & 1 \end{pmatrix}.$$

Die Matrixmultiplikation ist assoziativ, das heißt, für alle miteinander multiplizierbaren Matrizen A, B, C gilt:

$$A(BC) = (AB)C.$$

Man kann daher die Klammern auch weglassen. Egal, in welcher Reihenfolge man multipliziert, die Ergebnisse sind gleich. Das bedeutet jedoch nicht, dass der Aufwand zur Berechnung derselbe ist (▶ Aufgabe 12.5)!

Betrachten wir ein weiteres Beispiel:

$$A = \begin{pmatrix} 1 & 1 \\ 0 & 0 \end{pmatrix}, \; B = \begin{pmatrix} 0 & 1 \\ 0 & 1 \end{pmatrix}.$$

Es gilt:

$$AB = \begin{pmatrix} 0 & 2 \\ 0 & 0 \end{pmatrix} \text{ und } BA = \begin{pmatrix} 0 & 0 \\ 0 & 0 \end{pmatrix}.$$

Dieses Beispiel zeigt zwei Besonderheiten der Matrizenmultiplikation: Zum einen ist sie nicht kommutativ, das heißt, im Allgemeinen gilt $AB \neq BA$. Zum Zweiten gilt $BA = \mathbf{0}$ ($\mathbf{0}$ ist die Nullmatrix), obwohl weder A noch B die Nullmatrix ist.

Definition
Inverse Matrix

Eine quadratische Matrix A heißt *invertierbar* (auch: *regulär*), wenn es eine Matrix B gibt mit

$$AB = BA = E.$$

In diesem Fall heißt B die zu A *inverse Matrix*. Wir schreiben A^{-1}.

Es ist klar, dass eine invertierbare Matrix quadratisch sein muss, denn die beiden Produkte AB und BA können nur dann definiert sein, wenn A eine $m \times n$-Matrix und B eine $n \times m$-Matrix ist. Dann ist AB eine $m \times m$-Matrix und BA eine $n \times n$-Matrix und wegen $AB = BA$ muss $m = n$ sein.

Die Inverse einer invertierbaren Matrix A ist eindeutig bestimmt, denn ist $AB = BA = E$ und $AC = CA = E$, so können wir die Gleichung $CA = E$ von rechts mit der Matrix B multiplizieren und erhalten $(CA)B = EB = B$. Aus $(CA)B = C(AB) = CE = C$ folgt dann $B = C$.

Satz
Inverse eines Produkts

a) Sind die $n \times n$-Matrizen A und B beide invertierbar, so ist auch AB invertierbar und es gilt:

$$(AB)^{-1} = B^{-1}A^{-1}.$$

b) Mit A ist auch A^{-1} invertierbar und es gilt:

$$(A^{-1})^{-1} = A.$$

Beweis: a) Es gilt $(AB)(B^{-1}A^{-1}) = ABB^{-1}A^{-1} = AA^{-1} = E$, und da die Inverse einer Matrix eindeutig bestimmt ist, ist $B^{-1}A^{-1}$ die Inverse zu AB.

b) Folgt direkt aus der Definition der Inversen. ■

Satz

Sei $f: K^n \to K^n$ linear und A die zu f gehörige Matrix.

Genau dann ist f ein Isomorphismus, wenn die Matrix A invertierbar ist. In diesem Fall ist A^{-1} die Matrix der Umkehrabbildung f^{-1}.

Beweis: Genau dann ist f ein Isomorphismus, wenn es eine lineare Abbildung g gibt mit $f \circ g = g \circ f = id$. In die Sprache der Matrizen übersetzt bedeutet dies $AB = BA = E$. ■

Basiswechsel

Bislang haben wir eine lineare Abbildung durch eine Matrix in Bezug auf die kanonische Basis dargestellt. Ändert man nun die Basis des Urbildraums und/oder des Bildraums, so ändert sich auch die Matrix der linearen Abbildung.

Als Beispiel betrachten wir die Spiegelung S an der y-Achse im $\mathbb{R}^2$. In Bezug auf die kanonische Basis $B = \{e_1, e_2\}$ hat S die Matrix

$$S_B = \begin{pmatrix} -1 & 0 \\ 0 & 1 \end{pmatrix}.$$

Drehen wir das Koordinatensystem um 90°, so entspricht dies der Basis $B' = \{e_2, -e_1\}$. In Bezug auf diese Basis handelt es sich um eine Spiegelung an der x-Achse mit der Matrix

$$S_{B'} = \begin{pmatrix} 1 & 0 \\ 0 & -1 \end{pmatrix}.$$

Wie kann man diesen Basiswechsel allgemein formulieren? Zunächst definieren wir die Matrix einer linearen Abbildung in Bezug auf zwei Basen B und B' des Urbildraums bzw. des Bildraums:

Definition
Matrix einer Abbildung bez. verschiedener Basen

Seien V und W K-Vektorräume und $f: V \to W$ eine lineare Abbildung. Sei ferner $B = \{b_1,\dots, b_n\}$ eine Basis von V und B' eine Basis von W. Die Matrix

$$A = {}_{B'}f_B$$

von f bez. der Basen B und B' ist so definiert, dass

$$s_j(A) = (f(b_j))_{B'}$$

ist. Im Falle $B = B'$ schreiben wir f_B statt ${}_Bf_B$.

Die j-te Spalte von A ist also das Bild des j-ten Basisvektors von B unter f in der Basisdarstellung von B'. Beachten Sie dabei die Reihenfolge von B und B'!

Für jeden Vektor $v \in V$ gilt dann:

$$_{B'}f_B \cdot v_B = f(v)_{B'} .$$

Ist nun insbesondere $f: V \to V$ die Identitätsabbildung, so liefert

$$_{B'}id_B \cdot v_B = v_{B'}$$

den Übergang von der Darstellung des Vektors v in der Basis B zur Darstellung bez. der Basis B'. Es gilt:

$$_{B}id_{B'} \cdot {}_{B'}id_B \cdot v_B = {}_{B}id_{B'} \cdot v_{B'} = v_B ,$$

also ist

$$_{B}id_{B'} \cdot {}_{B'}id_B = {}_{B}id_B = E$$

und ebenso

$$_{B'}id_B \cdot {}_{B}id_{B'} = {}_{B'}id_{B'} = E .$$

Es gilt also:

$$_{B'}id_B = ({}_{B}id_{B'})^{-1} .$$

Stellen Sie sich folgende Situation aus der Computergrafik vor: Sie wollen eine bestimmte Szene darstellen und haben dazu ein 3-D-Koordinatensystem B (das sogenannte „Weltkoordinatensystem") gewählt. Sie kennen die Koordinaten der Objekte bezüglich B. Im Raum steht eine Kamera, die die Szene beobachtet. Sie möchten nun wissen, wie die Kamera die Szene sieht, das heißt, welche Koordinaten die Objekte der Szene in Bezug auf das Kamerakoordinatensystem B' haben, das bezüglich des Weltkoordinatensystems B um einen bestimmten Vektor verschoben und im Raum gedreht ist. Genau diese Darstellung gibt die Matrix $_{B'}id_B$ wieder.

Schauen wir uns dies am obigen Beispiel an: Dort ist

$$B = \{e_1, e_2\} \text{ und } B' = \{e_2, -e_1\} .$$

Die Spalten der Matrix $_{B'}id_B$ sind gegeben durch $(e_1)_{B'}$ und $(e_2)_{B'}$: Im Koordinatensystem B' hat e_1 die Koordinaten $(0\ {-1})^T$ und e_2 die Koordinaten $(1\ 0)^T$. Also gilt:

$$_{B'}id_B = \begin{pmatrix} 0 & 1 \\ -1 & 0 \end{pmatrix} .$$

Umgekehrt gilt:

$$_{B}id_{B'} = \begin{pmatrix} 0 & -1 \\ 1 & 0 \end{pmatrix} .$$

Der Vektor $v_B = (2\ {-3})^T$ hat in der Basis B' die Darstellung

$$v_{B'} = {}_{B'}id_B \cdot v_B = \begin{pmatrix} 0 & 1 \\ -1 & 0 \end{pmatrix} \cdot \begin{pmatrix} 2 \\ -3 \end{pmatrix} = \begin{pmatrix} -3 \\ -2 \end{pmatrix}.$$

Die folgende Formel zeigt, wie man eine beliebige Abbildung $f: V \to V$, die durch die Matrix f_B gegeben ist, in die Matrix $f_{B'}$ umrechnen kann:

Basistransformation

Seien B und B' Basen von $f: V \to V$ und sei $f: V \to V$ eine lineare Abbildung. Dann gilt:

$$f_{B'} = id_{B',B} \cdot f_B \cdot id_{B,B'} = (id_{B,B'})^{-1} \cdot f_B \cdot id_{B,B'}.$$

Im obigen Beispiel (S ist die Spiegelung an der y-Achse) gilt:

$$S_{B'} = {}_{B'}id_B \cdot S_B \cdot {}_B id_{B'} = \begin{pmatrix} 0 & 1 \\ -1 & 0 \end{pmatrix} \cdot \begin{pmatrix} -1 & 0 \\ 0 & 1 \end{pmatrix} \cdot \begin{pmatrix} 0 & -1 \\ 1 & 0 \end{pmatrix} = \begin{pmatrix} 1 & 0 \\ 0 & -1 \end{pmatrix}.$$

Aufgaben zu 12.2

12.5 Geben Sie jeweils die Matrix M der folgenden linearen Abbildungen an.

a) $f: K^4 \to K^3, f\begin{pmatrix} x \\ y \\ z \\ w \end{pmatrix} = \begin{pmatrix} x-y \\ y-z \\ z-w \end{pmatrix}$ b) $f: K^2 \to K^3, f\begin{pmatrix} x \\ y \end{pmatrix} = \begin{pmatrix} x-y \\ x+y \\ y \end{pmatrix}$

12.6 Berechnen Sie die Matrixprodukte AB und BA, falls möglich.

$$A = \begin{pmatrix} 1 & 0 & -1 \\ -1 & 1 & 1 \\ 0 & 1 & -1 \end{pmatrix}, \quad B = \begin{pmatrix} 1 & 1 & -1 \\ -2 & -1 & 1 \end{pmatrix}.$$

12.7 Berechnen Sie Kern und Bild der linearen Abbildung mit folgender Matrix:

$$\begin{pmatrix} 1 & 1 & 0 \\ 1 & 0 & 1 \\ 0 & 0 & 1 \end{pmatrix}.$$

12.8 a) Bestimmen Sie die Anzahl der Multiplikationen, die nötig ist, um die Multiplikation einer $m \times n$-Matrix A mit einer $n \times k$-Matrix B zu berechnen.

b) Sei A eine 2×3-Matrix, B eine 3×4-Matrix, C eine 4×5-Matrix. Wie viele Multiplikationen benötigt man jeweils für die Berechnung $(AB)C$ und $A(BC)$?

12.9 Eine Abbildung f im $\mathbb{R}^2$ sei gegeben durch die folgende Matrix M bez. der Standardbasis:

$$M = \begin{pmatrix} a & b \\ c & d \end{pmatrix}.$$

Nun wird das Koordinatensystem an der x-Achse gespiegelt. Bestimmen Sie die Matrix von f bez. dieser neuen Basis.

Es folgen noch einige Aufgaben, die an Kapitel 6 anknüpfen.

12.10 Sei K ein Körper und sei M die Menge aller $n\times n$-Matrizen über K. Weisen Sie nach, dass die Struktur M mit der Matrixaddition und -multiplikation einen Ring bildet.

12.11 Sei M die Menge aller 2×2-Matrizen über $\mathbb{Z}$ der folgenden Form:

$$M = \left\{ \begin{pmatrix} 1 & a \\ 0 & 1 \end{pmatrix} \middle| a \in \mathbb{Z} \right\}.$$

a) Weisen Sie nach, dass die Struktur M mit der Matrixmultiplikation eine Gruppe bildet.
b) Weisen Sie nach, dass die Gruppe $(M, \cdot)$ isomorph zur Gruppe $(\mathbb{Z}, +)$ ist.

12.12 Sei M die Menge folgender 2×2-Matrizen:

$$\left\{ \begin{pmatrix} 1 & 0 \\ 0 & 1 \end{pmatrix}, \begin{pmatrix} -1 & 0 \\ 0 & -1 \end{pmatrix}, \begin{pmatrix} 0 & -1 \\ 1 & 0 \end{pmatrix}, \begin{pmatrix} 0 & 1 \\ -1 & 0 \end{pmatrix} \right\}.$$

a) Weisen Sie nach, dass die Struktur M mit der Matrixmultiplikation eine Gruppe bildet.
b) Weisen Sie nach, dass die Gruppe $(M, \cdot)$ isomorph zur Gruppe $(\mathbb{Z}_4, +)$ ist.

12.13 Sei M die Menge aller invertierbarer 2×2-Matrizen über $\mathbb{Z}_2$.
a) Bestimmen Sie alle Elemente von M.
b) Erstellen Sie die Verknüpfungstafel der Menge M mit der Matrixmultiplikation.
c) Weisen Sie nach, dass die Menge M mit der Matrixmultiplikation eine Gruppe bildet.

13 Der Gauß-Algorithmus

13.1 Berechnung des Rangs einer Matrix

Definition Spaltenrang einer Matrix

Der *Spaltenrang* einer $m \times n$-Matrix A (geschrieben $\text{rang}_S A$) ist die Dimension des von den Spaltenvektoren von A aufgespannten Raums.

Da die Spaltenvektoren der Matrix A die Bilder der Standardbasisvektoren unter der zu A gehörigen linearen Abbildung f sind, gilt $\text{rang}_S A = \text{rang}\, f$.

In Abschnitt 11.3 hatten wir festgestellt, dass eine lineare Abbildung $f : V \to W$ genau dann ein Isomorphismus ist, wenn das Bild einer beliebigen Basis von V unter f eine Basis von W ist. Übersetzt in die Sprache der Matrizen heißt dies, dass die $n \times n$-Matrix A genau dann invertierbar ist, wenn die n Spaltenvektoren von A eine Basis des $\mathbb{R}^n$ bilden, das heißt, wenn $\text{rang}_S A = n$ ist.

Satz

Die $n \times n$-Matrix A ist genau dann invertierbar, wenn $\text{rang}_S A = n$ ist.

In Analogie zum Spaltenrang können wir auch den *Zeilenrang* $\text{rang}_Z A$ von A definieren als die Dimension des von den Zeilenvektoren aufgespannten Raums. Dann gilt:

Satz

Der Spaltenrang einer Matrix A ist gleich ihrem Zeilenrang, $\text{rang}_S A = \text{rang}_Z A$.

Wir schreiben daher kurz $\text{rang}\, A$ statt $\text{rang}_S A$ oder $\text{rang}_Z A$.

Beweis: Siehe Jänich, S. 116 *f.*

Da der Spaltenrang einer $m \times n$-Matrix A nicht größer sein kann als n (die Anzahl der Spalten) und der Zeilenrang von A nicht größer sein kann als m, gilt:

$$\text{rang}\, A \leq \min(m, n).$$

Beispiel 13.1

Wir bestimmen den Rang der Matrix

$$A = \begin{pmatrix} 1 & 2 & 3 & 4 \\ 0 & 5 & 1 & 5 \\ 0 & 0 & -1 & 1 \\ 0 & 0 & 0 & 7 \end{pmatrix}.$$

Man kann sich folgendermaßen davon überzeugen, dass die vier Spaltenvektoren linear unabhängig sind: Spalte 2 ist unabhängig von Spalte 1, denn die 5 an Position 2 kann mit Spalte 1 nicht erzeugt werden. Spalte 3 ist unabhängig von den ersten beiden, denn die −1 an Position 3 kann durch Linearkombination der ersten beiden Spalten nicht erzeugt werden. Schließlich ist Spalte 4 unabhängig von den restlichen Spalten aufgrund des Elements 7 an Position 4. ■

Quadratische Matrizen dieser besonderen Form, die unterhalb der Hauptdiagonalen nur Nullen enthalten und auf der Hauptdiagonalen keine Null, heißen (*obere*) *Dreiecksmatrizen*:

$$\Delta = \begin{pmatrix} a_{11} & * & \dots & * \\ 0 & a_{22} & \ddots & \vdots \\ \vdots & \ddots & \ddots & * \\ 0 & \dots & 0 & a_{nn} \end{pmatrix}, \text{ mit } a_{ii} \neq 0 \text{ für } i = 1, \dots, n\,.$$

Es gilt: Eine $n \times n$-Dreiecksmatrix hat den Rang n, ist also invertierbar.

> Sei A eine $m \times n$-Matrix der folgenden Form:
>
> $$A = (\Delta | B) = \begin{pmatrix} a_{11} & * & \dots & * & * & \dots & * \\ 0 & a_{22} & \ddots & \vdots & \vdots & & \vdots \\ \vdots & \ddots & \ddots & * & \vdots & & \vdots \\ 0 & \dots & 0 & a_{kk} & * & \dots & * \end{pmatrix}.$$
>
> Dabei steht Δ für eine $m \times m$-Dreiecksmatrix, B für eine beliebige $m \times (n-m)$-Matrix. Wir nennen diese Form die *erweiterte Dreiecksform*.
>
> Dann gilt: rang $A = m$ und dim Kern $A = n - m$.

Wir werden im Folgenden diese Darstellung noch häufiger verwenden, bei der ganze rechteckige Abschnitte einer Matrix durch eine eigene (Teil-)Matrix dargestellt werden. Wir werden in diesem Fall aus Gründen der besseren Lesbarkeit stets die waagerechten oder senkrechten Striche mit einzeichnen.

Die ersten m Spalten einer erweiterten Dreiecksmatrix A sind linear unabhängig aufgrund derselben Argumentation wie bei der Dreiecksmatrix. Da A nur k Zeilen hat, folgt rang $A = m$.

Das Ziel des Gauß-Algorithmus[1] (genauer gesagt, der Basisvariante des Algorithmus) ist es, die gegebene Matrix in die erweiterte Dreiecksform zu transformieren. Die Operationen, die zu diesem Ziel führen, sind die sogenannten elementaren Zeilenumformungen sowie Spaltenvertauschungen.

1. Carl Friedrich Gauß (1777–1855), deutscher Mathematiker

Grundoperationen des Gauß-Algorithmus

Die folgenden Operationen bilden die Basisoperationen des Gauß-Algorithmus:

- Vertauschen zweier Zeilen
- Multiplikation einer Zeile mit einem Skalar $\lambda \neq 0$
- Addition des λ-Fachen einer Zeile zu einer anderen Zeile
- Vertauschen zweier Spalten
- Löschen von Nullzeilen und -spalten

Die ersten drei Operationen heißen auch *elementare Zeilenumformungen.*

Die Gauß-Operationen ändern den von den Zeilenvektoren einer Matrix aufgespannten Raum nicht: Für die Vertauschung zweier Zeilen ist dies unmittelbar klar. Dies gilt ebenso für Spaltenvertauschungen, denn der Zeilenrang ist gleich dem Spaltenrang. Auch dass Nullspalten und -zeilen gelöscht werden können, ist unmittelbar einleuchtend. Entsteht A' aus A durch eine der beiden anderen Operationen, so sind die Zeilen von A' jeweils Linearkombinationen der Zeilen von A, liegen also im Zeilenraum von A. Der Zeilenraum von A' ist daher eine Teilmenge des Zeilenraums von A. Da jede elementare Zeilenumformung durch eine elementare Zeilenumformung wieder rückgängig gemacht werden kann, folgt mit derselben Argumentation, dass der Zeilenraum von A eine Teilmenge des Zeilenraums von A' ist. Insgesamt ist der Zeilenraum von A gleich dem Zeilenraum von A', und insbesondere ist $\operatorname{rang} A = \operatorname{rang} A'$.

Wir wollen nun den Gauß-Algorithmus anhand einer Beispielmatrix vorführen:

$$\begin{pmatrix} 2 & 4 & 2 & -2 \\ -1 & -2 & -1 & 2 \\ 2 & 5 & 4 & 1 \\ 1 & 3 & 3 & 3 \end{pmatrix}.$$

Ziel der Umformungen ist eine Matrix in erweiterter Dreiecksform. Der Algorithmus geht die Hauptdiagonale von links oben nach rechts unten entlang und versucht jeweils an die Diagonalstelle ein Element ungleich null zu bringen und anschließend die Elemente darunter zu null zu machen. Gelingt es irgendwann nicht mehr, an die Diagonalposition ein Element ungleich null zu bringen, so endet der Algorithmus.

Im ersten Schritt wird folgende Form angestrebt:

$$\begin{pmatrix} 1 & * & * & * \\ 0 & * & * & * \\ 0 & * & * & * \\ 0 & * & * & * \end{pmatrix}.$$

Dazu dividieren wir die erste Zeile durch 2 und subtrahieren anschließend von der zweiten bis vierten Zeile jeweils ein passendes Vielfaches der ersten Zeile (I), so dass der entsprechende Wert in der ersten Spalte 0 ergibt. Die Operationen sind rechts neben der Matrix vermerkt.

$$\begin{pmatrix} \boxed{2} & 4 & 2 & -2 \\ -1 & -2 & -1 & 2 \\ 2 & 5 & 4 & 1 \\ 1 & 3 & 3 & 3 \end{pmatrix} \begin{matrix} :2 \\ \\ \\ \\ \end{matrix} \Rightarrow \begin{pmatrix} \boxed{1} & 2 & 1 & -1 \\ -1 & -2 & -1 & 2 \\ 2 & 5 & 4 & 1 \\ 1 & 3 & 3 & 3 \end{pmatrix} \begin{matrix} \\ +(\mathrm{I}) \\ -2\cdot(\mathrm{I}) \\ -(\mathrm{I}) \end{matrix} \Rightarrow \begin{pmatrix} 1 & 2 & 1 & -1 \\ 0 & 0 & 0 & 1 \\ 0 & 1 & 2 & 3 \\ 0 & 1 & 2 & 4 \end{pmatrix}$$

Das Diagonalelement a_{11}, das benutzt wird, um die darunterliegenden Elemente zu 0 zu machen, heißt *Pivot-Element*. Es ist im Folgenden in der Matrix grau hinterlegt. Die Zeile (Spalte), in der das Pivot-Element steht, heißt Pivot-Zeile (Pivot-Spalte).

Die erste Zeile und die erste Spalte sind nun fertig und werden im Folgenden auch nicht mehr verändert. Weiter mit der zweiten Spalte und der zweiten Zeile. Ziel ist eine Matrix der Form:

$$\begin{pmatrix} 1 & * & * & * \\ 0 & 1 & * & * \\ 0 & 0 & * & * \\ 0 & 0 & * & * \end{pmatrix}.$$

Diese Form kann jedoch mit $a_{22} = 0$ nicht erreicht werden. Wir tauschen daher die Pivot-Zeile mit einer *darunterliegenden* Zeile – Achtung: Zeilen oberhalb dürfen zur Vertauschung nicht herangezogen werden, denn sie sind abgearbeitet und dürfen nicht mehr verändert werden! –, damit das Pivot-Element ungleich null wird. Anschließend müssen die Elemente unterhalb der Pivot-Position zu null werden. Dazu subtrahieren wir die zweite von der vierten Zeile:

$$\begin{pmatrix} 1 & 2 & 1 & -1 \\ 0 & 0 & 0 & 1 \\ 0 & 1 & 2 & 3 \\ 0 & 1 & 2 & 4 \end{pmatrix} \begin{matrix} \\ \leftarrow \\ \leftarrow \\ \\ \end{matrix} \Rightarrow \begin{pmatrix} 1 & 2 & 1 & -1 \\ 0 & \boxed{1} & 2 & 3 \\ 0 & 0 & 0 & 1 \\ 0 & 1 & 2 & 4 \end{pmatrix} \begin{matrix} \\ \\ \\ -(\mathrm{II}) \end{matrix} \Rightarrow \begin{pmatrix} 1 & 2 & 1 & -1 \\ 0 & 1 & 2 & 3 \\ 0 & 0 & \boxed{0} & 1 \\ 0 & 0 & 0 & 1 \end{pmatrix}$$

Es geht weiter mit der dritten Zeile und Spalte. Die Zahl an der Pivot-Position ist 0, aber jetzt lässt sich durch Vertauschen von Zeilen kein Element ungleich 0 an die Pivot-Position bringen. Nun hilft nur noch eine Spaltenvertauschung mit einer Spalte rechts von der aktuellen. Durch Vertauschen der 3. und 4. Spalte erhalten wir:

$$\begin{pmatrix} 1 & 2 & 1 & -1 \\ 0 & 1 & 2 & 3 \\ 0 & 0 & 0 & 1 \\ 0 & 0 & 0 & 1 \end{pmatrix} \Rightarrow \begin{pmatrix} 1 & 2 & -1 & 1 \\ 0 & 1 & 3 & 2 \\ 0 & 0 & 1 & 0 \\ 0 & 0 & 1 & 0 \end{pmatrix} -\text{(III)} \Rightarrow \begin{pmatrix} 1 & 2 & -1 & 1 \\ 0 & 1 & 3 & 2 \\ 0 & 0 & 1 & 0 \\ 0 & 0 & 0 & 0 \end{pmatrix}$$

$$\Rightarrow \begin{pmatrix} 1 & 2 & -1 & 1 \\ 0 & 1 & 3 & 2 \\ 0 & 0 & 1 & 0 \end{pmatrix}$$

und eine letzte Pivot-Operation mit anschließender Löschung der vierten Zeile liefert die gewünschte erweiterte Dreiecksform. Der Rang der Matrix ist 3.

Gauß-Algoritmus
Basisvariante

Gauß-Algorithmus zur Bestimmung des Rangs einer Matrix A

Durchlaufe die Hauptdiagonale von A:

Ist das Element an der Pivot-Position gleich 0, so versuche durch Vertauschen der Pivot-Zeile mit einer darunter liegenden Zeile ein Element ungleich 0 an die Stelle zu bringen.

Ist dies nicht möglich, so versuche dasselbe durch Vertauschen der aktuellen Spalte mit einer rechts davon liegenden Spalte.

Ist auch dies nicht möglich, so beende den Algorithmus. Die Matrix ist in erweiterter Dreiecksform.

Nun ist das Pivotelement p ungleich 0. Dividiere die Pivotzeile durch p und subtrahiere anschließend von jeder darunterliegenden Zeile ein entsprechendes Vielfaches der Pivot-Zeile, sodass die Elemente unterhalb der Pivot-Position null werden.

Die hier vorgestellte Form des Gauß-Algorithmus ist gut geeignet, wenn Sie den Rang einer Matrix per Hand berechnen wollen. Für eine Implementierung wird man jedoch auf die Division der Pivotzeile durch das Pivotelement verzichten, sondern diese Division in die Pivot-Operation „subtrahiere anschließend … ein entsprechendes Vielfaches der Pivot-Zeile, sodass die Elemente unterhalb der Pivot-Position null werden“ mit einbauen.

Aufgaben zu 13.1

13.1 Bestimmen Sie jeweils den Rang und die Dimension des Kerns der folgenden Matrizen.

a) $A = \begin{pmatrix} 2 & 7 & 1 \\ 0 & 3 & 2 \\ 0 & 0 & 0 \\ 0 & 0 & 0 \end{pmatrix}$ b) $B = \begin{pmatrix} 1 & 4 & 3 & 0 \\ 0 & 3 & 2 & 2 \\ 0 & 0 & 5 & 4 \end{pmatrix}$ c) $C = \begin{pmatrix} 3 & 0 & 1 \end{pmatrix}$

13.2 Bestimmen Sie jeweils den Rang und die Dimension des Kerns der folgenden Matrizen.

a) $A = \begin{pmatrix} 2 & 1 & 4 \\ -1 & 1 & 1 \\ 3 & -1 & 1 \end{pmatrix}$ b) $B = \begin{pmatrix} 1 & 1 & 0 \\ 0 & 1 & 1 \\ 1 & 0 & 1 \end{pmatrix}$ c) $C = \begin{pmatrix} 1 & -2 & 3 \\ 2 & -4 & 1 \\ -3 & 6 & 0 \end{pmatrix}$

13.2 Berechnung der Inversen einer Matrix

Zur Berechnung der Inversen einer Matrix A werden dieselben Grundoperationen verwendet wie zur Rangberechnung. Es ist klar, dass die Ausgangsmatrix A quadratisch sein muss, ansonsten ist sie nicht invertierbar. Sei nun A eine $n \times n$-Matrix. Zum Ende des Gauß-Algorithmus muss eine reine Dreiecksmatrix entstehen, denn andernfalls wäre der Rang von A kleiner als n und A wäre nicht invertierbar. Das bedeutet: Falls im Verlauf des Gauß-Algorithmus

- eine Nullzeile oder Nullspalte auftritt,
- die Notwendigkeit zum Spaltentausch auftritt,

so ist die Matrix nicht invertierbar.

Zur Berechnung der Inversen der $n \times n$-Matrix A bildet man zunächst die erweiterte $n \times 2n$-Matrix $(A \mid E)$ und führt dann den Basis-Algorithmus mit A durch, jedoch mit folgenden Modifikationen:

- Spaltenvertauschung ist nicht erlaubt. Falls im Verlauf des Algorithmus die Notwendigkeit zum Spaltentausch entsteht, so bricht der Algorithmus ab: Die Matrix ist nicht invertierbar.
- Das Gleiche gilt für die Löschung von Nullzeilen und -spalten.
- Alle Zeilenoperationen die mit der linken Hälfte durchgeführt werden, werden genauso mit der rechten Hälfte durchgeführt.

- Ziel der Operationen ist es, im linken Teil die Einheitsmatrix zu erhalten. Dazu werden nicht nur die Elemente unterhalb der Pivot-Position zu null gemacht, sondern auch die oberhalb.

Beispiel 13.2 Berechnung der Inversen einer Matrix

Es soll die Inverse der Matrix

$$A = \begin{pmatrix} 1 & 2 & -3 \\ 0 & -1 & 1 \\ 1 & 0 & 0 \end{pmatrix}$$

berechnet werden. Wir bilden zunächst die erweiterte Matrix $(A\,|\,E)$:

$$(A|E) = \left(\begin{array}{ccc|ccc} 1 & 2 & -3 & 1 & 0 & 0 \\ 0 & -1 & 1 & 0 & 1 & 0 \\ 1 & 0 & 0 & 0 & 0 & 1 \end{array}\right) .$$

und führen nun den Standard-Algorithmus durch, vergessen dabei jedoch nicht, die rechte Seite mitzunehmen und die Elemente oberhalb des Pivot-Elements zu null zu machen:

$$\left(\begin{array}{ccc|ccc} 1 & 2 & -3 & 1 & 0 & 0 \\ 0 & -1 & 1 & 0 & 1 & 0 \\ 1 & 0 & 0 & 0 & 0 & 1 \end{array}\right) \begin{array}{l} \\ \\ -(\mathrm{I}) \end{array} \Rightarrow \left(\begin{array}{ccc|ccc} 1 & 2 & -3 & 1 & 0 & 0 \\ 0 & -1 & 1 & 0 & 1 & 0 \\ 0 & -2 & 3 & -1 & 0 & 1 \end{array}\right) \begin{array}{l} \\ \cdot(-1) \\ \\ \end{array} \Rightarrow$$

$$\left(\begin{array}{ccc|ccc} 1 & 2 & -3 & 1 & 0 & 0 \\ 0 & 1 & -1 & 0 & -1 & 0 \\ 0 & -2 & 3 & -1 & 0 & 1 \end{array}\right) \begin{array}{l} -2(\mathrm{II}) \\ \\ +2(\mathrm{II}) \end{array} \Rightarrow \left(\begin{array}{ccc|ccc} 1 & 0 & -1 & 1 & 2 & 0 \\ 0 & 1 & -1 & 0 & -1 & 0 \\ 0 & 0 & 1 & -1 & -2 & 1 \end{array}\right) \begin{array}{l} +(\mathrm{III}) \\ +(\mathrm{III}) \\ \\ \end{array} \Rightarrow$$

$$\left(\begin{array}{ccc|ccc} 1 & 0 & 0 & 0 & 0 & 1 \\ 0 & 1 & 0 & -1 & -3 & 1 \\ 0 & 0 & 1 & -1 & -2 & 1 \end{array}\right) = (E\,|\,A^{-1}).$$

Der rechte Teil ist die gesuchte Inverse von A. ■

Warum funktioniert dieses Verfahren? Zunächst stellen wir fest, dass sich jede elementare Zeilenumformung durch die Multiplikation mit einer geeigneten Matrix darstellen lässt. Betrachten wir folgendes Beispiel: Die Vertauschung der zweiten mit der dritten Zeile einer 3×3-Matrix kann folgendermaßen dargestellt werden:

$$\begin{pmatrix} 1 & 0 & 0 \\ 0 & 0 & 1 \\ 0 & 1 & 0 \end{pmatrix}\begin{pmatrix} a & b & c \\ d & e & f \\ g & h & i \end{pmatrix} = \begin{pmatrix} a & b & c \\ g & h & i \\ d & e & f \end{pmatrix}.$$

Allgemein kann die Vertauschung der i-ten mit der j-ten Zeile einer (nicht notwendigerweise quadratischen) $m \times n$-Matrix A erreicht werden durch Multiplikation der Matrix (von links!) mit der $m \times n$-Matrix M, die aus der Einheitsmatrix durch Vertauschen der i-ten mit der j-ten Zeile (oder Spalte, das kommt auf dasselbe hinaus) entsteht.

Ahnen Sie, welchen Effekt die Multiplikation mit der Matrix M von rechts, also die Bildung von AM hat? Probieren Sie es aus!

Durch welche Matrizen lassen sich die beiden anderen elementaren Zeilenumformungen darstellen? Das sollen Sie selbst herausfinden (▶ Aufgabe 13.4).

Nehmen wir nun an, wir sind mit $(A|E)$ gestartet und haben durch eine Folge von elementaren Zeilenoperationen $(E|B)$ erhalten. Jede einzelne dieser Operationen entspricht einer quadratischen Matrix. Die gesamte Folge der Operationen entspricht dann dem Produkt aller dieser Matrizen (in der umgekehrten Reihenfolge!). Sei D diese Produktmatrix, die die Gesamtheit aller Operationen beschreibt. Dann gilt:

$$DA = E \text{ und } DE = B\,.$$

Aus der ersten Gleichung folgt $D = A^{-1}$ und aus der zweiten folgt $D = B$. Also ist $B = A^{-1}$.

Aufgaben zu 13.2

13.3 Berechnen Sie die Inversen der folgenden Matrizen, falls möglich.

a) $A = \begin{pmatrix} 1 & 5 & -1 \\ 1 & 4 & -1 \\ 2 & 2 & -1 \end{pmatrix}$ b) $B = \begin{pmatrix} -2 & 4 & 1 \\ 0 & 4 & 2 \\ 1 & -3 & -1 \end{pmatrix}$ c) $C = \begin{pmatrix} 4 & -7 & 1 & 0 \\ 9 & 5 & 2 & 6 \\ 8 & 0 & 3 & 3 \end{pmatrix}$

13.4 Finden Sie heraus, welche Matrix jeweils folgende elementare Zeilenumformung beschreibt:

a) die Multiplikation der i-ten Zeile mit einem Faktor $\lambda \neq 0$,
b) die Addition des λ-Fachen der j-ten Zeile zur i-ten Zeile.

13.5 Finden Sie heraus, welche Matrix jeweils die Umkehrung der in Aufgabe 13.4 genannten elementaren Zeilenumformungen beschreibt.

13.3 Lösen linearer Gleichungssysteme

Ein *lineares Gleichungssystem* ist ein System von Gleichungen der folgenden Form:

$$\begin{aligned} a_{11}x_1 + \ldots + a_{1n}x_n &= b_1 \\ &\ldots \\ a_{m1}x_1 + \ldots + a_{mn}x_n &= b_m \end{aligned}$$

mit m Gleichungen und n Unbekannten $x_1,\ldots,x_n$. Mit den Vereinbarungen

$$A = \begin{pmatrix} a_{11} & \cdots & a_{1n} \\ \vdots & & \vdots \\ a_{m1} & \cdots & a_{mn} \end{pmatrix}, x = \begin{pmatrix} x_1 \\ \vdots \\ x_n \end{pmatrix} \text{ und } b = \begin{pmatrix} b_1 \\ \vdots \\ b_m \end{pmatrix}$$

lässt sich das obige Gleichungssystem in der Form

$$A \cdot x = b$$

schreiben. Ist $b = \mathbf{0}$, so heißt das System $A \cdot x = b$ *homogen*, andernfalls heißt es *inhomogen*. Die Lösungsmenge des Systems $A \cdot x = b$ bezeichnen wir mit $\mathbb{L}(A, b)$. Das System heißt *unlösbar*, wenn seine Lösungsmenge leer ist.

Homogene Gleichungssysteme

Ein System der Form $A \cdot x = \mathbf{0}$ heißt homogen. Die Lösungsmenge $\mathbb{L}(A, \mathbf{0})$ dieses homogenen Systems ist offenbar der Kern der $m \times n$-Matrix A, also ein Unterraum des K^n. Das homogene System hat somit stets mindestens die Lösung $x = \mathbf{0}$, kann jedoch noch weitere haben. Da es sich bei der Lösungsmenge um einen Unterraum des K^n handelt, können wir diese bequem durch eine endliche (und im Allgemeinen sogar kleine) Basis darstellen.

Die Lösungsmenge des homogenen Systems kann wieder mit dem Gauß-Algorithmus berechnet werden. Man bildet zunächst die erweiterte Matrix $(A \mid \mathbf{0})$ und führt dann den Basis-Algorithmus mit dem linken Teil der erweiterten Matrix durch, jedoch mit folgenden Modifikationen:

- Spaltenvertauschung ist erlaubt. Dabei ist jedoch zu beachten, dass jede Spalte der Matrix A einer Variablen entspricht. Man muss also Buch über die Vertauschungen führen, damit man zum Schluss die Variablen wieder korrekt zuordnen kann.
- Nullzeilen werden gelöscht. Nullspalten können im Lauf des Algorithmus gar nicht entstehen. Sind zu Beginn des Algorithmus welche vorhanden, so können sie gelöscht werden.
- Alle Zeilenoperationen, die mit dem linken Teil durchgeführt werden, werden genauso mit dem rechten Teil (Nullspalte) durchgeführt.

- Ziel der Operationen ist es, im linken Teil nach Löschung aller Nullzeilen eine Matrix der Form $(E|B)$ zu erhalten. Dazu werden nicht nur die Elemente unterhalb der Pivot-Position zu null gemacht, sondern auch die oberhalb.

Beispiel 13.3 Gegeben sei das folgende lineare Gleichungssystem:

$$\begin{aligned} x_1 + x_3 &= 0 \\ x_2 + x_3 &= 0 \\ 2x_1 - x_2 + x_3 + x_4 &= 0 \\ x_1 + x_2 + 2x_3 + x_4 &= 0. \end{aligned}$$

Wir bilden zunächst die um die rechte Seite der Gleichung erweiterte Koeffizientenmatrix $(A|\mathbf{0})$:

$$(A|\mathbf{0}) = \begin{array}{c} \begin{matrix} 1 & 2 & 3 & 4 \end{matrix} \\ \left(\begin{array}{cccc|c} 1 & 0 & 1 & 0 & 0 \\ 0 & 1 & 1 & 0 & 0 \\ 2 & -1 & 1 & 1 & 0 \\ 1 & 1 & 2 & 1 & 0 \end{array}\right) \end{array}$$

Die Ziffern in der oberen Reihe dienen zur Kennzeichnung der Variablen-Indizes. Nun werfen wir die Gauß-Maschinerie an:

$$\begin{array}{c} \begin{matrix} 1 & 2 & 3 & 4 \end{matrix} \\ \left(\begin{array}{cccc|c} \boxed{1} & 0 & 1 & 0 & 0 \\ 0 & 1 & 1 & 0 & 0 \\ 2 & -1 & 1 & 1 & 0 \\ 1 & 1 & 2 & 1 & 0 \end{array}\right) \begin{array}{l} \\ \\ -2(\mathrm{I}) \\ -(\mathrm{I}) \end{array} \end{array} \Rightarrow \begin{array}{c} \begin{matrix} 1 & 2 & 3 & 4 \end{matrix} \\ \left(\begin{array}{cccc|c} 1 & 0 & 1 & 0 & 0 \\ 0 & \boxed{1} & 1 & 0 & 0 \\ 0 & -1 & -1 & 1 & 0 \\ 0 & 1 & 1 & 1 & 0 \end{array}\right) \begin{array}{l} \\ \\ +(\mathrm{II}) \\ -(\mathrm{II}) \end{array} \end{array} \Rightarrow$$

$$\begin{array}{c} \begin{matrix} 1 & 2 & 3 \leftrightarrow & 4 \end{matrix} \\ \left(\begin{array}{cccc|c} 1 & 0 & 1 & 0 & 0 \\ 0 & 1 & 1 & 0 & 0 \\ 0 & 0 & \boxed{0} & 1 & 0 \\ 0 & 0 & 0 & 1 & 0 \end{array}\right) \end{array} \Rightarrow \begin{array}{c} \begin{matrix} 1 & 2 & 4 & 3 \end{matrix} \\ \left(\begin{array}{cccc|c} 1 & 0 & 0 & 1 & 0 \\ 0 & 1 & 0 & 1 & 0 \\ 0 & 0 & \boxed{1} & 0 & 0 \\ 0 & 0 & 1 & 0 & 0 \end{array}\right) \begin{array}{l} \\ \\ \\ -(\mathrm{III}) \end{array} \end{array} \Rightarrow$$

$$\begin{array}{c} \begin{matrix} 1 & 2 & 4 & 3 \end{matrix} \\ \left(\begin{array}{cccc|c} 1 & 0 & 0 & 1 & 0 \\ 0 & 1 & 0 & 1 & 0 \\ 0 & 0 & 1 & 0 & 0 \\ 0 & 0 & 0 & 0 & 0 \end{array}\right) \end{array} \Rightarrow \begin{array}{c} \begin{matrix} 1 & 2 & 4 & 3 \end{matrix} \\ \left(\begin{array}{cccc|c} 1 & 0 & 0 & 1 & 0 \\ 0 & 1 & 0 & 1 & 0 \\ 0 & 0 & 1 & 0 & 0 \end{array}\right) \end{array}$$

Der Rang der so entstandenen Matrix ist 3. Nach dem Dimensionssatz (▶ Abschnitt 12.1) hat dann der Kern der Abbildung A die Dimension 1, also hat auch der Lösungsraum $\mathbb{L}(A, \mathbf{0})$ die Dimension 1. Dies äußert sich darin, dass die Variable x_3 in der vierten Spalte der Matrix (gut, dass wir über die Variablen Buch geführt haben!) frei gewählt werden kann. Wir setzen $x_3 = \lambda$, wobei λ alle Werte aus dem zugrunde liegenden Körper K annehmen kann, und schreiben die restlichen Variablen in Abhängigkeit von λ. Dazu übersetzen wir die Matrix wieder zurück in ein Gleichungssystem:

$$\begin{aligned} x_1 + \lambda &= 0 \\ x_2 + \lambda &= 0 \\ x_4 &= 0. \end{aligned}$$

Wir erhalten daraus: $x_1 = -\lambda, x_2 = -\lambda, x_3 = \lambda, x_4 = 0$ bzw. als Vektor:

$$x = \begin{pmatrix} -\lambda \\ -\lambda \\ \lambda \\ 0 \end{pmatrix} = \lambda \begin{pmatrix} -1 \\ -1 \\ 1 \\ 0 \end{pmatrix}.$$

Somit haben wir den Vektor $(-1\ -1\ 1\ 0)^T$ als Basis des eindimensionalen Lösungsraums gefunden. ■

Sie haben das Beispiel sicherlich auch selbst durchgerechnet und sagen nun vielleicht: Die rechte Spalte, die der rechten Seite der Gleichung entspricht, hätte man auch weglassen können, denn sie bleibt immer eine Nullspalte, egal, welche Zeilenoperationen man durchführt. Recht haben Sie! Der Gauß-Algorithmus erfordert sowieso schon eine Menge Schreiberei, deshalb können Sie unbesorgt auf überflüssige Schreibarbeit verzichten. Ich habe die rechte Spalte hauptsächlich aus dem Grund mitgeführt, um mit dem folgenden Abschnitt, wo es um inhomogene Systeme geht, konsistent zu bleiben.

Überlegen Sie bitte, warum man die Operationen des Gauß-Algorithmus „überhaupt durchführen darf“ (▶ Aufgabe 13.6).

Bearbeiten Sie nun bitte folgende Aufgabe, mit deren Hilfe ein allgemeines Rezept zur Lösung homogener Systeme erarbeitet werden soll.

Aufgabe

a) Bestimmen Sie eine Basis des Lösungsraums des Systems $(A|\mathbf{0})$ mit

$$A = \begin{pmatrix} 1 & 0 & 0 & 2 & 0 \\ 0 & 1 & 0 & -1 & 1 \\ 0 & 0 & 1 & 0 & 3 \end{pmatrix}$$

und schreiben Sie die Basisvektoren nebeneinander in eine Matrix.

b) Versuchen Sie, aus Teil a) eine allgemeine Formel für die Basis des Lösungsraums eines Systemes $(E|B|\mathbf{0})$ zu entwickeln.

Lösung

a) Der Lösungsraum hat die Dimension 2. Wir wählen die beiden letzten Spalten als unabhängige Variable: $x_4 = \lambda$, $x_5 = \mu$ und bilden wieder die entsprechenden Gleichungen.

$$\begin{aligned} x_1 + 2\lambda &= 0 & & x_1 = -2\lambda \\ x_2 - \lambda + \mu &= 0 & \Rightarrow\ & x_2 = \lambda - \mu \\ x_3 + 3\mu &= 0 & & x_3 = -3\mu \end{aligned}$$

Zusammen mit $x_4 = \lambda$, $x_5 = \mu$ erhalten wir:

$$x = \begin{pmatrix} -2\lambda \\ \lambda - \mu \\ -3\mu \\ \lambda \\ \mu \end{pmatrix} = \lambda \begin{pmatrix} -2 \\ 1 \\ 0 \\ 1 \\ 0 \end{pmatrix} + \mu \begin{pmatrix} 0 \\ -1 \\ -3 \\ 0 \\ 1 \end{pmatrix}.$$

Die beiden Vektoren $(-2\ 1\ 0\ 1\ 0)^T$ und $(0\ -1\ -3\ 0\ 1)^T$ sind zunächst linear unabhängig, was man an den beiden letzten Komponenten erkennen kann. Da wir bereits wissen, dass der Lösungsraum die Dimension 2 hat, bilden die beiden Vektoren eine Basis des Lösungsraums. Wir schreiben die beiden Basisvektoren spaltenweise in eine Matrix und erhalten:

$$B = \begin{pmatrix} -2 & 0 \\ 1 & -1 \\ 0 & -3 \\ 1 & 0 \\ 0 & 1 \end{pmatrix}.$$

b) Haben Sie entdeckt, dass der obere 3×2-Abschnitt der Matrix B in der Ausgangsmatrix rechts von der Einheitsmatrix vorkommt? Und ist Ihnen klar, warum der untere 2×2-Abschnitt der Matrix B die Einheitsmatrix sein muss?

Dann haben Sie die Basismatrix für den allgemeinen Fall schon gefunden: Der Lösungsraum des homogenen Systems $(E|B)\cdot x = \mathbf{0}$ hat die folgende Basis (als Matrix dargestellt):

$$\mathbb{L}(E|B|\mathbf{0}) = \left(\frac{-B}{E}\right).$$

Die Richtigkeit dieser Lösung kann man prüfen, indem man wie in der Schule „die Probe macht":

	$\begin{pmatrix} -B \\ \hline E \end{pmatrix}$
$(E\|B)$	$-EB+BE$
	$=0$

Darf man denn das so einfach, Matrizen „kästchenweise“ miteinander multiplizieren? Ja, man darf! Rechnen Sie es an einem Beispiel nach! ■

Das Rezept zum Lösen eines homogenen Systems lautet nun:

Gauß-Algorithmus
Lösung eines homogenen Systems

Gauß-Algorithmus zur Lösung eines homogenen Gleichungssystems

- Man bringe das System in die Form $(A|\mathbf{0})$.
- Man wende den Gauß-Algorithmus an und erhält schließlich eine Matrix der Form $(E|B|\mathbf{0})$, wobei B auch ganz wegfallen kann – in diesem Fall hat das System als Lösung nur den Nullraum.
- Fällt B nicht weg, so hat das homogene System $(E|B)\cdot x = \mathbf{0}$ den Lösungsraum:

  $$\mathbb{L}(E|B|\mathbf{0}) = \langle b_1, \ldots, b_k \rangle \,.$$

  Dabei sind die Vektoren $b_1, \ldots, b_k$ die Spaltenvektoren der Matrix $\begin{pmatrix} -B \\ \hline E \end{pmatrix}$.
- Den Lösungsraum des ursprünglichen Systems $(A|\mathbf{0})$ erhält man durch evtl. notwendige Zeilenvertauschungen, um die im Verlauf des Gauß-Algorithmus durchgeführten Spaltenvertauschungen wieder zu neutralisieren.

Inhomogene Systeme

Ein System der Form $A\cdot x = b$ mit $b \neq \mathbf{0}$ heißt *inhomogen*. Die Lösungsmenge $\mathbb{L}(A,b)$ eines inhomogenen Systems ist kein Unterraum des K^n, denn sie enthält nicht den Nullvektor. Im Unterschied zu homogenen Systemen kann bei inhomogenen Systemen die Lösungsmenge auch leer sein, wie an dem „System“ $0 \cdot x = 1$ leicht zu sehen ist.

Der Lösungsalgorithmus verläuft ansonsten genauso wie derjenige für homogene Systeme. Betrachten wir zwei Beispiele:

Beispiel 13.4

a) Gegeben ist das folgende inhomogene System:

$$\begin{aligned} x_1 - x_2 &= 1 \\ -2x_1 + 2x_2 &= 0. \end{aligned}$$

Wir bilden die erweiterte Matrix und starten den Gauß-Algorithmus.

$$(A|b) = \left(\begin{array}{cc|c} 1 & -1 & 1 \\ -2 & 2 & 0 \end{array}\right)_{+2(\mathrm{I})} \Rightarrow \left(\begin{array}{cc|c} 1 & -1 & 1 \\ 0 & 0 & 2 \end{array}\right)_{+2(\mathrm{I})}$$

Die zweite Zeile, rückübersetzt in eine Gleichung, lautet: $0 = 2$. Das System ist daher unlösbar.

b) Gegeben ist das folgende inhomogene System:

$$\begin{aligned} x_1 + x_3 - x_4 &= 2 \\ x_2 + x_3 + x_4 &= -3. \end{aligned}$$

Die erweiterte Matrix

$$(A|b) = \left(\begin{array}{cccc|c} 1 & 0 & 1 & -1 & 2 \\ 0 & 1 & 1 & 1 & -3 \end{array}\right)$$

ist bereits in der Zielform $(E|B|b)$. Genauso wie bei der Lösung homogener Systeme können nun zwei Variablen frei gewählt werden. Wir setzen also $x_3 = \lambda$ und $x_4 = \mu$ und erhalten die Gleichungen:

$$\begin{aligned} x_1 &= 2 - \lambda + \mu \\ x_2 &= -3 - \lambda - \mu \\ x_3 &= \lambda \\ x_4 &= \mu. \end{aligned}$$

Die allgemeine Lösung ist von der Form:

$$x = \begin{pmatrix} 2 \\ -3 \\ 0 \\ 0 \end{pmatrix} + \lambda \begin{pmatrix} -1 \\ -1 \\ 1 \\ 0 \end{pmatrix} + \mu \begin{pmatrix} 1 \\ -1 \\ 0 \\ 1 \end{pmatrix}.$$

Der Lösungsraum ist also eine Ebene im $\mathbb{R}^4$, die nicht durch den Ursprung geht. Er lässt sich darstellen in der Form

$$\mathbb{L}(A,b) = \begin{pmatrix} 2 \\ -3 \\ 0 \\ 0 \end{pmatrix} + \left\langle \begin{pmatrix} -1 \\ -1 \\ 1 \\ 0 \end{pmatrix}, \begin{pmatrix} 1 \\ -1 \\ 0 \\ 1 \end{pmatrix} \right\rangle. \blacksquare$$

Das Rezept zum Lösen eines inhomogenen Systems lautet:

Gauß-Algorithmus Lösung eines inhomogenen Systems

Gauß-Algorithmus zur Lösung eines inhomogenen Gleichungssystems

- Man bringe das System in die Form $(A|b)$.
- Man wende den Gauß-Algorithmus an. Entsteht im Verlauf des Algorithmus eine Zeile der Form $(0 \ldots 0|c)$ mit $c \neq 0$, so ist $\mathbb{L}(A,b) = \emptyset$.
- Andernfalls erhält man schließlich eine Matrix der Form $(E|B|b')$, wobei B auch ganz wegfallen kann – in diesem Fall hat das System als Lösung nur den Vektor b'.
- Fällt B nicht weg, so gilt:

  $$\mathbb{L}(E|B|b') = b' + \langle b_1, \ldots, b_k \rangle$$

  Dabei sind die Vektoren $b_1, \ldots, b_k$ die Spaltenvektoren der Matrix $\binom{-B}{E}$.
- Den Lösungsraum des ursprünglichen Systems $(A|b)$ erhält man durch evtl. notwendige Zeilenvertauschungen, um die im Verlauf des Gauß-Algorithmus durchgeführten Spaltenvertauschungen wieder zu neutralisieren.

Aufgaben zu 13.3

13.6 Begründen Sie, warum man die Grundoperationen des Gauß-Algorithmus durchführen darf, um die Lösungsmenge eines Gleichungssystems zu bestimmen.

13.7 Bestimmen Sie mithilfe des Gauß-Algorithmus jeweils die Lösungsmenge der folgenden Gleichungssysteme.

a) $$\begin{aligned} x+y &= 0 \\ y+z &= 0 \\ x+z &= 0 \end{aligned}$$

b) $$\begin{aligned} x+y &= 0 \\ y+z &= 0 \\ x-z &= 0 \end{aligned}$$

c) $$\begin{aligned} x+z &= 1 \\ x+2y-z &= 1 \\ x+6y-5z &= 4 \end{aligned}$$

d) $$\begin{aligned} x+w &= 3 \\ x+z+3w &= 3 \\ x+2y+z+w &= 5 \end{aligned}$$

e) $$\begin{aligned} x-2y+z &= 0 \\ 2x-4y+z+w &= 0 \\ -x+2y+z+3w &= 0 \\ 3x-6y+4z-w &= 0 \end{aligned}$$

13.8 Welche der folgenden Mengen sind linear unabhängig? Verwenden Sie den Gauß-Algorithmus.

a) $\left\{\begin{pmatrix}1\\0\\1\\1\end{pmatrix}, \begin{pmatrix}0\\1\\1\\1\end{pmatrix}, \begin{pmatrix}1\\1\\1\\0\end{pmatrix}, \begin{pmatrix}1\\1\\0\\1\end{pmatrix}\right\}$ b) $\left\{\begin{pmatrix}2\\1\\2\\0\end{pmatrix}, \begin{pmatrix}0\\2\\3\\-4\end{pmatrix}, \begin{pmatrix}6\\-1\\0\\8\end{pmatrix}\right\}$

13.9 Ist $v \in \mathbb{R}^3$, so sei $v^\perp$ die Menge aller Vektoren des $\mathbb{R}^3$, die orthogonal zu v sind.

a) Zeigen Sie, dass $v^\perp$ ein Unterraum des $\mathbb{R}^3$ ist.

b) Bestimmen Sie die Dimension und eine Basis von $v^\perp$.

13.10 Sei $K^n[x]$ der Vektorraum der Polynome vom Grad höchstens gleich n. Sei ferner Q die Menge aller Polynome $q \in K^n[x]$ mit $q(1) = 0$.

a) Zeigen Sie, dass Q ein Unterraum von $K^n[x]$ ist.

b) Bestimmen Sie die Dimension und eine Basis von Q.

13.11 Gegeben ist die Gerade g und die Ebene E:

$$g: \begin{pmatrix}-2\\7\\1\end{pmatrix} + \left\langle \begin{pmatrix}-1\\2\\0\end{pmatrix} \right\rangle, E: \begin{pmatrix}0\\2\\0\end{pmatrix} + \left\langle \begin{pmatrix}2\\-3\\3\end{pmatrix}, \begin{pmatrix}1\\-1\\1\end{pmatrix} \right\rangle.$$

Bestimmen Sie den Schnittpunkt (Durchstoßpunkt) S von g und E.

13.12 Gegeben sind die beiden Ebenen

$$E_1: \begin{pmatrix}1\\2\\3\end{pmatrix} + \left\langle \begin{pmatrix}2\\-2\\-1\end{pmatrix}, \begin{pmatrix}-4\\1\\-4\end{pmatrix} \right\rangle, E_2: \begin{pmatrix}3\\-2\\-2\end{pmatrix} + \left\langle \begin{pmatrix}2\\1\\3\end{pmatrix}, \begin{pmatrix}1\\-1\\0\end{pmatrix} \right\rangle.$$

Bestimmen Sie die Schnittgerade g von E_1 und E_2. Geben Sie g in Parameterform an. **Hinweis**: Die Rechnung wird einfacher, wenn Sie die Ebenen jeweils in die implizite Gleichungsform transformieren!

14 Fehlerkorrigierende Codes

14.1 Grundbegriffe

Bei der elektronischen Datenübertragung und -speicherung können auf vielfältige Weise Fehler entstehen, etwa durch Rauschen in der Telefonleitung, durch Interferenzen, Kratzer auf der CD usw. Wir haben in Abschnitt 5.3 bereits gesehen, wie man fehlerhafte Daten durch Verwendung von Prüfziffern erkennen kann. In vielen Fällen reicht die bloße Fehlererkennung nicht aus. Wenn Ihr Telefongespräch plötzlich durch ein Rauschen gestört wird, können Sie Ihren Gesprächspartner bitten, den letzten Satz zu wiederholen. Bei einem Kratzer auf der CD oder bei der Übertragung von Satellitenbildern scheidet diese Möglichkeit jedoch aus. Die Codierungstheorie stellt Methoden zur Verfügung, Daten gegen Fehler zu sichern, sodass Fehler nicht nur erkannt, sondern auch korrigiert werden können.

Wenn Sie sich zum ersten Mal auf einer Webseite anmelden, um einen persönlichen Bereich einzurichten, werden Sie zur Eingabe eines Passwortes aufgefordert. Dabei müssen Sie Ihr Passwort zweimal eintippen. Wenn sich die beiden Passwörter unterscheiden, ist klar, dass Sie sich vertippt haben, und Sie werden zur erneuten Eingabe aufgefordert. Würde man das dreimalige Eintippen des Passwortes verlangen, dann könnte man im Fehlerfall sogar auf ein nochmaliges Eintippen verzichten – vorausgesetzt, Sie haben sich nur in einem der drei Passwörter vertippt. Ein solches Verfahren zur Fehlerkorrektur nennt man *Wiederholungscode*.

Aufgabe

a) Nehmen wir an, Sie haben sich bei der Passworteingabe zweimal nacheinander auf die gleiche Weise vertippt (beispielsweise der typische „Buchstabendreher“). Wie oft muss die Eingabe wiederholt werden, um auch diesen Fehlertyp automatisch korrigieren zu können?
b) Wie oft muss die Eingabe wiederholt werden, um e ($e \in \mathbb{N}$) gleichartige Fehler automatisch korrigieren zu können?

Lösung

a) Die Eingabe muss fünfmal wiederholt werden.
b) Die Eingabe muss $(2e+1)$-mal wiederholt werden. ■

Wir betrachten nun ein einfaches Szenario der Fehlerkorrektur. Die Nachricht besteht aus der Angabe einer Richtung (N, S, O, W). Zur binären Darstellung der Nachricht reichen zunächst zwei Bit aus: N = 00, S = 01, O = 10, W = 11. Werden diese jedoch „uncodiert“ übertragen, so können Übertragungsfehler nicht erkannt werden, denn jedes Umkippen eines Bits erzeugt wieder eine sinnvolle Nachricht. Wir betrachten nun vier verschiedene Codierungen:

Tabelle 14-1
Vier Codes mit verschiedenen Möglichkeiten der Fehlerkorrektur

Klartext	C_0	C_1	C_2	C_3
N	00	000	000000	00000
S	01	011	010101	01101
O	10	101	101010	10110
W	11	110	111111	11011

- C_0 ist die reine Binärcodierung ohne die Möglichkeit der Fehlererkennung und erst recht der Fehlerkorrektur.
- Bei C_1 handelt es sich um einen speziellen Paritätsprüfcode (▶ Abschnitt 5.3). Wird bei der Übertragung von S, codiert als 011, das letzte Bit gestört, so wird die Nachricht 010 empfangen. Der Fehler wird anhand der falschen Prüfsumme erkannt, kann jedoch nicht korrigiert werden. Werden gleichzeitig zwei Bit gestört, so kann der Fehler nicht erkannt werden.
- Bei C_2 handelt es sich um den dreimaligen Wiederholungscode. Nehmen wir an, S wird zu 010101 codiert und übertragen. Dabei wird das zweite Bit gestört, es wird die Nachricht 000101 empfangen. Der Fehler wird erkannt und korrigiert. Werden gleichzeitig zwei Bit gestört, so kann der Fehler zwar erkannt, jedoch nicht mehr korrigiert werden.
- Auch C_3 bietet die Möglichkeit, einen Bitfehler zu erkennen und zu korrigieren. Im Unterschied zu C_2 ist C_3 jedoch sparsamer, denn er benötigt nur 5 statt 6 Bit. Wie können Fehler in C_3 erkannt und korrigiert werden? Nehmen wir an, S wird codiert als 01101. Bei der Übertragung wird das zweite Bit gestört, das heißt, der Empfänger liest 00101. Der Fehler wird erkannt, denn das empfangene Wort ist kein gültiges Wort des Codes C_3. Er lässt sich folgendermaßen korrigieren: Der Empfänger sucht dasjenige Codewort, das sich in der geringsten Anzahl Bits vom fehlerhaften Wort unterscheidet. Man nennt dieses Decodierungsverfahren auch das *Prinzip des nächsten Nachbarn*. In unserem Beispiel kann man leicht prüfen, dass das Codewort 01101 mit einem Abstand von 1 dem empfangenen Wort am nächsten kommt.

Der Code selbst ist einfach die Menge aller seiner Codewörter. Es ist nicht unbedingt erforderlich, dass alle Codewörter gleich lang sind. Beim *Huffman-Code* beispielsweise sind sie nicht gleich lang, um die unterschiedlichen Buchstabenhäufigkeiten auszunutzen. Das Ziel dieses Codes ist jedoch eine möglichst starke Kompression der Daten. Wie Sie an den Beispielen sicherlich erkannt haben, sind Kompression und Fehlertoleranz Ziele, die sich gegenseitig ausschließen.

Einen Code, dessen Codewörter alle dieselbe Länge haben, nennt man auch *Blockcode*. Wir gehen im Folgenden von binären Blockcodes, also Codes über dem Alphabet {0, 1} aus. Man kann die ganze Theorie problemlos auf beliebige endliche Alphabete ausdehnen. Da wir die Ergebnisse der linearen Algebra nutzen wollen, identifizieren wir ein Binärwort $a_1 \dots a_n$ mit $a_i \in \{0, 1\}$ mit dem Vektor $(a_1 \dots a_n)^T \in \mathbb{Z}_2^n$. Wir sprechen jedoch dennoch weiter von *Wörtern* anstatt *Vektoren* und benutzen die bequemere Schreibweise 01001 anstatt $(0\ 1\ 0\ 0\ 1)^T$.

Definition
Blockcode, Abstand, Minimalabstand

a) Ein (binärer) *Blockcode* (im Folgenden kurz *Code* genannt) der Länge n ist eine Teilmenge $C \neq \emptyset$ von $\mathbb{Z}_2^n$.
b) Der *Hamming-Abstand* zweier Wörter v und w aus $\mathbb{Z}_2^n$ ist die Anzahl der Positionen, an denen sich v und w unterscheiden.
c) Ist C ein Code mit $|C| > 1$, so nennen wir

$$d(C) = \min\{\delta(c, c') | c, c' \in C, c \neq c'\}$$

den *Minimalabstand* von C.

Wir schreiben kurz d statt $d(C)$, falls keine Verwechslungsgefahr besteht. Der Hamming[1]-Abstand zwischen zwei Wörtern v und w ist offenbar die Anzahl der einzelnen Bitfehler, die man machen muss, um v in w zu überführen.

Das Prinzip der Fehlererkennung und Fehlerkorrektur mit einem Code C lautet:

- Fehlererkennung: Ein empfangenes Wort w ist gestört, wenn $w \notin C$.
- Fehlerkorrektur nach dem Prinzip des nächsten Nachbarn: Ist das empfangene Wort w gestört, so wähle dasjenige Wort $c \in C$, für das $\delta(w, c)$ minimal ist.

Der Hamming-Abstand hat genau wie der euklidische Abstand zwischen zwei Punkten des $\mathbb{R}^n$ folgende Eigenschaften:

Satz
Eigenschaften des Hamming-Abstands

Für alle $u, v, w \in \mathbb{Z}_2^n$ gilt:
a) $\delta(u, v) \geq 0$ und $\delta(u, v) = 0$ genau dann, wenn $u = v$ ist.
b) $\delta(u, v) = \delta(v, u)$
c) $\delta(u, v) \leq \delta(u, w) + \delta(w, v)$
d) $\delta(u, v) = \delta(u + w, v + w)$

Beweis: a) und b) sind offensichtlich.

Aussage c) ist die sogenannte *Dreiecksungleichung*. Die kleinste Anzahl an Bitänderungen, die man vornehmen muss, um u in v zu überführen ist sicherlich nicht größer als die jeweils kleinste Anzahl der Bitänderungen, die erst u in w und anschließend w in v überführt.

d) Wir betrachten eine einzelne Position $i \in \{1,\ldots, n\}$. Offenbar ist $u_i = v_i$ genau dann, wenn $u_i + w_i = v_i + w_i$. Daraus folgt sofort die Behauptung. ■

Beispiel 14.1 Als Beispiel betrachten wir $\mathbb{Z}_2^3$. In Abbildung 14-1 sind die Elemente des Raums $\mathbb{Z}_2^3$ würfelförmig angeordnet. Jeweils zwei Wörter in direkter Nachbarschaft ($\delta = 1$) sind durch eine Linie verbunden.

a) Im linken Teil der Abbildung sind die Wörter des Prüfbitcodes C_1 als dunkel gefärbte Kreise eingetragen. Es ist zu sehen, dass keine zwei schwarzen

1. Richard W. Hamming (1915–1998), US-amerikanischer Mathematiker

Punkte in direkter Nachbarschaft liegen, das heißt, der minimale Abstand zwischen zwei Codewörtern ist 2. Das hat zur Folge, dass ein einzelner Bitfehler von einem schwarzen (Codewort) stets zu einem grauen Punkt (kein Codewort) führt. Ein einzelner Bitfehler ist daher stets erkennbar. Jeder graue Punkt hat jedoch drei schwarze Punkte als direkte Nachbarn. Das bedeutet, dass man bei einem fehlerhaft empfangenen Wort keinen eindeutigen nächsten Nachbarn ermitteln kann, und somit keine Fehlerkorrektur möglich ist.

b) Im rechten Teil der Abbildung ist der 3-fache Wiederholungscode {000, 111} eingetragen. Die beiden Codewörter haben den Abstand 3. Jeder graue Punkt hat genau einen schwarzen Punkt als nächsten Nachbarn in Distanz 1: Die Wörter 100, 010 und 001 haben den eindeutigen nächsten Nachbarn 000, die Wörter 011, 101 und 110 haben das Codewort 111 als nächsten Nachbarn. Somit ist die Fehlerkorrektur für einen Bitfehler möglich.

Aufgabe Um einen Bitfehler sicher korrigieren zu können, braucht der Code einen Minimalabstand von 3.

a) Welchen Minimalabstand d muss der Code haben, um 2 Bitfehler korrigieren zu können?

b) Sei $e \in \mathbb{N}$ beliebig. Welchen Minimalabstand d muss der Code haben, um allgemein e Bitfehler korrigieren zu können?

Lösung

a) Zur Korrektur von 2 Bitfehlern benötigt der Code einen Minimalabstand von 5.

b) Siehe folgenden Satz!

Satz

Sei C ein Code und $e \in \mathbb{N}$. Der Code C kann e Bitfehler korrigieren, wenn der Minimalabstand d folgende Ungleichung erfüllt:

$$d \geq 2e + 1 .$$

Beweis: Sei C ein Code mit Minimalabstand $d \geq 2e + 1$, und sei c ein beliebiges Codewort. Sei ferner w ein fehlerhaftes Wort, das aus c durch e Bitfehler entstanden ist. Dann ist $\delta(c, w) = e$. Wir zeigen, dass c der eindeutige nächste Nachbar von

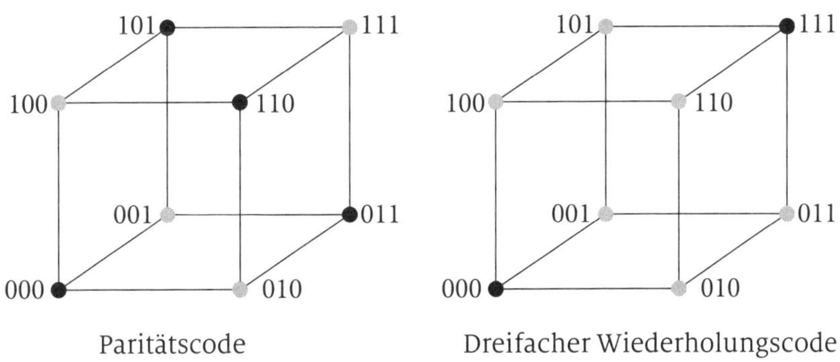

Abb. 14-1
Die Elemente von $\mathbb{Z}_2^{\,3}$

w ist: Gäbe es ein Codewort $c' \neq c$ mit $\delta(w, c') \leq e$, so wäre aufgrund der Dreiecksungleichung

$$\delta(c, c') \leq \delta(c, w) + \delta(w, c') \leq e + e = 2e$$

im Widerspruch zur Annahme, dass der Abstand zweier unterschiedlicher Codewörter mindestens $2e+1$ beträgt. ■

Der Minimalabstand d ist daher ein wichtiger Parameter des Codes C, denn er bestimmt, wie viele Bitfehler korrigiert werden können. Je größer die gewünschte Fehlerkorrekturzahl e, desto größer muss der Minimalabstand d sein. Damit vergrößert sich jedoch auch die Anzahl der redundanten Bits in einem Codewort. Natürlich möchte man bei vorgegebenem Mindestabstand noch eine möglichst gute Relation von Informationsbits und „Fehlerkorrekturbits" wahren.

Sie können sich die Struktur eines fehlerkorrigierenden Codes vorstellen wie in Abbildung 14-2: Um jedes Codewort c gibt es eine Kugel mit dem Radius e. Innerhalb dieser Kugel befinden sich alle Wörter, die von c aus in e Fehlerschritten erreichbar sind. Geht man davon aus, dass bei der Übertragung höchstens e Fehler passieren, dann befindet sich jedes empfangene Wort w, ob fehlerhaft oder fehlerfrei, in einer dieser Kugeln. Damit die zugehörige Kugel (und damit das Codewort im Mittelpunkt der Kugel) eindeutig bestimmt werden kann, dürfen sich verschiedene Kugeln nicht berühren (und erst recht nicht überschneiden). Optimal wäre es, wenn sich außerhalb der Kugeln nichts mehr befindet, das heißt, wenn die Kugeln den gesamten Raum vollständig und lückenlos überdecken, denn alle Wörter, die außerhalb der Kugeln sind, tragen nichts zur Fehlerkorrektur bei. Ein solcher Code heißt *perfekt* (natürlich stets in Bezug auf ein bestimmtes e).

Definition
Perfekter Code

Sei $e \geq 1$. Ein Code C heißt *perfekt* für e, falls es zu jedem $w \in \mathbb{Z}_2^n$ genau ein Codewort c gibt mit $\delta(c, w) \leq e$.

Aufgaben zu 14.1

14.1 Finden Sie für die folgenden Codes jeweils den Minimalabstand und berechnen Sie, wieviele Fehler erkannt bzw. korrigiert werden können.

a) {0000, 0111, 1011, 1101, 1110}

b) {00000, 11100, 11011, 001111}

14.2 Rechnen Sie nach, dass der Code {000, 111} perfekt für $e = 1$ ist.

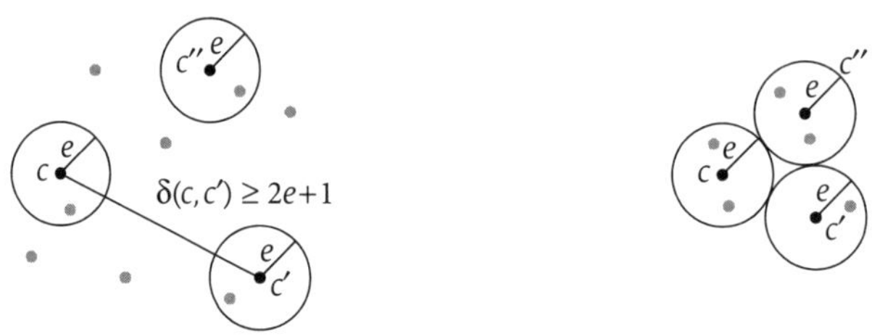

Abb. 14-2
Darstellung von Codes
rechts ein
perfekter Code

14.2 Lineare Codes

Definition
Linearer Code

Ein *linearer Code* der Länge n ist ein Unterraum des Vektorraums $\mathbb{Z}_2^n$. Ist $k = \dim C$ die Dimension von C und ist $d = \mathrm{d}(C)$ die Minimaldistanz von C, so heißt C ein $[n, k, d]$-Code. Ein Code der Dimension k hat 2^k Codewörter.

Ein wesentlicher Vorteil linearer Codes besteht darin, dass man bei einem Code der Dimension k nicht alle 2^k Codewörter zu speichern braucht, sondern nur eine Basis aus k Elementen. Weitere Vorteile werden wir im Verlauf dieses Abschnitts kennenlernen.

Ein typischer Anwendungsfall sieht so aus: Sie wollen Botschaften mit einer bestimmten Ausfallsicherheit verschicken und suchen einen geeigneten linearen Code. Nehmen wir beispielsweise an, Sie wollen die 26 Zeichen des kleinen lateinischen Alphabets codieren. Dazu muss C mindestens 26 Codewörter enthalten, also muss die Dimension k mindestens 5 sein. Weiterhin benötigen Sie eine Sicherheit von 2 Bitfehlern, das heißt, 2 Bitfehler sollen korrigiert werden können. Dafür muss die Minimaldistanz d mindestens gleich $2 \cdot 2 + 1 = 5$ sein. Die Codierungstheorie sollte nun in der Lage sein, Ihnen zu sagen, welche Blocklänge Sie dafür benötigen und welcher Code Ihre Wünsche erfüllt.

Ein Code C ist genau dann linear, wenn er folgende Eigenschaften erfüllt:

- C enthält das Wort $0\ldots0$.
- Die Summe zweier Codewörter ist wieder ein Codewort.

Beispiel 14.2

a) Sei $C_3 = \{00000, 01101, 10110, 11011\}$ der Code aus Abschnitt 14.1. Dieser Code ist linear, denn er enthält das Nullwort, und die Summe zweier Codewörter ist ebenfalls wieder ein Codewort, wie man leicht nachrechnet – man braucht dazu nur eine einzige Summe zu berechnen (warum?). Wegen $|C| = 4 = 2^k$ ist die Dimension $k = 2$. Die Minimaldistanz $d = 3$ ist etwas mühsam zu berechnen, denn man muss 6 Distanzen berechnen. Wir werden in diesem Abschnitt einen einfacheren Weg finden, um die Minimaldistanz eines linearen Codes zu berechnen. Es handelt sich also um einen $[5, 2, 3]$-Code.

b) Sei C der Paritätsprüfcode der Länge n. C besteht aus allen Codewörtern, die eine gerade Anzahl von Einsen enthalten, das heißt

$$C = \{c_1 \ldots c_n \mid c_1 + \ldots + c_n = 0\}.$$

C ist offenbar der Kern der $(1 \times n)$-Matrix $(1\ 1\ \ldots\ 1)$, also ein Unterraum des Vektorraums $\mathbb{Z}_2^n$ und damit ein linearer Code. Nach dem Dimensionssatz hat C die Dimension $n-1$. C enthält die beiden Wörter $0\ldots0$ und $110\ldots0$, die den Abstand 2 voneinander haben, jedoch offensichtlich kein Wortpaar mit dem Abstand 1. Daher ist $\mathrm{d}(C) = 2$. Der Paritätsprüfcode ist also ein $[n, n-1, 2]$-Code. ■

Definition
Gewicht,
Minimalgewicht

a) Das *Gewicht* $\gamma(w)$ eines Wortes $w \in \mathbb{Z}_2^n$ ist definiert als die Anzahl der Einsen in w.

b) Ist C ein Code mit $|C| > 1$, so nennen wir

$$g(C) = \min\{\gamma(c) | c \in C, c \neq \mathbf{0}\}$$

das *Minimalgewicht* von C.

Die Gewichts- und die Distanzfunktion hängen folgendermaßen miteinander zusammen:

$$\gamma(w) = \delta(w, \mathbf{0})$$

und

$$\delta(v, w) = \delta(v - w, w - w) = \delta(v - w, \mathbf{0}) = \gamma(v - w).$$

Beachten Sie dabei, dass wegen $\mathbb{Z}_2$ $v - w = v + w$ ist.

Satz
Minimalgewicht =
Minimaldistanz

Sei C ein linearer Code. Dann gilt:

$$g(C) = d(C).$$

Beweis: Wegen $\gamma(w) = \delta(w, \mathbf{0})$ kann kein Einzelgewicht $\gamma(w)$ kleiner als $d(C)$ sein, also kann auch $g(C)$ nicht kleiner als $d(C)$ sein.

Wegen $\delta(v, w) = \gamma(v - w)$ kann kein Einzelabstand $\delta(v, w)$ kleiner als $g(C)$ sein, also kann auch $d(C)$ nicht kleiner als $g(C)$ sein. ■

Dieser Satz macht die Berechnung des Parameters d viel einfacher – genauer gesagt, er reduziert den quadratischen Aufwand zu einem linearem Aufwand.

Wir wollen für den speziellen Fall $e = 1$ untersuchen, unter welchen Bedingungen ein linearer $[n, k, d]$-Code perfekt ist, insbesondere, welche Beziehung zwischen den Parameter n (Blocklänge) und k (Dimension) eines perfekten Codes bestehen muss. Für $e = 1$ besteht die Kugel um das Codewort c genau aus den Wörtern von $\mathbb{Z}_2^n$, die sich um ein Bit von c unterscheiden. Da es n Bitpositionen in c gibt, besteht die gesamte Kugel inklusive c selbst aus $n+1$ Wörtern. Insgesamt gibt es 2^k Codewörter, also auch 2^k Kugeln. Die Kugeln überdecken genau dann den gesamten Raum lückenlos (und überlappungsfrei), wenn folgende Gleichung gilt:

$$2^k \cdot (n + 1) = 2^n$$

bzw.

$$n + 1 = 2^{n-k}.$$

> Ein linearer $[n, k, d]$-Code C ist genau dann perfekt für $e = 1$, falls $n + 1 = 2^{n-k}$ gilt.

Satz
Perfekter Code

Aufgaben zu 14.2

14.3 An welcher Stelle im Beweis des Satzes „Minimalgewicht = Minimaldistanz" haben wir davon Gebrauch gemacht, dass C ein linearer Code ist? Finden Sie ein Beispiel für einen nicht-linearen Code, für den die Gleichung „Minimalgewicht = Minimaldistanz" nicht gilt.

14.4 Rechnen Sie nach, dass es keinen linearen $[4, 2, 3]$-Code gibt.

14.5 Finden Sie einen linearen $[5, 2, 3]$-Code, der nicht gleich dem Code aus Beispiel 14.2 ist.

14.6 Sie wollen die vier Richtungsbefehle (N, S, O, W) mit einer Fehlerkorrekturmöglichkeit von 2 Bitfehlern mit einem linearen Code codieren. Wie groß muss die Blocklänge mindestens sein? Finden Sie einen solchen linearen Code.

14.3 Konstruktion linearer Codes

Versuchen Sie mal, einen linearen Code per Hand zu konstruieren. Sie werden sehen, dass dies gar nicht so einfach ist. Es gibt jedoch eine sehr einfache Möglichkeit dafür, welche die Ergebnisse aus Kapitel 14 benutzt: Ist H eine $m \times n$-Matrix mit Koeffizienten in $\mathbb{Z}_2$, so ist $C = \text{Kern } H$ ein Unterraum von $\mathbb{Z}_2^n$, also ein linearer Code der Blocklänge n. Die Matrix H wird *Prüfmatrix* für den Code C genannt. Ein Wort w ist genau dann ein Codewort, wenn $Hw = \mathbf{0}$ ist. Dies liefert eine sehr effiziente Möglichkeit der Korrektheitsprüfung.

Selbstverständlich hat es wenig Sinn, für H eine Matrix vom Rang n zu nehmen, denn dann wäre $\text{Kern } H = \{\mathbf{0}\}$ und das würde als Code wenig nutzen.

Beispiel 14.3

Gegeben sei die folgende Prüfmatrix H:

$$H = \begin{pmatrix} 1 & 0 & 1 & 0 \\ 0 & 1 & 1 & 1 \end{pmatrix}.$$

Der Kern von H ist die Lösungsmenge des dazugehörigen homogenen Systems $H \cdot x = \mathbf{0}$. Die Matrix H liegt bereits in der Form $(E|B)$ vor – das können wir immer machen, denn wir geben ja H vor und berechnen daraus den Code C. Daraus können wir ablesen: $\dim \text{Kern } H = 2$. Nach den Ergebnissen aus Abschnitt 13.3 bilden die Spaltenvektoren der Matrix $G = \binom{-B}{E}$ eine Basis des Lösungsraums (denken Sie daran, dass wir in $\mathbb{Z}_2$ rechnen: $-1 = 1$):

$$G = \begin{pmatrix} 1 & 0 \\ 1 & 1 \\ 1 & 0 \\ 0 & 1 \end{pmatrix}.$$

Die Matrix G heißt *Generatormatrix* des Codes C. Es gilt:

$$C = \{0000, 1110, 0101, 1011\}.$$

C ist ein $[4,2,2]$-Code. ■

Aufgabe Sei $H = (E|B)$ eine $m \times n$-Matrix. Welche Parameter n und k hat der Code C, dessen Prüfmatrix H ist?

Lösung Die Anzahl n der Spalten der Prüfmatrix ist gleich der Blocklänge des Codes. Die Dimension k von C ist gleich der Dimension des Kerns von H, also gleich der Anzahl der Spalten der Teilmatrix B. Daraus folgt $k = m - n$. ■

Die Generatormatrix G dient zur einfachen Codierung der Ausgangswörter. Zunächst werden die Klartextzeichen (beispielsweise N, S, O, W) redundanzfrei binär codiert, etwa N $\rightarrow$ 00, S $\rightarrow$ 01, O $\rightarrow$ 10, W $\rightarrow$ 11. Anschließend werden diese Binärwörter jeweils mithilfe der Generatormatrix auf die Codewörter abgebildet:

$$G \cdot \begin{pmatrix} 0 \\ 0 \end{pmatrix} = \begin{pmatrix} 0 \\ 0 \\ 0 \\ 0 \end{pmatrix}, G \cdot \begin{pmatrix} 0 \\ 1 \end{pmatrix} = \begin{pmatrix} 0 \\ 1 \\ 0 \\ 1 \end{pmatrix}, G \cdot \begin{pmatrix} 1 \\ 0 \end{pmatrix} = \begin{pmatrix} 1 \\ 1 \\ 1 \\ 0 \end{pmatrix}, G \cdot \begin{pmatrix} 1 \\ 1 \end{pmatrix} = \begin{pmatrix} 1 \\ 0 \\ 1 \\ 1 \end{pmatrix}.$$

Wegen $d = 2$ kann der in diesem Beispiel konstruierte Code keinen Fehler korrigieren. Dazu braucht der Code mindestens das Minimalgewicht $d = 3$.

Versetzen Sie sich noch einmal in die folgende Situation: Sie wollen einen Code C mit vorgegebener Anzahl $|C|$ von Codewörtern und vorgegebener Fehlerkorrekturzahl e konstruieren. Die Anzahl der Codewörter bestimmt die Dimension k und die Anzahl der möglichen Fehlerkorrekturen bestimmt die Minimaldistanz d bzw. das Minimalgewicht g. Beachten Sie, dass es dabei nur um eine untere Schranke für die Minimaldistanz d geht. Wenn Sie ein bestimmtes e erreichen möchten, muss die Minimaldistanz mindestens $2e + 1$ sein. Sie darf jedoch durchaus auch größer sein.

Wie kann man bei der Konstruktion der Prüfmatrix H eine bestimmte untere Schranke für den Wert von d garantieren? Gehen wir systematisch vor und beginnen bei 1. Jeder Code, der außer dem Nullwort mindestens ein weiteres Wort enthält, erfüllt $d \geq 1$.

Die Bedingung $d \geq 2$ ist dagegen schon interessanter.

Aufgabe Welche Bedingung muss die Prüfmatrix H erfüllen, damit das Minimalgewicht des Codes C größer als 1 ist? Überlegen Sie, wie die Prüfmatrix aussehen müsste, damit der Code ein Wort vom Gewicht 1 enthält!

Lösung Klar ist, dass C kein Wort w vom Gewicht $\gamma(w) = 1$ enthalten darf. Ein solches Wort ist von der Form 0…010…0, wobei die 1 an i-ter Position steht – in der Sprache der Vektoren ist dies der i-te kanonische Einheitsvektor e_i. Nun ist

$$H \cdot e_i = s_i(H),$$

der i-te Spaltenvektor von H. Es gilt:

$$C \text{ enthält } e_i \Leftrightarrow H \cdot e_i = \mathbf{0} \Leftrightarrow s_i(H) = \mathbf{0}.$$

C hat also genau dann ein Minimalgewicht größer als 1, wenn die Prüfmatrix H keine Nullspalte enthält.

Aufgabe Welche Bedingung muss die Prüfmatrix H zusätzlich erfüllen, damit das Minimalgewicht des Codes C größer als 2 ist?

Lösung Zunächst darf die Prüfmatrix H keine Nullspalte haben. Darüber hinaus darf C kein Wort w vom Gewicht $\gamma(w) = 2$ enthalten. Ein solches Wort w ist von der Form 0…010…010…0, wobei die beiden Einsen an i-ter und an j-ter Position stehen. Es gilt also:

$$w = e_i + e_j.$$

Nun ist

$$H \cdot w = H \cdot (e_i + e_j) = He_i + He_j = s_i(H) + s_j(H),$$

der i-te Spaltenvektor von H. Es gilt:

$$C \text{ enthält } w \Leftrightarrow H \cdot w = O \Leftrightarrow s_i(H) + s_j(H) = O \Leftrightarrow s_i(H) = s_j(H).$$

Die letzte Gleichung gilt, weil wir in $\mathbb{Z}_2$ rechnen! C hat also genau dann ein Minimalgewicht größer als 2, wenn folgende Bedingungen erfüllt sind:

- Die Prüfmatrix H enthält keine Nullspalte.
- Die Prüfmatrix H enthält keine zwei identischen Spalten.

Allgemein gilt folgende Beziehung zwischen der Minimaldistanz eines Codes und der Struktur seiner Prüfmatrix:

Satz
Prüfmatrix und Minimaldistanz

Sei C ein linearer Code und H eine Prüfmatrix für C. Sei ferner d eine natürliche Zahl. Dann gilt $d(C) \geq d$ genau dann, wenn jede Menge von d Spaltenvektoren von H linear unabhängig ist.

Aufgabe

a) Konstruieren Sie eine Matrix $H = (E|B)$ mit 3 Zeilen und einer maximalen Anzahl an Spalten, sodass das Minimalgewicht des dazugehörigen Codes C mindestens 3 ist. Welche Parameter hat der Code C?

b) Sei $H = (E|B)$ eine Matrix mit m Zeilen. Wie viele Spalten kann H maximal haben, sodass das Minimalgewicht des dazugehörige n Codes C mindestens 3 ist. Welche Parameter hat der Code C?

Lösung

a) $$H = \begin{pmatrix} 1 & 0 & 0 & 1 & 1 & 0 & 1 \\ 0 & 1 & 0 & 1 & 0 & 1 & 1 \\ 0 & 0 & 1 & 0 & 1 & 1 & 1 \end{pmatrix}$$

Der Code C ist ein $[7,4,3]$-Code.

b) H darf keine Nullspalte und keine zwei identischen Spalten haben. Es gibt insgesamt 2^m verschiedene Spaltenvektoren der Länge m. Einer davon, der Nullvektor fällt aus. Es bleiben also $2^m - 1$ Spalten für H. Der Code C hat die Parameter $[2^m - 1, 2^m - m - 1, 3]$. ■

Der in Teil b) der Aufgabe konstruierte Code heißt *Hamming-Code.*

Definition
Hamming-Code

Eine $(m \times (2^m - 1))$-Matrix $(E|B)$ ohne Nullspalte und mit lauter unterschiedlichen Spalten heißt *Hamming-Matrix*. Ein Code, dessen Prüfmatrix eine Hamming-Matrix ist, heißt *Hamming-Code.*

Das Besondere an den Hamming-Codes ist, dass sie zu den wenigen perfekten Codes gehören. Dies lässt sich einfach nachrechnen: Ein Hamming-Code hat die Parameter $n = 2^m - 1$ und $k = 2^m - m - 1$. Daraus folgt:

$$2^{n-k} = 2^m = n + 1 .$$

Fehlerkorrektur mit linearen Codes

Für einen linearen Code mit der Prüfmatrix H reduziert sich die Fehlererkennung auf die Prüfung, ob für das empfangene Wort w die Gleichung $Hw = \mathbf{0}$ gilt, also im Wesentlichen auf eine Matrixmultiplikation. Wird w als fehlerhaft erkannt, so müsste man entsprechend dem Prinzip des nächsten Nachbarn w doch wieder mit allen 2^k Codewörtern vergleichen, um den minimalen Abstand von w zu einem Codewort zu bestimmen. Doch im Falle eines linearen Codes lässt sich auch die Fehlerkorrektur effizienter durchführen.

Wir wollen das vereinfachte Verfahren zur Fehlerkorrektur am Fall $e = 1$ erläutern. Wir gehen also davon aus, dass höchstens ein Bit im übertragenen Wort gestört ist. Sei C ein Code mit Mindestabstand 3 und der Prüfmatrix H. Wir wissen, dass dann H weder eine Nullspalte noch zwei identische Spalten hat. Ist $c \in C$, so ist $Hc = \mathbf{0}$.

Wird das Wort c bei der Übertragung in einem Bit i gestört, so gilt für das gestörte Wort w:

$$w = c + e_i .$$

Daraus folgt:

$$Hw = H(c + e_i) = Hc + He_i = \mathbf{0} + s_i(H) = s_i(H) .$$

Da H keine zwei identischen Spalten hat, lässt sich die Position i eindeutig identifizieren.

Das Verfahren zur Fehlerbestimmung und -korrektur von 1-Bit-Fehlern mit einer Prüfmatrix H lautet dann:

- Ist w das empfangene Wort, so berechne $u = Hw$.
- Ist $u = \mathbf{0}$, so ist w fehlerfrei.
- Ist $u \neq \mathbf{0}$, so finde die Spalte $s_i(H)$, sodass $u = s_i(H)$ gilt. Ändere das i-te Bit in w.

Aufgaben zu 14.3

14.7 Gegeben ist die folgende Prüfmatrix

$$H = \begin{pmatrix} 1 & 0 & 0 & 0 & 1 & 0 \\ 0 & 1 & 0 & 0 & 1 & 0 \\ 0 & 0 & 1 & 0 & 0 & 1 \\ 0 & 0 & 0 & 1 & 0 & 1 \end{pmatrix} .$$

Bestimmen Sie die dazugehörige Generatormatrix sowie die Parameter n, k, d des Codes. Geben Sie alle Codewörter an.

14.8 Geben Sie die Prüfmatrix und die Generatormatrix des Hamming-Codes für $m = 4$ an.

14.9 Gegeben sei die Prüfmatrix aus Aufgabe 14.7. Das Wort 110110 wird empfangen. Es ist mit einem Bitfehler behaftet. Wie lautet das korrekte Wort?

Zum Weiterlesen

Mathematik für Informatiker

MANFRED BRILL: *Mathematik für Informatiker*. München: Hanser 2005, 2. Aufl.

WILLIBALD DÖRFLER, WERNER PESCHEK: *Einführung in die Mathematik für Informatiker*. München: Hanser 1998

MATTHIAS SCHUBERT: *Mathematik für Informatiker*. Wiesbaden: Vieweg + Teubner 2009

GERALD und SUSANNE TESCHL: *Mathematik für Informatiker, Band 1*. Berlin: Springer 2008, 3. Aufl.

Diskrete Mathematik

MARTIN AIGNER: *Diskrete Mathematik*. Wiesbaden: Vieweg 2006, 6. Aufl.

ALBRECHT BEUTELSPACHER, MARC-ALEXANDER ZSCHIEGNER: *Diskrete Mathematik für Einsteiger*. Wiesbaden: Vieweg 2007, 3. Aufl.

NORMAN L. BIGGS: *Discrete Mathematics*. Oxford: Oxford University Press 2002, 2. Aufl.

THOMAS IHRINGER: *Diskrete Mathematik*. Lemgo: Heldermann 2002

Lineare Algebra

ALBRECHT BEUTELSPACHER: *Lineare Algebra*. Wiesbaden: Vieweg + Teubner 2010, 7. Aufl.

BERTRAM HUPPERT, WOLFGANG WILLEMS: *Lineare Algebra*. Wiesbaden: Vieweg + Teubner 2010, 2. Aufl.

KLAUS JÄNICH: *Lineare Algebra*. Berlin: Springer 2008, 11. Aufl.

Unterhaltsames

SIMON SINGH: *Geheime Botschaften*. München: Hanser 2000

SIMON SINGH: *Fermats letzter Satz*. München: Hanser 1998

HANS MAGNUS ENZENSBERGER: *Der Zahlenteufel*. München: Hanser 2003

Symbolverzeichnis

$\mathbb{N}$	Menge der natürlichen Zahlen: $\{1, 2, 3, 4 \ldots\}$
$\mathbb{N}_0$	Menge der natürlichen Zahlen einschließlich 0: $\{0, 1, 2, 3, 4 \ldots\}$
$\mathbb{Z}$	Menge der ganzen Zahlen: $\{\ldots -3, -2, -1, 0, 1, 2, 3 \ldots\}$
$\mathbb{Z}_m$	Menge der ganzen Zahlen modulo m: $\{0, 1, 2, \ldots, m-1\}$
$\mathbb{Q}$	Menge der rationalen Zahlen
$\mathbb{R}$	Menge der reellen Zahlen
$\mathbb{R}^+$	Menge der positiven reellen Zahlen
$\mathbb{R}^2$	Menge aller Vektoren $(x\ y)^T$
$\mathbb{R}^3$	Menge aller Vektoren $(x\ y\ z)^T$
$\mathbb{R}^n$	Menge aller Vektoren $(x_1 \ldots x_n)^T$
$\mathbb{B}$	Menge $\{0, 1\}$
$\mathbb{L}$	Lösungsmenge einer Gleichung
$<$	kleiner als
$>$	größer als
$\leq$	kleiner oder gleich
$\geq$	größer oder gleich
$\neq$	ungleich
$\lvert x\rvert$	Betrag der Zahl x
$m \mid n$	m teilt n
$m \,\%\, n$	Rest bei der ganzzahligen Division von m durch n
$\vee$	Disjunktion, logisches „oder“
$\wedge$	Konjunktion, logisches „und“
$\neg$	Negation, logisches „nicht“
$\rightarrow$	Implikation
$\leftrightarrow$	Biimplikation
$\mid$	in der Logik: Sheffer-Operator
$\downarrow$	Peirce-Operator
$\Rightarrow$	Konsequenz (logisches Metasymbol)
$\Leftrightarrow$	Äquivalenz (logisches Metasymbol)
$\cup$	Vereinigungsmenge
$\cap$	Schnittmenge
$M - N$	Differenzmenge
$\overline{M}$	Komplementmenge
$\lvert M\rvert$	Mächtigkeit der Menge M
$\emptyset$	leere Menge
$\times$	kartesisches Produkt
$\subseteq$	Teilmenge
$\subset$	echte Teilmenge
$\mathcal{P}(M)$	Potenzmenge der Menge M

$\in$	Element von
$\equiv$	Äquivalenzrelation
$[x]_\equiv$	Äquivalenzklasse von x bez. der Äquivalenzrelation $\equiv$
$[x]_m$	Äquivalenzklasse von x bez. der Äquivalenzrelation $\equiv$ (mod m)
$f: A \to B$	Funktion (Abbildung) von der Menge A in die Menge B
$\mapsto$	Zuordnungspfeil von Funktionen
id	die identische Abbildung
$g \circ f$	Komposition (Verkettung) der Funktionen f und g
f^{-1}	Umkehrfunktion (Inverse) der Funktion f
$n!$	n Fakultät
$n^{\overline{k}}$	steigende Faktorielle
$n^{\underline{k}}$	fallende Faktorielle
$\binom{n}{k}$	Binomialzahl (n über k)
$\mathrm{ggT}(x, y)$	größter gemeinsamer Teiler von x und y
$\oplus$	Addition modulo m
$\otimes$	Multiplikation modulo m
$\varphi(m)$	Eulersche Phi-Funktion
$K[x]$	Polynomring über dem Körper K
K_n	der vollständige Graph mit n Knoten
$K_{n,m}$	der vollständige bipartite Graph mit $m+n$ Knoten
$\chi(G)$	chromatische Zahl des Graphen G
$\delta(v)$	Grad des Knotens v
$\Delta(G)$	maximaler Grad des Graphen G
O	der Koordinatenursprung
$P(x \mid y)$	Punkt in der Ebene mit den Koordinaten x und y
$\overrightarrow{PQ}$	Vektor vom Punkt P zum Punkt Q
$\overline{PQ}$	Strecke zwischen Punkt P und Punkt Q
PQ	Gerade durch die beiden Punkte P und Q
$\mathbf{0}$	der Nullvektor
$\lVert v \rVert$	Länge (Norm) des Vektors v
v^T	transponierter Vektor
$v \cdot w$	Skalarprodukt der beiden Vektoren v und w
$v \times w$	Kreuzprodukt der beiden Vektoren v und w
$\det(v, w)$	Determinante der beiden Vektoren v und w
$\det(u, v, w)$	Determinante (Spatprodukt) der drei Vektoren u, v und w
$\det A$	Determinante der Matrix A
$v \perp w$	v und w sind orthogonal
$\langle v_1, \ldots, v_n \rangle$	lineare Hülle der Menge von Vektoren $v_1, \ldots, v_n$
$e_1, \ldots, e_n$	kanonische Basisvektoren des $\mathbb{R}^n$
$g: u + \langle v \rangle$	Parameterform der Geraden g
$E: u + \langle v, w \rangle$	Parameterform der Ebenen E
$\mathrm{T}(a,b)$	Translation
Sp_x, Sp_y	Spiegelung an der x-Achse (y-Achse) im $\mathbb{R}^2$

Z_λ	Zoom mit Zoomfaktor λ
$S(\lambda, \mu)$	Skalierung mit den Faktoren λ und μ im $\mathbb{R}^2$
$Sh_x(\alpha)$, $Sh_y(\alpha)$	Scherung in x-Richtung (y-Richtung) um den Winkel α im $\mathbb{R}^2$
π_x, π_y	Projektion auf die x-Achse (y-Achse) im $\mathbb{R}^2$
$R(\varphi)$	Rotation um den Ursprung mit Winkel φ im $\mathbb{R}^2$
$R_x(\varphi)$, $R_y(\varphi)$, $R_z(\varphi)$	Rotation um die x-Achse (y-Achse, z-Achse) mit Winkel φ im $\mathbb{R}^3$
A^T	transponierte Matrix
A^{-1}	inverse Matrix
E_n	$(n \times n)$-Einheitsmatrix
$\dim V$	Dimension des Vektorraums V

Sachwortverzeichnis

E

F

G

H

I